建筑遗产保护丛书

东南大学城市与建筑遗产保护教育部重点实验室
朱光亚　主编

历史建筑估价

Historic Property Valuation

徐进亮　著

·南京·

内容简介

本书基于经济原理、产权制度和估价技术体系等，通过对市场实例进行研究分析，建立一套相对完整的历史建筑估价理论与方法体系。

本书首先对历史建筑的概念、价值体系等进行分析；其次对历史建筑的经济学原理和产权制度进行探究；再次详细阐述影响历史建筑经济价值变动的主要因素；最后依据估价原理，应用不同的估价方法对历史建筑经济价值的认定进行研究，建立可行的估价方法技术体系，并附具体的历史建筑估价实例，证明其科学合理性。

通过对历史建筑经济价值进行准确估价，能够为历史建筑的保护、修缮及再利用提供经济参考依据，也为鼓励引入民间资金、进一步完善历史建筑市场建设等提供决策支持。

图书在版编目(CIP)数据

历史建筑估价 / 徐进亮著. -- 南京：东南大学出版社，2025.6. -- (建筑遗产保护丛书 / 朱光亚主编).
ISBN 978-7-5766-2191-4
Ⅰ. TU-87
中国国家版本馆CIP数据核字第2025LN0888号

策划编辑：张　莺　　责任编辑：戴　丽　　责任校对：韩小亮
责任印制：周荣虎　　封面设计：张玉瑜　　毕　真

历史建筑估价
Lishi Jianzhu Gujia

著　　者	徐进亮	
出版发行	东南大学出版社	
出 版 人	白云飞	
网　　址	http://www.seupress.com	
社　　址	南京市四牌楼2号	
邮　　编	210096	
经　　销	全国各地新华书店	
印　　刷	南京玉河印刷厂	
开　　本	787 mm×1 092 mm　1/16	
印　　张	26	
字　　数	539千	
版 印 次	2025年6月第1版　2025年6月第1次印刷	
书　　号	ISBN 978-7-5766-2191-4	
定　　价	99.00元	

本社图书若有印装质量问题，请直接与营销部联系。电话：025-83791830

继往开来,努力建立建筑遗产保护的现代学科体系[1]

建筑遗产保护在中国由几乎是绝学转变成显学只不过是二三十年时间。差不多五十年前,刘敦桢先生承担瞻园的修缮时,能参与其中者凤毛麟角,一期修缮就费时六年;三十年前我承担苏州瑞光塔修缮设计时,热心参加者众多而深入核心问题讨论者则十无一二,从开始到修好费时十一载。如今保护文化遗产对民族、地区、国家以至全人类的深远意义已日益被众多社会人士所认识,并已成各级政府的业绩工程。这确实是社会的进步。

不过,单单有认识不见得就能保护好。文化遗产是不可再生的,认识其重要性而不知道如何去科学保护,或者盲目地决定保护措施是十分危险的,我所见到的因不当修缮而危及文物价值的例子也不在少数。在今后的保护工作中,十分重要的一件事就是要建立起一个科学的保护体系,而从过去几十年正反两方面的经验来看,要建立这样一个科学的保护体系并非易事,依我看至少要获得以下的一些认识。

首先,就是要了解遗产。了解遗产就是系统了解自己的保护对象的丰富文化内涵、价值以及发展历程,还要了解其构成的类型和不同的特征。此外,无论在中国还是在外国,保护学科本身也走过了漫长的道路,因而还包括要了解保护学科本身的渊源、归属和发展走向。人类步入 21 世纪,科学技术的发展日新月异,CAD 技术、GIS 技术和 GPS 技术及新的材料技术、分析技术和监控技术等大大拓展了保护的基本手段;但我们在努力学习新技术的同时要懂得,方法不能代替目的,媒介不能代替对象——离开了对对象本体的研究,离开了对保护主体的人的价值观念的关注,目的就沦丧了。

其次,要开阔视野。信息时代的到来缩小了空间和时间的距离,也为人类获得更多的知识提供了良好的条件,但在这个信息爆炸的时代,保护科学的体系构成日

---

[1] 本文是潘谷西教授为城市与建筑遗产保护教育部重点实验室(东南大学)成立写的一篇文章,征得作者同意并经作者修改,作为本丛书的代序。

益庞大、知识日益精深，因此对学科总体而言，要有一种宏观的开阔的视野，在建立起学科架构的基础上使得学科本身成为开放体系，成为不断吸纳和拓展的系统。

再次，要研究学科特色。任何宏观的认识都代替不了进一步的中观和微观的分析：从大处说，任何对国外理论的学习都要辅之以对国情的关注；从小处说，任何保护的个案都有着自己特殊的矛盾性质，类型的规律研究都要辅之以对个案的特殊矛盾的分析，解决个案的独特问题更能显示保护工作的功力。

最后，要通过实践验证。我曾多次说过，建筑科学是实践科学，建筑遗产保护科学尤其如此；再完整的保护理论如果在实践中无法获得成功，无法获得社会的认同，无法解决案例中的具体问题，那就不能算成功，就需要调整甚至需要扬弃；经过实践不断调整和扬弃后保留下来的理论，才是保护科学体系需要好好珍惜的部分。

潘谷西

2009年11月于南京

丛书总序

　　建筑遗产保护丛书是酝酿了多年的成果。大约在1978年,南京工学院(今东南大学)通过恢复建筑历史学科的研究生招生,开启了新时期的学科发展继往开来的历史。1979年开始,根据社会上的实际需求,东南大学承担了国家一系列重要的建筑遗产保护工程项目,这也显示了建筑遗产保护实践与建筑历史学科的学术关系。1987年后的十年间东南大学提出申请并承担了国家自然科学基金重点项目中的中国建筑历史多卷集的编写工作,使研究和应用相得益彰;又接受了国家文物局委托举办古建筑保护干部专修科的任务,将人才的培养提上了工作日程。20世纪90年代,特别是中国加入世界遗产组织后,建筑遗产的保护走上了和世界接轨的征程。人才培养也上升到成规模地培养硕士和博士的层次。东大建筑系在开拓新领域、开设新课程、适应新的扩大了的社会需求和教学需求方面投入了大量的精力,除了取得多卷集的成果和大量横向研究成果外,还完成了教师和研究生的一系列论文。

　　2001年东南大学建筑历史学科被评估成为中国第一个建筑历史与理论方面的国家重点学科。2009年城市与建筑遗产保护教育部重点实验室(东南大学)获准成立。该实验室将全面开展建筑遗产保护的研究工作,特别是将从实践中凝练科学问题的多学科的研究工作承担了起来。形势的发展对学术研究的系统性和科学性提出了更为迫切的要求。因此,有必要在前辈奠基及改革开放后几代人工作积累的基础上,专门将建筑遗产保护方面的学术成果结集出版,此即为《建筑遗产保护丛书》。

　　这里提到的中国建筑遗产保护的学术成果是由前辈奠基,绝非虚语。今日中国的建筑遗产保护运动已经成为显学且正在接轨国际并日新月异。其基本原则:将人类文化遗产保护的普世精神和与中国的国情、中国的历史文化特点相结合的原则,早在营造学社时代就已经确立。这些原则经历史检验已显示其长久的生命力。当年学社社长朱启钤先生在学社成立时所说的"一切考工之事皆本社所有之事……一切无形之思想背景,属于民俗学家之事亦皆本社所应旁搜远绍者……中国营造学社者,全人类之学术,非吾一民族所私有"的立场,"依科学之眼光,作有系统之研究""与世界学术名家公开讨论"的眼界和体系,"沟通儒匠,浚发智巧"的切入点,都是在今日建筑遗产保护研究中需要牢记的。

当代的国际文化遗产保护运动发端于欧洲并流布于全世界,建立在古希腊文化和希伯来文化及其衍生的基督教文化的基础上;又经文艺复兴弘扬的欧洲文化精神是其立足点;注重真实性,注重理性,注重实证是这一运动的特点;但这一运动又在其流布的过程中不断吸纳东方的智慧,1994年的《奈良文告》以及2007年的《北京文件》等都反映了这种多元的微妙变化——《奈良文告》将原真性同地区与民族的历史文化传统相联系可谓明证。同样,在这一文件的附录中,将遗产研究工作纳入保护工作系统也可谓是远见卓识。因此本丛书也就十分重视涉及建筑遗产保护的东方特点以及基础研究的成果。又因为建筑遗产保护涉及多种学科的多种层次研究,丛书既包括了基础研究,也包括了应用基础的研究,以及应用性的研究。为了取得多学科的学术成果,一如遗产实验室的研究项目是开放性的一样,本丛书也是向全社会开放的,欢迎致力于建筑遗产保护的研究者向本丛书投稿。

遗产保护在欧洲延续着西方学术的不断分野的传统,按照科学和人文的不同学科领域,不断在精致化的道路上拓展;中国的传统优势则是整体思维和辩证思维。1930年代的营造学社在接受了欧洲的学科分野的先进方法论后又经朱启钤的运筹和擘画,在整体上延续了东方的特色。鉴于中国从古延续至今的经济发展和文化发展的不均衡性,这种东方的特色是符合中国多数遗产保护任务,尤其是不发达地区的遗产保护任务的需求的。我们相信,中国的建筑遗产保护领域的学术研究也会向学科的精致化方向发展,但是关注传统的延续,关注适应性技术在未来的传承,依然是本丛书的一个侧重点。

面对着当代人类的重重危机,保护构成人类文明的多元的文化生态已经成为经济全球化大趋势下的有识之士的另一种强烈的追求,因而保护中国传统建筑遗产不仅对于华夏子孙,也对整个人类文明的延续有着重大的意义。在认识文明的特殊性及其贡献方面,本丛书的出版也许将会显示出另一种价值。

朱光亚
2009年12月20日于南京

序

  1997年前后,我在承担国家自然科学基金项目《中国建筑遗产资源评估系统模式研究》时,就在实践中触及并不得不研究一个问题,那是讨论建筑遗产的价值时绕不开的——该遗产在现实社会中如何利用以及利用的效能如何。当时不得不列了一个专题叫作"可利用性评估"。因为在中国的国情下,各级政府在财力有限时,对建筑遗产的保护工作的顺序通常与遗产的可利用性成正相关。

  二十年来,随着民族和地区文化意识的觉醒,随着文化遗产保护运动的深入,也随着古代建筑遗存的不断减少,遗产的珍稀性日益显现。各个阶层的干部群众对文化遗产保护的期待值也日益提升。各级决策者和相关利益者在斟酌遗产保护措施的社会效益的同时,也必然地斟酌这些措施的经济效益。然而在以往的城市建筑遗产保护工程的研究过程中却一直存在着两种倾向。一种是对建筑遗产的价值认识严重不足,希望通过拆除大量质量稍差一些的建筑遗存为兴建现代的各色建筑腾出土地;只有少数那些高规格的庙宇、会馆、祠堂才有可能获得保存。这种模式被人称为"大拆大建"或者是"建设性破坏"。它使大量的与城市记忆相关联的建筑遗产迅速消失,也使得城市历史文化资源宝库迅速萎缩。另一种则是出于对文化遗产的热爱或者是对前一种模式的矫枉过正的措施,要求对所有的建筑遗产都采取一视同仁的博物馆式或冷冻式的保护。这不仅使得建筑遗产的安全隐患得不到根治,而且也由于缺少容纳现代社会的种种机能要求而使其难以利用,直至衰败倒塌,这也使各级政府背上沉重的财务负担。这两种思维方式都缺乏将文化遗产的保护和利用、社会效益和经济效益整合起来考虑的能力。

  价值评估无疑为克服这种割裂式的碎片化的思维创造了条件,但是普通的价值评估依然无法为城乡建筑遗产保护项目的实施者提供经济学的分析,毕竟任何市场经济下的活动都需要投入产出的计算,且计算越接近实际,项目实施中的风险就越小。这样从经济学的角度切入整体性地探讨建筑遗产保护的工作就必然走到台前。徐进亮的这本《历史建筑估价》就是在这样的形势下推出的。徐进亮是从"杏花春雨江南"情调的苏州街巷中走出来,对地域传统建筑文化总是流连忘返。

这两年他又投身东南大学建筑学院的博士后站,更深入地研究和参与城乡建筑遗产的保护实践;他出身于经济学研究,专业要求他用理性的方式探讨经济学问题,两者的结合和历史的机遇终于促成了这样一本著作的诞生。我希望此书能够开辟一个新的研究平台和视角,为深化建筑遗产保护提供新的武器。

朱光亚

2015 年 1 月于南京

再版序

徐进亮同志的《历史建筑估价》已决定再版,嘱我写个新序。我很感慨,距离我写第一版序的2015年元月的时间差几天就十年了。十年来,社会对建筑遗产的价值认知已经大大提升,2021年中共中央和国务院关于加强在城乡建设中历史文化保护和传承的意见及2022年的二十大关于中国式现代化道路的阐释更是将优秀历史文化的保护传承纳入到赓续中华文明的高度,将不仅是古代还包括近代和现代的历史文化资源保护纳入了构建国家、省和市县的三级历史文化保护传承体系的广阔领域。保护、利用和传承相整合的任务日趋明显。保护和利用文化遗产的数量大大增加,保护和利用对现代城乡经济发展和社会发展的贡献的期待值也大大提高,算好经济账,精准施策,良性发展成为各级政府和管理部门的必然需求。徐进亮同志对第一版的文字做了重要的补充和修订并推出新版,正是适应这一新的社会需求的重要工作。

另一方面,投入产出的经济账不仅涉及房地产自身的估价及保护利用代价的计算,还涉及业态运营的效益和对社会发展的贡献等非本书所能涵盖的经营筹划领域,希望从事保护利用的人士能够举一反三,不断提升管理水平。此外,我也希望在这一不断核算的过程中对已有的政策、法规和规范执行中的问题起到发现和动态调整完善的作用。

朱光亚

2024年12月25日于南京

目 录

- 0 绪论 ··· 1
  - 0.1 研究背景 ·· 1
  - 0.2 研究意义 ·· 4
  - 0.3 研究目标与内容 ··· 4
    - 0.3.1 研究目标 ·· 4
    - 0.3.2 研究内容 ·· 5
- 1 历史建筑概述 ·· 6
  - 1.1 历史建筑的概念 ··· 6
    - 1.1.1 历史建筑概念的界定 ·· 6
    - 1.1.2 与历史建筑相关的概念 ··· 8
  - 1.2 历史建筑的类型 ··· 10
    - 1.2.1 居住建筑 ··· 11
    - 1.2.2 公共建筑 ··· 12
    - 1.2.3 宗教建筑 ··· 15
    - 1.2.4 礼制建筑 ··· 16
    - 1.2.5 工业建筑 ··· 16
    - 1.2.6 军事建筑 ··· 16
  - 1.3 历史建筑的特征 ··· 16
    - 1.3.1 二元性特殊不动产 ··· 17
    - 1.3.2 传承性 ·· 17
    - 1.3.3 地域性 ·· 17
    - 1.3.4 产权限制性 ·· 17
    - 1.3.5 稀缺性 ·· 18
    - 1.3.6 资源与资产的双重属性 ·· 18
    - 1.3.7 社会性 ·· 19
- 2 历史建筑价值体系 ··· 20
  - 2.1 历史建筑价值认识 ·· 20
    - 2.1.1 价值认识 ··· 20
    - 2.1.2 历史建筑价值 ··· 24

2.2 历史建筑特征价值体系 ·· 25
2.2.1 历史建筑特征价值类型分析 ·· 25
2.2.2 历史建筑特征价值关系分析 ·· 29
2.3 历史建筑经济价值 ·· 36
2.4 历史建筑价值二重性 ·· 39
2.4.1 综合价值与经济价值分析 ·· 39
2.4.2 使用价值与效用价值分析 ·· 40
2.4.3 社会效益与经济价值分析 ·· 41
2.5 构建历史建筑价值体系 ·· 41

3 历史建筑估价的经济学原理 ·· 43
3.1 历史建筑估价的经济学理论 ·· 43
3.1.1 劳动价值论视角下的历史建筑经济价值分析 ·························· 43
3.1.2 西方传统价值理论视角下的历史建筑经济价值分析 ···················· 45
3.1.3 新制度经济学视角下的历史建筑经济价值分析 ························ 52
3.2 历史建筑利用与价值的经济学分析 ······································ 54
3.2.1 经济学思维引导历史建筑合理利用 ·································· 55
3.2.2 历史建筑经济价值增减分析 ·· 57
3.3 历史建筑经济价值特征 ·· 58
3.3.1 感知性与主观性 ·· 58
3.3.2 动态性与增值性 ·· 59
3.3.3 多元性与整体性 ·· 59
3.3.4 公共性与外部性 ·· 60
3.3.5 可衡量性与市场稳定性 ·· 60

4 历史建筑的产权界定与限制 ·· 62
4.1 产权关系的理论分析 ·· 62
4.2 产权界定 ·· 64
4.2.1 所有权 ·· 64
4.2.2 用益权 ·· 68
4.2.3 其他权利 ·· 71
4.3 产权限制 ·· 73
4.3.1 设定保护范围 ·· 73
4.3.2 保护范围内的限制规定 ·· 74
4.3.3 周边环境协调的限制规定 ·· 75
4.3.4 分级保护的规定 ·· 75
4.3.5 保护限制规定 ·· 76
4.3.6 非物质文化信息的保护规定 ·· 77

  4.3.7 小结 ·· 78
 4.4 产权管理 ·· 78
  4.4.1 产权管理 ·· 78
  4.4.2 产权关系 ·· 80

5 历史建筑利用方式 ·· 82
 5.1 建筑遗产保护规划 ·· 82
 5.2 历史建筑展示性利用 ·· 85
  5.2.1 展示性利用的主要内容 ·· 85
  5.2.2 展示性利用的主要方式 ·· 86
  5.2.3 展示性利用的经济分析 ·· 86
 5.3 功能性利用分析 ·· 88
  5.3.1 功能性利用的主要内容 ·· 89
  5.3.2 功能性利用的经济分析 ·· 92

6 历史建筑经济价值影响因素 ·· 96
 6.1 社会经济因素 ·· 96
  6.1.1 经济发展趋势 ··· 96
  6.1.2 社会文化因素 ··· 98
  6.1.3 人口因素 ·· 99
 6.2 市场供求关系因素 ·· 100
  6.2.1 供给状况 ··· 100
  6.2.2 需求状况 ··· 101
  6.2.3 市场交易状况 ··· 101
 6.3 法律政策因素 ·· 101
  6.3.1 法律政策 ··· 101
  6.3.2 金融税收 ··· 103
  6.3.3 规划因素 ··· 104
 6.4 不动产自身因素 ·· 106
  6.4.1 位置 ··· 106
  6.4.2 用途 ··· 107
  6.4.3 土地因素 ··· 107
  6.4.4 建筑因素 ··· 109
 6.5 历史建筑的特殊影响因素 ·· 110
  6.5.1 特殊历史文化价值影响因素 ·· 110
  6.5.2 特殊使用价值(可利用性) ··· 124
  6.5.3 保护限制条件 ··· 127
  6.5.4 历史建筑经济价值特殊影响因素表 ·· 129

7 历史建筑估价原则与程序 …………………………………………………… 134
7.1 估价原则 ………………………………………………………………… 134
7.1.1 估价主体 ……………………………………………………… 134
7.1.2 估价客体 ……………………………………………………… 134
7.1.3 遵循的估价原则 ……………………………………………… 135
7.2 估价程序 ………………………………………………………………… 138
7.2.1 一般性程序 …………………………………………………… 138
7.2.2 受理估价委托 ………………………………………………… 138
7.2.3 估价对象界定 ………………………………………………… 139
7.2.4 估价目的描述 ………………………………………………… 140
7.2.5 价值时点确定 ………………………………………………… 140
7.2.6 价值类型(价值基准)确定 …………………………………… 140
7.2.7 估价假设条件 ………………………………………………… 142
7.2.8 执业能力与专业协助 ………………………………………… 143
7.3 资料收集与整理 ………………………………………………………… 143
7.3.1 需要提供的重点资料清单 …………………………………… 143
7.3.2 资料提供的注意事项说明 …………………………………… 144
7.4 实地查勘注意事项 ……………………………………………………… 145
7.5 测绘与断代鉴定 ………………………………………………………… 147
7.5.1 测绘 …………………………………………………………… 147
7.5.2 断代鉴定 ……………………………………………………… 153
7.6 估价方法适用性分析 …………………………………………………… 157
7.6.1 估价方法分析 ………………………………………………… 157
7.6.2 估价方法选择 ………………………………………………… 162

8 市场比较法的应用 ……………………………………………………………… 163
8.1 市场比较法的适用性分析 ……………………………………………… 163
8.2 比较法的应用 …………………………………………………………… 164
8.2.1 比较法的程序 ………………………………………………… 164
8.2.2 可比实例选取 ………………………………………………… 165
8.2.3 比较因素调整分析 …………………………………………… 165
8.2.4 比较法的实证应用 …………………………………………… 170
8.3 比较法的特殊影响因素附加调整法的应用 …………………………… 184
8.3.1 附加调整法的评估程序 ……………………………………… 184
8.3.2 附加调整法的实证应用 ……………………………………… 185

9 成本法的应用 …………………………………………………………………… 199
9.1 成本法的适用性分析 …………………………………………………… 199

  9.1.1 适用性分析 …… 199
  9.1.2 公式调整 …… 200
  9.1.3 迁建项目适用成本法的说明 …… 201
 9.2 成本法的评估程序 …… 201
  9.2.1 特殊影响因素调整说明 …… 202
  9.2.2 建筑用地地价计算 …… 203
  9.2.3 建筑成本 …… 203
  9.2.4 折旧计算 …… 207
 9.3 重建成本与重置成本说明 …… 209
  9.3.1 历史建筑重建成本与普通建筑重置成本的区别说明 …… 209
  9.3.2 案例说明 …… 210
 9.4 成本法的实证研究 …… 214
  9.4.1 直接成本的测算 …… 214
  9.4.2 成本法的实证案例 …… 219

10 收益法的应用 …… 227
 10.1 收益法的适用性分析 …… 227
  10.1.1 收益分析 …… 227
  10.1.2 方法分析 …… 229
  10.1.3 组合技术分析 …… 230
 10.2 收益法的评估程序 …… 232
  10.2.1 收益估算 …… 232
  10.2.2 费用分析 …… 234
  10.2.3 确定收益期(持有期) …… 235
  10.2.4 转售价值计算 …… 235
  10.2.5 确定资本化率 …… 236
 10.3 收益法的实证研究 …… 236

11 假设开发法(剩余法)的应用 …… 243
 11.1 适用性分析 …… 243
 11.2 假设开发法(剩余法)的评估程序 …… 244
  11.2.1 历史建筑用地地价评估程序 …… 244
  11.2.2 未修复或部分修复的历史建筑现状价值评估程序 …… 244
  11.2.3 技术要点 …… 245
  11.2.4 历史建筑物修补保养成本费用说明 …… 245
 11.3 假设开发法(剩余法)的实证研究 …… 246
  11.3.1 历史建筑用地地价的剩余法应用 …… 246
  11.3.2 未修复的历史建筑现状价值的剩余法应用 …… 249

12 条件价值法的应用 ··· 252
12.1 条件价值法的适用性分析 ··· 252
12.1.1 历史建筑的资源特征 ·· 252
12.1.2 条件价值法的应用分析 ·· 253
12.2 条件价值法的评估程序 ··· 255
12.2.1 设计调查表格 ·· 255
12.2.2 确定调查受访对象 ·· 255
12.2.3 实施实际调查 ·· 256
12.2.4 确定受益公众人数 ·· 256
12.2.5 最终价值计算 ·· 256
12.3 条件价值法的实证研究 ··· 256

13 标准价调整法的应用 ·· 267
13.1 标准价调整法的适用性分析 ··· 267
13.2 标准价调整法的评估程序 ··· 268
13.2.1 标准区段(区片)划分 ·· 268
13.2.2 确定标准房 ·· 273
13.2.3 标准房地产价格评估 ·· 275
13.2.4 建立标准价系数调整体系 ·· 276
13.3 标准价调整法的实证研究 ··· 278
13.3.1 传统风貌建筑价值的评估应用 ·· 278
13.3.2 传统风貌建筑地价的评估应用 ·· 284

14 特征价格法的应用 ·· 287
14.1 特征价格法的适用性分析 ··· 287
14.2 特征价格法的程序 ·· 288
14.2.1 变量选择和样本数据的收集 ·· 289
14.2.2 函数形式的选择 ·· 293
14.2.3 模型估计与检验 ·· 295
14.2.4 估价对象的价值评估 ·· 296
14.3 特征价格法的实证研究 ··· 296
14.3.1 估价对象历史建筑情况 ·· 296
14.3.2 变量的选择 ·· 298
14.3.3 模型估计和检验 ·· 299
14.3.4 估价对象历史建筑的价值评估 ·· 303

15 历史地段项目经济评价 ·· 305
15.1 建设项目经济评价基本概述 ·· 305
15.2 历史地段项目经济评价工作内容 ·· 307

16 特殊项目评估研究 ·································· 325
16.1 资本化率研究 ·································· 325
16.1.1 历史建筑报酬资本化率计算 ·················· 325
16.1.2 古建筑用地还原率计算 ······················ 331
16.2 异地迁移建筑项目评估研究 ······················ 336
16.2.1 古建筑异地迁建 ···························· 337
16.2.2 估价方法选用 ······························ 338
16.2.3 技术要点 ·································· 338
16.2.4 实证研究 ·································· 340
16.3 破坏定损项目评估研究 ·························· 355
16.3.1 定损评估概述 ······························ 355
16.3.2 定损评估技术思路 ·························· 357
16.3.3 定损评估的实证研究 ························ 364

17 估价报告主要内容 ·································· 368
17.1 历史建筑估价报告主要内容 ······················ 368
17.1.1 一般性内容 ································ 368
17.1.2 特殊性内容 ································ 368
17.1.3 估价结果报告的注意事项 ···················· 369
17.1.4 估价技术报告的注意事项 ···················· 369
17.1.5 估价报告附件的注意事项 ···················· 370
17.2 估价对象房地产状况说明 ························ 371
17.3 历史建筑实物状况描述 ·························· 372
17.4 历史建筑特殊价值描述分析 ······················ 375

18 结论:构建历史建筑估价技术体系 ···················· 380
18.1 主要结论 ······································ 380
18.2 研究展望 ······································ 383

参考文献 ·· 384
附录:推荐的参考法律与书目 ···························· 391
A.1 法律法规文件 ··································· 391
A.1.1 国际 ······································· 391
A.1.2 中国 ······································· 391
A.2 国家及行业标准 ································· 392
A.3 行业用书 ······································· 392

0 绪 论

2018年10月,中共中央办公厅、国务院办公厅发布了《关于加强文物保护利用改革的若干意见》(简称2018《若干意见》),意味着文物利用工作已被纳入中央全面深化改革的整体战略部署,文物保护利用迎来了新时代。2018《若干意见》明确要求"健全国有文物资源资产管理体系,制定国有文物资源资产管理办法,建立文物资源资产动态管理机制。"2020年,习近平总书记提出"要建立健全历史文化遗产资源资产管理制度",文物遗产资源资产管理从此上升到国家资产管理范畴。2021年,中共中央办公厅、国务院办公厅《关于在城乡建设中加强历史文化保护传承的意见》提出加强历史文化遗产的保护利用传承,要求坚持价值导向、应保尽保;坚持合理利用、传承发展;坚持多方参与、形成合力,注重社会文化效益、生态效益、经济效益的统筹协调。2021年,国家文物局、财政部颁布《国有文物资源资产管理暂行办法》,要求将文物资源资产管理情况纳入本级政府年度国有资产报告,由本级人民政府向本级人大常委会报告。

应当看到,历史文化遗产保护管理正从保护性资源管理向资源资产管理转变,这是一场制度性改变。正如文物价值评估是文物保护管理的前提,资产价值管理是文化遗产资源资产管理的前提,是建立健全文物与历史文化遗产资源资产管理的重要组成部分,也是完善管理机制的前提条件。资产价值属于经济价值范畴。如何适应这种机制的重大调整,如何科学量化资产价值,需要深入探索研究与创新,兼具必要性与紧迫性。

0.1 研究背景

中国历史悠久,文物古迹众多,承载着传统文化的建筑遗产遍布全国。历史建筑反映了各个朝代或各个时期人文、社会、环境、风俗与历史记忆,是一种物化的实体档案,是人类延续最重要的记忆载体之一,担负着重要的历史文化传承。历史建筑蕴含着丰富的历史、文化、艺术和科学信息要素,对于深入研究人类历史社会发展、建筑技术、传统文化,保护历史文化名城、名村镇与重要景点,以及引导城市合理规划、建设与发展等具有十分重要的意义。比如苏州拥有举世闻名的世界文化遗产古典园林,有国家、省、市级的文物保护单位建筑881处,控制保护建筑613处,有平江路、山塘街和五卅路等历史文化街区,这些历史建筑或历史街区都是人类社会文化发展的历史见证。通过解读这些历史建筑保存的建筑语言与时代特征,能够较好地诠释人类文化传承与发展演变过程;特别是其中一些历史建筑经过千百年的时间积淀,已成为珍贵的历史文物,通过解读它们不仅可以证实历史文献记载的正确或讹误,还在许多情况下弥补了因文献缺失所造成的空白。历史建筑不仅属于某人或群体,更属于整个人类社会。历史建筑体现着先人的社会文化精神,象征着地域、民族甚至国家的文化源流。

然而,历史建筑和其他事物发展变化一样,遵循必然的产生、发展和灭失的自然生命周期规律。由于历史悠久,加之自然因素和人为因素的影响,无数历史建筑随着时间推移不断消失,保留至今的历史建筑也逐步减少。特别是自20世纪90年代以来,随着我国社会经济的发展、城市化进程的加快,城市现代化的观念盛行,城市高楼大厦的建设,各类开发区的兴起、房地产项目及开发区热所引致的土地市场不断升温,许多历史悠久的老街坊、古城区遭遇了毁灭性拆除,那些承载着记忆与传统的历史建筑也在城市化建设与旧城改造中迅速灭失,这在一定程度上导致了中国传统文化的失落。例如,苏州在20世纪90年代中期以主干道干将路拆迁建设作为标志,开始进入了城市化快速推进的发展阶段,虽然此举对苏州市区的经济发展起了关键性作用,但是保留了数百年的古城被拦腰截断,大量历史建筑化为尘土,加上后来的街坊改造、拆旧建新,导致目前苏州古城仅留下部分历史街区,基本不复明清、民国时期的古城历史遗韵。又如,许多学者都认为老北京城的破坏性开发是"一件令人悲哀的事"[1],北京的儒福里、红星胡同等一大批历史建筑群也因为城市化进程中各种利益群体竞相争夺土地而遭受强制性拆迁,彻底遭到毁灭。这些为追求经济发展而采取的方式与行为,不仅引发了一系列的社会稳定问题,最重要的是造成了人类文化遗产的丢失[2]。

历史建筑是一座城市文化记忆的见证,能够丰富其城市内涵,使之更具深厚的文化底蕴。如果一座城市的历史建筑遭到毁灭,到处是毫无特色的"方盒子"建筑,该城市的历史文化灵魂将遭到削弱,甚至失去其灵魂[3]。值得庆幸的是,随着社会发展的进步、价值观的改变和历史文化传承的回归,国家和地方对历史建筑的保护呼声也越来越高,各地政府对当地的历史建筑、历史街区、古城镇、古村落等保护修复逐渐重视,也采取多种措施,能够使之得以延续。例如,1997年和2000年苏州古典园林被列入世界文化遗产名录后,苏州掀起一股保护古城、古民居的强大热潮。苏州当地政府加大了历史建筑的修复力度,并在2003年出台《苏州市古建筑保护条例》、2014年《苏州市中心城区古建老宅保护利用市场化运作指导意见》、2017年《苏州国家历史文化名城保护条例》以及2021年《苏州历史文化名城保护规划(2021—2035)》,对古建筑以及周边环境都做了明确的政策措施、保护性限制。然而,即使是地方政府已经投入大量的保护资金,但对于数量众多的历史建筑来说仍无疑是杯水车薪。政府的财力毕竟有限,而随着文化传统的回归,许多个人、企业等社会公众实体对历史建筑也产生了浓厚兴趣,这些公众实体拥有雄厚资本,愿意也有能力运用资金对历史建筑进行修复利用。

---

[1][3] 陈克元.浅谈历史建筑保护[J].科协论坛(下半月),2007(1):126-127.
[2] 张杰,庞骏,董卫.悖论中的产权、制度与历史建筑保护[J].现代城市研究,2006,21(10):10-15.

因此,如果能适度引入社会资本,对一些古建筑及历史遗址保护修缮将起到重大作用。在这方面,苏州已经开始了社会资金引入的路径探索,例如在法规条文上,《苏州市古建筑保护条例》第十五条规定:鼓励国内外组织和个人购买或者租用古建筑。2014年《苏州市中心城区古建老宅保护利用市场化运作指导意见》提出了保护利用奖励、公开招租、转让等优惠政策。苏州市近年来已经形成较为完善的历史建筑交易市场——引入民间资本,通过修复保护,实现历史建筑的再利用;例如"葑湄草堂""绣园""山塘雕花楼""潘宅花间堂"等。此外,2023年苏州市公共资源交易中心开发了"古建筑交易平台"以及古建筑伙伴计划,专门服务于可转让或租赁的国有历史建筑的公开交易,也起到一种推广宣传的作用。

然而,任何市场都是从不完全向完全形态发展的,且存在一个逐渐完善的过程。历史建筑保护与利用仍然处于起步阶段,市场机制发育不够健全,在这种引致性需求的交易市场背后,不可避免存在着诸多缺陷:首先,历史建筑与普通不动产相比,具有历史、文化、艺术等特殊享受价值、稀缺性和不可替代性,本应在市场上趋之若鹜,但功能实用性的缺乏、严格的产权限制和过高的维护管理费用却又使得购买者望而却步;其次,当历史建筑进入交易市场或涉及迁移补偿时,由于缺乏相应的可比交易实例,也没有历史建筑经济价值评估的行业技术规范,交易双方在价格方面各执一词,导致交易成本上升,不利于历史建筑市场的发展;再其次,当前历史建筑所涉及的土地使用权多数属于划拨用地性质,交易时必然涉及划拨土地使用权的补办出让。然而,历史建筑涉及的土地使用权与一般性质的土地使用权之间存在一定的差异,自然资源管理部门如何确定其土地出让金尚存在较大争议。总体而言,在历史建筑估价方面,国内相关研究较少,主要表现为相关估价理论研究较少,技术体系不够成熟,估价方法不够科学合理,从事相关研究的专家学者同样也寥寥无几。在市场交易过程中更多是仅凭少数学者或估价人员的言论或经验来考虑,这不仅会使得估价结果带有很强的主观性,而且也不可避免会忽视那些历史文化艺术方面的独特价值特征,导致历史建筑的潜在经济价值被低估。无法科学、合理量化历史建筑各类信息要素,使得历史建筑在修复时不能实现优胜劣汰,在交易时很难达到公正、合理及客观性;政府部门也很难明确历史建筑的土地出让金是否合理。长此以往,有悖于历史建筑引入社会资本的初衷,不利于其修复与保护。例如,2017年上海巨鹿路888号优秀历史建筑被业主野蛮拆除,搭建了钢结构新建筑。这是一起严重破坏历史建筑的典型案例,也正是由于原来的交易价格偏低,未能较好体现历史建筑的真实价值,导致业主无所谓的错觉,一幢民国建筑精品就此毁于一旦;即使按原样式重修,对业主进行顶格处罚,也无法挽回原物的真实性损失,其蕴含的历史文化意义随之消失。从某种程度上说,这些建筑遗产的损失与现行历史建筑估价技术体系不够完善有密切联系。

有问题就需解决,有诉求就有机遇。根据这几年的政策与市场变化,涉及历史建筑估价的业务诉求不断增多,主要包括:①2018《若干意见》强调要求全面盘活用好文物资源资产,历史建筑的征收、收购、转让、核资、抵押、投资业务正在快速增加。②司法鉴定与行政处罚行为涉及历史建筑,实践中很容易产生纠纷。③许多历史文化遗产项目资产由国资平台或企业单位所持有,定期要对租金水平进行测算,达到资产的保值增值,也是财政管理部门的基本要求。④保险估值。文物预防性保护工作中明确要求,开展不可移动文物安全性投保,减少损坏风险,古建筑的文物保护保险业务正在发展,需要创新文物估值方式。⑤国家要求全面建立资产管理机制,要求建立资产台账,摸清家底,建筑遗产资源资产后续计量,要强化"专业评估计价",监督资产计价依据、账务核算是否合规等。⑥投资者特别是国资平台,需要对投资历史街区或历史建筑项目开展整体利用策划、咨询与投资经济评价;大到一个街区项目投资策划与经济评价,小到某处古建筑的民间投资利用,业务众多。因此针对这些需求,需要有一套合理科学的历史建筑估价技术体系予以支持。幸运的是,2022年9月中国土地估价师与土地登记代理人协会制定颁布了《古建筑古村落用地估价指引(试行)》;2024年12月中国房地产估价师与房地产经纪人学会编制颁布了《历史建筑经济价值评估指引(试行)》❶。至此,中国的历史建筑估价技术体系研究以行业技术规范的形式全面开展。

0.2 研究意义

如前文所述,历史建筑对于研究、延续人类历史文明具有重要意义,显化历史建筑在经济上的体现已成为历史建筑保护与再利用的重要前提。虽然颁布了相关的技术规范,但规范条文毕竟简练,历史建筑经济价值评估(以下简称"历史建筑估价")技术研究亟待完善,其中历史建筑经济价值形成机理、相关经济学原理、影响经济价值的特殊因素、估价技术方法等方面还要进行系统性研究。

本书通过对历史建筑估价技术体系的研究,不仅可以弥补当前相关理论研究的缺失,同时也是对行业技术规范的注释,以便指导实际估价工作的开展,为确定历史建筑的保护原则、保护与更新的重点方向、具体方式等问题提供科学依据,以突破历史建筑保护资金瓶颈因素的限制,最终为目标对象区域历史建筑的保护利用及市场建设提供决策支持和价值参考。

0.3 研究目标与内容

0.3.1 研究目标

建立并完善历史建筑经济价值评估体系是合理量化历史建筑综合价值在经济上反映的前提。本书通过综合分析历史建筑的概念、分类,估价的经济原理,以及影响历史建筑经济价值的因素体系,探讨估价原则,明确资料收集,确定合理的估价方法和工

---

❶ 上述两个行业技术规范均由本书作者主持编写制定。

作程序,最终构建相对完善的历史建筑估价理论和方法体系。同时在理论分析的基础上进行实证研究,具备较强的可操作性。本书的研究目标是建立相对完整的历史建筑估价理论与方法体系,科学合理地显化历史建筑的经济价值,保证交易市场的正常运行,维护国家、社会及各法律主体的合法权益,也为我国历史建筑的保护、开发与利用等提供客观公正的价值参考。

0.3.2 研究内容

基于以上研究目标,本书将理论分析与实证研究相结合,主要从三个方面开展研究:首先是对历史建筑概念与价值体系进行理论分析;其次是对确定影响历史建筑经济价值的重要因素进行分析;最后是对历史建筑估价理论与方法应用进行探讨,建立较为完善的估价技术体系,并选取实例进行计算,以证明其可行性及科学合理性。

1) 历史建筑价值体系理论分析

历史建筑价值体系是指历史建筑特有的各种价值要素的综合体现与反映。通过对历史建筑概念与特征的界定,探讨历史建筑价值体系构成,分析历史建筑各种价值属性内涵,揭示历史建筑综合价值与经济价值的相互影响机制,进一步完善历史建筑价值体系的理论研究。

2) 历史建筑经济价值影响因素研究

在综合分析历史建筑经济价值的理论基础上,探讨、遴选与确定历史建筑经济价值的主要影响因素,包括:传统意义上的普通不动产经济价值的影响因素、作为历史文化载体的历史建筑本身所蕴含的历史、艺术、科学、环境、社会和文化价值等方面的影响因素,以及相关的特殊使用价值、保护限制条件等。

3) 历史建筑估价理论与方法体系研究

基于传统经济学、制度经济学等理论,对历史建筑经济价值的形成机理和变化趋势、历史建筑的产权界定与限制、历史建筑估价程序开展研究;并在此基础上,借鉴相关的估价理论与方法,分别从传统房地产估价方法、资源经济学评估方法和其他特殊估价方法对历史建筑估价方法进行适用性研究。在上述方法研究的基础上,选取一些典型历史建筑案例进行实证研究,建立科学合理的历史建筑估价技术体系。

1 历史建筑概述

1.1 历史建筑的概念

1.1.1 历史建筑概念的界定

历史建筑,隶属于历史文化遗产,对其概念的界定是一个发展的过程❶。

2005年建设部《历史文化名城保护规划规范》(GB 50357—2005)提出了文物古迹、文物保护单位、保护建筑与历史建筑等概念:文物古迹是指"人类在历史上创造的具有价值的不可移动的实物遗存,包括地面与地下的古遗址、古建筑、古墓葬、石窟寺、古碑石刻、近代代表性建筑、革命纪念建筑等",这个概念范围最为宽广;文物保护单位是指"经县以上人民政府核定公布应予重点保护的文物古迹";保护建筑的界定是"具有较高历史、科学和艺术价值,规划认为应按文物保护单位保护办法进行保护的建(构)筑物";历史建筑为"有一定历史、科学、艺术价值的,反映城市历史风貌和地方特色的建(构)筑物"。重新修订后的《中华人民共和国文物保护法》规定:"古文化遗址、古墓葬、古建筑、石窟寺、石刻、壁画、近代现代重要史迹和代表性建筑等不可移动文物,根据它们的历史、艺术、科学价值,可以分别确定为全国重点文物保护单位,省级文物保护单位,市、县级文物保护单位""尚未核定公布为文物保护单位的不可移动文物,由县级人民政府文物行政部门予以登记并公布"。文物保护单位属于文物范畴,不仅包括古代建筑,也包括近代、现代甚至当代建筑,是指具有历史价值、科学价值及艺术价值等的历史上遗留下的建筑物,以及与著名历史人物、革命运动及重大历史事件等有关的,具有重要纪念价值、教育价值及史料价值的纪念性建筑物❷。从这一概念可知,文物保护单位必须是由县级以上的政府部门认定的不可移动文物;而不可移动文物范围则要宽广一些,包括未核定为文保单位的部分建(构)筑物,同样也属于文物,要由相关政府部门认定。其中,不属于文保单位的不可移动文物,由文物部门登记在册的称为登录的不可移动文物。2008年国务院颁布的《历史文化名城名镇名村保护条例》

---

❶ 李浈,雷冬霞.历史建筑价值认识的发展及其保护的经济学因素[J].同济大学学报(社会科学版),2009,20(5):44-51.

❷ 中国大百科全书总编辑委员会《文物博物馆》编辑委员会.中国大百科全书:文物博物馆[M].北京:中国大百科全书出版社,1993:1.

第四十七条将"历史建筑"界定为"经城市、县人民政府确定公布的具有一定保护价值，能够反映历史风貌和地方特色，未公布为文物保护单位，也未登记为不可移动文物的建筑物、构筑物"。2012年住房和城乡建设部、国家文物局公布实施的《历史文化名城名镇名村保护规划编制要求（试行）》第二十三条提出："传统风貌建筑，指具有一定建成历史，能够反映历史风貌和地方特色的建筑物。"同一条例第二十二条："在具有传统风貌的街区、镇村，对文物保护单位、尚未核定公布为文物保护单位的登记不可移动文物、历史建筑之外的建筑物、构筑物，划分为传统风貌建筑、其他建筑。"综上所述，数个规范性文件将文物保护单位概念重新诠释，以及对"历史建筑"重新进行定义，并赋予其法定概念，同时明确了文物保护单位、登记的不可移动文物、历史建筑和传统风貌建筑四个等级，前三个等级应由政府部门确定公布或备案。

部分国内学者[1]认为广义的历史建筑是指具有一定历史价值、科学价值、艺术价值的，反映城市历史风貌和地方特色的建筑物或构筑物。有些研究[2]认为"历史建筑是指建筑年龄在50年以上，并且具有至少以下特征之一的建筑：能反映所在城市的民俗传统和历史文化特点；建筑形式、施工工艺、结构和技术具有较高的艺术特色和科学价值；具有独特建筑风格特点；著名建筑师的代表作品；曾经或一直是所在城市标志性的建筑；在全国或所在城市的产业发展史上具有代表性的建筑；历史文化古迹中的代表性建筑；与著名历史人物或事件密切相关的建筑"。有些研究在对历史建筑保护及利用分析时直接将历史建筑界定为具有历史价值、艺术价值和科学价值的古建筑、近代建筑及当代建筑[3]。甚至还有研究将历史建筑范围扩大到"不仅包括古代和近代优秀建筑，而且包括当代的优秀建筑；应涵盖历史单体建筑在内的历史街区及其环境"[4]。

综合以上论述，为了更好地对历史建筑进行保护，必须对其概念及范围进行统一定义。因此，本书所涉及的历史建筑（广义），是指"各个历史阶段（包括不满50年）保存至今，具有历史价值、科学价值、艺术价值和其他价值要素，能在一定程度上反映文化传承或历史风貌的房地综合体[5]及权益，包括各级文物保护单位、登录的不可移动文物、依法认定的历史建筑和传统风貌建筑等。"[6],[7]

---

[1] 张杰,庞骏,董卫.悖论中的产权、制度与历史建筑保护[J].现代城市研究,2006,21(10):10-15.

[2] 高秀玲.天津市历史建筑保护研究与再开发管理模式研究[D].天津:天津大学,2005.

[3] 杨毅栋,王凤春.杭州市历史建筑的保护与利用研究[J].北京规划建设,2004(2):128-130.

[4] 汝军红.历史建筑保护导则与保护技术研究[D].天津:天津大学.2007

[5] 房地产综合体包括土地,建筑物、构筑物,树木、山石、池塘及水井等附属物,绝非单纯建筑形态。历史建筑权益不仅包括特殊价值要素,也包括建筑本身的使用功能属性等。

[6] 上述定义的历史价值、科学价值、艺术价值和其他价值要素是指历史建筑保存的不同信息在各自的领域及学科方向反映出历史建筑的客观实体特性,赋予人类对历史建筑产生积极的价值观念与本质力量。这些价值属于特殊价值要素,而不是具体金额的表现。历史建筑权益不仅包括特殊价值要素,也包括建筑本身的使用功能属性等。

[7] 传统风貌建筑是指在具有传统风貌的街区、镇村内,在文物保护单位、登录不可移动文物、依法认定的历史建筑(狭义),具有一定建成历史、能够反映历史风貌和地方特色的建(构)筑物。

由于早期对历史建筑的定义较为笼统,学术界经常以"历史建筑"来泛指建筑的自然发展过程和社会发展过程,经过漫长时期逐渐发展形成的具有不同历史时期社会文化、技术经济综合特征的建筑物单体、群体及其建筑环境风貌的总称,包括各级文物保护单位及非文物建筑❶。这个概念较为广义,实际上涵盖了建筑遗产(非历史地段)的所有内容。虽然在 2008 年《历史文化名城名镇名村保护条例》中对"历史建筑"的概念及含义进行了界定,但学界依然惯于采用"历史建筑"来统称个体的建筑遗产。因此本书认为采用"历史建筑"的称谓比较符合实际,也更加便于当前文化遗产保护运动的学术讨论。故本书中除了专门注明狭义的历史建筑或依法认定的历史建筑以外,所称的"历史建筑"均指广义概念。

1.1.2　与历史建筑相关的概念

除文保单位、不可移动文物等概念以外,与历史建筑相关的其他概念还包括古建筑、历史文化遗产和历史地段等,历史建筑与这些相关概念既有联系又相互区别。

1) 历史建筑与古建筑、传统建筑

日常生活中人们经常把历史建筑称为古建筑或传统建筑,特别是在 20 世纪 80 年代以后❷。然而对于古建筑的概念却是众说纷纭。如有的学者认为"古建筑即指古代建筑",有的学者认为古建筑应该泛指具有历史、艺术和科学价值的建筑,包括近代建筑❸。苏州市颁布的《苏州市古建筑保护条例》将古建筑定义为"尚未公布为文物保护单位,符合一定条件的建筑物、构筑物,包括近代建筑",这与本书的历史建筑概念有着相似含义;福州和深圳等城市的地方法规也有类似规定。对于国家级标准而言,我国也有一些与古建筑相关的行业标准,例如《古建筑木结构维护与加固技术标准》(GB 50165—2020)等,但未对古建筑定义进行规范。

对于传统建筑,宋文认为"中国传统建筑是指从先秦到 19 世纪中叶以前的建筑"❹;程建军认为"传统建筑是指以传统历史沿传而来的建筑工艺技术,使用传统建筑体系的材料所建的具有传统形式的建筑物"❺。这些定义有的与古代建筑相似,有的还包括近代具有传统形式的建筑。本书认为,通常意义上讲,古建筑与历史建筑定义相似,相对于传统建筑要宽泛一些。

2) 历史建筑与古代建筑、近代建筑

古代建筑是指古代的一切建筑物、构筑物,潘谷西认为"1840 年以前的建筑称为古

---

❶　赖明华,王晓鸣,罗爱道.基于正交设计的历史建筑综合价值评价研究[J].华中科技大学学报(城市科学版),2006,23(3):35-38.
❷　陆地.建筑的生与死:历史建筑再利用研究[M].南京:东南大学出版社,2004.
❸　梁思成.中国建筑史[M].天津:百花文艺出版社,2007.
❹　宋文.中国传统建筑图鉴[M].上海:东方出版社,2010:16.
❺　程建军.文物古建筑的概念与价值评定:古建筑修建理论研究之二[J].古建园林技术,1993(4):26-31.

代建筑"❶。而从建筑分类上看,古代建筑是指清末民初(1911年)以前按传统形式建造的古典建筑物❷,是人类文化遗产的实物表现,是区域文化的代表,具有丰富的历史、文化、艺术等价值❸。由于保留至今的古代建筑均具有一定的历史、艺术等价值意义,属于历史建筑的范畴。近代建筑通常是指时间范围从1840年鸦片战争开始到1949年中华人民共和国建立为止,这期间内所建成的建(构)筑物,其中包括新旧两个体系:旧建筑体系基本上仍沿袭着传统的建筑布局、技术工艺和风貌色彩,但是受新建筑体系的影响也出现若干局部的变化,人们有时习惯将这类建筑仍称之为古代建筑;新建筑体系包括从西方引进的和中国自身发展出来的新型建筑,具有近代的新风格、新技术和新功能等。通常人们所认为的近代建筑侧重是指新建筑体系❹。

根据以上分析可知,古代建筑主要强调建筑的所属年代和传统延承;近代建筑多指具有新形式风格的建筑。本书的历史建筑概念则涵盖两者。

3) 历史建筑与历史文化遗产、建筑遗产

历史文化遗产作为城市的文脉和文化起点,是一种不可再生的文化资源与资产。文化遗产一词首见于《海牙公约》和同年的《欧洲文化公约》,明确历史遗产的表述至少应需要三个部分:价值体系、物质形态、表现特性❺。2005年12月发布的《国务院关于加强文化遗产保护的通知》首次明确了我国历史文化遗产概念:文化遗产包括物质文化遗产和非物质文化遗产。物质文化遗产是具有历史、艺术和科学价值的文物。非物质文化遗产是指各种以非物质形态存在的与群众生活密切相关、世代相承的传统文化表现形式。历史建筑作为记录历史文脉的物质载体,从属于历史文化遗产。

建筑遗产同样也属于文化遗产,是物质的、不可移动的文化遗产。1972年《世界遗产公约》确定建筑遗产包括"纪念物、建筑群和遗址"。国内也有学者认为:建筑遗产就是指人类文明进程中各种营造活动所创造的一切实物,包括建筑物、构筑物,以及城市、村镇和它们的环境。建筑遗产的基本属性,是有形的、不可移动的、物质性的实体❻。基于该定义,建筑遗产(非历史地段)基本上等同于本书界定的历史建筑概念,只是切入点有所不同。

4) 历史建筑与历史地段

根据《历史文化名城保护规划标准》(GB/T 50357—2018),历史地段是指经相关部门确定公布的,"能够真实地反映一定历史时期传统风貌和民族、地方特色的地区"。包括历史文化街区、历史文化名镇、历史文化名村和传统村落等。其中:①历史文化街

---

❶ 潘谷西.中国建筑史[M].7版.北京:中国建筑工业出版社,2015.
❷ 吴卉.古建筑、近代建筑、历史建筑和文物建筑析义探讨[J].福建建筑,2008(9):23-24.
❸ 王昭言.中国古建筑的历史文化价值[J].包装世界,2010(1):63-64.
❹ 金磊.新中国建筑保护与传承需要力作:读郑时龄院士《上海近代建筑风格》(新版)的感悟[J].建筑,2020(19):3.
❺ 黄明玉.文化遗产的价值评估及记录建档[D].上海:复旦大学,2009.
❻ 林源.中国建筑遗产保护基础理论研究[D].西安:西安建筑科技大学,2007.

区中指经省、自治区、直辖市人民政府核定公布的保存文物特别丰富、历史建筑集中成片,能够较完整和真实地体现传统格局和历史风貌,并具有一定规模的历史地段。②历史文化名镇是指经国家有关部门或省、自治区与直辖市人民政府核定公布予以确认的,保存文物和历史建筑特别丰富并且具有重大历史价值或革命纪念意义,能较完整地反映一些历史时期的传统风貌和地方民族特色的城镇,包括中国历史文化名镇、省级历史文化名镇。③历史文化名村是指经国家有关部门或省、自治区与直辖市人民政府核定公布予以确认的,保存文物和历史建筑特别丰富并且具有重大历史价值或革命纪念意义,能较完整地反映一些历史时期的传统风貌和地方民族特色的村庄,包括中国历史文化名村、省级历史文化名村。④传统村落是指除中国历史文化名村、省级历史文化名村外,经相关政府部门核定公布予以确认的,拥有物质形态和非物质形态文化遗产,具有较高的历史、文化、科学、艺术、社会、经济价值的村落。

历史地段保护范围包含两个区域,一是核心保护范围,二是在核心保护范围之外划定的建设控制地带。因此,历史建筑与历史地段的关系犹如点与线面的关系。历史地段强调的是"区域",包含了一定数量历史建筑或历史文化遗产的街道、村镇或区域;历史建筑表现为建筑"单体"。所以,在历史地段中必然包含一定数量与规模的历史建筑,而拥有历史建筑的区域未必是历史地段。

1.2 历史建筑的类型

由于不同类型的历史建筑具有的价值内涵和影响因素不尽相同,对其估价考虑的重点也有所差异,本节通过分析历史建筑的主要类型,为历史建筑价值的研究打下理论基础。

从不同角度分析,历史建筑可划分为不同类型:

(1) 国外研究认为,历史建筑的类型包括三方面:一是与历史发展的事件或人物相关联的历史建筑;二是记录特定的建筑风格、用途、技术工艺等的代表性建筑;三是表现特定的历史文化场所,如历史遗迹或景观❶。

(2) 从特殊性的角度进行分类,在国内文件或文献中也有类似表述。《上海市历史文化风貌区和优秀历史建筑保护条例》规定,优秀历史建筑包括:"(一)建筑样式、施工工艺和工程技术具有建筑艺术特色和科学研究价值;(二)反映上海地域建筑历史文化特点;(三)著名建筑师的代表作品;(四)在我国产业发展史上具有代表性的作坊、商铺、厂房和仓库;(五)其他具有历史文化意义的优秀历史建筑。"其他一些城市如杭州、福州等也有类似划分。有的学者对此进行总结,将历史建筑类型确定为:①在城市发展史、建筑史上有重要意义的历史建筑或是某种建筑技术的代表作;②具有较强个性、

---

❶ Judith Reynolds. Historic Properties: Preservation and the Valuation Process[M]. 3rd ed. [S.l.]: Appraisal Institute, 2006.

长期以来被认为是城市的标志性建筑;③著名建筑师设计的,在建筑史上有一定地位的优秀建筑;④艺术价值较高、造型优美,对丰富城市面貌有积极意义的某种外来艺术形式的建筑;⑤代表城市发展某一历史时期传统的民居建筑;⑥城市历史上同某一重大事件或某种社会现象有关的纪念性建筑;⑦一些同城市文化传统有关的建筑体与造型别致、地方色彩浓厚的建筑形式❶。

(3) 从法定地位与行政归属的角度进行分类,历史建筑可分为世界文化遗产、各级文物保护单位、登录的不可移动文物、依法认定的历史建筑(狭义)、传统风貌建筑、其他普通建筑遗产六类❷。这种分类体系在建筑遗产保护管理领域使用的比较普遍。

(4) 从用途与使用功能的角度进行分类,东南大学潘谷西教授认为历史建筑综合起来主要分为:居住建筑、行政建筑、礼制建筑(坛庙、陵墓)、宗教建筑、商业及手工业建筑、教育文化娱乐建筑、园林与风景建筑、市政建筑、标志建筑、防御建筑等 10 类❸;《苏州古城区控制保护建筑风貌艺术人文历史的价值研究》将历史建筑分为:民居住宅、会馆祠堂、宗教建筑、官署行政建筑、金融业建筑、文化教育建筑、工业建筑、商业服务性建筑、军事建筑等类型,有些研究将历史建筑按使用功能可以分为宗教建筑、军事建筑、教育建筑、商业建筑、住宅及市政建筑等类型❹。

上述是从不同角度将历史建筑进行分类的。由于本书研究的是历史建筑估价,而估价行为更加关注于目标对象的用途与使用功能。因此,本书从用途与功能角度,将历史建筑划分为六种类型:居住建筑、公共建筑、宗教建筑、礼制建筑、工业建筑、军事建筑等❺,并且对六种类型的历史建筑分别阐述。

1.2.1 居住建筑

居住建筑是指人们生活起居和进行户内工作的处所,是人们日常生活使用的建筑物。对于居住类历史建筑,一般可分为普通民居、宅第民居、里弄住宅三类,其中宅第民居又可进一步细分为官宦府第、名人故居等类型。

1) 普通民居

普通民居类历史建筑即普通百姓的居住建筑,这类历史建筑既有传统木结构建筑,也有花园式别墅。传统木构建筑分布较广,数量较多,如杭州上城区、下城区及拱墅区京杭大运河两岸、苏州平江路、山塘街都保留下了众多的传统民居建筑。花园式别墅的数量相对于传统木构建筑较少,其造型风格不同,包括中式、欧式及中西合璧式,建筑新潮华丽、独具神韵,多数与园林庭院有机结合;这些建筑还可能与历史名人轶事有

---

❶ 童乔慧.中国建筑遗产概念及其发展[J].中外建筑,2003(6):13-16.
❷ 住房城乡建设部,国家文物局.历史文化名城名镇名村保护规划编制要求(试行),[EB/OL]. (2012-11-06)[2024-10-02]. http://www.mohurd.gov.cn.
❸ 潘谷西.中国建筑史[M].7版.北京:中国建筑工业出版社,2015:12.
❹ 童乔慧.澳门历史建筑的保护与利用实践[J].华中建筑,2007,25(8):206-210.
❺ 从本质上讲,宗教建筑与礼制建筑也归属于公共建筑,只是较为特殊,本书将其另列分析。

关联,保存着一定的文化内涵与历史内容,例如苏州的体育场路 18 号民居❶,本身并无特色,只是邻近章太炎故居,据传当年主人与章大师稔熟,留下数幅笔墨,堪称佳话。

2) 宅第民居

宅第民居是指除普通民居以外的居住建筑,这类历史建筑的宅主包括状元、文人、官宦、商贾等,宅第民居建造的习俗与风格反映了他们不同的审美情趣,为这类历史建筑带来了风采各异的文化价值与内涵。例如苏州古城内半数以上的控制保护建筑为宅第民居。宅第民居作为数量最多的传统建筑形态,也是构成古城的重要组成部分,临水而筑、与水相依、置园造林、引山入水、轻巧简洁、古朴典雅、粉墙黛瓦、色彩淡雅,无不体现素雅的艺术特色❷。根据宅第民居的宅主身份不同,可以将宅第民居划分为官宦府第、名人故居两类(图 1-1)。

3) 里弄住宅

里弄住宅是在传统住宅基础上引入欧洲现代居住建筑概念并予以改进从而产生的一种中西合璧式的居住建筑类型。这类建筑最早出现于上海,一般成批建造、分户出租或出售;与传统分散、自建的单栋住宅相比,里弄住宅建筑的设计兼有独院与聚居住宅的某些特点。里弄建筑的优点是经济效益较高,有限的建筑用地可以争取更多的居住空间,满足建筑功能;但也存在明显不足,例如建筑密度过大,日照、通风不良等。石库门里弄住宅建筑最为有名的当数上海租界里弄建筑群等(图 1-2)。

图 1-1　宅院建筑

图 1-2　里弄建筑

1.2.2　公共建筑

从现代意义来讲,公共建筑是指人们进行各种公共活动的建筑,包括办公建筑、科教文卫建筑、商业建筑、通信建筑、旅游建筑以及交通运输类建筑等❸。结合历史建筑的特殊性,本书认为公共建筑包括行政建筑、科教文卫娱建筑、商业建筑、市政建筑等。

1) 行政建筑

行政建筑又分为宫殿建筑和行政办公建筑。

---

❶ 苏州市控制保护建筑编号 236 号
❷ 苏州市房产管理局. 苏州古民居[M]. 上海:同济大学出版社,2004:15-19.
❸ http://baike.baidu.com/view/225143.htm

(1) 宫殿建筑　宫殿建筑是我国古代历史建筑中最豪华、社会等级最高的建筑类型,为帝王朝会和居住的场所。宫殿建筑仅在历史上的首都才有,且现存也不多,国内目前保存较为完好的帝王宫殿只有北京明清故宫和沈阳清故宫。

(2) 行政办公建筑　行政办公建筑主要是官吏、政府人员等处理公务的办公场所,按历史年代可以划分为官署建筑和行政建筑:官署建筑主要是指中国近代史(鸦片战争)以前的,而行政建筑主要是指鸦片战争以后的行政办公建筑。这些建筑虽然在用途上较为特殊,可是作为时代遗存,其意义已经超过建筑本身。

2) 科教文卫娱建筑

科教文卫娱建筑是指人们进行文化、教育、科研、医疗、卫生及体育娱乐等活动的历史建筑类型。这类建筑从一个侧面反映了社会的发展,主要包括以下几类建筑类型:

(1) 古代科教文建筑　古代科教文建筑主要包括贡院和翰林院。贡院是古代会试的考场,是封建科举制度的历史见证,其中南京夫子庙的江南贡院最为著名。翰林院是国家养才储望之所,负责修书撰史、起草诏书等,晚清北京翰林院曾以巨量藏书著称于世,是当时世界上最大的图书馆。

(2) 近代科教文建筑　近代科教文建筑主要包括博物馆、图书馆、学校以及各类纪念性建筑。民国时期设立的博物馆、图书馆、体育馆以及营造的纪念性建筑大多数是采用"中国固有形式",其中北京燕京大学(今北京大学)、浙江西泠印社等历史建筑[1]是这一时期优秀科教文建筑的代表作。

(3) 教会学校　19世纪中叶至20世纪初,教会学校对中国的中高等教育发展起到了举足轻重的作用。教会学校的建筑一般质量较高、规模大、数量多、组合成群,成为学校所在城市或地区的主要景观[2]。教会学校建筑大多采用中西合璧式样,拉开了中国传统建筑艺术复兴的序幕[3]。苏州的东吴大学就是典型实例。

(4) 医疗卫生建筑　古代医疗卫生建筑包括药店和医馆,部分医馆和药店合二为一。古代医疗卫生建筑具有典型的中式传统建筑特色,代表建筑有杭州胡庆余堂、北京同仁堂等。其中胡庆余堂是在百年原建筑群的基础上创建而成的,吸取了江南住宅园林之长,布局合理、用材讲究、雕刻细致、装饰华丽,是国内难得的集江南建筑之长的清代前店后坊式的商业建筑。

(5) 旅游园林景观娱乐建筑　中国文化重视人与自然的融洽,景观园林建筑便体现这种特色。或江边或湖畔,登阁临风、凭栏眺望;或小溪或石间,"虽由人作、宛如天开"[4];流连于此、心怀情趣,正是中国古人刻意追求的天人合一、返璞归真的审美境界。

---

[1] 杨毅栋,王凤春.杭州市历史建筑的保护与利用研究[J].北京规划建设,2004(2):128-130.
[2] 董黎.中国近代教会大学建筑史研究[M].北京:科学出版社,2010.
[3] 董黎.教会大学建筑与中国传统建筑艺术的复兴[J].南京大学学报(哲学,人文科学,社会科学),2005(5):70-81.
[4] 计成.园冶[M].李世葵,刘金鹏,编著.北京:中华书局,2020.

黄鹤楼、滕王阁、岳阳楼三大楼,江南园林等皆是此类建筑的代表作。

3) 商业建筑

商业建筑主要是指用于商业、金融业及其他服务业的历史性公共建筑类型。早期的商业建筑是内向的四合院建筑,后来演变为外向的沿街建筑,故又称"市楼",底层为店铺(前店后坊),成为前铺后居、下铺上居的混合型建筑。商业建筑起初是将店铺集中到指定的坊中成为固定的集市,到后来成为线状的街市。从商业建筑功能上看,商业建筑可以进一步划分为商业服务性建筑、金融业建筑和会馆建筑。

(1) 商业服务性建筑　广义的商业建筑是指供人们从事各类经营活动的建筑物,包括各类生产资料及日常用品的零售商店、商场及批发市场等,也包括各类服务业建筑,如旅馆、餐馆、文化娱乐设施、会所等。而狭义上的商业建筑是指供商品交换及商品流通的建筑❶。江南地区自东晋中原南迁以来是经济繁华之地,由此产生了大量配套商业服务性建筑为旧时百姓日常生活中商品交换及商品流通服务提供着方便。这类商业服务业建筑有着简约朴素但"市口佳"的特征,例如苏州乾泰祥布庄、六福楼菜馆等。又如八廓街是拉萨著名的转经道和商业中心,街道两侧店铺林立,有120余家手工艺品商店和200多个售货摊点,千年八廓街集宗教、文化、旅游、商业为一体,是全国乃至世界最具特色和魅力的历史文化街区之一。(图1-3)

图1-3　历史街区商业店铺

(2) 金融业建筑　金融业建筑的主要用途是用于发展金融业,如历史上的钱庄、当铺、典当等。而上海自开埠以来就成为西方列强在中国经营的重要据点,他们在此建设租界,因此上海外滩就成了租界最早建设和最繁华之地。这里洋行林立,贸易繁荣。从19世纪后期开始,许多外资和华资银行在外滩建立,形成了最为著名的上海外滩金融建筑群。该建筑群全长约1.5 km,东临黄浦江,有哥特式、罗马式、巴洛克式、中西合璧式等52幢风格各异的大楼,故有"万国建筑博览群"之称。

(3) 会馆建筑　会馆是一种同乡会性质的社会团体,是移民为了联络乡情、互相关照而按籍贯或行业建立的一种社会组织。明清时期,从海内外各地云集到江南地区的

---

❶ http://baike.baidu.com/view/613247.htm

商人或按照籍贯或按照行业而自发建立了会馆公所,作为经商会友的公共空间。江南地区历史上曾先后有过860多处会馆公所;拥有会馆建筑最多的城市是苏州,苏州的会馆到了清代乾隆时期发展达到鼎盛。会馆里定期举办祭祀、慈善、经商、娱乐等活动,也作为捐款成员贮藏货品、寄宿与规范同乡或行业活动的场地。会馆一般按商人籍贯设置,也有按行业划分的,例如岭南会馆、安徽会馆,玉器公所、裘业公所等。

4) 市政建筑

在中国古代,城市是统治阶级主要活动的据点,所以对于城市建设非常重视。除了行政办公、居住、商业等建筑要素之外,城市还需要许多辅助性配套建筑,这就是市政建筑。市政建筑也可进一步划分为以下几种建筑类型:

(1) 公共市政建筑　随着城市规模的不断扩大、城市人口剧增、里坊制度的完善,统一的时辰定制的需要,钟楼作为中国古代城市最为实用的报时建筑应运而生;同时随着城市建筑密度的提高,以木结构为主的中国传统建筑组成的城市的防火问题相当突出,因此,在南北朝时期以后县城以上都要设置鼓楼、谯楼,用于报火情或报警。

(2) 交通建筑　随着城市之间道路体系不断完善,人们出行越加频繁,路亭、桥梁、驿站等辅助性交通建筑也形成了一整套完备系统。

(3) 标志性构筑物　古代统治阶级有时为宣扬自己的功绩或其他目的,会在城市中建立一些标志性的构筑物,显得庄重华美,如华表、牌坊等。这些构筑物通常雕刻繁复细腻、用工精良,体现出古代劳动人民的卓越成就和经验。

1.2.3　宗教建筑

宗教建筑主要是供给人们从事宗教活动的建筑。世界上宗教的种类众多,不同宗教建筑有着各自独特的建筑风格。在我国古代流行的宗教主要是佛教、伊斯兰教以及道教等,也有天主教、基督教、摩尼教等其他教派,但纵观历史,对中国影响最大的是佛教。佛教于公元1世纪的东汉时期传入中国,公元3世纪起盛行,后来得到统治阶级的扶植,从而使得佛教寺庙、佛塔等遍布全国各地。但是中国的寺庙深受中国古代建筑的影响,庄严雄伟、精美华丽,与自然风景融为一体,具有浓郁的中国佛教建筑特色。中国目前较为著名的寺庙有佛教四大名山寺庙群、嵩山少林寺、拉萨大昭寺、苏州寒山寺等。

西方建筑传入中国的第一个渠道是教会建筑。第二次鸦片战争以后,各国与清政府签订的条约都规定传教士可以进入中国内地自由传教的条款,于是大批天主教与新教的传教士进入中国,教会建筑早期在上海、天津等沿海城市发展,随后逐步向内地延伸,建筑风格迥异,涵盖罗曼式、拜占庭式、哥特式、复兴式、折中主义式等各种西方建筑类型,较为著名的有北京王府井天主堂、上海徐家汇天主教堂等。

伊斯兰教及道教在中国历史悠久、影响甚广,其建筑特色与宗教传统息息相关。中国比较著名的伊斯兰教建筑有:新疆和田大清真寺、宁夏同心大清真寺;著名道教建筑有:北京白云观、四大道家名山观群等。

1.2.4 礼制建筑

礼制建筑不同于宗教建筑,但与宗教建筑又有着密切的联系。"礼"为中国古代"六艺"之一,并集中地反映了封建社会中的天人关系、阶级和等级关系、人伦关系、行为准则等,是上层建筑的重要组成部分,在维系封建统治中起着很大的作用。能够体现这一宗法礼制的建筑就称为礼制建筑。礼制建筑起源于祭祀,伴随着祭祀活动的兴起,相应产生了祭祀活动的场所、构筑物和建筑物等,这就是礼制建筑。在古人看来,礼制建筑是神灵与苍生的感应场,是进行人神对话与交流的圣地。中国比较著名的礼制建筑有天坛、地坛、先农坛、先蚕坛等,还有五岳、四渎、四海以及朝廷批准的国家祭祀庙宇,如妈祖庙。

1.2.5 工业建筑

工业建筑主要是指供人们从事各类生产活动的建筑物、构筑物。工业建筑最早出现于18世纪中期的英国,随后美国及欧洲许多国家也开始大肆兴建,而中国直到20世纪20年代才开始专门兴建各类工业建筑。近代民族工商业的发展在中国独树一帜,其中涉及丝绸工业、纺织工业、工艺美术、轻工业、食品工业等诸多工商业领域,留下了众多记载着中国民族工业兴衰的工业厂房建筑。一如当年的无锡荣氏的纺织厂、苏州鸿生火柴厂等,虽然目前这些工业建筑尚存,但里面早已没有了机器的轰鸣声,取而代之的是时尚酒吧、美术场馆和陈列馆等。

1.2.6 军事建筑

军事建筑的主要功能是提供一个国家或地区用于军事防御及军事活动的建筑。在中国的封建社会时期,由于当时社会矛盾、民族矛盾等错综复杂,解决方式更多是依靠军事力量,因而许多古代建筑在设计时期就考虑到了防御等内容,如望楼、角楼等;还有的是纯军事防御设施,如万里长城、狼烟台等;古代城市建设也会考虑城墙、敌台、军粮库、战备库等❶。到近代以来,由于飞机火炮等新型武器的出现,战争形势的不断变化,军事建筑的结构与特征也随之改变。经历了多场战争的洗礼,许多近代军事建筑被摧毁,同时也有部分尚存,如南京城墙、虎门炮台等。

1.3 历史建筑的特征

从国内外现有研究成果来看,许多有关历史建筑或古建筑的特征分析是从历史建筑本身的外部特征、形态结构特征以及某些价值特征等方面论述的,而将其作为一种

---

❶ 张驭寰.古代军事建筑、军事工程有什么内容?(中国古建知识问答)[EB/OL].(2003-10-27)[2024-10-02]. http://www.people.com.cn/GB/paper39/10481/954391.html.

资源和资产来考察其特征的研究比较少。这里借鉴有关不动产及资源管理等相关研究,从不动产的角度对历史建筑所具有的内在特征进行分析。总体上看,历史建筑具有下列特征。

1.3.1 二元性特殊不动产

从历史建筑的概念与分类来剖析,历史建筑首先是一种不动产,但同时属于历史文化遗产,其蕴含着特定的历史、文化艺术和社会内涵等。这种二元属性依托历史建筑这个物理承载体共生融合,有时两者也会产生冲突矛盾,例如公众认为历史建筑应该受到特殊保护,这导致了建筑本身的功能实用性受到限制。

1.3.2 传承性

历史建筑作为一种人类社会的遗产,其本质就是前辈留下的财富,这种财富被后代享用或传承。历史上人们的生活方式、态度以及爱好习惯与现代有着巨大的差异,过去发生的重大事件影响着城市、地区甚至国家。历史究竟发生过什么?相关文献记载、民间传闻等是否真实?这些都依赖人们找寻证据去发掘和证明。历史文化承载积累于建筑、雕塑与遗址等载体之中,人们通过认定和辨别各个时期的建筑结构、建筑材料、建筑风格的差异,结合特有的艺术形态与功能表现,最终还原出那些特定地域、时期和人类的思想意境与生活状况。历史建筑正是由于具有如此的独特性,才得以在不同代际间分享、记录和传承。

1.3.3 地域性

历史建筑建于土地之上,作为完整意义、立体空间的房地综合体,具有地域的空间稳定性。虽然在城市化进程中,也出现过古建筑的迁移案例,如广西壮族自治区的一级保护文物"英国领事馆旧址"就由于城市道路扩建被整体移动 35 m[1]。然而,这类整体迁移历史建筑的案例毕竟较少,而且工程量及成本非常高,容易加剧破坏。更重要的是,一旦迁移,历史记忆会产生必然的扭曲,真实性与历史意义会大幅降低。从整体上讲,历史建筑具有不可移动的特征,会受到不同地域差异的影响。

1.3.4 产权限制性

由于历史建筑的特殊性,几乎世界上任何一个国家和地区都对历史建筑的保护与利用有严格规定:在法理上均属于产权限制。例如,要求政府合理确定不同历史建筑的保护等级,以评估结论为依据,依法公布;要求有保护范围、标志说明、记录档案、专门机构或专人负责管理;在保护范围以外,还应划出建设控制地带,以保护文物古迹相

---

[1] 中国房地产估价师与房地产经纪人学会.房地产估价原理与方法(2022)[M].北京:中国建筑工业出版社,2022.

关的自然和人文环境❶，还会对历史建筑的结构、布局、功能、高度、体量、色彩、立面外形以及周边环境要素等做出严格控制❷；也会在历史建筑的产权转让时设定一些前提条件，如要求受让人继续履行保护条款，或是在产权人死亡后无人继承或认定产权人无力保护时，优先收回历史建筑，等。产权限制性还表现在对历史建筑的利用、修缮和改建的限制，例如当历史建筑改良不足，即未达到最大利用状况时，产权人不得擅自迁移或拆除，所有权人具有管理保护历史建筑的责任❸，要求政府根据该历史建筑的特征和功能来确定。这些规定都是出于对历史建筑的保护目的，对历史建筑的使用、处置、收益和占有等权能分别进行了严格限定，这不仅出于历史建筑保护的需要，也是考虑了历史建筑的可持续利用。

1.3.5 稀缺性

人类社会生存与发展过程就是不断以物质产品满足自身发展而日益增长的需求的过程。无论社会多少资源，但其总量有限，经济学也将物品分为经济物品和免费物品，其中对于经济物品来说，数量都是有限的、稀缺的❹。稀缺性就是指在一定时空里，某种资源的总体有限性相对于人类欲望无限性及欲望的无限增长而言，特定时空里有限的资源数量远远小于人类满足欲望的总体需求。

历史建筑的稀缺性主要表现为三个方面：一是历史建筑数量日益减少，在经济全球化的今天，城市建设加快开发，加上地域文化因素受到外来影响而逐步同化，历史建筑由于地理区位与使用限制之间的巨大矛盾，被以各种理由拆毁破坏的不计其数，一旦灭失，将无法复制和不可再生；二是历史记载的稀缺性，历史建筑记载着所处历史时期的原始信息或活动，其真实性和完整性等得到社会的广泛而持久的认同，具有稀缺性❺，但由于缺乏必要的修复维护，就算勉强保留下来的历史建筑也因年久失修而殁失了许多历史证据；三是空间的稀缺性，历史建筑记录着不同的建筑艺术特征与风格，体现出地域差异性——许多历史建筑可以成为一个城市或地区的地标性建筑的原因就在于此。

1.3.6 资源与资产的双重属性

历史建筑是前人遗留下来的珍贵财富，稀缺、有用以及不可再生，属于广义的资源；同时历史建筑作为不动产，又是一种社会资产；因此历史建筑具有资源和资产的双

---

❶ 国际古迹遗址理事会中国国家委员会.2015 中国文物古迹保护准则[S].2015 年修订.北京:文物出版社,2015.
❷ 建设部.历史文化名城保护规划规范:GB 50357—2005[S].北京:中国建筑工业出版社,2005.
❸ 《苏州市古建筑保护条例》的规定:古建筑为私人所有,所有人为保护管理责任人;古建筑为非私有的,使用单位为保护管理责任人;作为民居使用的,管理单位为第一保护管理责任人,使用人为第二保护管理责任人。
❹ 张五常.经济解释:卷三:制度的选择[M].香港:花千树出版有限公司,2002.
❺ 应臻.城市历史文化遗产的经济学分析[D].上海:同济大学,2008.

重属性。前文提及,历史建筑有着稀缺资源的相关特征和基本属性,应受到严格保护。同时历史建筑是人类社会所拥有的一种资产,可以作为财产使用,即产权人将其占用的历史建筑资源作为财产本身或权益;也可以将拥有的历史建筑或历史建筑的产权视作财产变卖来获取收益,而他人为了取得历史建筑这种财产则需要付出一定的经济代价或成本。因此,历史建筑实际上是一种具有资源属性的特殊资产。

1.3.7 社会性

历史建筑的社会性指历史建筑作为人类社会特有的文化遗产,产生、存在与传承等都离不开人类社会,是人类社会创造能力、认知能力和群体认同的集中体现❶。历史建筑的生成是不同历史阶段人们智慧创造的结果,其设计、施工、使用、维护等不可能只是由一个人来完成,这是集体智慧的体现。而历史建筑的传承和保护更是后人共同面对的重大课题,需要全社会来参与思考与实践;如果仅仅只是个别的有心之人奔走疾呼,而绝大多数人漠不关心,传承与保护将是无从谈及。

---

❶ 顾江.文化遗产经济学[M].南京:南京大学出版社,2009:9.

2 历史建筑价值体系

历史建筑是人类历史遗留下来的宝贵财富,隶属于历史文化遗产;历史建筑的产生及变化过程反映了建筑、科技、区域文化等历史演变,蕴含着诸多复杂的价值要素。这些价值要素如何作用,与经济价值的关系如何认定,都是目前学术界争议较大的领域。要完善历史建筑经济价值评估体系,就必须对历史建筑的特征价值、经济价值概念以及相关价值体系进行剖析研究。

2.1 历史建筑价值认识

2.1.1 价值认识

价值是人类社会产生以来一个极为重要的概念,具有多视角的特征,是随着人们的人生观、世界观、政治观及价值观的不同而变化的❶。价值的终极本原只能是运动着的物质世界和劳动着的人类社会。《辞海》将价值界定为:"一是商品的一种属性,凝结在商品中的一般的、无差别的人类劳动;二是价格;三是积极作用;四是在哲学上,不同的思想视域和思想方式对于价值有不同的理解。人们可以从人与对象物的关系的思想领域中理解价值现象,即价值可以指人根据自身的需要、意愿、兴趣或目的对他生活相关的对象物赋予的某种好或不好、有利或不利、可行或不可行等的特性。也可以指对象物所具有的满足人的各种需要的客观特性"❷。从这个定义中认识到"价值"可以分为两个层面,既有哲学意义的范畴,也有经济学领域的范畴。

1) 哲学范畴的价值❸

早期的哲学范畴"价值"概念是以本体论(实体论)为代表的:本体论研究是探究世界的本原或基质,哲学家力求把世界的存在归结为某种物质的、精神的实体或某个抽象原则;本体论的世界存在不是人的对象世界,而是自在的、混沌的抽象世界,是"与我无关"的哲学观点。应当承认,这种论点具有一定的真理性,马克思所论述的凝结商品

---

❶ 吴美萍. 文化遗产的价值评估研究[D]. 南京:东南大学,2006.
❷ 夏征农,陈至立. 辞海[M]. 6版. 上海:上海辞书出版社,2010:876.
❸ 国内众多学者都如此定义,但严格上讲,称为哲学范畴的价值并不适当,因为它很容易与人文价值哲学混淆。有学者认为纯粹的价值学具有独立的社会学科,并不完全属于哲学(可属于亚哲学),这里论述便捷,仍采用这个概念。

内部的劳动时间实际上也是一种价值的实体表现,具有客观存在性。但这种哲学致思后来发展到忽视人的存在,认为自然本身就有自己的价值和尊严,或者价值是自然界的基本现象,如熵的表现。这些观点已经无视人类生存的意义与价值,把人与事物割裂开来,形而上学,必然走入困境❶。

于是现代哲学开始了哲学形态的转向,其中最主要的就是价值论的转向:要求哲学以现实的人类主体为中心,以"人"的观点来看待事物,以人的生存方式为中介把握存在,为人的生活提供价值和意义❷。一个事物有没有价值,主要是看它是否能满足主体的某种需要。如果某种事物能够满足主体一定的需要,具有某种有用性,对于主体的生存发展有积极的、肯定的意义,这种事物就是有价值的;反之,就会被主体认为是无用的甚至是有害的,即无价值的❸。杰克·普拉诺等学者将价值定义成"值得希求的或美好的事物的概念,或是值得希求的或美好的事物本身。价值反映的是每个人所需求的东西:目标、爱好、希求的最终地位,或者反映的是人们心中关于美好的和正确事物的观念,以及人们'应该'做什么而不是'想要'做什么的观念。价值是内在的、主观的概念,它所提出的是道德的、伦理的、美学的和个人喜好的标准❹"。上述观点的价值偏重于"关系论",曾经一度非常流行❺,但事实上也存在明显的缺陷,即所有的关系、属性、意义、兴趣,是客观事物围绕人的目的而形成的,一切以满足人类的需要为基本点,正如自然资源等对于人类有用,就有价值;反之,就不存在价值。这否定了事物本身的客观存在,甚至是自然规律,也不承认其投入的劳动价值,过多注重于人类主体的需要,同样走进"一元论"的误区,逻辑上存在着悖论❻。

20世纪90年代初,哲学家张岱年首先提出了"价值层次"的观点,认为满足人类的需要只是价值的第一层次,称为功用价值;而更深一层的含义是其本身具有优异的特性,这就是内在价值。张岱年同时引用了G.E.穆尔的著作《哲学研究》中的内在价值概念进行说明:"说一类价值是内在的,仅仅意谓一物是否具有它,在何种程度上具有它,单独依靠该物的内在性质。"张岱年认为价值具有两重含义,或是两个层次❼。这个观点的重要意义是将价值概念从一元论向多元论延伸,也是意图对马克思提出的劳动价值、使用价值和价值等概念之间的关系作进一步的诠释,具有一定的开创性。

何栎榕在张岱年的研究基础上,进而提出了价值二重性的概念。何栎榕认为事物的价值可以分为内在与外在两种价值表现:一是某事物对于满足一定时间、地点、条件下的人(个人、集团、社会、人类)的某种需要的效用;二是衡量同类事物之间孰贵孰贱、

---

❶ 马克思恩格斯全集:第23卷[M].中央编译局,译.北京:人民出版社,1972:42.
❷ 孙美堂.从价值到文化价值:文化价值的学科意义与现实意义[J].学术研究,2005(7):44-49.
❸ 胡仪元.生态补偿理论基础新探:劳动价值论的视角[J].开发研究,2009(4):42-45.
❹ 普拉诺.政治学分析辞典[M].胡杰,译.北京:中国社会科学出版社,1986:378.
❺ 这种观点在西方社会以改造自然为主题的科技大发展时代最为流行,"人定胜天"实际上也是这种观点的表现。
❻ 鲁品越.价值的目的性定义与价值世界[J].人文杂志,1995(6):7-13.
❼ 张岱年.论价值与价值观[J].中国社会科学院研究生院学报,1992(6):24-29.

孰高孰低的标准。事物之外在价值与事物之内在价值在含义上互不包容,是两个并列的基本义项。作为哲学范畴的价值,既然是"价值一般",就应将这两项基本含义都包括在内❶。何柞榕还将价值的功用价值直接解释为外在的效用价值,并专门论证其合理性❷。鲁品越非常赞同何柞榕的内外价值说,认为内在价值相当于"实体性价值",外在价值相当于"关系性价值",两种价值达到和谐统一。鲁品越甚至认为"何氏的发现真正揭示了价值概念的秘密,为达到一般的、统一的、系统的价值概念开辟了一条道路。在此基础上,可以建立关于价值世界的完整的理论体系。因此,它是至今为止价值概念研究上的最重要的成果"。

鲁品越更进一步指出了人的价值也具有内外二重性。他首先论证了哲学中"社会人"这一主体身份是人在实践活动中的最高身份,个人是社会人的基本组成单位。研究是以社会人作为主体代表的,其内在价值体现在"社会的集体生命",以"生命的质量"来衡量,包括"人类整体素质、劳动创造能力、生活质量,包括生理心理素质、道德素养、物质生活与精神生活质量等";人的外在价值体现在"对事物利用的集体能动性"。鲁品越认为,人的价值世界正是通过劳动行为这一媒介来投射到物的价值世界,形成了物的内在价值、外在价值与人的内在价值、外在价值的有机融合;并指出物的内在价值和外在价值的研究如果脱离了人的生存与发展这一终极目的而进行是没有意义的❸。人类既是价值的源头和内涵,也是价值的归宿与终极尺度。

2) 经济学意义的价值

从经济学领域上来讲,不同学说对价值也有不同的解释:①马克思在分析商品、价值与劳动等范畴时指出:作为价值,一切商品都只是一定量的凝固的劳动时间❹。《资本论》中的价值概念特指交换价值,即资本关系下的本质❺。②雷利·巴洛维在《土地资源经济学:不动产经济学》里认为经济价值的存在由三个重要部分决定:一是具备效用;二是稀缺性;三是人们占用和使用财产物品的欲望、支付能力和乐意支付程度,以及交换所有权或占有过程的其他因素❻。③西方经济学的均衡价值论认为:一种商品的价值,在其他条件不变的情况下,由该商品的供给状况和需求状况共同决定,在供给和需求达到均衡状态时,产量和价格也同时达到均衡❼❽。④从评估学角度上看,价值有两方面的含义:一是房地产、商品或服务在某一特定时点相对于买卖双方的交换价

---

❶ 何柞榕.什么是作为哲学范畴的价值?[J].人文杂志,1993(3):17-18.
❷ 何柞榕.关于价值一般双重含义的几点辩护[J].哲学动态,1995(7):21-22.
❸ 鲁品越.价值的目的性定义与价值世界[J].人文杂志,1995(6):7-13.
❹ 马克思恩格斯全集:第23卷[M].中央编译局,译.北京:人民出版社,1972:60.
❺ 价值(经济学术语)定义[DB/OL].(2014-08-13)[2024-10-02]. http://baike.baidu.com/subview/208414/12170505.htm#viewPageContent.
❻ 雷利·巴洛维.土地资源经济学:不动产经济学[M].谷树忠,等译.北京:北京农业大学出版社,1989:200.
❼ 朱善利.价格、价值理论与经济学的层次[J].北京大学学报(哲学社会科学版),1986(6):82-88.
❽ 西方经济学对于价值定义除了均衡价值论以外,还有边际效用论、效用价值论与新制度经济学等。由于篇幅有限,此处不再详述。

值;二是所有权产生的未来收益的现值❶。本书认为:前两点解释了经济价值的本质与存在基础,后两点更侧重于说明其衡量标准。评估学在 20 世纪 20 年代从经济学领域中划出,成为独立分支学科,评估学的价值内涵是指商品的交换价值,包括现有的、预期的、显现的和隐含的❷。

3) 两种价值的关联性

对于这两类截然不同的价值定义:"哲学价值和经济价值之间如何相互作用、相互关联?"这是自 20 世纪 80 年代以来,哲学界苦苦探索的课题。学者们提出许多理论,产生了一定的共识,同时也出现了更多的问题。学者们普遍认同经济价值理论的"交换价值""使用价值"等概念不同于哲学的"价值一般",他们从劳动价值论、效用价值论等多角度剖析商品经济价值概念,试图论证其与哲学价值之间的关系,并将其纳入到后者的体系中来❸。

杨曾宪基于鲁品越的研究对价值的二重性提出更加清晰的定义:物的内在价值是人的内在价值的物化表现,是事物(包括观念形态存在的精神客体)的结构、功能和属性在人类(社会文化经济)系统中对人类生命本质有利于类或个体发展功能属性的总和;同时物的外在价值也是人的外在价值的转化和外延,体现了人类个体或群体对事物的作用和反作用,即效用价值,会受到多方面因素的影响❹。杨曾宪详细论证了鲁品越提到"物的效用价值即为商品的使用价值"的观点,指出"它们属于同一性质的价值,虽然就一般而言,商品的使用价值涵盖了客体的效用价值全部"。

就使用价值而言,大卫·李嘉图在其著作《政治经济学及赋税原理》中肯定了亚当·斯密对使用价值和交换价值的区分,并认识到使用价值是交换价值的物质承担者❺。马克思也进一步指出:"交换价值的基本属性是使用价值,是一种使用价值同另一种使用价值相交换的量的比例或关系,这个比例随着时间和地点的不同而不断改变❻。"从本质上讲,评估学的经济价值即交换价值,就是物的效用价值反映在经济关系上的表现形式。

综上所述,哲学范畴的事物价值通过人类主体内在和外在价值的转化和延伸,最终表现为事物的内在价值和外在效用价值的二重性;而经济学范畴的价值可以理解为事物的外在效用价值反映在经济关系上的表现形式,是可以被衡量的。汉斯·马根瑙也有类似认识,"某一事物的价值可以分为事实价值和规范价值,两者的差异大体是这样的:事实价值是具体的人在给定的时间可观察的偏爱、评价和欲求;规范价值是在某

---

❶ 美国估价学会.房地产估价:第 12 版[M].中国房地产估价师与房地产经纪人学会,译.北京:中国建筑工业出版社,2005:18.

❷ 刘梦琴.从经济学角度分析资产评估的价值内涵[J].中国资产评估,2010(4):28-31.

❸ 赖金良.马克思主义哲学价值论研究中应注意的几个问题[J].浙江学刊,1995(6).

❹ 杨曾宪.试论文化价值二重性与商品价值二重性:系统价值学论稿之八[J].东方论坛.2002(3):10-18.

❺ 彼罗·斯法拉.李嘉图著作和通信集:第一卷:政治经济学及赋税原理[M].郭大力,王亚南,译.北京:商务印书馆,2009.

❻ 马克思恩格斯选集:第二卷[M].中央编译局,译.北京:人民出版社,1995.

种程度上被进一步阐明的、人们应该给予价值对象的等级❶。"

2.1.2 历史建筑价值

历史建筑作为一种现实存在的客体对象,可以让人类了解自身的历史与生活的含义,那些蕴含的传统艺术、建筑技能、风俗习惯、意境表达等可用于作为清楚表达和诠释地域、民族以及全人类文化的重要手段,对人类主体必然存在一定的价值。然而关于历史建筑价值的认识是人类历史文化遗产保护学科及相关工作的基础性问题,历史建筑价值这一概念也随着人们认识的不断深入而有一个发展变化的过程。由于本书研究的价值概念存在哲学范畴和经济学领域的区分,这里也从这两方面分别进行探讨。

一方面,历史建筑作为一种记载和表达历史文化、艺术形式等多重信息要素的综合体,对人类社会具有重要的功能和效用,人们从中获取满足欲望与积极意义;另一方面,从哲学范畴上,历史建筑价值是指历史建筑保存的各种信息要素相互关联、相互作用,逐步形成凝聚在载体对象中知识存在的集合体,能够引起人类主体对这一客体事物产生积极的价值观念与本质力量。前者体现价值内在实体性,具有客观性;后者体现价值外在效用性,偏重主观性。

从前文论述中对历史建筑概念的分析可知,历史建筑是一种具有历史、艺术或科学等特征价值要素的房地综合体。随着社会素质发展进步,近年来人们普遍认为,历史建筑所保存和凝结的那些涉及历史、文化、艺术、科学等不同学科、多层次、多方位的信息要素所表现的功能❷,可以给人类带来积极意义和作用,因此这些功能也称之为价值❸。正如1972年《保护世界文化和自然遗产公约》对历史建筑的价值分类表述为历史价值、艺术价值、科学价值、考古价值、审美价值等;《中华人民共和国文物保护法》将文物遗产的信息功能归结为历史、艺术、科学价值等。其中历史建筑承载着一些重要的历史信息,人们可以由此追寻与过去的联系、揭示渊源,给人类带来积极认同,故称为历史价值;同样,艺术信息能为人们带来古建筑的艺术美感享受,即艺术价值。

这些信息要素在各自的领域及学科方向赋予人们积极效用和群体认同,以满足人们对知识范畴与生存发展的需求。这些不同的价值功能集合依附于同一物理载体,表现出一种综合性整体价值。这些功能价值与整体价值的关系,在理论界被称为:"实体

---

❶ H. Margenau. The Scientific Basis of value theory[M]// A. H. Maslowed. New Knowledge in Human Values. New York: Harper & Brothers Publishers, 1959: 38-51.

❷ 中华人民共和国国家标准 UDC 65.011 价值工程基本术语和一般工作程序对"功能"的定义:对象能够满足某种需求的属性。

❸ 为了与评估学的价值额有所区分,本书将这里的价值解释为价值要素。

价值与内含价值"❶，或是"实体说与属性说"。因此，这些功能信息诸如历史、艺术和科学价值等，可视作历史建筑的"内含价值"。这些体现文化特性的内含价值彼此相互关联、相互作用，共同形成了集于历史建筑本体的整体性实体价值，有些学者称之为"综合价值"，如朱光亚、余慧等❷❸；有些学者取其特性称之为"文化价值"，如顾江、李渎等❹❺。本书认为历史建筑作为各种信息要素的综合性载体，故倾向取"综合价值"。

另一方面，根据前文提及的经济学认为，商品价值的形成以稀缺性为前提。稀缺性是指物品相对于人类的需求是有限的。由于稀缺和需求的存在，所以产生价值。毫无疑问，历史建筑具有稀缺性、有用性和不可再生性，且人类的需求欲望的存在，因此其存在着经济学意义的价值。从劳动价值论来分析，历史建筑作为古代人民劳动智慧的结晶，投入巨大的劳动时间与力量，也符合了其作为商品形式、存在经济价值的本质特征。

综上所述，对于历史建筑价值的概念，可以从哲学及经济学的角度加以理解；对于哲学范畴的历史建筑综合价值和经济学范畴的历史建筑经济价值两者之间的相互关系，将在下节进行阐述。

2.2 历史建筑特征价值体系

2.2.1 历史建筑特征价值类型分析

1) 常见价值类型的解析

针对历史建筑特征价值类型或价值体系的认识，国内外学术界已经有一定的研究与积累(表2-1)。

表2-1 主要文献研究中的价值类型一览表

文献/人物	价值类型
李格尔	历史价值、年岁价值、使用价值、艺术价值、纪念价值、稀有价值
《威尼斯宪章》	文化价值、历史价值、艺术价值
《世界遗产公约》	历史、艺术、科学、保护、审美等角度看具有突出的普遍性价值
《欧洲历史建筑宪章》	精神价值、社会价值、文化价值、经济价值

---

❶ 尼古拉斯·布宁,余纪元.西方哲学英汉对照辞典[M].王柯平,等译.北京：人民出版社,2001：1050-1051.
❷ 朱光亚.建筑遗产评估的一次探索[J].新建筑,1998(2)：22-24.
❸ 余慧,刘晓.基于灰色聚类法的历史建筑综合价值评价[J].四川建筑科技研究,2009,35(5)：240-242.
❹ 顾江.文化遗产经济学[M].南京：南京大学出版社.2009：135-136.
❺ 李渎,刘圣书.对历史建筑价值评估系统的研究[J].城市建筑,2021,18(22)：11-15.

续表 2-1

文献/人物	价值类型
费尔顿	建筑价值、美学价值、历史价值、记录价值、考古价值、经济价值、社会价值、政治和精神或象征性价值
莱普	科学价值、美学价值、经济价值、象征价值
普鲁金	历史价值、城市规划价值、建筑美学价值、艺术情绪价值、科学修复价值、使用价值
弗雷	货币价值、选择价值、存在价值、遗赠价值、声望价值、教育价值
《巴拉宪章》	美学价值、历史价值、科学价值、社会价值
《西安宣言》	正式提出环境价值
《中华人民共和国文物保护法》	历史价值、艺术价值、科学价值
《历史文化名城保护规划规范》	历史价值、科学价值、艺术价值
2015《中国文物古迹保护准则》	历史价值、艺术价值、科学价值、文化价值、社会价值
朱光亚	历史价值、科学价值、艺术价值、空间布局价值、实用价值
阮仪三	美学价值、精神价值、社会价值、历史价值、象征价值、真实价值
吴美萍	历史价值、艺术价值、科学价值、情感价值、经济价值、社会价值、使用价值、生态价值及环境价值
吕舟	历史价值、艺术价值、科学价值、文化价值、情感价值
李新建、朱光亚	历史价值、科学价值、艺术价值、社会或情感价值
蔡达峰	物质价值、信息载播价值
陈淳	历史价值、艺术价值、经济价值、科学价值
谢庚龙	历史价值(朝代、性质、历史背景)、艺术价值[艺术造型、结构状况、与环境(历史环境)的适应性、损坏情况以及在建筑史上的地位]
王世仁	自身价值(历史价值)、社会价值(使用价值)
王秉洛	直接实物产出价值、直接服务价值、间接生态价值和存在价值
徐嵩龄	美学价值、精神价值、历史价值、社会学价值、人类学价值、符号价值和经济价值
李莉莉	使用价值(直接使用价值、间接使用价值和选择价值)和非使用价值(存在价值)
张柔然	社会文化价值、经济价值(使用价值和非使用价值)
刘翠云	使用价值、信息价值
李莉莉	使用价值与非使用价值
宋刚	基本价值(历史、科学、艺术价值)、附属价值[文化情感价值、环境价值、物业价值(空间能力)]
丁倩	总体价值与分项价值(历史价值、科学价值、经济价值、文化价值、景观价值、结构价值)
丛桂芹	象征价值、艺术价值、文化价值、历史价值、突出的普遍价值、经济价值

注：该表整合了复旦大学黄明玉博士❶、东南大学的姚迪博士❷的成果，经作者增列补充。

---

❶ 黄明玉.文化遗产的价值评估及记录建档[D].上海:复旦大学,2009.
❷ 姚迪.申遗背景下大运河遗产保护规划的编制方法探析：与基于多维与动态价值的保护规划比较后的反思[D].南京:东南大学,2012.

综合分析上表罗列的各种价值类型❶,除传统的历史价值、艺术价值、科学价值、社会价值以外,存在价值、文化价值、美学价值、精神价值、情感价值和使用价值等也是常见的历史建筑价值类型。但各种文献对这些价值类型定义解释不一,缺少统一认识,容易产生歧义。拙著《整体思维下建筑遗产利用问题研究》❷一书中对这些学者提出的价值概念与解释进行对比分析,以梳理这些价值类型之间的关系。本书不再复述。

2) 权威文件对价值类型的规定

(1) 2015《中国文物古迹保护准则》(简称"2015《中国准则》")

国内外涉及历史建筑保护的文件很多。国内最为权威的保护文件之一《中国文物古迹保护准则》于2015年重新进行修订。其中对文物古迹价值类型的认识有重大调整。第3条:

文物古迹的价值包括历史价值、艺术价值、科学价值以及社会价值和文化价值。

社会价值包含了记忆、情感、教育的内容,文化价值包含了文化多样性、文化传统的延续及非物质文化遗产要素等相关内容。文化景观,文化线路、遗产运河等文物古迹还可能涉及相关自然要素的价值。

阐释:

历史价值是指文物古迹作为历史见证的价值。

艺术价值是指文物古迹作为人类艺术创作、审美趣味、特定时代的典型风格的实物见证的价值。

科学价值是指文物古迹作为人类的创造性和科学技术成果本身或创造过程的实物见证的价值。

社会价值是指文物古迹在知识的记录和传播、文化精神的传承、社会凝聚力的产生等方面所具有的社会效益和价值。

文化价值则主要指以下三个方面的价值:

第一,文物古迹因其体现民族文化、地区文化、宗教文化的多样性特征所具有的价值。

第二,文物古迹的自然、景观、环境等要素因被赋予了文化内涵所具有的价值。

第三,与文物古迹相关的非物质文化遗产所具有的价值。

2015《中国准则》明确了从原本的三个价值增加到五大价值类型,并在前言中指出"对于构建以价值保护为核心的中国文化遗产保护理论体系,将产生积极的推动作用"。实际上是对历史建筑的基本价值类型进行了明确表述。

虽然2015《中国准则》列明了五大价值类型,但在第3条特意强调文化景观、文化线路、遗产运河等文物古迹还可能涉及相关自然要素的价值。本书认为其包括了环境

---

❶ 笔者查询了2016—2024年大量的关于遗产价值的期刊、会议论文、毕业论文等文献,并未发现有新的价值体系出现。

❷ 徐进亮.整体思维下建筑遗产利用研究[M].南京:东南大学出版社,2020.

价值的要素。第18条也指出，评估对象包括了"文物古迹本体以及所在环境"。2005年 ICOMOS《西安宣言》中指出："不同规模的古建筑、古遗址和历史区域（包括城市、陆地和海上自然景观、遗址线路以及考古遗址），其重要性和独特性在于它们在社会、精神、历史、艺术、审美、自然、科学等层面或其他文化层面存在的价值，也在于它们与物质的、视觉的、精神的以及其他文化层面的背景环境之间所产生的重要联系❶。"在价值认识方面强调了环境的重要性，指出对环境的认识、理解和记录对于价值评估具有重要意义。这些表述与近年来方兴未艾的环境保护与可持续发展的理念一脉相承。因此，本书也将环境价值列入基本价值类型之一。

(2) 2017《实施〈世界遗产公约〉操作指南》中文版（简称"2017《操作指南》"）

2017年联合国教科文组织也公布了《实施〈世界遗产公约〉操作指南》最新中文版，其中第七十七条规定：

如果遗产符合下列一项或多项标准，委员会将会认为该遗产具有突出的普遍价值。所申报遗产因而必须是：

① 作为人类天才的创造力的杰作；

② 在一段时期内或世界某一文化区域内人类价值观的重要交流，对建筑、技术、古迹艺术、城镇规划或景观设计的发展产生重大影响；

③ 能为延续至今或业已消逝的文明或文化传统提供独特的或至少是特殊的见证；

④ 是一种建筑、建筑或技术整体，或景观的杰出范例，展现人类历史上一个（或几个）重要阶段；

⑤ 是传统人类居住地、土地使用或海洋开发的杰出范例，代表一种（或几种）文化或人类与环境的相互作用，特别是当它面临不可逆变化的影响而变得脆弱；

⑥ 与具有突出的普遍意义的事件、活传统、观点、信仰、艺术或文学作品有直接或有形的联系；

⑦ 绝妙的自然现象或具有罕见自然美和美学价值的地区；

⑧ 是地球演化史中重要阶段的突出例证，包括生命记载和地貌演变中的重要地质过程或显著的地质或地貌特征；

⑨ 突出代表了陆地、淡水、海岸和海洋生态系统及动植物群落演变、发展的生态和生理过程；

⑩ 是生物多样性原址保护的最重要的自然栖息地，包括从科学和保护角度看，具有突出的普遍价值的濒危物种栖息地。

十项标准中，前六项标准侧重于文化遗产，后四项标准偏重于自然遗产。对比发现，除了第5项标准属于环境价值，其他五项标准与2015《中国准则》五大价值类型相互对应。同时，第八十四条规定，利用所有这些信息使我们对相关文化遗产在艺术、历史、社会和科学等特定领域的研究更加深入。这些相关条文清晰地写出了国际文件公

---

❶ 国际古迹遗址理事会.西安宣言[C]//国际古迹遗址理事会第15届大会,2005.

认的价值类型。

3) 历史建筑价值类型的认识

国内外权威保护法律文件在近几年相继修改,对历史建筑的价值类型逐步进行规范统一,逐一排除以前各种文件中出现的其他价值类型。由此,本书认为历史建筑价值类型可以形成统一认识:以历史价值、艺术价值、科学价值、社会价值、文化价值和环境价值"五加一"基本价值类型作为研究与构建历史建筑价值体系的基础。

价值评估体系也应将六个基本价值类型作为准则层(因素层、一级指标层)来建立指标层(因子层、次级或多级指标层)体系。

历史建筑的使用价值(可利用性)在逻辑上与六大价值类型没有直接重合与交叉关系,在下一小节详细阐述。国内要求对历史建筑的利用状况单独评估,国外将其归入保护与管理制度。因此,今后应统一表述为可利用性评估或使用价值评估。

2.2.2 历史建筑特征价值关系分析

1) 内在价值的客观存在性分析

拙著《整体思维下建筑遗产利用研究》对内在价值与外在价值的关系进行研究,认为事物的事实存在(本身性质、属性)是客观的;但认识事物是人类主体与事物客体的一种交换过程,对事物性质的反映、认识、理解与阐述,实际上是由人代行自然尺度的价值观,不可能做到纯粹客观(绝对客观)。内在价值是人对事物属性的阐述与解释,是在一定的实践水平上具体的、历史的认识和理解,包含着人类和社会因素。内在价值又是基于事物的客观现象的阐述与解释,它也呈现出一部分客观属性,而外在价值基于内在价值衍生形成。上述观点引入建筑遗产领域可做如下理解:某一建筑遗产的砖雕作品是事实存在,人类对其特征属性进行观察、记录和描述是一种认知,具有一定的主观性,这是内在价值❶。同时由于是直接的认知,又具有一定的客观性。人类对这一砖雕作品的特征属性进行实践与认知后产生的喜好、欲望等积极作用是外在价值。

2) 历史建筑特征信息的客观存在分析

2015《中国准则》提到,文物古迹是指人类在历史上创造或遗留的具有价值的不可移动的实物遗存。在《保护世界文化和自然遗产公约》第 1 条中认定文化遗产的标准是"文物:从历史、艺术或科学角度看具有突出的普遍价值的建筑物、碑雕和碑画、具有考古性质成分或结构、铭文、窟洞以及联合体;建筑群:从历史、艺术或科学角度看在建筑式样、分布均匀或与环境景色结合方面具有突出的普遍价值的单立或连接的建筑群;遗址:从历史、审美、人种学或人类学角度看具有突出的普遍价值的人类工程或自然与人联合工程以及考古地址等地方"。2017《操作指南》第 77 条对具有突出的普遍

---

❶ 这种内在价值是物的内在价值与人的内在价值的统一,物的内在价值就是属性的被认知,人的内在价值就是认知的能力。

价值规定有十项标准。而这些标准正是其他建筑所不具备的特征属性的反映,例如第三项"能为延续至今或业已消逝的文明或文化传统提供独特的或至少是特殊的见证"。

什么是历史建筑的特征信息存在?2015《中国准则》第10条做了适当解释:"真实性:是指文物古迹本身的材料、工艺、设计及其环境和它所反映的历史、文化、社会等相关信息的真实性。"对文物古迹的保护就是保护这些信息及其来源的真实性,信息是这些特征的事实存在❶。类似观点在2017《操作指南》也有表述,如第八十条"理解遗产价值的能力取决于该价值信息来源的真实度或可信度。对历史上积累的,涉及文化遗产原始及发展变化的特征的信息来源的认识和理解,是评价真实性各方面的必要基础",第八十四条"利用所有这些信息使我们对相关文化遗产在艺术、历史、社会和科学等特定领域的研究更加深入"。

本书认为,历史建筑蕴含的这些特征信息是一种客观存在,无论人类主体如何认知这些客观信息,其存在本身是不以人的意志为改变。至于怎么去观察、认知和记录,什么角度去研究,研究目的与结论是什么,都是人类的主观表现。如果这些特征信息产生积极意义,对人类主体就是有价值,但是其积极意义、价值大小与历史建筑特征信息的存在本身无关。

历史建筑的实物存在是特征信息的载体与获得的渠道,但不是唯一的渠道。虽然由于人的认知能力的局限性,交换传递后的信息表述或记录已经不是特征信息的客观本身,但依然还属于较客观的直接信息传递。当然,除基于遗产实物的直接信息以外,一切实体与非实体性的历史记载,是前人的一种实践与认识,也是一种间接信息。例如与历史建筑有关的历史信息可能保存在古籍文献中,这种间接信息的可靠性或客观性就需要证实。因此,2017《操作指南》第八十四条指出:"'信息来源'指所有物质的、书面的、口头和图形的信息来源,从而使理解文化遗产的性质、特性、意义和历史成为可能。"

要认识到,保护历史建筑实质上就是保存延续这些特征信息。首先是要保存历史文化遗产实物,因为实物是信息的基本载体。2015《中国准则》第41条指出,"文物古迹是历史变迁,文化发展的实物例证,是历史、文化研究的重要对象","文物古迹是历史的见证,是人类技术和文化的结晶,是人类创造活动的实物遗存,是珍贵的研究材料"。第9条所指的现状,就是当前时点存在的历史建筑信息状况,原状就是理论上历史建筑某个状态下应有的信息状况。不过,第9条"文物古迹的原状是其价值的载体"的表述,笔者认为不够严谨,因为实物是信息的载体,不是价值的载体,价值的载体是

---

❶ 诺伯特·维纳认为物质、能量、信息是构成现实世界的三大要素。信息就是信息,不是物质也不是能量。只要事物之间的相互联系和相互作用的存在,就有信息发生。人们首先认识了物质,然后认识了能量,最后才认识了信息。著名的资源三角形:没有物质,什么都不存在;没有能量,什么资源三角形都不会发生;没有信息,任何事物都没有意义。从理论上讲,建筑遗产的信息也不是物质本身,已经是外在的事物。但为了便于理解,不停滞于概念的论证,这里的信息泛指蕴含特征信息的物质、能量与信息。

人的理解与记录❶。虽然说没有了信息，可能就没有了价值，但谁是谁的载体还是要分析清楚的。同样，第10条表述"对文物古迹的保护就是保护这些信息及其来源真实性"就很准确。

除了尽量保存历史建筑的实物以外，2015《中国准则》第43条提到了不提倡重建，就是避免按照当代人的理解去添加新的信息❷，尽量不做改变，保持真实性。当代人应该认真、无偏差、不作修饰地对存续的历史建筑进行调查与记录，包括活态非实体信息，这是对子孙后代负责。我们要传递的是原始、真实、完整的信息以及我们的认知成果，不仅让当代人研究，更重要的是让子孙后代也能直接感受与认知。我们不可能替代后人去理解与阐释，重点是如何做好"延"和"续"❸。当然，人类对事物的感知、调查与记录不可能绝对客观，但要尽量要达到客观真实。2017《操作指南》第132条也有类似阐述，申请遗产材料时，遗产描述应包括遗产辨认及其历史及发展概述。应确认、描述所有的成图组成部分，如果是系列申报，应清晰描述每一组成部分。在遗产的历史和发展中应描述遗产是如何形成现在的状态以及所经历的重大变化。这些信息应包含所需的重要事实，以证实遗产达到突出普遍价值的标准，满足完整性和/或真实性的条件。

真实性与完整性涵盖了历史建筑特征信息以及价值，但首先针对信息。

关于真实性，2015《中国准则》第10条指出："真实性：是指文物古迹本身的材料、工艺、设计及其环境和它所反映的历史、文化、社会等相关信息的真实性。"2017《操作指南》第80条指出："理解遗产价值的能力取决于该价值信息来源的真实度或可信度。对历史上积累的、涉及文化遗产原始及发展变化的特征的信息来源的认识和理解，是评估真实性各方面的必要基础。"

关于完整性，2015《中国准则》第11条指出："完整性：文物古迹的保护是对其价值、价值载体及其环境等体现文物古迹价值的各个要素的完整保护，文物古迹在历史演化过程中形成的包括各个时代特征、具有价值的物质遗存都应得到尊重。"2017《操作指南》第88条指出："完整性用来衡量自然和/或文化遗产及其特征的整体性和无缺憾性。"第91条指出："另外，对于依据标准（ⅶ）至（ⅹ）申报的遗产来说，每个标准又有一个相应的完整性条件。"

历史建筑价值的根源在于特征信息的保存状况，真实性与完整性正是衡量这些特征信息保存状况的最主要标准。林源在《中国建筑遗产保护基础理论》❹一书中将真实性、完整性定义为衡量价值大小的标准度。

---

❶ 记录包括了口头、书面以及一切媒介方式。
❷ 所谓历史上的干预就是改变了干预前的信息。
❸ 常青.对建筑遗产基本问题的认知[J].建筑遗产，2016(1)：44-61.
❹ 林源.中国建筑遗产保护基础理论[M].北京：中国建筑工业出版社，2012：68.

3) 基于特征信息的历史建筑价值认识

(1) 价值认识的对应关系

价值是由主体(人)的需要和客体(事物)的属性两个因素构成。主体与客体是认识论的一对基本范畴,主体是实践活动和认识活动的承担者,客体是主体实践活动和认识活动指向的对象。主体与客体的关系是认识论的核心,主要有实践和认识。实践是认识的基础,是认识的来源,是认识发展的动力,是检验认识是否正确的唯一标准。认识运动是一个从实践到认识,从认识到实践,再认识、再实践,不断反复和无限发展的辩证发展过程❶。

从认识的阶段上划分,认识分为感性认识和理性认识,反映了认识的纵向结构。感性认识是认识的初级阶段,具有直接性和具体性,分感觉、知觉、表象三层次。理性认识是认识的高级阶段,具有抽象性和间接性,基本形式是概念、判断、推理,更能反映对象的性质。

从认识的性质上划分,认识分为事实认识和价值认识,反映了认识的横向结构。事实认识就是主体在认识过程中对客体的属性、本质和规律的反映所形成的认识,要求尽量如实反映客体的事实。价值认识是主体对主客体之间的价值关系的认识,是客体对于主体价值意义的反映,即人们基于对自我的认识,以人的尊严、人的价值为标准,从人的地位和作用出发,对客观事物和现象进行的判断和推理,从而形成价值判断。事实认识是对客体的直接认识,价值认识是基于事实认识的升华认识。事实认知是价值认识的前提和基础,价值认识是事实认识的深化和发展❷。

由此看来,哲学意义上内在价值、外在价值与事实认识、价值认识有一定的对应关系。但是,哲学上价值具有二元性,分为物和人的价值。认识是从主体的角度出发,更接近于人的内外价值❸。

(2) 历史建筑的价值认识是社会普遍认知

实践行为、事实认知到价值认识都离不开"人"这个主体。人分为个人、集团和社会,相对应的是个体认知、集团认知与社会认知。鲁品越认为价值哲学的研究是以社会人作为主体代表,体现在"社会的集体生命"上,有"人类整体素质、劳动创造能力、生活质量,包括生理心理素质、道德素养、物质生活与精神生活质量等"❹。黄明玉也认为社会价值观才是历史建筑的价值,即普遍价值。《保护世界文化和自然遗产公约》对遗产认定也是强调"普遍价值"。陆地对社会认知提出了异议,他认为认同、共识到价值在社会实践中根本做不到,更多情况是社会认知被精英认知所"代表"❺。黄明玉认为个体承袭或学习社会文化理念中的价值判断,而后依此来评价客

---

❶ 邹文景. 论认识与实践的关系[J]. 北方文学(下旬),2012(10):237.
❷ 王晓丹. 谈事实认识与价值认识[J]. 渤海大学学报(哲学社会科学版),2005,27(4):28-30.
❸ 徐进亮. 历史建筑估价[M]. 南京:东南大学出版社,2015:22.
❹ 鲁品越. 价值的目的性定义与价值世界[J]. 人文杂志,1995(6):7-13.
❺ 陆地. 建筑遗产社会价值浅谈[EB/OL]. [2016][2024-10-02]. http:sina.com.cn/s/blog

观实在的价值,借由濡化或社会化过程,成为文化或社会的产物,所以价值也是社会文化的产物,取决于当时的社会文化条件。因此,社会普遍认知是历史建筑价值认识的代表。

(3) 价值认识的角度与维度

从物的角度上看,历史建筑是一种记载和表达历史文化、艺术形式等多重信息的综合体。历史建筑所保存和凝结的那些涉及历史、艺术、科学等不同学科、多层次、多方位的信息所表现的功能,可以给人类带来积极意义和作用,也称之为价值。比如,历史建筑承载的历史信息可以帮助人们追寻与过去的联系、揭示渊源,给人类带来积极认同,这就叫历史价值;同样,艺术信息能为人们带来关于历史建筑的艺术美感享受,即艺术价值。

从人的角度上看,不同的知识体系使得人的观察与认知信息形成了不同的视角。正如《保护世界文化和自然遗产公约》❶对遗产的认定,就是从某些角度上看是否具有突出的普遍价值。例如第1条"从历史、艺术或科学角度看具有突出的普遍价值的建筑物、碑雕和碑画、具有考古性质成分或结构、铭文、窟洞以及联合体"。可以这么理解,从历史角度看到的是历史价值,从艺术角度看到的是艺术价值,由此类推。

2015《中国准则》从空间时间维度来划分多重价值的。第11条指出:文物古迹具有多重价值。这些价值不仅体现在空间的维度上,如遗址或建筑遗址、空间格局、街巷、自然或景观环境等的价值;也体现于时间的维度上,如文物古迹在存在的整个历史过程中产生和被赋予的价值。至少可以认为环境价值和一部分的科学价值是从空间维度来看,历史价值是从时间维度来看的。

(4) 价值认识的层次

前文所述,事实认识与价值认识是认识的不同层次,对应于内在价值和外在价值。事实认识的对象是事物客体。从认识角度上看,历史建筑蕴含着历史、艺术、科学和环境的特征信息。鉴于这些特征信息产生的实践、感知与认识归属于事实认识、基本认识层面(第一层次),对物的信息的记录与认知属于相对浅层次的价值关系。基于客观信息存在,认知自由度小,具有一些客观性,对应于内在价值。延伸到文化与社会领域则是深层次的价值认识(第二层次)。2015《中国准则》增加了文化价值与社会价值,将原本对历史建筑特征信息本身的研究延伸到文化多样性、知识与精神传播及社会凝聚力的高度,就是要求历史建筑价值认识与价值体系要向深层次的社会文化价值认识领域提升。

学者们提到的本体价值、本底价值、文化价值(广义)、内在价值以及具有客观性的固有价值等指的都是基于历史建筑的客观信息存在产生的价值认识,自由度小,具有

---

❶ 文化部外联局.联合国教科文组织保护世界文化和自然遗产公约选编(中英对照)[M].北京:法律出版社,2006.

一些客观属性。

文化价值和社会价值是基于历史建筑的基本事实认知的提升，产生社会效益，对应于外在价值。影响因素主要有社会素质、整体偏好、宣传与知名度、稀缺性或代表性等。如中国传统历来"轻物重式"，对建筑本身并不重视，却对建筑所承载的传统规制、生活方式等非物质的文化传承极其重视。2015《中国准则》将呈现"活态"特征的非物质文化遗产也纳入文物古迹的保护范围，这就是一种对价值认识的提升。

历史建筑蕴含的特征信息要素在各自的领域及学科角度或维度上赋予人们不同层次的积极效用和群体认同，以满足人们对知识范畴与生存发展的需求，表现出一种综合性整体价值，即"综合价值"。历史建筑综合价值是历史建筑所承载的各类特征信息要素，在相互关联、彼此作用的过程中，逐步凝聚于建筑本体之上，形成具有知识内涵的存在形态。这种存在形态能够引发人类主体对历史建筑这一客体事物产生积极的价值判断，并激发人类对其本质力量的认知与尊重，是主客体互动下的综合体现。这些信息要素产生的功能属性构成了历史建筑内含价值体系，对人类了解不同特征及不同文化之间的异同点有着重要作用。这些历史建筑内含价值不是相互独立的，而是相互影响、相互关联的。历史建筑综合价值也不是历史价值、艺术价值、科学价值、社会价值、文化价值以及环境价值的简单加和，对于不同的历史建筑而言，各种价值对于综合价值的贡献各不相同，且各种价值间存在着彼此融合的关系❶。

（5）价值认识的动态性

前文所述，认识运动是一个从实践到认识，从认识到实践，再认识、再实践，不断反复无限发展的辩证发展过程。价值认识会受到时间、地域和社会所秉持的文化、智力、历史和心理因素的不同影响产生差异。同时，这种普遍价值认知会随着社会整体素质、劳动创造能力、生活质量，包括生理心理素质、道德素养、物质生活与精神生活质量等的改变而呈现动态变化。现在认可或不认可的某类或某一历史建筑，随着时间的推移可能都会变化。例如，以赖特为代表的草原风格建筑，在20世纪30年代曾风靡一时，而在60年代至70年代却无人问津，到了90年代再次成为建筑师们心目中的宠儿。在社会和文化本身经历巨大变革的全球化和信息化时代，观念和技术的变革不断创造着文化遗产价值翻新的、多样化的阐释角度、内容和重点以及传播方式、途径和效果。只有寻求文化遗产所隐含的价值和意义与当代社会发展相契合的理论支点以获得新的认知和解释，文化遗产的核心精神价值才有可能在变化与创新中相对永恒地存在下去❷。

4）历史建筑的空间存在与可利用性（使用价值）分析

历史建筑在建造之初，通常都有自身的实用功能。如住宅用于居住，桥梁用于横跨河流，寺庙用于宗教活动等。随着时间的流逝，有些已经失去了原有使用功能，如城

---

❶ 顾江.文化遗产经济学[M].南京：南京大学出版社，2009.
❷ 刘艳，段清波.文化遗产价值体系研究[J].西北大学学报（哲学社会科学版），2016，46(1)：23-27.

墙的遗迹失去了城墙防御的功能，帝王的宫殿从1911年以后失去了作为宫殿的所有功能❶。值得注意的是，将历史建筑作为不动产来使用，才是当年建造的初衷。目前认为的那些记载重要特征信息的实物，如砖雕门楼，当年或许就是为了增加使用功能及添加生活美感的附属物。只是人们现在更关注于其历史信息价值，却将历史建筑最初的实用功能弱化甚至忽视。

历史建筑首先是属于不动产，是土地以及附着于土地上的建筑物、构筑物、树木、山石、池塘及水井等历史环境要素的综合体。除了一些如碑刻、石雕、壁画等特殊实物以外，大部分的历史建筑，如建筑物、建筑群、园林院落等，满足人们使用功能要求的是空间，而非建筑物及附属物本身。正如《道德经》所言："凿户牖以为室，当其无，有室之用。"建筑空间是人们为了满足人们生产或生活的需要，运用各种建筑主要要素与形式所构成的内部空间与外部空间的统称。它包括墙、地面、屋顶、门窗等围成建筑内部空间，以及建筑物与周围环境中的树木、山峦、水面、街道、广场等形成建筑的外部空间。朱光亚认为实用价值是物质实体具备的实际功能，表现为建筑延存至今的原始功能的完整性与真实性，也表现为在遵循建筑使用功能文化属性的前提下，通过创造性再利用，赋予建筑新的功能，为人类特定的活动提供室内外空间的能力❷。宋刚等认为物业价值是指历史建筑为人类特定的活动提供室内外空间的能力。两位学者都认为使用功能的实现就是基于空间，包括室内外空间❸。

建筑空间也是一种事实存在，一旦形成就具有客观属性，与历史建筑的特征信息是完全不同的物质属性。因此，基于空间的使用价值（可利用性）与基于信息的综合价值独立存在、各成体系❹。本书也试图将使用价值融入综合价值体系，归于社会价值，正如目前许多学者的理解❺。但是觉得较为困难：

(1) 两个价值基于的客观事实不同，空间与信息两者融合不了。

(2) 并不是所有的历史建筑空间都会产生使用价值，而所有的历史建筑都有基于其特征信息存在的普遍价值。

(3) 2015《中国准则》对社会价值❻概念进行界定，明确合理利用产生的社会效益不属于社会价值的范畴。《中国准则》也将合理利用的内容另行列章。

---

❶ 方遒.我国非文物建筑遗产的评估[D].南京：东南大学，1998：19.
❷ 朱光亚.建筑遗产评估的一次探索[J].新建筑，1998(2)：22-24.
❸ 宋刚，杨昌鸣.近现代建筑遗产价值评估体系再研究[J].建筑学报，2013(S2)：198-201.
❹ 至于历史建筑历史的功能用途的考证不是基于空间的功能价值研究，仍然属于信息范畴。同样，研究历史建筑空间布局的完整性、历史的空间位置等都属于信息研究领域。
❺ 姚迪博士认为社会价值是指社会建筑遗产作为见证社会文化变革的重要物质载体，满足了当时社会的各种服务需求，并通过对历史文化的传承而产生地域性与时代性，影响、引导、代表、象征、限定当代特定的公众文化和价值取向（包括宗教信仰和企业文化）或寄托情感，进行思想教育的能力。David Throsby认为的社会价值是指遗产能够帮助强化社区的群体价值，使得社区能成为一个适宜生活和工作的地方。这些理解都是将使用功能归于社会价值的。
❻ 2015《中国准则》明确了社会价值的定义，指文物古迹在知识的记录和传播文化精神的传承，社会凝聚力的产生方面所具有的社会效益和价值。定义明确将利用的社会效益分离，也避免了社会价值概念的扩大化。

因此，历史建筑价值体系实际上具有两条价值线：一条是基于特征信息的综合价值线，一条是基于空间的使用价值线(可利用性)。两者都可能产生一定的社会效益，即经济价值产生与变化的根源。同样，历史建筑的使用价值(可利用性)也有价值认知的动态变化性。

目前，中国历史建筑保护目标是尽可能将原始的、真实的、完整的特征信息[1]保存下来，延续给后代。对历史建筑进行利用，延续历史建筑原有的使用价值固然好，却也增加了那些特征信息被破坏或改变的风险。这就是保护与利用矛盾的根源。

2.3 历史建筑经济价值

随着人类社会的发展，市场经济的影响和商业化思维不断扩大，从而使市场逻辑及经济价值独立于其他社会关系和价值体系，对属于历史文化遗产的历史建筑也不例外[2][3]，正因如此，人们开始逐步重视历史文化遗产经济价值的研究。

1967年《基多规范》(*The Norms of Quito*)首次以正式文献从经济角度讨论了遗产的价值，该规范认为遗产作为一种经济资源，应在不减损其历史与艺术重要性的前提下，提升其利用性和价值[4]。

美国学者梅森、莱普等人认为，由于历史建筑是一种稀缺性资源，对人类社会经济发展具有重要的作用，其价值与资源价值类似，可以分为使用价值和非使用价值。其中，使用价值是历史建筑在再利用过程中为人们提供居住、社会文化教育、休闲娱乐以及科学研究等功能时所产生的经济效益；历史建筑的非使用价值与资源的非使用价值相类似，是指历史建筑客观具有的以及供人类子孙后代将来利用的价值，而非当代人直接使用的价值。其中，使用价值可以分为直接使用价值和间接使用价值，而非使用价值又可以分为存在价值、遗赠价值、选择价值等价值类型。这一点与国内一些学者的观点类似[3][5]。但有学者[6]认为选择价值、遗赠价值和存在价值之间存在一定的重

---

[1] 包括对信息的价值认识，准则第2条：保护的目的是通过技术和管理措施真实、完整地保存其历史信息及其价值。
[2] 联合国教科文组织.世界文化报告：文化的多样性、冲突与多元共存[M].关世杰,等译.北京：北京大学出版社,2002：155.
[3] 吴美萍.文化遗产的价值评估研究[D].南京：东南大学,2006.
[4] 黄明玉.文化遗产的价值评估及记录建档[D].上海：复旦大学,2009：53.
[5] 笔者注：如黄明玉、吴美萍、李浈、赵秋艳等学者。
[6] 赵秋艳.东昌湖生态系统服务功能价值评估研究[D].济南：山东大学,2007.

叠,也有人认为使用价值与存在价值不能同时并存❶❷。

但也有学者,如费尔顿、普鲁金等认为,既然是从经济学的角度分析,就是把历史文化遗产当作一种文化资产来看待,是文化资源的经济价值形式。要解决的经济价值问题就是如何充分考虑其使用价值和市场需求价值,市场需求价值又取决于成本价值和稀缺价值(效益价值)。因而在分析文化遗产时,应考虑稀缺程度和保护遗产所花费的成本,也要考虑到文化遗产的机会成本问题,还要关注文化遗产的潜在需求以及潜在"消费者"的爱好问题。而支持这些观点的国内学者有刘晓君、应臻等人;还有些学者认为历史建筑的经济效益主要从艺术价值与使用价值中来表现❸。

1975年《欧洲建筑遗产宪章》明确将经济价值理解为与历史价值、美学价值等相似的内含价值属性。2011年《巴黎宣言——遗产作为发展的驱动力》强调了遗产作为人类社会发展的精神资本、文化资本、社会资本和经济资本,是社会、环境、经济和文化多样性可持续发展的重要支撑。

综上分析,历史建筑具有资源与资产的双重属性,但从本质上是房地综合体(不动产),隶属于资产,其保存的特定历史、文化艺术和社会内涵都是基于历史建筑这个物质承载体相互共生。由于历史建筑的特殊性,几乎世界上所有国家和地区对历史建筑的产权都有明确限制,例如:历史建筑的改建都会被严格规定,部分重要的历史建筑也被禁止转让或出租,其直接收益受到一定的影响;但又由于历史建筑独有的品牌效应和特殊文化资源,造成收益的表现形式呈现多样化,可能会表现为售价、租金,也可能就表现为门票收入,或许还可能表现为延伸(衍生)收益,例如历史建筑给所在区域带来整体经济效益的提升,拉动旅游、住宿、餐饮、商业和其他相关行业的综合性发展等。有的学者将这种历史文化遗产的经济价值表现形式划分为直接经济价值与间接经济价值❹。正是由于历史建筑的产权限制,其间接衍生的收益反而更为显得重要。因此,有学者研究认为历史文化遗产经济价值的研究重点应当放在对间接经济价值开发和

---

❶ 蔡建辉.城市森林的环境价值评估及其政策[D].北京:北京林业大学,2001.

❷ 注:(1)直接使用价值:历史建筑的直接使用价值是可以通过历史建筑交易市场表现出来的使用价值,其在通常情况下可以通过历史建筑的市场价格来衡量,如历史建筑作为风景旅游景点时的门票、历史建筑作为住房出租的租金等。(2)间接使用价值:历史建筑的间接使用价值是难以进行商品化而不直接进入历史建筑市场进行交易的使用价值,但该间接使用价值是生产与消费正常进行的必要条件。(3)存在价值:历史建筑的存在价值是指来源于知道历史建筑继续存在的满足中所获得的价值,是人们为确保历史建筑继续保存下去而自愿支付的费用。存在价值是历史建筑本身所具有的经济价值之一。(4)遗赠价值:历史建筑的遗赠价值是指将历史建筑保存下来留给子孙后代的价值,亦即当代人为将历史建筑保留给子孙后代而自愿支付的费用。如人们或社会为了使其子孙后代或别人在将来可以从历史建筑中得到一定的利益,他们愿意支付一定费用保护历史建筑。遗赠价值还体现在当代人为了使其后代能受益于历史建筑存在的知识而自愿支付其保护费用。(5)选择价值:历史建筑的选择价值也称历史建筑的潜在利用价值,是指个人或社会对历史建筑潜在用途的将来利用,是历史建筑未来的直接和间接使用价值。

❸ 刘晓君,王玲,王美霞,等.古建筑保护项目的经济评价[J].西安建筑科技大学学报(社会科学版),2005,24(4):49-53.

❹ 顾江.文化遗产经济学[M].南京:南京大学出版社,2010:24.

产业化运作方面❶。这种直接收益(直接经济价值)和衍生收益(间接经济价值)也可以从可持续理论下的资源性资产的研究角度上理解为:经济价值包括当前经济增长模式下价值规律能够实现的价值,同时还包括当前经济增长模式下价值规律无法实现的部分,即资源利用过程中的外部性部分❷,这二者之和即为历史建筑的经济价值计量。

历史建筑经济价值是客观存在的,但是经济价值不同于市场价值。雷利·巴洛维认为经济学家和价值评定者往往关心和区分经济价值和市场价值❸;国际估价标准委员会对市场价值进行定义:"市场价值是一宗不动产(资产)在经过适当的市场推广后,在价值时点由一个自愿的卖方出售给一个自愿的买方的正常交易中形成的金额。在交易过程中,买卖双方掌握充分的信息,行事谨慎且没有受到胁迫"❹。而英美等国家对于市场价值也有类似定义。例如美国评估准则(USPAP)针对市场价值的定义是"如果买卖双方是理性的,掌握充分的信息并以自身利益最大化为目标,同时假设双方均未受到不当的胁迫,则市场价值是某一特定的不动产(资产)权利在公平交易和完全竞争市场中已经停留一段时间后,最可能实现的价格,无论该价格是以现金、现金等价物还是其他明确界定的交易方式表示"❺。将国际估价标准和 USPAP 的市场价值定义对比后可以发现:美国更加关注对象的权利,而且明确指出市场价值实际上就是价格。我国目前理论界上也有这样的认识:市场价格、市场价值、公开市场价值三者的含义基本相同,在一般情况下可以混用❻❼。

从价格的一般界定上来看,商品价格是指商品(或服务)同货币交换比例的指数,马克思在《资本论》中明确指出:"价值是价格的本质,价格是价值的货币表现;价格的变动,取决于多种因素,其中商品本身价值的变动、货币价值的变动和商品供给与需求关系的变动等是最主要的因素"。针对影响价格的要素认识,西方经济学的观点也是基本相似,认为产生价值的四个要素间复杂的相互关系在基本的经济学供求原理中得

---

❶ 顾江.文化遗产经济学[M].南京:南京大学出版社,2010:24.

❷ 迈里克.弗里曼.环境与资源价值评估:理论与方法[M].曾贤刚,译.北京:中国人民大学出版社,2002:5-6.

❸ 雷利·巴洛维.土地资源经济学:不动产经济学[M].谷树忠,等译.北京:北京农业大学出版社.1989:200.

❹ International Valuation Standards Council. International Valuation Standards [S]. London, 2000:92-93.

❺ 美国估价学会.房地产估价:第12版[M].中国房地产估价师与房地产经纪人学会,译.北京:中国建筑工业出版社,2005:19.

❻ 中国房地产估价师与房地产经纪人学会.房地产估价原理与方法[M].北京:中国建筑工业出版社,2022.

❼ 经济价值在公开市场中转化为市场价值(市场价格)或其他市场收益等。市场收益一般分为市场价值(市场价格、公开市场价值)、市场租金、投资价值或所有值、公允价值等。市场租金:在进行适当的市场推销(其中各方均以知晓行情、谨慎的方式参与,且无强制因素)后,自愿出租方和自愿承租方以公平交易的方式,通过适当的租赁条款,在价值时点对一项物业或物业内空间进行租赁的金额。投资价值或所有值:对于一个特定投资者或投资者群体,对于某一物业已确定投资目的价值。这一主观概念将可识别的投资目的或指标的一个特定投资者、投资者群体或实体与特定的物业联系在一起。公允价值:在知晓行情的、自愿的各方之间以公平的方式使一项资产可以交换或使一个责任可以解除的量值。以上概念均摘自于英国皇家特许测量师学会《红皮书——RICS 估价标准》中文版,2017:5-7.

以体现,在任何情况下,效用、稀缺或充足性,以及人们需要意愿的强烈程度和有效购买力都会影响商品的供给和需求,反之亦如此❶。

一般情况下,历史建筑估价对象表现为市场价值(市场价格),市场价值是经济价值在真实市场中的具体反映,会因受到供求关系和其他市场因素的影响产生变化,形成相互作用的动态关系。市场价值和经济价值相比,市场价值属于短期均衡,而经济价值属于长期均衡,在正常市场或经济发展条件下,市场价值会表现出围绕着经济价值上下波动的周期变动。但总体上看,由于历史建筑的稀缺性和有限性,这个变动会呈现一种不断上升趋势。

2.4 历史建筑价值二重性

2.4.1 综合价值与经济价值分析

2015《中国准则》前言中提到"社会价值还体现了文物在文化知识和精神传承、社会凝聚力产生等方面所具有的社会效益",第18条提到"现有的利用方式是否能够在保证文物古迹安全的前提下充分发挥其社会效益",也说明了历史建筑的综合价值和使用价值(可利用性)都可能产生社会效益,进而产生效益价值。物的效用价值(使用价值)在经济市场上与人类交互形成新的关系,表现为效用(Utility)、稀缺(Scarcity)、欲望(Desire)和有效购买力(Effective Purchasing Power)等基本要素,形成了经济价值的产生根源❷❸。这四个要素存在一个前提,经济价值是在商品交换系统或经济市场中存在并实现的。如果没有商品交换市场或受到严格产权限制,经济价值会表现为显化或潜在状态,并根据市场发展的阶段性、地域性和限制性,不断地相互转化演变。

历史建筑经济价值与综合价值之间的相互关系的理论基础是效用价值与综合价值(价值二重性)在经济领域范围内相互关系的延伸,变化规律是相似的。综合价值是经济价值存在的基础,反映其基本活动方式,在经济价值实现过程中制约着主体与客体之间相互关系;反之,当经济价值出现动态波动,引发人类主体的需求变化,通过社会推动各种有效的措施手段(如提高文化素质、加强保护意识、扩大宣传力度,发展科学研究等),使得历史建筑能在新的层次上发挥更大效用,最终将需求性和享受性转化成综合价值的更高追求。当然,实现经济价值存在一个前提,即必须是在商品交换系

---

❶ 美国估价学会.房地产估价:第12版[M].中国房地产估价师与房地产经纪人学会,译.北京:中国建筑工业出版社,2005:26.

❷ Appraisal Institute. The Appraisal of Real Estate [M]. [S. l.]: The Appraisal Institute. 2012:15-16.

❸ 注:(1)效用:物品满足人们的某种欲望或要求的能力;(2)稀缺:指物品相对于需求而言,当前或预期的供给不足;(3)欲望:购买者对满足人类基本需要(例如住、衣、食和人际交往)或在此基本生活的基础上谋求个人需求的一种愿望;(4)有效购买力:是指个人或群体参与市场(即通过现金或等价物去获取商品或服务)的一种能力。(笔者译)

统或经济市场中存在并实现的。

不同历史时期、不同学派对价值形成的经济学理论有着不同的认识。历史建筑经济价值的来源可以从这些理论中寻找答案,揭示历史建筑经济价值形成机理及其经济学属性。劳动价值论认为,历史建筑凝结着人类的劳动,具有一定的价值量,揭示了其综合价值的形成机理,同时也阐述了经济价值的产生根源。基于历史建筑对人类社会的普遍效用性(社会效益)和历史建筑数量的稀少(稀缺性),解释了经济价值的变动原理。也正是由于上述特性,历史建筑会在市场供给、需求方面呈现特殊的价格市场变化趋势。历史建筑所具有的外部性和公共性特征也对历史建筑经济价值产生影响。

2.4.2 使用价值与效用价值分析

前文对历史建筑的使用价值与效用价值的分析,以鲁品越提到"物的效用价值即为商品的使用价值"的观点,指出它们属于同一性质的价值,虽然就一般而言,商品的使用价值涵盖了客体的效用价值全部,对此这里作进一步说明。

北京大学仰海峰 2016 年曾著文全面论述了使用价值的概念,认为使用价值是靠自己的属性来满足人们某种需要的物,根本特性在于其有用性。从有用性入手,马克思在《资本论》中区分了有用性的三种不同含义:一是自然物的有用性,如空气、天然草地、野生林等,这些物的有用性与人的劳动无关;二是用来直接满足自身需要的劳动产品的有用性;三是用来交换的劳动产品,即商品的使用价值。前两种使用价值反映了哲学意义,第三种意义上的使用价值与交换价值一起,成为交换价值的物质载体。使用价值变成了以交换价值为中介的满足需要的物,被贴上了社会形式的规定性,虽然是交换价值的物质载体,也是被交换价值所统摄的对象,从而进入到商品交换的形式系统中,构成了商品的二重性。正是在这个维度上,使用价值进入到经济学的范畴。仰海峰认为学术界现在对使用价值争论的主要原因是未对三种使用价值含义认真解读,经常混淆❶。

杨进明从使用价值的效用出发,用复杂的经济推导证明了使用价值效用的价值与效用价值在时间维度的数量关系的一致性。任何一个客观事物都有一定的表达形式。既然使用价值的效用是客观的,效用就必然有其特定的表达形式。效用的表达形式为:效率 = 效果(产量)/时间。公式的效率表达的就是使用价值效用的大或小。效率高,效用大,效率低,效用小。与客观的效用相联系,使用价值也有客观的效用价值。使用价值的效用价值是其在使用时产生效果的时间。如果说公式中的效率代表使用价值效用的大或小,那么,作为分母的时间就是使用价值的效用价值❷。

邓宏直接指出了劳动价值论和效用价值论不过是从两个不同视角观察同一个事

---

❶ 仰海峰.使用价值:一个被忽视的哲学范畴[J].山东社会科学,2016(2):63-69.
❷ 杨进明.使用价值的效用和效用价值[J].宁夏党校学报,2011,13(5):86-89.

物——商品，劳动价值和人工效用在数量上是相等的。不论是在自给自足的经济中还是在商品经济中，劳动创造的使用价值与它通过商品带给人们的那部分效用总是相等的，即劳动价值等于人工效用，这一关系即为经济学第三定律❶。

2.4.3 社会效益与经济价值分析

前文说明了历史建筑的综合价值和可利用性都可能产生一定的社会效益。因此，在经济市场中，历史建筑经济价值的形成途径也包括两个方面：一是基于特征信息产生的综合价值的效用反映出的经济价值；二是基于空间属性产生的使用价值（可利用性）的效用反映出的经济价值。前者是由于人们对于历史建筑蕴含的特征信息的喜好或其他直接或间接的积极意义，希望或实际取得历史建筑全部或部分产权（哪怕是观察权）愿意付出的成本；后者是人们通过利用建筑空间，达到实际消费或功能利用（也是一种权利）支付成本与获得收益。前者不考虑消费或利用，正如收藏一些可移动的文物，如元代青花瓷瓶，通常不可能去实际使用，更多的是用于观察、鉴赏甚至研究等；而后者是基于实际使用，无论是消费还是经营。

其中，实际取得产权所支付的成本与获得的收益是经济价值的显化表现；希望取得产权所愿意支付的成本是潜在经济价值，并非不存在经济价值，只是尚未显化。实际与希望的区别取决于是否发生了权利的移转。能否获得权利或能获得多少权利取决于历史建筑的产权机制与限制条件。影响因素是社会经济发展水平、人们收入与消费水平，以及产权机制、规划限制，市场供求关系等。

2.5 构建历史建筑价值体系

本章阐述了部分学者构建或认识的历史建筑价值体系，再从哲学价值论的价值二元性论证了事实存在、内在价值和外在价值的实质与相互关系，指出了目前学术界对内在价值的一些误解。历史建筑的客观事实主要是特征信息与空间属性存在，具有绝对客观性。而基于客观事实存在的实践行为、事实认知和价值认识都属于人类主观行为。价值认识是多角度、多维度、多层次与动态的，从而产生历史价值、艺术价值、科学价值、环境价值、社会价值和文化价值等内含价值，通过一定的逻辑关系组合为历史建筑综合价值。历史建筑使用价值（可利用性）与历史建筑综合价值共同产生历史建筑的社会效益，从而形成效益价值，也反映出人类的劳动价值（劳动量）。最终效益价值在经济市场中表现为历史建筑的经济价值。

构建整个历史建筑价值体系是通过以特征信息为基础的综合价值，以空间属性为基础的使用价值（可利用性）两条价值线展开，同时体现出历史建筑基本认知、人的感知（社会认知）、延伸的功能性需求价值的三个层次（图2-1）。正如林源博士提到的信

---

❶ 邓宏.试论劳动价值与效用价值的数量关系[J].广州大学学报（社会科学版），2007，6(4)：52-56.

息价值、情感与象征价值、利用价值的三个价值层面，得出了历史建筑价值体系的关键要素。

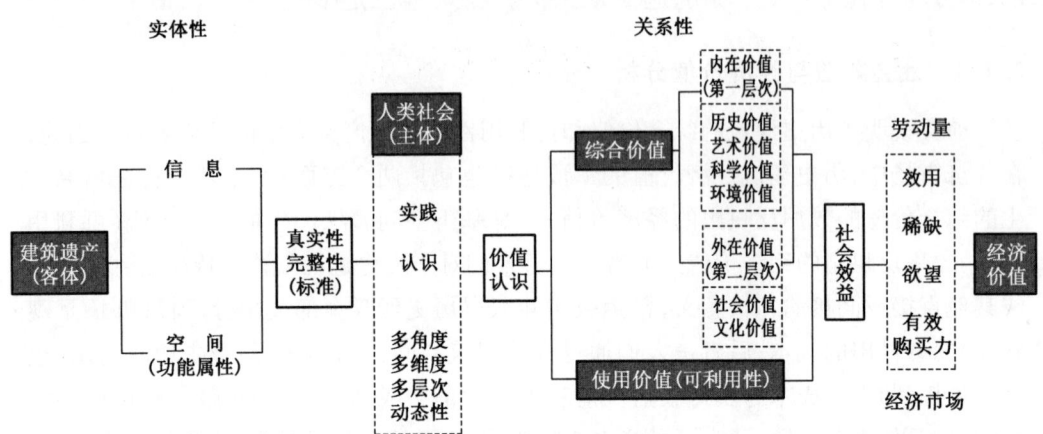

图 2-1　历史建筑价值体系

3 历史建筑估价的经济学原理

经济价值评估是一种价值指示意见的形成过程,通常以货币形式表示。效用价值如何在经济上实现向经济价值转化的过程?本章将在前文分析的基础上进一步深入剖析历史建筑价值的经济学属性、产权界定和经济价值特征等问题,为建立和完善历史建筑估价体系打下理论基础。

3.1 历史建筑估价的经济学理论

关于价值的经济学理论有许多,不同历史时期、不同学派有着不同的观点,其中最具代表性的是劳动价值论、传统西方经济价值理论以及新制度经济学的相关理论等。本书在此对历史建筑价值进行经济学理论分析,亦即对历史建筑具有的经济属性形成机理、变化趋势等进行探讨。

3.1.1 劳动价值论视角下的历史建筑经济价值分析

历史建筑作为一种特殊的不动产,由改良物和依附的土地构成:改良物包括建筑物、构筑物、装修和历史环境要素等,都是由人们设计并建造的,是人类智慧和劳动的产物;而土地作为一种重要的自然资源,本身凝结着人类的劳动,由于存在人类物化的劳动而存在价值❶,即历史建筑和依附的土地都是人类劳动产品的一部分。

劳动价值理论最初由英国古典政治经济学家亚当·斯密提出。亚当·斯密在著作《国民财富的性质和原因的研究》❷中系统地探讨了劳动价值论,并在劳动价值理论的基础上发展了自己相当完备的价格理论。亚当·斯密从分工引出交换,再从交换引出价值,第一次明确使用了使用价值和交换价值两个概念,认为"劳动是衡量一切商品交换价值的真实尺度"。此外,亚当·斯密的价值理论又是二元的:一方面,他认为商品价值决定于"获得它的辛苦与麻烦",即决定于生产商品所耗费的必要劳动量;另一方面,他又认为商品价值"等于它使他们能够购买或支配的劳动量",或等于它所能购买到的"劳动的价值"。大卫·李嘉图在亚当·斯密既有理论的基础上,在分析量度异质商品数量的共同尺度时提出了劳动价值论。

---

❶ 马克思恩格斯全集:第23卷[M].中央编译局,译.北京:人民出版社,1972:698-699.
❷ 亚当·斯密.国富论[M].郭大力,王亚南,译.上海:上海三联书店,2009.

马克思研究商品价值时则在前人的理论基础上发展了劳动价值理论❶。劳动价值论即为劳动创造价值理论,是马克思主义政治经济学的基石,其核心观点是"劳动是价值的唯一源泉"。价值是凝结在商品中的人类劳动,价值量是由凝聚在商品生产中的无差别的人类劳动即人类社会必要劳动时间决定的。价值质和量的这一特征表明价值所体现的人与人之间的关系。人们能通过交换自己的劳动产品而发生经济关系,而商品的价值集中体现了这种关系。不同商品能够交换是因为它们中都包含共同的东西:人类劳动的凝结即商品价值❷。商品生产过程是劳动过程与价值形成过程的统一。从价值增值过程来看,商品经济价值由生产资料物化劳动、劳动者的必要劳动时间与剩余劳动三部分的总和来决定。从上一章哲学价值二重性分析,我们得知,使用价值反映的是商品的外在效用性;而马克思提出与使用价值相对应的价值或商品价值的概念"价值是凝结在商品中的人类劳动,价值量是由凝聚在商品生产中的无差别的人类劳动即人类社会必要劳动时间决定的"却与物的内在实体性不相吻合。因为前一句反映了物的内在价值或实体性产生的根源,后一句实际上说明了价值的衡量标准。现在我们可以认识到,这概念实际上阐述了两个完全不同的内容,但由于没有明显区分与详细说明,因此长期使得经济学者迷惑与误解。

政治经济学与西方经济学作为经济学理论两大分支,对经济现象各有独到的解释力。政治经济学主要来源于劳动价值论,西方经济学的主流经济学说是在效用价值论的基础上发展起来的。抛弃意识形态的影响,劳动价值论更关注于商品价值产生的根源,马克思从生产领域入手,对价值的形成、决定和表现作了全面系统的考察,解释了价值产生的实质来源❸,西方经济学在这方面的研究和解释是不够充分的。效用价值论对于解释商品以及价值的市场运行有较高参考价值,更注重于商品价值的衡量解析、经济变化规律的研究等;但效用价值论并不关心商品是怎么来的,只是解释为什么人们这么选择以及影响选择的因素条件。所以,正确认识两大经济学体系的差异与侧重点,对我们认知经济价值的产生根源与运行规律具有重要意义。

历史建筑的建造初期,人们首先对土地投入了大量人类的劳动,如改造环境、平整地面等。同时,依据传统社会文化、伦理制度等,人们利用当时的科学技术手段设计历史建筑的布局、结构,建造建筑主体、进行内部装饰、构件雕刻和园林景观设计等,这些活动也都凝结着一定量的人类劳动。此外,随着时间的推移,在历史建筑的使用和维护期间,一方面人类不断也在改善周边环境,并且改良物本身也在不断进行着改善、增设、修复、修建甚至重建,雕刻彩绘等装饰从简到繁、由粗至精,建筑格局从小到大、由一路发展为多路;园林从小庭院扩大到池山藤萝,人类对此类演变过程必然都会投入相应的劳动,即人们对历史建筑在最初设计建造和后期修复保护阶段都不断增加投入

---

❶ 孙洛平.收入分配原理[M].上海:上海人民出版社,1996:24.
❷ 朱善利.价格、价值理论与经济学的层次[J].北京大学学报(哲学社会科学版),1986(6):82-88.
❸ 周国峰.马克思劳动价值论与西方经济学价值理论的比较[D].贵阳:贵州大学,2008:28-30.

资金和劳动力。文化遗产价值通常由两个部分组成：一部分是它被创造出来的那个时代赋予的价值；另一部分是在以后岁月中各种历史事件与人类需求变化而遗留的印迹所负载的价值❶。

综上所述,从劳动价值论角度看,历史建筑作为一个实际存在的房地综合体,无论过去和现在都凝结着人类劳动,解释了其经济价值产生的根源。本书认为,劳动价值论揭示了历史建筑内在综合价值形成的机理以及经济价值产生的本质和根源；但其经济价值的衡量标准与变化规律还需要进一步在西方经济学领域中研究。

3.1.2 西方传统价值理论视角下的历史建筑经济价值分析

在传统西方经济学理论发展中,与历史建筑价值相关的经济理论包括效用价值理论和均衡价值理论,因此本书将分别从两个理论的角度对历史建筑经济价值进行分析。

1) 效用价值论下的历史建筑经济价值

效用价值理论是以物品满足人的欲望的能力或人对物品效用的主观心理评价解释价值及其形成过程的经济理论。在19世纪60年代前表现为一般效用论,而从19世纪70年代以后主要表现为边际效用论。

效用价值论将商品交换的基础归结为事物的效用,认为价值反映了物质对人的功效或效用。1833年英国经济学家W.F.劳埃德认为商品价值取决于人们的欲望以及人们对物品的估价,且人们的欲望和估价会随物品的数量变化而变化,并在被满足和不被满足的欲望之间的边际上表现出来。劳埃德的这一观点区分了物品的总效用和边际效用,从而提出了主观效用论,并认为物品的价值取决于边际效用。与劳埃德的观点类似,爱尔兰经济学家M.朗菲尔德也提出物品的市场价值是由能够引起实际购买的最低程度需求强度来调节的❷。1854年,德国经济学家H.H.戈森在其《论人类交换规律的发展及由此而引起的人类行为为规范》中提出人类满足需求的三条定理(戈森定理):①欲望或效用递减定理,即随着物品占有量的增加,人的欲望或物品的效用是递减的；②边际效用相等定理,即在物品有限条件下,为使人的欲望得到最大限度满足,务必将这些物品在各种欲望之间作适当分配,使人的各种欲望被满足的程度相等；③在原有欲望已被满足的条件下,要取得更多享乐量,只有发现新享乐或扩充旧享乐。这三条定理为边际效用价值论奠定了理论基础❸。另外,奥地利学派重要代表人物维塞尔在其著作《自然价值》❹中指出,某一物品要有价值,必须具有效用和稀缺性,两者相结合为边际效用❺。边际效用是价值的来源,边际效用定律是价值的一般规律。在

---

❶ 刘敏.青岛历史文化名城价值评价与文化生态保护更新[D].重庆:重庆大学,2004.
❷ 理查德·豪伊.边际效用学派的兴起[M].晏智杰,译.北京:中国社会科学出版社,1999.
❸ 效用价值论：百度百科.
❹ 维塞尔.自然价值[M].陈国庆,译.北京:商务印书馆,1982.
❺ 边际效用或者边际收益,指的是消费者从一单位新增商品或服务中得到的效用(满意度或收益)。在一定时间内,每增加一单位消费量所能增加的效用单位,亦即多消费该商品一单位所增加的满足感幅度。

需求保持不变时,供给越大,边际效用和价值越小;反之则相反。维塞尔在对物品的边际效用进行计量分析时采用了"生产效益归属"法,即当土地、资本和劳动一道起作用时,人们必须能够从它们的共同产品中将土地、资本和劳动的份额分开。维塞尔的边际效用价值论和收益分割法也是自然资源类估价的主要理论依据❶。

效用价值论认为效用是一种主观心理评价。假定物品可以无限细分时,人们清楚地知道自己所支付的每一单位报酬能获得的不同单位物品效用,并且按照最后一个单位报酬带来的边际效用相等原则来决定物品购买量,以达到消费者总效用最大化。理性人也会根据物品的差异做出选择,最终达到物品中获得的边际效用对于货币的边际效用之比等于价格❷。效用价值论认为人们选择该组物品,而不选择那一组物品,这是由于前者带来了更大的效用(主观的感觉评价或称心理感受)。效用价值论较好地解释了资源如何配置、消费者如何实现效益最大化的问题,而这些问题是人类在生产生活中最为关心的。

人类可以根据自身的需要、意愿、兴趣或目的对生活相关的对象物赋予某种好或不好、有利或不利、可行或不可行等特性,而事物满足人类这种特性赋予的功能就是物的效用价值,是依赖于主客体关系与外界影响要素而存在的。历史建筑作为一种现实存在的客体对象,可以满足人们观赏、研究等精神物质需求,让人类更加了解自身的历史与存在的含义,那些蕴含的传统艺术、建筑技能、风俗习惯、意境表达等是用来清楚表达和诠释地域、民族以及全人类文化的重要手段,对人类主体存在特殊的效用价值。历史建筑越是稀少,对于满足人类需求的边际效用越大,所具有的经济价值越高。当然对于不同的个体或群体而言,历史建筑的效用可能不尽相同,但就人类整体来说,这是祖辈留给当代人类社会的宝贵遗产,具有的效用不是对于某一个人或团体,而是表现出一种普遍社会认知度,否则历史建筑综合价值评价工作是毫无意义的。

对于几乎所有物品的消费而言,效用是边际递减的,即所谓的边际效用递减规律❸。历史建筑对于人类的效用也一样存在着边际效用递减的特征。在某一类历史建筑所在地域居住的人们对这些历史建筑的支付意愿较低,与此不同,远离该地区的人们对于这些历史建筑的支付意愿就较高❹,亦即这些历史建筑对于长期居住在其所在地的人们的效用较小。因此,如果历史建筑不能作为旅游消费的一部分,仅靠所在地域的居民对其进行保护是难以实现的,也不利于历史建筑的保护。

---

❶ 曲福田.资源经济学[M].北京:中国农业出版社,2001.
❷ 效用价值论:百度百科.
❸ 边际效用递减法则(The Law of Diminishing Marginal Utility,也称边际效益递减法则、边际贡献递减),边际效用递减是经济学的一个基本概念,是指在一个以资源作为投入的企业,单位资源投入对产品产出的效用是不断递减的。
❹ 应臻.城市历史文化遗产的经济学分析[D].上海:同济大学,2008.

根据边际效用递减的原理,历史建筑价值也与历史建筑数量有关❶。如果某一类历史建筑数量非常多,以至随处可见,那么对于人类来说,其效用较小,造成价值会比数量较少的历史建筑要低。图 3-1 表示了历史建筑对人类边际效用的变化情况:当某一类历史建筑数量稀少时,对人类的效用

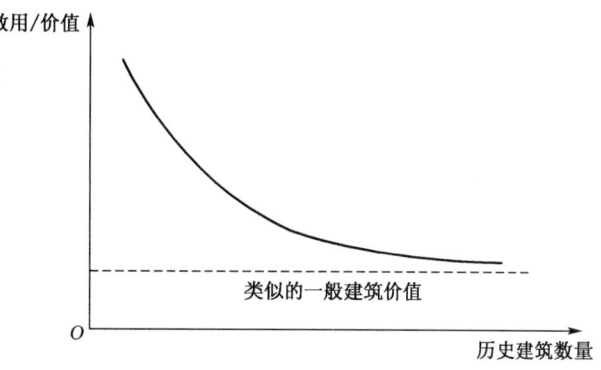

图 3-1 历史建筑价值(效用)与历史建筑数量变化

或价值较大;反之,当该类历史建筑数量很多、随处可见时,边际效用就会较小,进而价值也就较低,并且会越来越接近于相似功能(如居住等)的普通建筑经济价值,亦即其价值将减小到仅为其使用功能的经济表现;这时人们(特别是当地)将不易重视此类历史建筑的保护,这不仅是由于其边际效用较小,且数量众多的历史建筑的保护成本也将是巨大的。文化的多样性欲望使得人们出现支付意愿,但类同性增加会让效用边际递减。

历史建筑数量也会发生变化,可以通过不断的资格等级认定来增加,例如杭州市规定:建成 50 年以上具有历史、科学、艺术价值,体现城市传统风貌和地方特色,或具有重要的纪念意义、教育意义的建筑可以认定为历史建筑。随着时间推移,我们可以认为许多老式建筑逐步会被认定为历史建筑;但能确定的是,1840 年前所建的历史建筑是不可能再增加的,只会由于自然和人为的原因而减少,因此这个时期以前的历史建筑将会越来越稀缺。

稀缺价值论是由法国数理经济学家里昂·瓦尔拉斯在继承其父关于"价值起源于稀缺"思想的基础上提出的纯粹经济学的基本理论之一。他指出,仅仅是效用还不足以创造价值,而应该是有用性和稀缺性来决定的,即它在量上不能没有限制。稀缺价值理论认为,稀缺的有用物品都有价值,这是表象的直觉认识,是一种循环论证,因为其接着会说凡是有价值的物品都具有稀缺性。但是,稀缺性和独占性确实对资源价值有着重要的影响。瓦尔拉斯在对商品交换比例进行分析时认为,当商品稀缺比例与商品价格比例相等时,交换将得到最大的满足,并从而创立了一般均衡理论。而意大利

---

❶ 任何购买行为都是一种交换行为,消费者以货币交换所需求的商品,交换过程中,消费者支出的货币有一定的边际效用,所购买的商品也有一定的边际效用,消费者通常用货币的边际效用来计量物品的效用。由于单位货币的边际效用是递减的,因此,消费者愿意付出的货币量就表示买进商品的效用量。而消费者对两种商品所愿付出的价格的比率,是由这两种商品的边际效用所决定的:边际效用越大,愿支付的价格(需求价格)越高;反之,边际效用越小,需求价格就越低。根据边际效用递减规律,既然边际效用越来越小,那么,消费者对商品购买越多,所愿支付的价格就会越少。这样,消费者买进和消费的某种商品越多,他愿支付的价格即需求价格就越低,反过来说,价格越低,需求量越大。可见,一个消费者的实际需求价格反映了该商品的边际效用,而边际效用是随购买数量的增加而减少的,于是价格也就随着数量的增加而降低,或者需求量随价格的降低而增加。

经济学家帕累托(Vilfredo Pareto)在瓦尔拉斯的一般均衡理论基础上进行了进一步研究：在给定的资源稀缺性和有限知识条件下研究个人如何最大限度满足其自身需要，其间采用了虚数效用概念用于效用的测定，并引进了无差异曲线进行分析。稀缺价值理论在很大程度上是与效用价值理论相联系的。

与普通不动产相比，历史建筑显得数量稀少，特别是那些具有重大历史意义或纪念价值的建筑物(构筑物)。而且随着时间的推移，历史建筑会因为自然损毁或不可抵抗的其他外力因素而不断减少，真实性、完整性也会呈现不同程度的损失，从而导致稀缺度增加，价值也随之增大。稀缺性是历史建筑的主要特征之一，很大程度上影响着历史建筑的经济价值。

2) 均衡价值论下的历史建筑经济价值

均衡价值论首先表现为一般均衡理论。一般均衡理论是理论微观经济学的一个分支，旨在寻求整体经济的框架内解释生产、消费和价格。一般均衡理论是1874年法国经济学家瓦尔拉斯在《纯粹经济学要义》中首先提出的。瓦尔拉斯认为，整个经济处于均衡状态时，所有消费品和生产要素的产出和供给将有一个确定的均衡量，其价格将有一个确定的均衡值。瓦尔拉斯以边际效用价值论为基础，提出价格或价值达成均衡的过程是一致的，因此价格决定和价值决定是一回事。他认为各种商品和劳务的供求数量和价格是相互联系的，一种商品价格和数量的变化可引起其他商品的数量和价格的变化，所以不能仅研究一种商品、一个市场上的供求变化，必须同时研究全部商品、全部市场供求的变化。只有当一切市场都处于均衡状态，个别市场才能处于均衡状态❶。

马歇尔在此基础上综合了萨伊效用论、边际效用论等观点，把力学原理引入经济学，提出均衡价值论。马歇尔认为一种商品的价值，在其他条件不变的情况下，由该商品的供给状况和需求状况共同决定，在供给和需求达到均衡状态时，产量和价格也同时达到均衡。均衡价格是指需求价格和供给价格相一致时的价格。马歇尔进一步用价格代替了价值，把价值与价格通用，不加以区别；他承认有价格存在，把价值等同于供求决定的价格❷。而希克斯将均衡定义为："当经济中的所有个体从多种可供选择的方案中挑选出他们所偏爱的生产和消费的数量时，静态经济(在其中需求不变，资源也不变)就处于一种均衡状态。……这些可供选择的(方案)……部分决定于外在约束，……更多的是决定于其他个体的选择……"。希克斯认为静态均衡概念有两个特点：一是一定存在着向均衡方向变动的趋势；二是收敛于均衡的速度是极快的。希克斯借助了马歇尔的方法，并且通过扩大马歇尔假定的范围，进一步缩小经济主体的选择空间，但这削弱了模型的解释力。阿罗·德布鲁主要是研究竞争的市场均衡，他对一般均衡理论存在性的证明主要依存于两个假设：消费与生产集合都是凸集，每个经济主

---

❶ 莱昂·瓦尔拉斯. 纯粹经济学要义，或社会财富理论[M]. 蔡受百，译. 北京：商务印书馆，2009.
❷ 马歇尔. 经济学原理[M]. 朱志泰，陈良璧，译. 北京：商务印书馆，2019.

体都拥有一些由其他经济主体计值的资源,因此,这种均衡的整体稳定性取决于某些动态过程,这些过程保证每个经济主体都具有总需求水平知识,并且在实际情况中没有一项最终交易是按非均衡价格进行的,这当中的某些假定也许可以放松,以适应少数行业中的规模报酬递增。

历史建筑作为一种特殊的不动产,相当一部分进入市场流通,同样也存在着供给、需求和市场均衡状态:

(1) 供给

供给是指可供人类利用的商品数量。资源类商品的供给可分为自然供给和经济供给。

历史建筑的自然供给指一定区域内提供给人类社会利用的各类历史建筑的实际存量,包括已利用的历史建筑和未来可利用的历史建筑。历史建筑由于建造年代较为久远,大多数都经历漫长岁月,保留下来的数量极为有限。即使能通过历史建筑认定来补充数目,但特定历史阶段(如1840年前)的历史建筑总量是不会增加的,可以说历史建筑具有不可再生性,一旦破坏就很可能无法修复;而且这些存留下来的历史建筑还会由于保护不良以及自然损毁等原因而不断减少,例如战争、自然灾害、大规模的拆迁改造等人为或自然因素❶,所以历史建筑的自然供给量是有限的和稀缺的。

历史建筑的经济供给指在给定时间的特定市场中,在自然供给及社会经济条件允许的情况下,可供人类社会利用的历史建筑数量。经济供给反映的是历史建筑的稀缺性、相对可进入性以及总的可利用性,受到多种因素的影响。首先,按照我国现行法律规定,历史建筑可分为文物建筑、非文物建筑两大类:文物建筑一般不允许转让和抵押,只能以租赁方式进入市场;非文物建筑包括依法认定的历史建筑(狭义)和传统风貌建筑等,在一些城市可以进入流通领域,但其产权状况也会受到部分限制。其次,由于历史建筑的不可移动性(地域性)导致供给不能集中于一处,而是分散于城市或村镇之中,受到资金、交通、城市规划等多种因素的限制。最后,不同地区对历史建筑存在物理状况、功能使用和维护修复等方面的法律限制,而这些限制条件的变化都会对当地的经济供给产生影响。但就整体而言,这些影响因素在短时期内不会出现明显变化,从而导致历史建筑的市场供给也不会呈现大的波动,历史建筑市场供给表现出相对稳定性。

正是由于历史建筑自然供给的有限性、经济供给的相对稳定性导致历史建筑供给

---

❶ 例如1955年建造浙江新安江水电站,淳安、遂安这两座历史悠久的浙西县城和众多精美历史建筑群(狮城姚王氏节孝坊)等,一同悄然"沉入"碧波万顷的千岛湖底。2008年,汶川大地震造成了都江堰水利工程重要历史建筑二王庙和伏龙观两处古建筑的严重损毁、青城山片区道教古建筑群严重损毁。

弹性❶较小,甚至逼近于完全缺乏弹性❷(图 3-2)。经济意义是指无论价格如何上涨,历史建筑的供给数量都恒定不变。

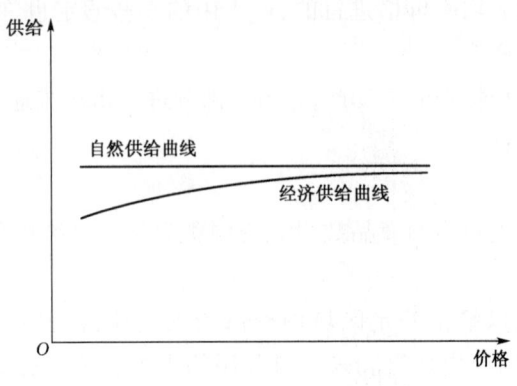

图 3-2 历史建筑供给曲线图

(2) 需求

需求是指在给定时间的特定市场中,人类以一定价格购买或租用某种商品的愿望。历史建筑首先是一种不动产,但同时作为历史文化遗产,具有特定的历史、文化、艺术和社会内涵等。历史建筑与普通房地产和高档艺术品相比存在着明显差异,需求效应也有较大区别。

普通房地产同时兼备必需品和奢侈品双重属性,既要满足人类的防寒御热的基本需求,又能满足人们在条件允许的情况下追求更好的居住环境以及投资要求。但是应该注意到,历史建筑具有价值量大、产权限制、实用性差、维护成本高等特征,利用过程将会受到较多限制,因此与普通房地产相比,历史建筑丧失了必需品的功能。从社会学和群体心理学的角度上讲,历史建筑更多是满足人们的心理需求,而非实用需求。正是由于历史建筑具有如此明显的局限性,只有那些不计较实用功能,又能够承担如此高额收购值和修复维护成本的一些少数群体才是历史建筑的潜在需求者。

相对于纯粹奢侈品的高档艺术品,历史建筑又表现出某种特殊性。艺术品作为奢侈品,在经济学上通常遵循"凡勃伦效应",即出于炫耀财富的需要,愿意为功能相同的商品支付更高的价格,而炫耀财富则是为了赢得理想的社会地位,因此这类商品价格

---

❶ 供给价格弹性通常被简称为供给弹性。它反映价格与供给量的关系。供给弹性是价格的相对变化与所引起的供给量的相对变化之间的比率。由于供给规律的作用,价格的变化和供给的变化总是同方向的,所以供给弹性的符号始终为正值。

❷ 供给价格弹性的类型。根据大小,也可分为几个范围,即若 >1,称为供给富有弹性;若 <1,称为供给缺乏弹性;若 $=1$,称为供给单一弹性;若 $=0$,称为供给完全缺乏弹性;若 $=\infty$,称为供给弹性无穷大或供给有完全弹性。一般来说,受自然条件影响小、生产周期短、生产技术设备简单、投资少、产量增加比成本增加快的商品,供给弹性都比较大。反之,供给弹性较小。

越高,越能得到消费者购买倾向的现象❶。历史建筑显然具有高档艺术品的部分特征,包含着极高的收藏价值。但是艺术品几乎没有实用性要求,仅具备收藏观赏价值,而且一般不存在使用功能困惑与较大的产权限制;同时在持有过程中,也不需要时常付出高额的维护成本。历史建筑则不同,虽然实用性也不强,但相对而言,消费者通常仍然要求历史建筑能满足部分甚至全部的实用功能,这就需要付出高额的修复和维护成本。此外,规模庞大、价值量高、

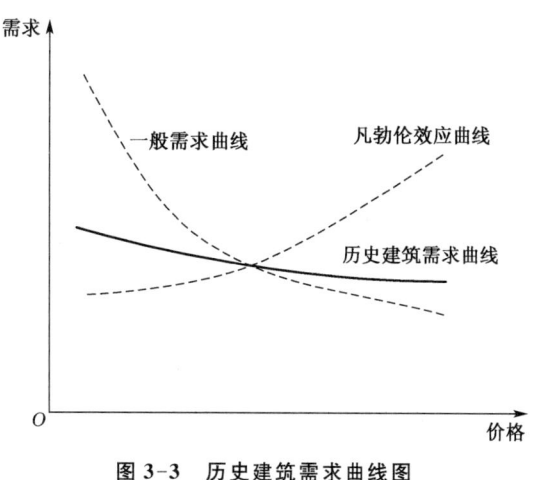

图3-3 历史建筑需求曲线图

产权限制和牵扯太多精力等也导致有闲阶级(势利群体)对历史建筑的消费产生重重顾虑,从众群体也难以趋从这种商品的消费。所以历史建筑的需求变化并不完全遵循"凡勃伦效应",只在一定程度上受到这种规律的影响,进而改变需求曲线的基本模型。无论如何,历史建筑的市场需求量的有限性显而易见,即历史建筑需求也缺乏价格弹性(图3-3)。但必须认识到,随着人们的知识不断积累、审美情趣的提高以及收入的增加,需求有可能也会逐步提高。

(3) 市场变化/价格趋势

处于均衡状态的各生产要素之间的力量对比和相互作用产生了商品价格并使之得以保持。历史建筑的供给曲线和需求曲线的交点为均衡价格。历史建筑通过供给而进入市场以满足历史建筑需求,历史建筑这种特殊的商品既受一般商品供求规律的制约,又表现出与普通房地产不同的特殊供求形势。当历史建筑的供求价格与需求价格相一致时,就会形成历史建筑的需求曲线与供给曲线相交的均衡价格。由于历史建筑与普通房地产相比具有特殊性,供给和需求曲线在一定时期内呈现出相对稳定趋势,即在特定价格的区间范围内,历史建筑需求和供给曲线均呈现出近乎水平的状态;两条稳定曲线的交点所决定的均衡价格一般不会由于供给与需求的变动而发生大幅度变化,也不易受到外界诸如政策等因素的影响;反之亦然。因此,历史建筑的均衡价格会在一定时期内保持稳定,历史建筑的市场价格波动曲线更接近于直线,而非呈现类似于普通房地产的指数波动,从而表现出市场稳定性较强的特征(图3-4)。

---

❶ 该理论首先由美国经济学家凡勃伦在其著作《有闲阶级论:关于制度的经济研究》一书中提出:商品价格定得越高越能畅销。它是指消费者对一种商品需求的程度因其标价较高而不是较低而增加。它反映了人们进行挥霍性消费的心理愿望。

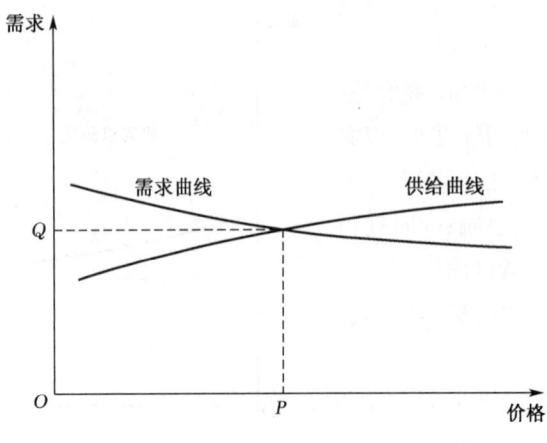

图 3-4 历史建筑供需均衡点

3.1.3 新制度经济学视角下的历史建筑经济价值分析

制度经济学是把制度作为研究对象的一门经济学分支,主要研究制度对于经济行为和经济发展的影响,以及经济发展如何影响制度的演变。新制度经济学的研究始于科斯的《企业之性质》,科斯的贡献是将交易费用这一概念引入了经济学的分析中,研究"制度"和分析"制度因素"在社会经济发展中的作用。随后威廉姆森、德姆塞茨、张五常等人对于这门新兴学科作出重大贡献。近 40 年来新制度经济学是蓬勃发展的经济学的一个主要研究方向。

庇古是英国现代经济学家,《福利经济学》是他最著名的代表作。庇古认为由于环境污染这种负的外部性的存在,造成了环境资源配置上的低效率与不公平,这促使人们去设计一种制度规则来校正这种外部性,使外部性内部化。庇古在研究外部性的过程中提出了通过征收庇古税解决外部性的税收方法。《福利经济学》将资产阶级福利经济学系统化,标志着其完整理论体系的建立。

在庇古的研究基础上,科斯也针对外部性等问题从制度经济学角度进行了探讨。他在制度分析中引入边际分析方法,建立起边际交易成本概念,为制度经济学的研究发展开辟了新领域。科斯对制度经济学研究方法的发展,具有了革命性和方向性的改变。科斯的产权理论归结起来有三大理论:一是交易费用理论,认为企业的产生就是把若干要素所有者组织成一个单位参加市场交易,从而降低交易费用。二是产权界定与资源配置关系理论,认为在交易费用为零且对产权充分界定的情况下,不同的产权界定不会影响资源配置的效率(科斯第一定理)。在交易费用为正的情况下,即产权的不同界定状况会导致资源配置的不同结果(科斯第二定理)。三是外部性理论,认为经济外部性是经济主体(包括厂商或个人)的经济活动对他人和社会造成的非市场化的影响,其分为正外部性和负外部性❶❷。正外部性是经济行为个体的活动使他人或社会受益,而受益者无须花费代价;负外部性则是经济行为个体的活动使他人或社会受损,而造成外部不经济的个体却没有为此承担成本。

以道格拉斯·C.诺斯和 T. W.舒尔茨为代表的制度变迁理论,是制度经济学的最新发展。诺斯认为,在影响人的行为决定、资源配置与经济绩效的诸因素中,市场机制的功能固然是重要的,但是,市场机制运行并非尽善尽美,因为市场机制本身难以克服"外部性"等问题,产生"外部性"的根源在于制度结构的不合理,因此在考察市场行为者的利润最大化行为时,必须把制度因素列入考察范围,将经济理论与政治理论结合起来,把政治要素作为经济运行研究不可缺少的要素分析。

从前文的定义论述认识到,历史建筑作为一种文化遗产,对城市、社会和人类来说具有特殊的历史文化内涵,产生历史文化特征增值;而由于历史建筑的存在与承受的保护限制,造成私人收益与社会收益,或私人成本与社会成本不一致,导致历史建筑在其利用与维护中必然产生外部性,既存在正外部性,也存在负外部性。重要的著名历史建筑给所在区域能够带来整体经济效益的提升,拉动旅游、住宿、餐饮、商业和其他相关行业的综合性发展等,使得社会收益大于私人收益,产生正外部性。当然,任何经济活动都会追求效益最大化和成本最小化:针对历史建筑或历史文化景区的开发利用,实际经营者通常只考虑自身的经济效益,通过大兴土木来进行深度开发,这或许会增加私人收益,但是对环境生态产生负面影响,加大社会成本,而实际经营者却未对此支付更多的私人成本;或是为了吸引更多的人群,将单位收益下调以提高总收益,而这种利润的增加是建立在社会总利润减少的基础上,是以支付社会成本为代价取得的,从而产生负外部性。我们认为,对于重要的历史建筑或文化遗产,正外部性带来的经济收益应是高于具有的负外部性,这也是形成了各地兴起的"申遗热"和保护历史建筑的激励原因所在;反之,人们会更加忽略去重视保护那些不甚重要的历史建筑,这也符合"马太效应"❸规律。

以新制度经济学的视角分析:在产权制度明确的前提下,市场交易即使在出现社会成本(即外部性)的场合也同样有效。一旦假定交易成本为零,而且对产权界定是清晰的,那么无论产权归谁,法律制度并不影响合约行为的结果,都可以通过市场自由交易使最优化结果保持不变。在产权制度明晰的条件下,历史建筑可以通过交易实现外部性内在化。

历史建筑在市场交易过程中,经济价值的高低很大程度上与之所能发挥的效益相

---

❶ 何维达,杨仕辉.现代西方产权理论[M].北京:中国财政经济出版社,1998.

❷ 外部性是一个经济主体的经济活动对另一个经济主体所产生的有害或有益的影响,是指由于市场活动而给无辜的第三方造成的成本,从而造成私人收益与社会收益、私人成本与社会成本不一致的现象。外部性分为正外部性和负外部性,当私人收益小于社会收益,或私人成本大于社会成本时,其外部效应为正外部性,反之则为负外部性。

❸ 马太效应(Matthew Effect),指强者愈强、弱者愈弱的现象,属于经济学的基本原理。

关,如果历史建筑具有的外部效益很大,却并没有外部性内在化的制度安排,那么购买方是不会为外部效益那一部分增加的价值而支付额外费用的。外部效益大小以及内部化制度设置状况,将会影响到经济价值。为了更好地实现外部效应内在化,必须设置、安排和完善合适的社会制度。例如设立相关的环境税费,以减少过度开发而造成的负外部性,或者是向正外部效益获得者收取管理费用,用来弥补社会成本等。因而,历史建筑估价有必要对所有者能获得的直接效益和间接外部效益同时显化,从总体上估算历史建筑的整体效益。当然,根据市场配置最优时边际成本与边际效益相等的原理,对历史建筑经济价值的评估也可以转换为对历史建筑保护边际成本的评估,其社会边际成本应包括私人边际成本与外部边际成本,可以直接认为是历史建筑的经济价值[1]。

事实上,历史建筑外部性的产生根源是具有"公共性"。无论出于何种原因,关注历史建筑的个人和群体很多,很难做到私人物品的排他性。所谓非排他性是指对物品的自由消费或限制其他消费者对物品的消费是困难的,或是不可能的[2]。例如,所有权人想对历史建筑进行改造,通常会受到保护团体或政府部门的干涉;而位于公共道路旁的精美砖雕门楼,虽然属于私人所有,但不可避免地会吸引爱好者来观赏评判。同时,历史建筑也具有"非竞争性"这一公共物品的另一特征,即向额外增加的消费者提供物品消费不会同时增加成本,即消费者增加引起的边际成本为零[3]。新制度经济学认为这种公共性导致私人收益高于社会收益现象普遍存在,甚至出现"公地悲剧"[4]。科斯认为出现这种情况的根源是由于产权不够明晰,这就需要国家通过资源配置制度安排调整;其核心就是产权界定,明确相关责任,以实现政府、私人和相关第三方之间利益和成本的相互协调补充。

3.2　历史建筑利用与价值的经济学分析

经济学分析是指通过将一些不重要、不相关的经济因素抽象掉,从而建立起来的对经济变量之间简单关系的解释。这种解释既可以覆盖整个经济社会,也可以描述特定范围内的经济现象[5]。

近年来,随着社会主义市场经济体制的持续深化,人民物质需求得到极大满足之后开始寻求精神文化需求的满足,历史建筑作为精神文化的核心载体之一和重要组成

---

[1] 应臻.城市历史文化遗产的经济学分析[D].上海:同济大学,2008.
[2] 梁薇.物质文化遗产的性质及管理模式研究[J].生产力研究,2007(7):63-64.
[3] 顾江.文化遗产经济学[M].南京:南京大学出版社,2009:28-29.
[4] 公地悲剧:公地作为一项公共资源或财产,排他性弱,每个人都能使用,但都没有权阻止其他人使用,从而造成资源过度使用和枯竭。这是一个悲剧。每个人都被锁定进这样一个信奉公地自由使用的社会里,每个人只会追求自己的最佳利益,事态的加剧恶化将不可避免。
[5] 汪秋菊.微观经济学[M].北京:科学出版社,2009.

部分,其经济价值日益逐渐被人们认识和重视,对于其开发利用也逐渐兴盛起来。然而与之相伴随的,却是市场化逻辑极端运用后所导致的"经济至上"思想的泛滥,以及与之相伴随的低俗大众文化的滋生。发展经济、开发历史建筑的经济价值无可厚非,但"经济至上"的思想对历史建筑的根本性破坏乃至意识形态的深层次冲击却发人深思。

经济学理论并不是要求人人自私、物质至上、目光短浅或一心向钱看。经济学研究的核心是探讨和规范人类如何通过权衡选择来优化行为。保罗·海恩❶阐述了经济学思维原理:所有社会现象均源于个体的行为与互动,在这些活动中,人们基于对额外收益和成本的预期进行选择。使用者都希望最大限度地从稀缺资源中获取想要的东西。个体的理性选择对于群体而言可能并不理性,优化是稀缺性约束下的选择行为,实现优化需要参与协调来应对,通过调整方案实现合作共赢。因而大部分社会互动需要参与者了解并遵守规则并在协调下进行。人们追求各自目标和决策并相互协调,所依赖的方式和手段即经济系统,是由"规则"塑造的。现代社会中最重要的规则就是"产权"。清晰界定产权,合理配置资源,协调交易费用,能够促进现存稀缺资源的有效利用(使用效益)。

历史建筑是一种稀缺资源,理解规则是人类有效利用稀缺资源的关键问题。引入经济学思维来分析历史建筑利用行为可以解决两方面问题:一是可以引导建立一套清晰的、有效的、能被普遍接受的规则;二是有助于建立文物资源资产管理机制,资产管理本身属于经济行为,这也是国家要求的工作。

3.2.1　经济学思维引导历史建筑合理利用

(1) 基于优化与权衡的思维角度看待历史建筑保护与利用的矛盾。各方利益人会在特定的情况下作出他们认为的最好决定,人们按照自己独特的资源和能力,追逐各自感兴趣的特定目标,对别人的利益、资源与能力不管不顾,糟糕的情况是演变为破坏性争斗,最终带来的往往是混乱,不是财富。事实上,每个人自己的计划如果要成功都必须依赖与他人的合作,需要引入协调合作的思维。人们追求各自目标和决策时相互协调与退让,通过互动,根据具体情况形成新的规则。可持续发展由社会效益、环境效益和经济效益三个效益组成,也要有协调合作的思维,才能充分发挥能动性。

(2) 经济学要求人类建立与遵守规则的普遍思维。产权作为经济规则中最重要的部分,也是资源资产管理的核心。明确界定谁在法律上拥有什么能够帮助我们澄清不同的选择和机会。在自愿的前提下,产权以及衍生权益可以进行交易与分离,获取更大效益。经济学认为,资源强调的是物质对象的数量、质量与使用价值,包括潜在与已知,反映了物质对象的自然性、效用性和稀缺性。资产强调的是资源的权属以及未来收益形式,反映了资源的排他性、约束性和价值性。资本强调的是有效经营、优化配

---

❶　海恩,勃特克,普雷契特科.经济学的思维方式[M].史晨,译.北京:机械工业出版社,2015.

置,提高盈利能力,以实现增值最大化,反映了资产的增值性、流动性和扩张性。资源关注"稀缺"、资产关注"产权"、资本关注"效益"。三者存在着继承性递进关系,需要一定条件才能推动实现。

(3) 基于经济学思维分析历史建筑利用各环节的相互关系。经济行为是以产权规则作为基本出发点,清晰界定历史建筑产权,规范多方利益人的协调机制,通过方案的选择、衡量和调整,最终实现资源配置的优化。当然,经济学不是完美的,既能顾及所有事实,又能对所有价值一视同仁,毕竟所有社会现象源于个体的行为和互动,还要以动态思维来调整完善。

(4) 资源的优化配置是经济学的重要部分,引导人们选用具体的专业化手段,将历史建筑具备的资源要素相互组合,选择、衡量与优化历史建筑利用方式。如2015《中国准则》提出,"应当根据文物古迹的价值、类型、保存状况、环境条件等分级、分类选择适宜的利用方式"。现代经济学历经几代经济学家的努力,形成了经济学独有的语言和思维方式。诸如需求、供给、弹性、边际、消费者剩余、机会成本、比较优势、外部效应、信息不对称、均衡等,是经济学的基本语言。掌握了这些经济学语言,就等于引入了经济学思考问题和解释问题的基本方法和逻辑习惯,很多经济学论证过的经济规律可以直接用于解释历史建筑保护与利用中的经济现象,通过这些经济学的思考方式,我们就可以更好地思考历史建筑资源配置是如何运行的,从而更好地改善资源的配置❶。

(5) 经济学研究人类行为和协作互动时,特别重视个体的选择。个体总在比较,期望有额外的收益成本或额外效益,这是优化的本质。如何判断是否产生优化需要合理的评价指标。人们通常用货币来衡量特定选择的收益成本或额外效益,一点适度的变动就会使很多人改变他们的行为。因此,历史建筑利用需要引入经济价值评估,将经济价值作为一种衡量标准来判读利用行为是否合理。

(6) 资产管理要摸清家底、建立资产台账,也要有经济计量方式。要谨慎推进历史建筑资源资产后续计量,依据文化资产后续保护修缮时点计划及出库信息,通过"在建工程"科目归集修缮期间发生的各类费用,调整至"文化资产"科目予以显化。强化专业评估计价,分析不同取得方式、不同计价方法下资产应在什么时点选择何种计价依据,账务核算是否规范标准等❷。

事实上,历史建筑利用的合理性,应体现在三个方面:产权清晰、功能明确、经济可行。产权清晰是指要以法律形式明确历史建筑的所有权、他项权利以及产权限制要清晰,即历史建筑在产权关系方面的资产所有权及相关权利的归属明确、清晰。功能明确指历史建筑的用途、功能分区明确、合理。经济可行是指在保护的基础上,保证社会、环境效益的前提下,对历史建筑的利用要有一定的经济效益,至少能够产生一部分收益以弥补维护费用,即便不能完全实现经济平衡,至少在经济上要有满足项目的可

---

❶ 应臻.城市历史文化遗产的经济学分析[D].上海:同济大学,2008.
❷ 李莉.构建文物文化资产管理体系的思考[N].中国会计报,2019-08-16(11).

持续性运行的能力。也就是说,在建筑领域,无论是建筑创作手法的模仿和复制,还是建筑和城市发展观念的商业化与肤浅化,或者是建筑风格的流行性与趋同性等现象,都能得到经济学上的解释;同样,在历史建筑的保护与利用中,无论是历史建筑的产权归属明确与限制,还是历史建筑经济与社会文化价值的评价估量,抑或是历史建筑保护利用的规划体系构建与策略选择,都需要经济学(建筑遗产经济学)借以分析。

3.2.2 历史建筑经济价值增减分析

人们通常用货币来衡量特定选择的收益成本或额外效益,适度的变动就会使很多人改变其行为。因此,历史建筑利用与管理应及时引入经济评估体系,将显化的经济价值量作为一种可衡量的标准,判读其利用与管理行为是否低效或过度。

从更为严格的属性划分出发来分析历史建筑的性质,可以看出其不同于一般流通于市场中的商品的独特性质。对于一般商品而言,其价值具有绝对的固定性和相对的变动性,其绝对价值由创造商品的劳动所决定,而其相对价值则随衡量商品的货币多少来衡量。然而历史建筑则有所不同,其价值具有显著的动态性,既会随着历史演进和社会变迁而产生价值增值,又会因产权限制或政策性保护而产生价值减值。

1) 特殊历史文化价值产生价值增值

历史建筑作为一种现实存在的客体对象,可以让人类了解自身的历史与生活的含义,那些蕴含的传统艺术、建筑技能、风俗习惯、意境表达等可以用来作为清楚表达和诠释地域、民族以及全人类文化的重要手段,对人类主体必然存在一定的价值。然而关于历史建筑价值的认识是人类历史文化遗产保护学科及相关工作的基础性问题,历史建筑价值这一概念也是随着人们认识的不断深入而有一个发展变化的过程。

一方面,历史建筑作为一种记载和表达历史文化、艺术形式等多重信息的综合体,对人类社会具有重要的功能和效用,人们从中获取满足与积极欲望。历史建筑是一种从历史、艺术或科学角度看具有突出的普遍价值的组合体。近年来学术界及社会普遍认为:历史建筑所保存和凝结的这些历史、文化、艺术、社会等多角度、多层次、多方位的信息要素,由于在多个领域所表现出来的功能❶,可以给人们带来不同积极的意义和作用,通常也称之为价值。历史建筑作为这些功能信息所依附的载体,作为一种综合体,存在的整体价值正是彼此不同的信息要素产生的功能价值的综合表现。这些信息功能诸如历史价值、艺术价值和科学价值等,也可被视作"历史建筑的内含价值",这些内含价值相互关联、相互作用,共同形成了赋予本体的价值意义,可以称为"综合价值"。

另一方面,根据前文提及的经济学认为,商品价值的形成以稀缺性为前提。稀缺性是指物品相对于人类的需求是有限的。由于稀缺和需求的存在,所以产生价值。毫

---

❶ 《价值工程 第1部分:基本术语》(GB/T 8223.1—2009)中对"功能"的定义:对象能够满足某种需求的效用或属性。

无疑问,历史建筑具有稀缺性、有用性和不可再生性以及人类的需求欲望,所以同样存在着经济意义上的价值。而从劳动价值论来分析,历史建筑作为构成了其作为特殊商品的古代人民劳动智慧的结晶,其建造过程中投入巨大的劳动时间与人力成本,构成了其作为特殊商品的经济价值本质特征。

因此,历史建筑所保存和凝结的这些历史、文化、艺术、社会等价值因素,相较于普通不动产将会产生价值增值。

2) 特殊产权限制产生价值减值

基于对历史建筑的保护,通常对历史建筑各项产权的权能都会有不同程度的限制和规定。在市场经济条件下,市场会决定历史建筑的最高最佳使用,但也需要进行一定程度的调整,这是因为历史建筑作为一项建筑实体,其已历经长时期的风雨摧残和人为整饬,保护往往必须放在第一位,以使历史建筑能在最大限度上维持其基本的生存与保全,由此才能谈经济价值的实现。更何况市场有时也会出现失灵情况,因此需要政府采用制度或政策手段进行调控。调控的主要方式是对历史建筑的使用权、处置权等进行限制,例如不得新建、改建等。

也就是说,出于对历史建筑保护的目的,历史建筑作为特殊的不动产和资产,在使用过程中受到很多限制和规定,如历史建筑不得超负荷使用,不得在历史建筑内外乱搭乱建或存放危险物品,不得在历史建筑及其设施上刻画、涂污等。此外对历史建筑周边的环境也存在着一定他项权限制,如周边建筑限高、立面统一、绿化要求等。上述由于产权限制,导致了历史建筑在利用过程中存在着一定限制,降低了历史建筑的使用价值。如果要弥补历史建筑使用价值所受的影响,则需要增加历史建筑的改建、翻修成本。这种使用价值的贬损和使用成本的增加,都将降低历史建筑的经济价值。

因此可以得出如下结论:历史建筑的经济价值一般高于同地段同品质同权益普遍建筑的经济价值,但是受到保护限制条件较大影响的除外。

3.3 历史建筑经济价值特征

历史建筑由于存在诸多内含价值要素被人类主体所关注,产生内在综合价值和外在效用价值,在经济市场中表现为外在经济价值,彼此之间相互联系和作用体现了复杂的关联性和互动性。作为一种特殊的资源性资产,历史建筑经济价值呈现下列的共同特征。

3.3.1 感知性与主观性

历史建筑蕴含着历史记录、文化内涵、艺术造型或环境景观等信息要素,人们通过自身的接触去感知这些信息,参与辨别感性或理性,在实践中去提高认知度。而这些个体的认知度不断积累扩大上升为社会认知度,人们又可以在市场上通过外在经济价值的变化来感知社会的认可度。

实际上，有些价值并不能轻易被直接感知，如历史价值、社会文化价值等，需要人们具备那些与历史建筑相关的概念与知识体系。由于个人所掌握的知识文化结构与修养参差不齐，对事物认识的角度和高度也有所差异，所以对历史建筑价值的判断甚为不同：这不仅体现在同一个人对不同历史建筑价值的认知，也体现在不同的个人对同一历史建筑价值的认知，即便是在专家群体中也普遍存在这一现象。所以说，历史建筑价值又存在主观性的特征。正是因为如此，对历史建筑综合价值评价时才有必要采用专家咨询法广泛收集各类专家的意见，并力求征得相似性的意见；同样对于经济价值进行评估有时也需要采用不同的估价方法来综合考虑确定。

3.3.2 动态性与增值性

随着时间的推移，历史建筑的建筑年代也更加久远，随着人们对历史文化遗产的保护愈加重视，对于历史建筑认知的加深，其保护限制也会不断变化。同时，随着对历史古城、历史街区等区域环境的合理性改善，对历史建筑本身信息的发掘持续深入，以及历史建筑为更多人所知晓，历史建筑的内在价值也呈现动态性变化。而且从另一个角度来看，随着社会经济的发展，人们的社会文化视角、审美观、生态观等不断改变，对历史建筑本身的理解也会有新的认知。

不同阶段、不同地区的人们有时会对不同的历史建筑风格出现偏爱移转，例如美国平房式建筑风格在1910年至1925年之间甚为流行，随后一段时间却是一落千丈，而到了20世纪末又再次成为旧式别墅的流行款式❶。从长远角度上讲，历史建筑随着时间的推移，其社会地位与重要性将会进一步加大，特别是体现在历史价值方面。历史建筑内在价值的增值是必然趋势。这当然会体现在外部的市场经济化，从而带来经济价值的整体增值。

3.3.3 多元性与整体性

历史建筑综合价值包含着历史、艺术、科学、环境和社会价值等内含价值体系；历史建筑经济价值也包括使用价值、非使用价值、市场价值等：历史建筑价值表现出多元性的特征。

历史建筑是一种特殊性公共资源，除了具有一般公共物品和公共资源的性质外，还具有独特的文化价值。根据文化价值的认定标准，历史建筑可以划分为文物保护单位、非文保建筑等不同保护等级。当这些文化价值通过旅游、观赏等被人们享受时，就形成了消费意义的经济价值，这也是历史建筑有别于普通建筑的价值核心。在同等的物质条件下，不同等级的文化价值如何体现出其经济价值的差异，也是历史建筑估价研究的重点方向。文化价值还具有资源唯一性、不可再生性，这些特性与经济属性共

---

❶ Judith Reynolds. Historic properties：Preservation and the valuation process [M]. 3rd ed. [S.1.]：The Appraisal Institute, 2006.

同形成多元价值属性。

历史建筑作为一种特殊的不动产,由改良物和依附的土地构成。土地与改良物传递给人类主体那些蕴含的特殊信息属性功能时会表现出各自侧重点,即存在不同的贡献度:科学、艺术方面的信息更偏重于建筑物本身;而历史、环境生态和社会文化信息属性的功能表现越丰富或重要,则土地贡献度越大,即土地的价值比例越高。

历史建筑的各种价值之间相互联系、相互制约,其中单个价值因素发生变化,能够引起其他价值因素的相应变动❶。所以,历史建筑作为一个多元因素的集合体,各种价值要素之间在不同条件下以不同比例、不同关系以复杂组合结构来相互关联在一起,最终形成一个完全的整体。所以,在分析历史建筑的经济价值时,也应明确各种价值要素的影响程度,必要时进行量化处理。

3.3.4 公共性与外部性

历史建筑的公共性是指作为人类的历史文化遗产,经常会表现为公众物品或公共资源;即便该历史建筑属于私人所有,也会由于保护传承的目的,部分产权会受到公共限制❷。但是历史建筑还具有排他性和非竞争性❸,这是历史建筑作为非完全性公共物品的两大特点❹。因此,历史建筑应当属于一种准公共物品,历史建筑价值在一定程度上表现出部分的公共性特征。

历史建筑价值的外部性是指历史建筑在保护、利用和经营过程中所产生的外部效应,例如:历史建筑群周边建筑的外立面、建筑高度以及环境要素可能会受到一定的限制,造成负外部性;但同时由于历史建筑群的存在,也给周边环境带来改善,吸引人们前来观赏、游览,带给人们愉悦的心情,也为周边建筑的经营带来良好商机,具有正外部性。特别是对于私人产权的历史建筑,由于保护所获得的收益甚至可能大于直接收益。这种特殊历史文化元素产生的增值与产权限制带来的负面影响的矛盾始终存在,相互影响、相互制衡;在不同时期、不同地区,两者各自的表现强度不断变化,最终影响甚至决定经济价值的高低趋势。

3.3.5 可衡量性与市场稳定性

历史建筑是一种具有资源特性的特殊资产,其经济价值或效用价值都可以通过一

---

❶ 例如某城市一古宅以砖雕门楼的繁复细腻而享有盛名,却在某次突发事件中部分砖雕工艺遭到破坏,艺术价值受到重大损失;同时作为该城市唯一保存完好的清朝中期砖雕的代表作品,历史价值的损失无可估量。

❷ 历史建筑是一种特殊的经济物品,能给城市或地区带来宣传、关注、旅游和经济效益,也会带来维修、管理、保护和成本增加,对于当地人们的生活、工作和休闲等都有着不同程度的影响。即产权中存在公共利益,必须产生外部效应,界定这部分外部效应的成本很高,所以,不可避免地需要将部分产权留在公共领域,通过各种公共决策和合约来管理和运用这部分产权。历史建筑的产权将不可避免地被"公共化"。

❸ 当历史建筑在供人们观赏、游览等活动时,一般呈现非竞争性;而有些历史建筑作为收费的旅游景点以后,又具备一定的排他性。

❹ 顾江.文化遗产经济学[M].南京:南京大学出版社,2009.

定的定性定量技术手段予以衡量显化。历史建筑的外在效用价值可以通过人们偏好的揭示进行评价；而历史建筑的经济价值可以用货币形式在经济上予以表现，可以通过估价量化。因此，历史建筑价值在某种程度上具有可衡量性。

　　历史建筑是前辈遗留下来的文化遗产，总体上数量相对有限，因而历史建筑的供给数量在一定时期内基本不变或较少变动；而由于历史建筑具有价值量大、产权限制、实用性差、维护成本较高等特征，使用过程将会受到较多限制，从而导致历史建筑需求呈现有限性和稳定性。因此，历史建筑供给和需求均呈现出稳定性的特征，导致历史建筑的均衡价格在一定时期内会保持相对稳定。

4 历史建筑的产权界定与限制

上一章简要分析了历史建筑经济价值的形成机理与运行规律,但是历史建筑不仅是物理上的土地和改良物,还包括所有权固有的全部利益、好处和权利,这种权利与利益称为产权。产权的整体可以视为一种权力束,涵盖了全部利益关系,包括使用、租赁、处置和放弃等权利。

4.1 产权关系的理论分析

文化遗产作为历史长河保留下来的物质遗存,体现了一种延续历史文化、艺术价值的特殊意义。毕竟经历了长年的风吹雨打,年久失修、破损不堪的情况较为普遍,在现代社会城市建设更新中成为"另类"存在,其保护与利用的冲突现象随处可见,主要表现为规模拆除或是过度利用。

解决问题的前提是找到产生问题冲突的根源。历史建筑承载蕴含着特殊的历史文化信息及其价值,为人们所关注与享受;但历史建筑往往占据的地段优越、稀缺,却是建筑空间有限、实用性不够。因此,除了一些必须保护的重点文物以外,城市管理者需要面临权衡:是保全这些特殊历史文化信息与价值、放弃稀缺地段,还是旧城改造推平重建、放弃历史建筑或街区。由于土地财政的快速发展,城市管理者通常选择"能拆就拆"。如果"不能拆",要么选择"不理",等待老建筑破败不堪,自然淘汰;要么选择"用足",拼命挖掘历史建筑特殊价值与社会影响,用于商业运营;结果是老街人满为患,古城严重商业化,文化遗产成为当代人敛财工具,严重损害历史建筑本体以及历史地段生态环境。

怎么做到合理与平衡?首先要认识到历史建筑被破坏或过度利用的根源,即其蕴含的特殊信息价值与其所处的地段空间稀缺性所产生的选择性冲突。这种冲突源于资源稀缺,各方利益人基于期望的额外收益和成本做出自身认为的最优抉择。人们按照自己独特的资源和能力,追逐特定目标,对别人的利益与影响不管不顾。但在个体层面上的利益最大化,由于缺乏协调的专业化,到群体层面上就会产生互不兼容。事实上,人们在经济社会中要实现自己的目标一定要引入相互协调、退让与合作的思维,稀缺资源是有效利用还是浪费,解决利益冲突所依赖的合理方式最终是由一套清晰的、被参与者普遍接受并遵守的"规则"塑造的。现代经济社会中最重要的规则就是"产权"。产权明确界定谁在法律上拥有什么、交换什么,帮助人们澄清不同的选择和机会。

人们在利用资产时,必定要遵循一定的约束性规则,这种规则就是产权机制。

历史建筑产权是以不动产作为承载体实现的物权,是财产权在历史建筑不动产的具体化,具有一系列排他性的绝对权;权利人对其所有的不动产具有完全支配权❶。按产权主体划分,历史建筑产权可以分为私有产权与公有产权。实际上是将所有权上升到产权的高度来研究,这也是产权经济学的发展方向之一。按物理状况划分,历史建筑产权可以分为房产权和地产权,二者既可统一又可分离,类似于不动产产权,又有其特殊性。按权能性质划分,历史建筑产权还可以分为所有权、用益权、租赁权、抵押权、发展权以及相关联的一系列权能。由于历史建筑的经济价值是产权权能的经济体现,不同的权能组合的经济价值差异较大。

建立产权机制就是为了在使用与配置稀缺资源的过程中,规范人与人之间责、权、利关系。实质上是通过设置一些局限条件,来提供合理的经济秩序、产生稳定预期、减少不确定因素、减少交易费用。但其设置是否能够合理,需要与政治制度结合。科斯认为"在交易成本大于零的情况下,由政府选择某个最优的初始产权安排,就可能使福利在原有的基础上得以改善;并且这种改善可能优于其他初始权利安排下通过交易所实现的福利改善"。说明产权制度本身的选择、设计、实施和变革需要由政府来引导,也决定了成本的高低❷。1952年以后,许多城市的历史建筑被收归国有,然后在不同团体之间根据政治资源进行分配,例如具有特殊艺术价值的古建筑被作为营房仓库,一些历史名人故居却充斥着七十二家房客,无序进行乱搭乱建;除一些特意保留的以外,对历史建筑有特定需求的人群无法利用,而普通人却将其作为普通的建筑物使用,且不能进行自我调整,因为制度规定限制其自由交易。因此,公共与私有界定的不清晰导致严重的资源配置损失,甚至产生"租值消散"❸。在交易费用大于零的条件下,不同的产权界定,会带来不同效率的资源配置结果❹。

人类社会改善资源的配置效率的进步历程就是一个交易费用不断下降、资产租值不断上升的过程。因此,历史建筑产权界定、限制设置和变革都会有一个不断调整的过程,以适应社会经济发展中历史建筑保护与再利用的需要。应当看到自2000年以来,国家在历史建筑的产权界定、限制条件、交易规定和政策优惠等方面有了明显变化。在此阶段,历史建筑经济价值也会随着交易费用、资产租值产生变化,这也是历史建筑价值具有动态性的原因之一。

---

❶ 张杰,庞骏,董卫.悖论中的产权、制度与历史建筑保护[J].现代城市研究,2006,21(10):10-15.

❷❹ 科斯第三定理:百度百科.

❸ 租值消散:产权界定不清,公共部分没有排他性,就会成为大家争抢的对象,并带来社会利益的损失。经济学称之为"租值消散"。例如,公共部分自行搭建占用导致物业的整体贬值,就是这"消散"的结果。而要避免"消散",唯一的办法是将私有房屋的产权界定清楚。

4.2 产权界定

产权界定是指将物品产权的各项权能界定给不同的法人、自然人或团体等主体，主要包括两方面：一是清楚确定产权的归属关系（界定给谁）；二是在明晰产权主体的前提下，对物品产权实现过程中的不同权利主体之间的责、权、利关系进行清楚界定（界定约束）❶。根据产权经济学理论，产权界定的方法主要包括法律界定及私下商定两种，其中前者是真正能得到法律保护且能有效强制实施的产权界定方式，特别是对于历史建筑产权而言，只能通过法律界定才能得到社会的承认及法律的保护，这也是大陆法系的物权法中普遍承认的确定物权权利的基本原则❷，本书所指的产权界定明确为法律界定。

4.2.1 所有权

按照产权经济学，每个人都会追求利益最大化，但必须在一定的局限条件下。现代经济学与古典经济学的最大差异就在于对局限条件的认知与研究。产权制度是经济市场中最重要的局限条件，所有权（Ownership）是整个产权制度的核心。德姆塞茨认为"所有权的重要性在于事实上它能帮助一个人形成他与其他人进行交易的合理预期"❸。这种相对确定的合理预期保护了未来的权利义务，激励人们的经济行为。

所有权一般具有绝对性、排他性、永续性三个特征。历史建筑所有权包括历史建筑使用、收益、占有和处置权，历史建筑的使用权、处置权等又由于法律限制而包含不同的权利内涵。基于对历史建筑的保护，通常对上述权能设定不同程度的限制规定。在市场经济条件下，市场会决定历史建筑的最高最佳使用，但也需要适度调整，以充分体现历史建筑价值；但是市场有时也会出现失灵情况，则需要政府采用制度或政策手段进行调控。调控的主要方式是对历史建筑的使用权、处置权等作一些限制规定，例如不得新建、改建等。

从产权主体来看，历史建筑所有权主要分为私有产权、公有产权和混合产权。

1）私有产权

私有资源的所有权明确，具有较高的排他性，所有者可以根据自身需要进行有效利用和配置。私有产权不仅指个人所有，例如夫妻共有产权也属于私有产权，关键是财产权利的行使是否由私人做出。行使私有产权不需要太多复杂的公共利益论证，使得合理预期更能控制，能够提高资源配置效率。但周其仁认为不存在绝对产权，任何权利都有限制，因为"自己在行使权利时，不能侵害和影响他人的合法权利"。他认为

---

❶ 魏杰.现代产权制度辨析[M].北京：首都经济贸易大学出版社，1999：9.
❷ 周建春.耕地估价理论与方法研究[D].南京：南京农业大学，2005.
❸ 哈罗德·德姆塞茨，徐丽丽.产权理论：私人所有权与集体所有权之争[J].经济社会体制比较，2005(5)：79-90.

限制分为普遍限制与特殊限制,"不同的限制,通过对预期的不同影响,作用于产权当事人的行为"❶。

历史建筑蕴含着特殊的科学、文化、历史等信息要素,对社会福利的提高有积极作用。任何私人所有者都不可能阻碍他人来欣赏历史建筑外立面,也必须接受政府对历史建筑保护的一些特殊规定,如不得随意刻划等,因此具有部分的公共属性,亦仍然是社会的财富。这些公共属性的存在是由于私有产权界定成本过高,无法完全做到排他性,而不得不留在公共产权的部分。这些公共部分可能会出现在利用过程中,与私人利益如使用性质等产生冲突,产生外部效应;这就需要对私人所有者进行补贴,将私人利益与国家利益和社会利益相协调。事实上,在国内许多地区,政府并不重视私有产权的补贴:例如古镇收费,政府或投资公司代为行使了形成古镇风貌的建筑物所有者的部分收益权,却很少给予所有者经济补贴;相反的情况也存在,例如开放性的古镇,政府对古镇进行风貌整治、对外做了大量宣传,而私人因其所有的历史建筑向旅游者收费,也不会向政府提供反哺。

在私有产权下,社会个人或团体对历史建筑具有独占的、排他的所有权或使用权。他人以及政府无法在未经所有人同意的情况下,甚至通过强制性手段对该历史建筑进行整饬改造。这种产权状态避免了政府单方面的大规模旧城改造和市政建设,以及由此带来的集体动迁行为,理论上使历史建筑可以得到良好保护。然而事实上,碎片化的历史建筑产权使得历史建筑群落无法得到规模化的改造与利用。出于经济最大化考虑的个人甚至会觊觎眼前的经济利益而倾向于"拆旧建新"等极端行为;政府则往往担忧对私有历史建筑的修缮投入无法真正转化为公益目的而倾向于减少对其的资金支持。这些都不利于私人历史建筑的保护利用。正如潮汕地区一些传统宅园因产权人众多,无法统一意见,对政府监管拒不配合,或因担心个人利益受损,拒绝将宅园登录为文物,导致宅园无法进行修缮❷。私有产权承担高额的维护成本,并按照相关保护限制,可能不得不放弃更高收益增值的用途功能或付出更多的机会成本。其优点在于产权清晰,决策处置效率高,使得产权移转、用益权分离的运作相对便捷。

2) 公有产权

私有产权对应的是私人物品,公有产权则对应的是公共物品。公共物品的特征是无排他性和无竞争性。当然按照上述二维发展方向推演,还有排他性而竞争性不足的"俱乐部产品"以及有竞争性而排他性不足的"共同资源产品"。这两种准公共物品不在本书的研讨范围内。

在公有产权下,政府或集体拥有对历史建筑的所有权或使用权。能够依据城市规划对历史建筑进行统一安排协调,有利于历史建筑的大规模保护与利用。使得历史建筑充分相辅相融于经济社会生活系统中,取得历史建筑利用的规模效应并可充分激发

---

❶ 周其仁. 要紧的是界定权利[N]. 经济观察报,2006-09-04(31).
❷ 汤辉,沈守云. 基于私人产权的潮汕传统宅园现状与保护研究[J]. 中国园林,2015,31(9):43-46.

社会效益。然而,历史建筑的公有化使得其保护与利用高度依赖政府的决策制定。而当政者囿于晋升锦标赛的激励和规约,往往会采取相似的统一化的政策选择❶,在这种情况容易提出"千城一面"式的历史建筑改造策略,甚而摧毁了有特色、有色彩、有活力的建筑物、城市空间以及建筑物赖以存在的城市文化和历史资源,比如丽江古城的酒吧街。美国学者简·雅柯布(J. Jacobs)曾在1980年国际城市设计会议上指出:"大规模计划只能使建筑师们血液沸腾,使政客、地产商的血液沸腾,而广大群众往往成为牺牲者。"对城市建设进行"大刀阔斧"地拆旧建新,对待历史建筑就像对待历史垃圾一样"扫地出门",这种对历史建筑的数量级破坏在我们所谓的大规模城市更新中出现过❷。

对于公有历史建筑,由于产权性质是公共物品和公共资源,产权界定不清晰,其与外部性有着密切关系。公有资源的特征决定了在共享资源利用中,私人成本与社会成本存在矛盾,导致了共享资源利用的私人最优水平与社会最优水平的不一致。私人最优决策往往偏离社会最优决策,共享资源有被过度利用的激励,容易出现"公地悲剧"与"租值消散"。其中最典型的就是历史建筑的乱搭乱建(图4-1)。

图4-1　历史建筑乱搭乱建

寻租是一种利用资源并通过政治过程获得特权,从而构成对他人利益的损害大于租金获得者的收益行为❸。其是指政府运用行政权力对企业或者个人的经济活动进行干预和管制,妨碍了市场竞争,从而造成了少数有特权者取得超额收入的现象。因为产权界定的相对性和渐进性,很难完全界定产权❹。人们可以通过投入资源来获取某些没有被界定的产权,这种非生产性的寻利就是寻租行为。寻租的根源是公有产权人

---

❶ 周黎安. 晋升博弈中政府官员的激励与合作:兼论我国地方保护主义和重复建设问题长期存在的原因[J]. 经济研究,2004,36(6):33-40.

❷ 王信,陈迅. 历史建筑保护和开发的制度经济学探讨[J]. 同济大学学报(社会科学版),2004,15(5):97-102.

❸ 戈登·塔洛克. 寻租:对寻租活动的经济学分析[M]. 李政军,译. 成都:西南财经大学出版社,1999.

❹ 陈雅彬,论巴泽尔产权理论的基本特点[J]. 商场现代化,2013(3):153.

的管理过度❶。无论是管理失位还是过度,公有产权在目前管理制度下,存在着委托人(全民、村民集体)与代理人(政府、集体组织)之间的信息不对称问题,代理人的偷懒和机会主义难以避免❷。

避免这类现象的方法就是明晰公共产权,通过政府公共财政进行"委托代理",即政府作为历史建筑的委托代理者,代为行使处置权、收益权和使用权等,通过纳税人交纳税款、公共开支来支付历史建筑保护成本,以达到全民共同承担权利与义务。当然,我们也注意到,政府财政毕竟有限,面对众多的历史建筑,修复保护工作仍是无力全部承担;同时,由于缺乏有效监督与管理,政府代理行为也会出现寻租、分配不均等问题。更为严重的是,有些地区为了小团体自身利益,以公共利益的名义进行过度商业开发,导致历史建筑遭到二次破坏。解决上述问题的方法,就是对公有的历史建筑产权进行分割,让所有权与经营权分离,排他性与竞争性进行重新定义,改变公有历史建筑使用的无主或滥用状态。

3)混合产权

混合产权包括了所有权的公私混杂、私人混杂等。由于历史原因,旧城内历史建筑的产权碎片化和不确定性的情况非常普遍。有些历史建筑被十几甚至几十个家庭所占有,影响正常居住与生活,根本无法进行适当的维修与保护。另外,旧城内的历史建筑因面临改造与更新,随时可能被拆迁,产权的不稳定使得现有的主体缺乏维护的动力,外来的主体也没有购买意愿,古建筑交易流转不顺畅❸。

拆分所有权、使用权和监督权主体,阐释各自的权利与责任,建立起对使用者的有效约束机制,混合产权反而会由于"羊群效应"❹变得更容易达成协议。比如公有产权代理人(政府)委托专业机构承担历史建筑的日常经营,将公共使用状态明确排他性;同时要基于公共利益,明确经营目标,避免代理机构盲目追求自身利益;由于置身于外,政府更加有效起到监督约束的作用。当然这里必然出现了所有者、使用者和监督者的三方博弈,而且这些博弈的存在不可避免。但这些博弈行为最终会导致公有产权进一步细化明晰,交易费用得到合理控制。例如苏州西山明月湾古村,村民与政府共同集资成立古村落运营机构,政府将开发经营权从所有权分离出来,通过法定程序确定景区的所有者、经营者的各项权利,即不改变所有权性质,又通过入股分红方式给村民作为旅游活动外部效应的补贴,还能解决当前历史建筑景区使用管理存在的问题。这种混合产权形式给历史建筑遗产项目带来了相对稳定的预期收益,显然对经济价值

---

❶ 孙艺丹.论产权制度对中西方历史建筑保护的影响[D].青岛:青岛理工大学,2014.
❷ 顾江.文化遗产经济学[M].南京:南京大学出版社,2009:42-47.
❸ 李敏.产权理论下的建筑遗产保护[C]//第四届中国建筑史学国际研讨会.上海,2007.
❹ "羊群效应"也叫"从众效应":是个人的观念或行为由于真实的或想象的群体的影响或压力,而向与多数人相一致的方向变化的现象。表现为对特定的或临时的情境中的优势观念和行为方式的采纳(随潮)表现为对长期性的占优势地位的观念和行为方式的接受(顺应风俗习惯)。人们会追随大众所同意的,将自己的意见默认否定,且不会主观上思考事件的意义。

产生了增值效应。

4) 负面效应

历史建筑所有权界定具有一定的复杂性。主要源于以下原因:首先,一些历史建筑年代久远,曾经的所有者、使用者众多,甚至创建人的具体姓氏等基本信息都难以考证;其次,许多历史建筑经过不同时代人的不断演变与改建,是群体创造的结果❶;再其次,历史建筑经常与历史事件、人物相关联,形成无形资产。历史建筑当年未必与这些人物有任何产权关系,但年代久远,后人由于利益引起的产权纠纷也时有发生。这些都会给历史建筑的产权界定带来困难,容易留下产权瑕疵,从而影响市场交易。

最后,由于其特殊性,无论哪种所有权形式,历史建筑所有权人必须承担相应的保护责任。例如《中华人民共和国文物保护法》(简称《文物保护法》)规定:"国有不可移动文物不得转让";"非国有不可移动文物不得转让、抵押给外国人"。《历史文化名城名镇名村保护条例》第三十三条:"历史建筑的所有权人应当按照保护规划的要求,负责历史建筑的维护和修缮。历史建筑有损毁危险,所有权人不具备维护和修缮能力的,当地人民政府应当采取措施进行保护。"《天津市历史风貌建筑保护条例》规定:"历史风貌建筑的所有权人、经营管理人和使用人应当对历史风貌建筑承担保护责任","历史风貌建筑的所有权人、经营管理人应当按照历史风貌建筑的保护要求,对历史风貌建筑进行修缮、保养"。《上海市历史文化风貌区和优秀历史建筑保护条例》等地方性法规也有类似规定;当然,这些规定也让历史建筑的日常使用成本增加,从而导致对市场交易产生一定的负面效应。

4.2.2 用益权

用益权是指非所有人对他人之物所享有的占有、使用、收益的排他性的权利。从经济学角度看,隶属于他物权的用益权的产生与分离是社会进步的表现,人们可以通过"用益权"对稀缺资源进行充分利用,使资源利用的交易费用得到降低。法理上,所有权、使用权和收益权权能可以分离,但在遗产学术领域却有一定的争论。

历史建筑所有权与用益权分离现象在中国极为普遍,其中既有严重破坏情况,也有良好实践范例。

张晓提出了历史建筑的特殊内涵决定了其公共物品性质。历史建筑的资源性质又进一步决定了它的公有产权性质,在遗产资源不改变形态和实质、不进行转让的情况下,所有权的主要内涵就是使用和收益。因此,在较长时间内一旦取得了遗产资源的使用权和收益权等同于取得了其所有权,对遗产所有权与经营权进行分离转让,实质就是改变了遗产公有产权的性质❷。倪斌坚决反对管理权与经营权的分离,认为企业的任何经济行为都存在着内在的驱动力,那就是掩藏其后的求利、逐利、自利的本

---

❶ 顾江. 文化遗产经济学[M]. 南京. 南京大学出版社,2009:47-48.
❷ 张晓,张昕竹. 中国自然文化遗产资源管理体制改革与创新[J]. 经济社会体制比较,2001(4):65-75.

性,这也是企业直接参与保护文化遗产始终受到社会诟病的根源。分离经营权只会造成以追求利润最大化为目标,无法真正兼顾遗产资源的社会公益性,其经营举措往往是与遗产保护背道而驰❶。

另外一些学者认为历史建筑所有权、管理权、经营权、监督权应该分开。张广瑞认为经营权与所有权的分离不可避免。但由于历史建筑资源的独特性,经营企业必须持有特殊资质才能有资格管理,管理方必须严格设置条件并监督❷。钟勉提出历史建筑所有权与经营权的分离对于盘活旅游资源有很大的作用❸。可以从根本上解决景区因开发资金短缺而缺乏关注、缺少游客的困境。胡敏认为所有权与使用权、经营权虽然可以分离,但是所有者的代理人决定分割产权归属时,选择经营者、决定转让价格、制定约束合同是产权变更的关键环节,其可能对风景名胜资源的使用产生重大影响❹。汤自军从新制度经济学出发,认为遗产具有自然垄断性、公共性和外部性。产权机制就是以所有权与经营权为主要内容的遗产产权在政府与市场间如何配置的问题。存在两种选择:其一,遗产所有权和经营权同属政府或市场两者中的任一主体;其二,遗产所有权归属政府,遗产经营权交由市场❺。

汤辉认为根据产权人自身意愿,可采取不同的管理模式。一种模式是私人委托政府无偿代管、使用其所拥有产权的文物;或者把文物有偿出租给政府,即政府接手管理权,产权还是属于私有。双方通过委托书,除了规定私人业主必须承担必要的保护责任之外,还通过政策和经济杠杆,立足实际,由政府出资,共同维修、管理和利用好私有不可移动文物❻。例如全国重点文物保护单位广东开平立园就是采用这种管理模式,通过与远在美国定居的园主遗孀谢余瑶琼女士协商,开平市政府获得 50 年的代管权,成为私有不可移动文物保护和利用的成功案例。另一种模式是在私人愿意捐赠其私有产权的情况下,应给予相应权益。比如具有较完善税收制度的英国,如果产权人将历史建筑捐赠给国家信托组织,可以根据议会法减免税收,历史建筑的日常维护和修缮费用则由国家信托承担,而捐赠者和他们的后代具有可以永久性免费居住在所捐赠的历史建筑里的权力,条件是要参与公共讲解。此举突破了"福尔马林式"的凝固式保护模式,在历史建筑得到有效保护的同时,仍使其保持一种鲜活的状态。李敏甚至认为,不能得到较好保护的古建筑所有权应收归国家。有了所有权,国家才能有效限制对古建筑的损坏行为。可以将使用权投放市场,原产权人通过协商获得所有权补偿,并且可以优先获得使用权,收益由使用者与国家通过协商的比例来分享❼。

---

❶ 倪斌.建筑遗产利益相关者行为的经济学分析[J].同济大学学报(社会科学版),2011,22(5):118-124.
❷ 张广瑞.海外旅游人造景观成功的奥秘:兼谈中国人造景观建造中存在的一些问题[J].旅游研究与实践,1995(2):21-26.
❸ 钟勉.试论旅游资源所有权与经营权相分离[J].旅游学刊,2002,17(4):23-26.
❹ 胡敏.风景名胜资源产权辨析及使用权分割[J].旅游学刊,2003,18(4):38-42.
❺ 汤自军.基于产权制度安排的我国自然文化遗产开发保护研究[D].长沙:湖南农业大学,2010.
❻ 汤辉,沈守云.基于私人产权的潮汕传统宅园现状与保护研究[J].中国园林,2015,31(9):43-46.
❼ 李敏.产权理论下的建筑遗产保护[C]//第四届中国建筑史学国际研讨会.上海,2007.

中国特有的公房制度实际就是用益权的一种表现。基于历史原因,国家(全民)拥有一些历史建筑的所有权,单位或居民成为用益权人。由于独特的产权分配方式,使用者获得权利的代价微不足道,虽然相关法规也要求"历史风貌建筑的经营管理人和使用人应当对历史风貌建筑承担保护责任,按照历史风貌建筑的保护要求,对历史风貌建筑进行修缮、保养",但现实情况通常是使用者对此规定置若罔闻、依旧我行我素。历史建筑的好坏、文化元素、独特价值与使用者没有直接关系;使用者甚至为了个人生活的舒适度,通过搭建、增建或改建,逐步将公共部分占为己有。这些搭建部分既不美观,又与历史建筑本身格格不入、也不符合科学要求,甚至连起码的消防安全设施都没有,严重破坏建筑造型、布局和装饰等。许多历史建筑原本的设计是供少量人口居住,其建筑结构、材料都适用于此;高密度的居住人口使建筑物不堪重负;而所有者由于没有享受到收入利益,缺乏修缮建筑物的主动意愿,也加剧了历史建筑本身的破坏。究其根源,产权划分原本是清晰的,但是由于所有权人对用益权人的使用限制过于宽松,对背离行为几乎没有任何惩罚措施,因而造成所有权的实际缺位,产权界定不明确。历史建筑保护、修缮也无从谈及了。

当然,如果用益权使用得当,也会给所有权人带来丰厚的回报。近年来各地古城(村镇)的开发可谓轰轰烈烈,但真正能实现社会效益、环境效益和经济效益综合的协调项目却是屈指可数。但各地为何仍然趋之若鹜?因为一些成功案例确实让当地古城名利双收,其中最为著名的是云南丽江。丽江古城政府拥有大量公房产权,经过数年置换,基本上从原零散租户手中收回这些公房建筑。2002年当地成立了丽江古城管理有限公司,由管理公司全面负责这些公房的维修、招商与经营;目前看,这一运作模式获得了明显的商业成功(图4-2)。这个模式同样运作于丽江玉龙雪山景区,景区所有权固然属于国家,但经营权转让给丽江玉龙旅游公司进行统一管理。丽江旅游经营模式主要是:政府出资源,企业出资本,在保护生态的前提下,授权企业在相当长一段时期内对资源进行整体控制和开发❶。这个案例中,所有权人与经营权人权责分明,经营权人主体单一、长期协议,可以让经营者制定和实施较为长远、可持续性的经营规划,将历史建筑的保存维护与企业的长期经营目标合理结合,并用协议形式明确。这样一方面,有利于避免短期利益造成历史建筑的破坏;另一方面,也有利于投资主体的多样化,经营公司可以国有独资,也可以引入多元投资,如浙江乌镇西栅,其旅游管理公司是由中青旅、桐乡市政府、IDG资本❷三方共同持股。这些用益权与所有权分离运营的成功案例给当地经济带来了巨大的声誉和财富。究其根源,就是通过限定用益权人的责任、义务,同时给予产权人公平的保护,按照契约的方式规范产权人和用益权人的权利和责任。

---

❶ 余宏.对我国公共资源型景区产权制度设计的探讨:以丽江玉龙旅游公司为例[J].中国商界,2008(5):114.

❷ IDG资本:美国国际数据集团(International Data Group)是全世界最大的信息技术出版、研究、会展与风险投资公司。IDG资本是专注于中国市场的专业投资基金,目前管理资本规模超200亿美元(截至2023年底)。

图 4-2　丽江古城管理有限公司的管理公告

通过上述情况的对比分析，我们认识到，用益权人的权责设置与执行是管理的关键。最核心的是如何确定收益分配：用益权人负责使用、经营，产生的原始收益和增值收益应在所有权人、用益权人和相关影响人之间进行二次分配，分配的原则要与使用类型和规模相互协调。

总体上，用益权分离有利于建筑遗产保护利用。以前出现种种弊端的原因主要是由于各方权责不够明确。拆分所有权、使用权和监督权，必须清晰阐释各自的权利责任，建立起对使用者的有效约束机制。公有产权代理人（政府）再委托专业机构承担建筑遗产的日常经营，将公共使用状态确定排他性；同时要基于公共利益，明确经营目标，避免代理机构盲目追求自身利益，由于置身于外，政府更有效地起到监督约束的作用。所有者、使用者和监督者的三方博弈不可避免，但这些博弈行为最终会导致公有产权进一步细化明晰，交易费用得到合理控制❶。

4.2.3　其他权利

在历史建筑所有权（物权）之上，派生出历史建筑用益物权和担保物权。用益物权包括用益权（经营权）、地役权、地上权等；担保物权包括抵押权等。历史建筑租赁权是具有物权性质的债权，是正常生产条件下历史建筑用于出租所产生的直接收益，也属于历史建筑的生产资料使用权收益和正常生产收益补偿。

1）地役权

如果前文的用益权解释主要针对公有产权的话；地役权则覆盖面更广，更偏重于私有产权历史建筑。历史建筑地役权是指当所有权人没有足够的能力对历史建筑实施保护时，可以将一部分产权通过契约授予某个组织或机构。虽然产权人丧失了一部分处置和使用的权利，但仍然保留历史建筑的所有权，并以此来换取政府相应的优惠支持政策。设立地役权在美国的历史建筑保护中较为普遍。

---

❶ 徐嵩龄.中国遗产旅游业的经营制度选择：兼评"四权分离与制衡"主张[J].旅游学刊，2003，18(4)：30-37.

美国是发达的市场经济国家,保护组织或基金会是历史建筑保护、维修和经营的主体。相对于政府部门或国家级土地保护机构,私人信托基金更多地利用地役权来保护历史建筑。设立历史保护性地役权的目的是保护建筑物的完整性,以免某些单幢建筑、整个街区甚至地区遭到毁坏。地役权必须是永久性地捐赠给政府机构或符合美国联邦税法 501(c)(3)规定的慈善组织,并且用于保护下列情况:

- 公共户外休闲或教育用地;
- 鱼类、野生动物、植物或类似生态系统的自然栖息地;
- 能为公众提供景观享受的空地,或者根据联邦、州或地方政府明确的保护政策,具有重大公共利益的空地;
- 具有历史意义的土地区域或经认证的历史建筑,(a)被列入《国家史迹名录》;或(b)经美国室内管理局局长核准,其对列入《国家史迹名录》的历史街区具有历史价值❶。

设立地役权意味着所有权人对历史建筑的行为有较大限制,例如:不允许拆除、改变用途、新增建筑、超过使用人数限制、改变外观与结构、竖立广告牌、挖土填土等。

美国的保护性地役权有许多分类,其中主要包括:①建筑外立面地役权,保护建筑物的正面外墙;②建筑的内部装饰地役权,内部装饰范围包括了房间格局、顶棚高度、木制工艺、灰泥工程、地板、灯具和其他建筑特征等。

保护性地役权对捐赠者或所有权人,以及后继的所有权人都具有限制力。地役权由于慈善性捐赠,可以获得美国国税局的所得税减免,还能获得联邦不动产遗产税和州遗产税减免,在有些辖区还可获得物业税减免。但是由于保护性地役权导致的开发权丧失,从而使得物业的市场价值会降低,这是地役权税收抵扣在经济效益上的基本假设,在历史建筑估价时必须引起关注。

2) 发展权

本书的发展(开发)权是指对土地在利用上进行再发展的权利。针对历史建筑或历史街区,政府通常会采取发展权限制的手段来进行保护和管理。历史建筑的发展权限制是为了保护古迹或自然原生态等,限制对土地及不动产的开发或再开发。在保护的实践过程中,按照对发展权限制的程度,分为消极保护与积极保护:

消极保护 消极保护又称为绝对保护,是政府采用法律或行政手段,对历史建筑或历史街区的开发利用进行严格控制。其直接效果是确保建筑遗产得以保存;但从长远上看,绝对保护带来的是经济效益的边际递减,人们不得不承担这些权利的损失。所以绝对保护的机会成本过高,仅适宜那些具有重大特殊价值的历史建筑或历史街区。

积极保护 积极保护是指通过对历史建筑的合理利用来实施保护,或是通过对历

---

❶ Judith Reynolds. Historic properties: Preservation and the valuation process [M]. 3rd ed. [S. l.]: The Appraisal Institute, 2006.

史街区发展权的合理管理以避免高成本。实施保护规划、对历史建筑进行分级管理都是积极保护的措施。但从经济学上讲,发展权的限制导致历史建筑无法达到最高最佳使用,无论是用途还是建筑容积率,即边际成本不等于边际收益,这就使得在城市建设发展过程中历史街区所产生的经济利益与文化价值之间的矛盾不断加剧。

国外普遍的解决措施是转让发展权,该措施通常用来鼓励保护那些未达到最大建筑密度的历史建筑,同时鼓励对其他区域进行开发。历史建筑产权人可以把规划未使用的容积率转让给其他开发商,开发商可以建造超过原高度或建筑面积的建筑物,这样在保护历史建筑的同时,并不会影响整个城市的总开发强度,同时历史建筑产权人也可以将获得的转让资金用于历史建筑的维修保护等❶。

4.3 产权限制

《保护世界文化和自然遗产公约》认为:"人类社会应为了保护、保存、展出和恢复这些文化遗产而制定和采取各种适当的措施。"联合国教科文组织《关于在国家一级保护文化和自然遗产的建议》指出:"各国应根据其司法和立法需要,尽可能制定、发展并应用一项其主要目的应在于协调和利用一切可能得到的科学、技术、文化和其他资源的政策,以确保有效地保护、保存和展示文化和自然遗产。"

对历史建筑保护最直接的局限设置就是通过法律规定设立保护限制条件,本质上就是产权限制,如果要靠每个对历史建筑有支付意愿的人各自去监督、谈判,要求历史建筑不被所有者、使用者等破坏,产生的交易费用庞大且凌乱。但是,国家通过强制力,利用法律手段来有效保护历史建筑,交易费用就会最少,并可以达到最优效果❷。20世纪60年代后,随着文化遗产保护观念的持续发展,越来越多的历史建筑被纳入建筑遗产保护范畴。《威尼斯宪章》《世界遗产公约》等国际保护公约以及国内许多法律法规都对历史建筑的所有权、处置权、使用权等进行不同程度的限制和规定,确保对历史建筑的保护避免产生负面影响。

4.3.1 设定保护范围

《文物保护法》第十五条(2017版)规定:"各级文物保护单位,分别由省、自治区、直辖市人民政府和市、县级人民政府划定必要的保护范围,作出标志说明,建立记录档案,并区别情况分别设置专门机构或者专人负责管理。"

《文物保护法实施条例》规定:"文物保护单位的保护范围,是指对文物保护单位本体及周围一定范围实施重点保护的区域。文物保护单位的保护范围,应当根据文

---

❶ 张艳华.在文化价值和经济价值之间-上海城市建筑遗产(CBH)保护与再利用[M].北京:中国电力出版社,2007:56-57.

❷ 这里还存在执行力的问题:政府为了公共利益设置交通单行线,并通过警察对违背者进行处罚作为执行保证,这是交易费用最少的最优方案。但如果警察视而不见,反而增加公共成本。

物保护单位的类别、规模、内容以及周围环境的历史和现实情况合理划定,并在文物保护单位本体之外保持一定的安全距离,确保文物保护单位的真实性和完整性。""文物保护单位的建设控制地带,是指在文物保护单位的保护范围外,为保护文物保护单位的安全、环境、历史风貌对建设项目加以限制的区域。文物保护单位的建设控制地带,应当根据文物保护单位的类别、规模、内容以及周围环境的历史和现实情况合理划定"。

《历史文化名城名镇名村保护条例》规定:保护规划应当包括"历史文化街区、名镇、名村的核心保护范围和建设控制地带"。

4.3.2 保护范围内的限制规定

《中华人民共和国文物保护法》《历史文化名城名镇名村保护条例》《历史文化名城保护规划标准》(GB/T 50357—2018)等对保护范围内历史建筑进行相关限制规定。

其中,《历史文化名城名镇名村保护条例》规定:"在历史文化街区、名镇、名村核心保护范围内,不得进行新建、扩建活动,但是,新建、扩建必要的基础设施和公共服务设施除外。在历史文化街区、名镇、名村核心保护范围内,新建、扩建必要的基础设施和公共服务设施的,城市、县人民政府城乡规划主管部门核发建设工程规划许可证、乡村建设规划许可证前,应当征求同级文物主管部门的意见。"

《城市紫线管理办法》规定:"本办法所称城市紫线,是指国家历史文化名城内的历史文化街区和省、自治区、直辖市人民政府公布的历史文化街区的保护范围界线,以及历史文化街区外经县级以上人民政府公布保护的历史建筑的保护范围界线。""在城市紫线范围内禁止进行下列活动:(一)违反保护规划的大面积拆除、开发;(二)对历史文化街区传统格局和风貌构成影响的大面积改建;(三)损坏或者拆毁保护规划确定保护的建筑物、构筑物和其他设施;(四)修建破坏历史文化街区传统风貌的建筑物、构筑物和其他设施;(五)占用或者破坏保护规划确定保留的园林绿地、河湖水系、道路和古树名木等;(六)其他对历史文化街区和历史建筑的保护构成破坏性影响的活动。"

同样,《上海市历史文化风貌区和优秀历史建筑保护条例》规定:"第十七条 在历史文化风貌区核心保护范围内进行建设活动,应当符合历史风貌区保护规划和下列规定:(一)不得擅自改变街区空间格局和建筑原有的立面、色彩;(二)不得擅自进行新建、扩建活动。确需建造基础设施、公共服务设施、建筑附属设施或者进行历史风貌区保护规划确定的其他建设活动的,应当经专家委员专家论证。对现有建筑进行改建或者修缮改造时,应当保持或者恢复其历史文化风貌;(三)不得擅自新建、扩建道路,对现有道路进行改建时,应当保持或者恢复其原有的道路格局和景观特征;(四)不得新建工业企业,现有妨碍历史文化风貌区保护的工业企业应当有计划迁移。""第十八条 在历史文化风貌区建设控制范围和风貌保护街坊内进行建设活动,应当符合历史文化风貌区保护规划和下列规定:(一)新建、扩建、改建建筑时,应当在高度、体量、色彩等方面与历史文化风貌相协调;(二)新建、扩建、改建道路时,不得破坏历史文化风貌;

(三)不得新建对环境有污染的工业企业,现有对环境有污染的工业企业应当有计划迁移。在历史文化风貌区建设控制范围和风貌保护街坊内新建、扩建建筑,其建筑容积率受到限制的,可以按照城市规划实行异地补偿。"

4.3.3 周边环境协调的限制规定

《威尼斯宪章》指出:"古迹不能与其所见证的历史和其产生的环境分离。除非出于保护古迹之需要,或因国家或国际之极为重要利益而证明有其必要,否则不得全部或局部搬迁古迹。"

《西安宣言》明确声明:"涉及古建筑、古遗址和历史地区的周边环境保护的法律、法规和原则,应规定在其周围设立保护区或缓冲区,以反映和保护周边环境的重要性、独特性。""规划手段应包括相关的规定以有效控制外界急剧或累积的变化对周边环境产生的影响。重要的天际线和景观视线是否得到保护,新的公共或私人施工建设与古建筑、古遗址和历史区域之间是否留有充足的距离,是对周边环境是否在视觉和空间上被侵犯以及对周边环境的土地是否被不当使用进行评估的重要考量。"

《历史文化名城保护规划标准》(GB/T 50357—2018)也有详细限制要求:"防灾和环境保护设施应满足历史城区历史风貌的保护要求。""历史文化街区增建设施的外观、绿化景观应符合历史风貌的要求。""历史文化街区保护规划应包括改善居民生活环境、保持街区活力延续传统文化的内容。"

4.3.4 分级保护的规定

中国对历史建筑实行分级管理、修复与保护,例如文物保护单位、不可移动文物、历史建筑等,文物保护单位还划分为全国级、省级、地市级与县区级四个层次。不同级别的历史建筑的限制条件也有较大差异,相关规定主要包括:

国际古迹遗址理事会中国国家委员会(ICOMOS CHINA)制定的《中国文物古迹保护准则》第12条:"确定文物保护单位及其级别,必须以评估结论为依据,依法由各级政府公布。已确定的文物保护单位应进行'四有'工作,即有保护范围,有标志说明,有记录档案,有专门机构或专人负责管理。保护范围以外,还应划出建设控制地带,以保护文物古迹相关的自然和人文环境。"

《上海市历史文化风貌区和优秀历史建筑保护条例》第二十八条:优秀历史建筑的保护要求,根据建筑的历史、科学和艺术价值以及完好程度,分为以下四类:

(一)建筑的立面、结构体系、平面布局和内部装饰不得改变;

(二)建筑的立面、结构体系、基本平面布局和有特色的内部装饰不得改变;

(三)建筑的主要立面、主要结构体系和有特色的内部装饰不得改变;

(四)建筑的主要立面、有特色的内部装饰不得改变。

4.3.5 保护限制规定

通常分为建筑本体、建筑附属设施及装饰、建筑修复以及利用的保护限制规定,具体如下列所示。

1) 建筑本体的限制规定

《文物保护法》规定:"对不可移动文物进行修缮、保养、迁移,必须遵守不改变文物原状的原则。"

《历史文化名城名镇名村保护条例》规定:"历史文化街区、名镇、名村核心保护范围内的历史建筑,应当保持原有的高度、体量、外观形象及色彩等;在历史文化街区、名镇、名村核心保护范围内,不得进行新建、扩建活动。但是,新建、扩建必要的基础设施和公共服务设施除外;任何单位或者个人不得损坏或者擅自迁移、拆除历史建筑。"

《全国重点文物保护单位保护规划编制要求》进一步提出:不仅要考虑"建筑物的体量、高度、色彩、造型等,必要时应提出建筑密度、适建项目等要求"。

《天津市历史风貌建筑保护条例》对建筑本体的限制规定较为详细,主要有下面的内容:

历史风貌建筑的所有权人、经营管理人和使用人应当保证历史风貌建筑的结构安全,合理使用,保持整洁美观和原有风貌。特殊保护的历史风貌建筑,不得改变建筑的外部造型、饰面材料和色彩,不得改变内部的主体结构、平面布局和重要装饰。重点保护的历史风貌建筑,不得改变建筑的外部造型、饰面材料和色彩,不得改变内部的重要结构和重要装饰。一般保护的历史风貌建筑,不得改变建筑的外部造型、色彩和重要饰面材料。

历史风貌建筑和历史风貌建筑区内禁止下列行为:

(一) 在屋顶、露台、挑檐或者利用房屋外墙悬空搭建建筑物、构筑物;

(二) 擅自拆改院墙、开设门脸、改变建筑内部和外部的结构、造型和风格;

(三) 损坏承重结构、危害建筑安全;

(四) 占地违章搭建建筑物、构筑物;

(五) 违章圈占道路、胡同;

(六) 在建筑内堆放易燃、易爆和腐蚀性的物品;

(七) 在庭院、走廊、阳台、屋顶乱挂或者堆放杂物;

(八) 沿街或者占用绿地、广场、公园等公共场所堆放杂物,从事摆卖、生产、加工、修配、机动车清洗和餐饮等经营活动;

(九) 其他影响历史风貌建筑和历史风貌建筑区保护的行为。

2) 建筑附属设施及装饰的限制规定

《威尼斯宪章》指出:"为社会公用之目的使用古迹永远有利于古迹的保护。因此,这种使用合乎需要,但决不能改变该建筑的布局或装饰。只有在此限度内才可考虑或允许因功能改变而需做的改动。"

《上海市历史文化风貌区和优秀历史建筑保护条例》第三十一条指出："禁止在优秀历史建筑上设置户外广告设施。在优秀历史建筑上设置户外招牌、景观照明等外部设施,改建增设卫生、给排水或者电梯等内部设施的,应当符合该建筑的具体保护要求;设置的外部设施还应当与建筑立面相协调。"

3）建筑修复的限制规定

《威尼斯宪章》规定："修复过程是一个高度专业性的工作,其目的旨在保存和展示古迹的美学与历史价值,并以尊重原始材料和确凿文献为依据。一旦出现臆测,必须立即予以停止。此外,即使如此,任何不可避免地添加都必须与该建筑的构成有所区别,并且必须要有现代标记。无论在任何情况下,修复之前及之后必须对古迹进行考古及历史研究。缺失部分的修补必须与整体保持和谐,但同时须区别于原作,以使修复不歪曲其艺术或历史见证。任何添加均不允许,除非它们不至于贬低该建筑物的有趣部分、传统环境、布局平衡及其与周围环境的关系。"

国际古迹遗址理事会与国际历史园林委员会的《佛罗伦萨宪章》指出:"在未经彻底研究,以确保此项工作能科学地实施,并对该园林以及类似园林进行相关的发掘和资料收集等所有一切事宜之前,不得对某一历史园林进行修复,特别是不得进行重建。在任何实际工作开展之前,任何项目必须根据上述研究进行准备,并须将其提交一专家组予以联合审查和批准。"

2015《中国准则》规定:必须原址保护、尽可能减少干预、定期实施日常保养、保护现存实物原状与历史信息、按保护要求使用保护技术、正确把握审美标准、必须保护文物环境、已不存在的建筑不应重建、考古发掘应注意保护实物遗存、预防灾害侵袭等。

4）使用的限制规定

《文物保护法》第二十六条:"使用不可移动文物,必须遵守不改变文物原状的原则,负责保护建筑物及其附属文物的安全。"

国际古迹遗址理事会与国际历史园林委员会的《佛罗伦萨宪章》第十八条:"虽然任何历史园林都是为观光或散步而设计的,但是其接待量必须限制在其容量所能承受的范围"。

《天津市历史风貌建筑保护条例》:"历史风貌建筑的使用用途不得擅自改变。"

4.3.6 非物质文化信息的保护规定

历史建筑通常蕴含丰富的历史文化信息要素,如何保存、传承非物质文化遗产信息并激发人们的欣赏和尊重,是历史建筑保护不可或缺的组成部分。

《历史文化名城名镇名村保护规划编制要求(试行)》第十四条和第十七条分别规定:"应当确定历史文化街区的保护范围和保护要求,提出保护范围内建筑物、构筑物、环境要素的分类保护整治要求和基础设施改善方案。""应当发掘传统文化内涵,对非物质文化遗产的保护和传承提出规划要求。"

《文物保护工程管理办法》第三条:"文物保护工程必须遵守不改变文物原状的原

则,全面地保存、延续文物的真实历史信息和价值;按照国际、国内公认的准则,保护文物本体及与之相关的历史、人文和自然环境。"

国际古迹遗址理事会与国际历史园林委员会《佛罗伦萨宪章》第二十五条:"应通过各种活动激发对历史园林的兴趣。这种活动能够强调历史园林作为遗产一部分的真正价值,并且能够有助于提高对它们的了解和欣赏,即促进科学研究、信息资料的国际交流和传播、出版(包括为一般民众设计的作品),鼓励民众在适当控制下接近园林以及利用宣传媒介树立对自然和历史遗产需要给予应有的尊重之意识。"

4.3.7 小结

国内外不同层级的政府管理部门都对历史建筑的使用、处置、收益和占有等权能分别赋予一定程度的界定和限制,影响与引导具体的利用方式,确保在使用、处置等过程中能尽可能减少对历史建筑的损毁和破坏。这不仅是出于历史建筑保护的需要,也是考虑了历史建筑的可持续利用。这些产权界定和限制会对经济收益和成本费用产生较大影响,且考虑到历史建筑各具特色,因此在经济价值评估时,需要仔细核对产权限制情况,要注意区分"共性限制"与"个性限制"。

综上所述,在历史建筑估价中,必须以目标对象清晰的产权界定与限制条件为前提。不清晰的产权无法确定其功能与利用;历史建筑资源配置、外部性调整和保护修复等问题也要通过产权界定与限制加以规范与实现。所以现行的保护限制,包括产权转移、建筑修建、利用限制和使用功能等,从法理上都属于产权机制范畴的问题,故本书将对历史建筑的各类保护限制条件及相关约束措施等统称为"产权限制"。

4.4 产权管理

市场经济条件下,市场决定历史建筑的最高最佳利用,也会根据需要进行一定程度的调整,以满足历史建筑社会效益和经济价值的充分体现。然而市场有时也出现失灵情况,因此需要政府采用制度或政策手段进行调控管理。

4.4.1 产权管理

1) 管理越线

必须看到,法律赋予了管理部门作为文化遗产"看守人"角色,是为了保护文化遗产这一社会的共同财产,体现社会利益取向。法律同时也赋予了法人和公民对其所有的不动产或用益物权❶的相关权利,体现保护一切合法财产的宪法精神。如果两者的界线未能明确,公共利益与合法产权利益、文化遗产的保护权利与公民和法人的财产

---

❶ 用益物权,是指用益物权人对他人所有的不动产或者动产,依法享有占有、使用和收益的权利。《中华人民共和国民法典》第三百二十三条:"用益物权人对他人所有的不动产或者动产,依法享有占有、使用和收益的权利。"

权利的矛盾就会产生,甚至面临相互对立的处境。例如,产权人想对历史建筑进行维修改造,通常会受到保护团体或政府部门的干涉。湖南岳阳张谷英村被公布为重点文物保护单位后,其遗产价值也就被界定为公共利益。政府部门行使保护权力,以致发生了村民张再发因擅自修缮自己的危房而被拘留的事件❶。

历史建筑有"公共性"特性。无论出于何种原因,关注历史建筑的个人和群体很多,很难做到私有物品的排他性。所谓非排他性是指对物品的自由消费或限制其他消费者对物品的消费是困难的,或是不可能的❷。如何避免这种对立?科斯认为解决这种情况的根源还是要明晰产权界定,确定相关责任,实现政府、产权人和利益相关方之间利益和成本的相互协调与补充。

目前,中国历史建筑产权限制(保护限制)的规定仍然不够细致,模糊地带与交叉地带比较多。管理部门公权的自由裁量权过大,甚至有管理部门根本不了解自身的职责范围。比如,某一地区对历史建筑是否能够转让给私有产权人产生争议,原因是会给管理部门介入遗产建筑的保护带来困难。因为产权转让后,管理部门只能从历史文化保护角度提出指导性意见,但不能强制产权所有者接受,甚至提出"当产权所有者与政府在遗产建筑再利用方式上出现意见分歧时,允许政府通过市场寻找更有效率的使用者❸"。从法律上说,历史建筑发生产权转移后,管理部门是否能对历史建筑的使用、经营、处置权等进行干涉,应在转让行为发生时按照契约方式相互规范权利义务而确定。类似于政府出让国有土地使用权时,列明详细的规划技术经济指标,明确要求开发商不得突破或违反用地规划指标。不接受则契约不成立,与是否可以转让无关。一旦出现分歧,正常应根据契约约定的处理争议途径解决。如果政府可以责令合法的产权强制转移或分离,那就是走入涉及公权侵犯私权的另一个极端。一个成熟的法律社会,政府部门要严格按照法律规定的范围执行职责,法无授权不可为。

2) 管理缺位

我国历史建筑管理组织模型是一种层级形态的组织结构,即历史建筑管理权是通过官员的授权,层层转达至下级。然而,这种权力代理容易导致权力的流失与目标的嬗变,最直接的表现就是天津市五大道历史街区拆迁事件。尽管有历史建筑保护志愿团队严格保护,也有全国历史建筑保护专家的强烈呼吁,但这一系列行为都无法阻止历史建筑的毁灭。原因就是管理方不作为导致管理的失灵,追责时却找不到明确的管理责任方❹。比如,上海某一历史街区建筑群为住宅用途的公房产权,一些租户私下改变用途,将其出租给商家进行商业经营,游客与噪声影响到相邻住户,引起纠纷。这个

---

❶ 顿明明,赵民.论城乡文化遗产保护的权利关系及制度建设[J].城市规划学刊,2012(6):14-22.
❷ 梁薇.物质文化遗产的性质及其管理模式研究[J].生产力研究,2007(7):63-64.
❸ 肖蓉,阳建强,李哲.基于产权激励的城市工业遗产再利用制度设计:以南京为例[J].天津大学学报(社会科学版),2016(11):558-563.
❹ 张杰.论产权失灵下的城市建筑遗产保护困境:兼论建筑遗产保护的产权制度创新[J].建筑学报,2012(6):23-27

实例就是用益权的滥用,真正受益者是公房原租户与承租人商家,而受损者是相邻关系人与所有权人。公房原租户改变用途实际背离了与所有权人的契约,却未受到限制或惩罚;同时影响了相邻关系人利益,也未给予合适补偿。这个实例中所有权人缺位,没有维护自身的合法权益,变相纵容了使用者改变用途或增加租金收益。同时管理者缺位,没有维护合法的产权关系管理,没有对私自改变用途的使用者进行追究,也没有维护社会公正,为相邻关系人争取合法利益。

还有一种现象也要注意。在实际使用中,使用者名义上未改变用途,而是在中小类❶用途上进行调整。例如,同样属于商业用途,由"心灵书屋"转为"咖啡语茶",咖啡店有时会提供一些热食,需要火源或强电,对于没有做过专门防火处理的老建筑可能造成极大风险。一旦引起火灾,损失是无法估量的,正如2014年云南独克宗古城大火。这种违规现象更加隐蔽,对历史建筑本体及其环境的破坏与完全改变用途是一样的。因此在产权界定时,必须明确同一用途的中小类别,同时限制不得改变。管理者一旦发现要及时制止,不能由于大类未改变则认为合法。

目前,产权管理通常针对历史建筑所有者和相关利益人。然而在实践保护中,实施管理的监督方的越线或缺位引发的矛盾绝对不比产权纠纷少。因此,对管理者的权力与职责的界定与限制管理也是历史建筑产权机制的一部分。

4.4.2 产权关系

综上,历史建筑的特性决定了其保护利用的复杂性。使用者的积极性与使用效率需要一个完善及有效的产权机制来保证,这是实现历史建筑有效保护和合理利用的基础。历史建筑产权关系见图4-3所示。

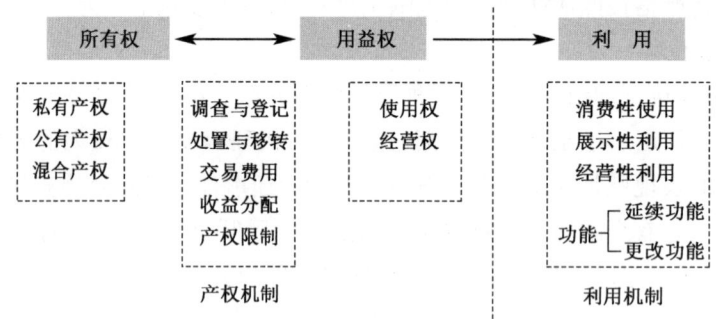

图4-3 历史建筑产权关系图

最终目标是要充分发挥历史建筑的最大效益,包括生态环境效益、社会效益和经济效益。产权越是复杂,越要谨慎。要明确留给产权人多少属于自己的空间,且不能随意变动。正如苏州古建专家郑志然先生所言:"古建筑中很多也不能动或者不属于

---

❶ 根据《城市用地分类与规划建设用地标准》(GB 50137—2011),用地分类采用大类、中类和小类3级分类体系,城乡用地共分为2大类、9中类、14小类。

我的,这都不要紧;但也要明确告诉什么是属于我的,哪怕只有一个小房间"。笔者认为,这就是产权存在的意义,也是历史建筑保护与利用的实践工作中,利用者与投资者最大的顾虑之一。因此,明确的产权界定、约束限制以及管理机制是实现历史建筑合理利用与可持续发展的基础条件,也是市场交易行为的基础,更是历史建筑估价的重要前提条件。

5 历史建筑利用方式

2015《中国准则》第四十条规定:"应根据文物古迹的价值、特征、保存状况、环境条件,综合考虑研究、展示、延续原有功能和赋予文物古迹适宜的当代功能的各种利用方式。""合理利用是保持文物古迹在当代社会生活中的活力,促进保护文物古迹及其价值的重要方法。"目前学术界公认的历史建筑利用方式主要分为三大类:展示、延续原有功能和赋予适宜的当代功能。

展示是对历史建筑的特征、价值及相关的历史、文化、社会、事件、人物关系及其背景进行解释,以及对相关研究成果进行表述,应尽可能对遗产的价值做出完整、准确的阐释。展示目的是使观众能完整、准确地认识历史建筑的价值,尊重、传承优秀的历史文化传统,自觉参与对历史建筑的保护。

保持原有功能,特别是原有功能已经成为历史建筑价值重要组成部分的,应鼓励延续原有的使用方式。延续原有功能体现出特定的文化意义,具有"活态"特征。对于具有"活态"特征的历史建筑,应延续原有功能,保护其具有文化价值的传统生产和生活方式,不得轻易改变其使用性质。

由于时代、环境的变化或者条件的限制,当原有功能无法延续时,可赋予文物古迹适宜的当代功能。适宜的当代功能必须尊重一个地点的文化意义,在确保遗产安全、价值不受损害的前提下,根据其价值、自身特点和现状选择最合理的利用方式。因此,历史建筑"利用"就是在一定的保护原则和前提条件下,规范引导利用主体,通过展示、延续功能或赋予适宜的新功能等方式,发挥历史建筑社会效益和经济效益的行为。展示与诠释可称之为"展示性利用",延续原有功能与赋予适宜的新功能可称之为"功能性利用"。

5.1 建筑遗产保护规划

建筑遗产保护规划不同于一般的工作计划和实施方案。规划,顾名思义包括"规"和"划"两部分,"规"是指法则、章程、标准,即依据现有法规编制,并具有法规所赋予的强制性。"划"指计划、谋划,即具有的长远性、全局性和战略性,因而不同于方案。我国建筑遗产由于涉及城乡建设系统和文物系统,其保护规划也相应分为两大类。一类是城乡建设系统的保护规划,包括《历史文化名城名镇名村保护条例》规定的历史文化名城、名镇、名村、历史文化街区的保护规划,一般古城、古镇、古村落和传统村落、风景名胜区等特殊类型的保护规划。另一类是文物系统的保护规划,包括《文物保护法》规定的全国和省级重点文物保护单位保护规划,以及大遗址、世界文化遗产等特殊类型的保护规划。两类保护规划具有用词相近但不得混淆的两种法定概念和保护空间。

2015《中国准则》指出:"文物保护规划是文物古迹保护、管理、研究、展示、利用的综合性工作计划,是文物古迹各项保护工作的基础。""若适当的利用有利于文物古迹的保护,则应制定专项规划,确定利用的方式和强度。"此类保护规划是指为保护文物建筑而设计的一系列制度体系、行为方式、政策目标等。它与一般的城市规划虽然在制定过程、执行形式等方面较为相似,但涉及范围远远小于后者。其规划目标更加侧重文物建筑的保护与合理利用,目标明确而单一。近年来,由于各地文物建筑保护过程中出现的混乱失序的窘境,保护规划的重要性逐渐得到了广泛的认可和重视。

许多国家和地区专门制定了涉及建筑遗产保护规划的法律规定。例如欧洲各国政府普遍制定了文物登录制度以保护历史建筑,英国政府于 1947 年颁布《城乡规划法》(*Town and Country Planning Act*, 1947),确立了登录制度的框架,明确规定地方政府有权不经过财产所有者的同意便可将具有重要价值的建筑登录在册。保护规划在芝加哥历史建筑再利用中发挥着承上启下的作用,成为政府意愿和历史建筑所有者利益的协商平台,同时也是历史建筑再利用的技术支撑,正是规划的包容性和严肃性,使得规划意图能够在历史建筑再利用中充分贯彻,避免了经济利益对历史建筑的过度破坏❶。

保护规划一般要求有专门章节用于规范建筑的利用方式,在合理保护规划历史建筑的前提下,积极探索保护规划再利用,为传统建筑寻找新的功能使其复苏,是历史建筑可持续发展的重要方面,对社会、经济、文化等各方面都有重要的意义,对历史建筑的保护也有着重要的促进作用。在规划传统建筑实践中的经验,并在实施过程中进行的一定的探索,对于普遍存在的历史建筑的更新和发展具有一定的参考价值❷。

朱光亚、李新建等指出现有中国建筑遗产保护规划中文物保护单位保护规划迄今仍然是理念原则最为清晰、刚性要求最为明确、保护规格最高的一类保护规划。具体注意:

(1) 价值评估受到历史和考古研究成果的制约。文物保护单位保护规划是以不可移动文物的保护为前提的特殊规划,必须坚持"保护为主、抢救第一、合理利用、加强管理"的文物工作方针。编制文物保护规划应根据工作程序,针对文物古迹的具体情况进行详细调查、勘察,全面收集相关资料,对文物古迹的价值和现状进行评估,分析存在的问题,提出解决这些问题的方法和计划。

(2) 必须坚守存续真实历史信息和完整文物价值的底线。文物的保护规划以不可

---

❶ 赵彦,陆伟,齐昊聪.基于规划实践的历史建筑再利用研究:以美国芝加哥为例[J].城市发展研究,2013, 20(2):18-22.

❷ 江凯达,杨毅栋.实践中的历史遗存保护与再利用策略:以杭州市上城区为例[C]//中国城市规划学会. 多元与包容:2012 中国城市规划年会论文集.昆明:云南科技出版社,2012.

移动文物这类不可再生资源的保护为前提,强调真实、全面地保存并延续文物的历史信息及全部价值,是一种坚守底线的规划。文物保护规划最基本的工作就是遵循文物保护基本原则,根据文物古迹的价值与类型,确定能够保护文物古迹安全及真实性、完整性的保护范围和建设控制地带,并提出相应的管控要求。对保护范围和建设控制地带内的威胁因素,明确治理措施。在文物保护规划中,受到文物不同类型与规模及所处环境等现实状况的影响,会就土地利用调整、景观视廊控制、道路交通优化、基础设施规划、生态环境治理等内容提出规划要求,作为相关建设与发展必须考虑的基础,从更积极的角度提升遗产保护的力度。

(3)核心问题是区分本体和非本体、保护范围和非保护范围。文物本体是文物保护单位中承载核心价值的物质遗存,是文物保护、管理、展示工作的重点。"在文物保护单位的建设控制地带内进行建设工程,不得破坏文物保护单位的历史风貌;工程设计方案应当根据文物保护单位的级别,经相应的文物行政部门同意后,报城乡建设规划部门批准。"由上述条款可知,文物保护范围内的建设活动由文物部门严格把关,保护范围是严格限制建设的区域;而建设控制地带内建设活动的审批权在城乡建设规划部门,相对而言较为灵活。区分保护范围与非保护范围,对相关建设活动的管理起着关键影响。

(4)利用和发展必须控制在有限和合理的范围内。合理利用是文物古迹保护的重要内容。对文物古迹的展示和利用需要根据价值、特征、保存状况和环境条件等,综合考虑其适当的利用方式。代际公平原则是文物古迹的利用必须遵循的。文物古迹不仅属于当代,也属于子孙后代,在赋予文物古迹一定功能,使其发挥在当今社会作用的同时,必须注意可持续性。发展必须纳入可控范围,以保证文物古迹不因不当利用遭受破坏乃至消失。保护规划一般要求有专门的章节用来规定文物的利用方式。合理利用不等于千篇一律地将文物古迹作为旅游开放单位。一些文物古迹地处偏远,交通不便,基础设施缺乏,缺少大众意义的观赏价值;一些考古遗址,本身不宜进行常规化利用,更适合作为标本或科研资源保护;还有一些仍有居民居住和使用的"活态"遗产。延续日常使用是对其最好的保护,在这个过程中还需要满足居民日益增长的现代化生活需求。针对这些不同类型和不同情况,需要细化价值和现状评估。如针对"活态"遗产,需要全面掌握遗产的社会、文化、经济和使用等方面的价值。将价值与载体建立关联,细化到每一栋建筑乃至具体哪些构件对价值有支撑作用,才能确定哪些是必须原状保护,哪些可以做一定改动。即使是适合发展旅游的文物古迹,也需要对游客的承载量等进行合理预估,符合文物古迹保护、价值阐释、游客安全、减少对原有环境影响等要求❶。

---

❶ 朱光亚,等.建筑遗产保护学[M].南京:东南大学出版社,2020.

5.2 历史建筑展示性利用

展示性利用是对历史文化遗产的诠释和展现,是保护工程的目标之一。历史建筑是人类文明的见证,遗产保护工程就是要延续文化遗产的生命,真实、完整地传承给后代,不仅是物质载体的传承,更重要的是文化意义和精神价值的传承。

5.2.1 展示性利用的主要内容

历史建筑的展示性利用主要内容[1][2]包括遗产的物质本体、相关的自然和人文环境,非物质文化层面,与遗产相关联的各种行为活动,以及从遗产衍生出来的研究、保护和人工干预活动记录。

1) 遗产直接关联的物质本体及其环境构成要素的展示

遗产本体和遗产相关环境的各种物质要素是构成历史建筑的有机整体,是获取历史文化信息的第一信息源。具体包括了各种类型的建筑物和建筑物群、构筑物、道路、地形、水体、植物、地面、园林要素、小品性质的要素以及相关联的外部要素。此外,还包括文献性质的内容:一是记载有关该遗址信息的各类史籍、志书、谱牒、碑铭,文学作品等文字形式的文献、档案;二是图像形式的文献、档案,如上述文字形式的文献、档案中附带的插图、绘画作品、壁画,依附于建筑物的彩绘、雕刻、纹样,器物上的图像、照片、影视片等。

2) 遗产非物质文化层面的展示

遗产展示必须有机联系文化遗产地的历史人文背景,注重非物质文化的表达,传承文脉及地域特色,形成完整的文化意识形态。具体来说:一是发生在历史建筑和历史建筑相关联的环境中的各种行为、活动,包括日常生活、劳动、社会交往、商业活动、休息娱乐、节庆演出、宗教仪式等;二是由构成历史建筑的各方面要素和发生在历史建筑及其相关联环境中的各种行为、活动共同形成的场所气氛和感觉、空间特质,以及景观。

3) 历史建筑相关活动衍生的展示

除上述内容外,还有由历史建筑衍生出来的展示内容。如遗产研究成果,实施保护工程的档案、记录,与遗产有着某种时空关联的其他知识和信息,以及与该历史建筑同属一种类型的其他历史建筑的信息。一是遗产各个历史时期及其相关社会活动的展示。通过考证历史图文资料,还原遗产在各个历史时期的状态,动态呈现遗产的形成和变迁,反映遗产建造和形成过程中包含的技术、技能及其价值。遗产历史上的所

---

[1] 林源.什么是建筑遗产的展示?关于中国建筑遗产展示的基本概念与内容的探讨[J].华中建筑,2008,26(6),125-127.
[2] 汤莹瑞.文化遗产展示规划与设计初探:以历史文化名城洛阳和重庆为例[D].重庆:重庆大学,2013.

有者、使用者、管理者、政府决策者以及相关利益者构成遗产地的社会群体,其生活、生产及社会活动潜移默化地影响遗产地的文化属性。二是对文化象征及精神内涵的展示。历史建筑包含特定的文化象征意义和精神内涵,借用某种具体的形象事物暗示特定的情感、哲学、宗教等精神内涵,寓意深刻且较为隐晦。揭示相关联的文化象征,传递文化精神内涵,是遗产展示的又一重要内容。

这些历史建筑的展示性利用内容共同构成一个时间链条(同一个历史时期)以及一个空间链条(同一个文化地域)。不仅丰富了展示的内容和形式,更拓展了展示的广度和深度,有助于形成以具体全面的历史建筑为中心的、以时空及历史关联为纽带的遗产知识与信息体系。

5.2.2 展示性利用的主要方式

国际古迹遗址理事会《文化遗产阐释与展示宪章》指出"传统的展示即通常所理解的静态博物馆式展陈,需要通过多样的技术途径表达,包括但不限于信息展板、陈列、步行游览、讲座和导览活动,以及多媒体的运用和网站"。要求遗产展示所有可见的诠释设施(如信息展板、指示牌等)必须既与遗产地的特点、环境及文化自然意义有关联,尊重遗产地的文脉和环境,又要容易识别,以避免对遗产的真实性和信息源带来干扰。复原展示尽量要有清楚的标识说明。

可以看到,完整的历史建筑展示性利用方式至少包括:①历史建筑的传统展示与诠释,做好宣传与引导;②专题或专项学习路线模式;③旅游或微旅游。前者是历史建筑保护学界普遍关注的利用方式,后两者也属于展示性利用的延伸方式,已经非常普遍。对于历史建筑的展示、诠释、旅游与宣传的各种政策文件、文献资料与案例研究举不胜举,涵盖了展示利用定义概念、基本原则、思路与方法、功能设置、空间设计以及展示方式等,本书对此并不过多阐述。

5.2.3 展示性利用的经济分析

展示和诠释是世界文化遗产的语境下,针对遗产与公众交流的重要性,达到"为社会公用之目的使用古迹永远有利于古迹的保护"❶。展示是英文 presentation 的翻译,是对遗产地的诠释和展陈,是保护工程的目标之一。长期以来,保护学界坚持历史建筑的展示不能为了收益而迫使保护工作让步,一切工作的核心和本质是遗产有没有得到安全有效的保护。对于像北京故宫、凡尔赛宫等人类重要纪念物,无论有没有经济收益,必须得到最严格的保护。所有历史建筑利用的初期阶段也应经过以静态修复和保护为主的工作,但并不是就此回避经济效益问题。

2018《若干意见》提出:"鼓励文物博物馆单位开发文化创意产品,其所得收入按规定纳入本单位预算统一管理,可用于公共服务、藏品征集、对符合规定的人员予以绩效

---

❶ 1964 年《威尼斯宪章》。

奖励等。落实非国有博物馆支持政策,依法依规推进非国有博物馆法人财产权确权。"中央文件将文物的利用管理纳入资产管理范畴内,且要求统一预算。有学者认为"许多博物馆对于本馆文物藏品多是单独设立保管部门进行登记管理。这样做有利于对藏品进行专业的分类保管和研究,但是保管部门的文物账目只体现了文物藏品的数量和品级,并未体现文物的经济价值,这就需要由财务固定资产账目来体现。探讨文物经济价值有利于尽早完善财务固定资产账目,无形中就形成了一种监督机制"❶。胡高伟指出,一是要在博物馆考核评价指标体系中,增加"经济性"考核的指标,对于投入和产出明显偏离的馆和展览,要在考评结论中载明;二是要在博物馆内部管理中建立一整套"经济原则"指导下的质量管理体系❷。

2018《若干意见》同时要求建立文物资源资产管理机制。历史建筑属于一种资产,利用本身也是一种经济行为,展示性利用并不能置之度外。正如最近流行的博物馆经济论点指出:"博物馆经济是以博物馆或博物馆群为依托,通过充分发挥博物馆的特有优势和经济价值,将博物馆与旅游、文化等产业有机融合的一种经济形态,也能带动区域软实力提升和经济持续发展,促进博物馆事业功能发挥的一种区域经济发展模式。"博物馆经济有两个方面的重要含义:一方面,博物馆经济是一种经济形态,包含并融合了文化艺术、旅游等产业;另一方面,博物馆经济是一种区域经济发展模式,通过博物馆经济效益的扩散,带动所在区域的经济发展❸。

当然,要认识到博物馆不是企业,不能以利润最大化为目标。博物馆经济要遵循公共性与可持续性两个基本原则。博物馆谋取经济利益不仅受市场竞争的调节,更主要的是由其职能与性质所约束。这是博物馆经济理念的特殊性,也是博物馆谋求经济利益之前必须注意的❹。发展博物馆经济一定要坚持两个基本原则:一是不能放弃博物馆本身的展示、诠释的专业特长,不能再出现博物馆对外出租经营饭店、工艺品店甚至酒吧等不良现象。要坚持正确产品与消费人群的关系。二是不是要转为追求经济效益最大化,而是尽量达到"经济可行",即不要求博物馆一定要实现经济平衡,可以弥补部分前期投入或维护成本已经有很大进步了。应坚持提高社会效益宣传与展示性利用的可持续性运行能力,坚持合理的社会效益和经济效益(短期与长期)的关系。

同时,博物馆不只是单独存在的,而是与周边街区、商业环境息息相关、密不可分。博物馆经营不仅是自身的展示利用,有可能会带动周边环境的商业繁荣。因此,良好的展示一方面能带来直接收益,另一方面也可能带来更大的间接收益,特别是旅游经济。国际古迹遗址理事会中国国家委员会《关于〈中国文物古迹保护准则〉若干重要问题的阐述》2000规定:"对利用文物古迹创造经济效益应当加以正确引导,并制定必要

---

❶ 焦斌龙.文物的属性:经济学视角的断想[J].前进,2006(4):45-46.
❷ 胡高伟.博物馆管理经济学分析初探[J].中国博物馆,2016,33(1),88-92.
❸ 什么是博物馆经济[EB/OL].(2017-09-03)[2024-10-02]. https://bbs.pinggu.org/thread-5952672-1-1.html.
❹ 田艳萍,韩喜平.博物馆的经济学分析[J].中国博物馆,1999,16(3),13-16.

的管理制度。经济效益应当主要着眼于以下几方面:①由文物古迹的社会效益形成的地区知名度,给当地带来的经济繁荣和相邻地段的地价增值;②以文物古迹为主要对象的旅游收益以及由此带动的商业、服务业和其他产业效益;③与文物古迹相联系的文化市场和无形资产、知识产权的收益;④依托文物古迹的文艺作品创造的经济效益。"典型案例就是杭州西湖景区从2002年起免费景点门票,吸引大量人流量,通过周边配套商业旅游增加收入不但没亏钱反而"赚"更多了。

当然博物馆的"非营利性"不能等同于不能营利,应当理解为"不以营利为目的"❶。展示性利用的运营情况与经济收益是不可回避的现实情况,毕竟无人问津或财务亏本总是不好。今后逐步也可能会作为国有资产绩效考核的基本指标。"经济可行"是衡量展示性利用方式是否合理的重要评价指标之一。因此,认真研究历史建筑展示性利用的经济分析,有助于改变传统的遗产保护、利用与经济的观念,注重对展示性利用行为对经济贡献的挖掘,加大保护投资,探索有效的、合理的展示利用方式。

5.3 功能性利用分析

上节阐述的是历史建筑展示性利用分析,本节主要讲述历史建筑的功能性利用分析。如果前者是给人"看",后者就是为人"用"。虽说历史建筑是一项有待挖掘的价值"宝库",但也并不意味着所有历史建筑都具备功能性利用的可行性。历史建筑的功能性利用分为延续其原有功能以及调整现有功能。

第一,保持现有功能的建筑一般保存完整,结构无重大破坏,现状利用情况较好。比如,杭州市上城区是杭州市历史文化街区和历史建筑等文化资源分布最为集中的城区,历史建筑的现状使用以居住为主,功能单一、保存完整,是保持现有功能的代表。河北蔚县对传统建筑进行抢救性修缮,对历史文化街区、名镇名村的基础设施进行改造与环境整治❷。按原样维修、恢复原貌、原用途,使得历史建筑群成为城市旅游的重要载体。

第二,调整优化当前使用功能的历史建筑再利用,通常会根据其区位、现状、遗产价值发展为文化创意产业园、特色居住区、商业办公类、旅游景点或展览展示类。工业遗产保护和再利用与文化创意产业结合是最多的实践方式。如北京798艺术区是原国营798厂等电子工业的老厂区,艺术区内完整保留了包豪斯风格的建筑群,将闲置的厂房发展成为极具特色的艺术中心、画廊与餐饮酒吧等,成为国内外极具影响力的艺术区。南京1865创意产业园由晨光机械厂改造而成,采用政企结合模式,依靠政府改变其用地性质,发展科技和服务业,也为创业人员提供了良好条件。上海田子坊是里弄民居改造成为休闲社区,弄堂里除了创意店铺、古玩、画廊、摄影展等,还有各种各样的咖啡馆。石库门

---

❶ 田艳萍,韩喜平.博物馆的经济学分析[J].中国博物馆,1999,16(3),13-16.
❷ 刘歆,罗向军.历史建筑遗产地域性文化特色与保护利用策略研究[J].人民论坛,2013(A11),174-175.

里弄的平常人家,抹上了"苏荷"(SOHO)的色彩,多了艺术气息熏染❶。

5.3.1 功能性利用的主要内容

2015《中国准则》第 45 条:"对已失去原有功能的文物古迹,应根据价值和现状选择最合理的利用方式。在合理利用文物古迹之前,须进行全面评估,具体包括:①价值评估,确定文物古迹的价值,以及这些价值的主要载体;②文物古迹的性质和类型;③文物古迹的结构状况。"

1) 利用对象的现状分析

利用对象的情况分析结合保护规划、项目价值评估、可利用性评估甚至管理条件评估等,要明晰对象历史建筑的价值特点、保护等级,本身以及周边环境有什么吸引点,包括物质文化与非物质文化内容(价值评估)、建筑现状保存情况(可利用性评估、工程调查与测绘)、产权状况(产权调查)、保护限制条件(保护规划)、工程上能否改造(可利用性评估)、管理与宣传现状情况(管理条件评估)。笔者拙作《整体思维下建筑遗产利用研究》(2020)一书有详细阐述。

历史建筑的现状利用情况、目前的消费人群、文化宣传导向的调查是确定功能延续或更改的重要前提条件。历史建筑项目对象通常分成三大类:①独立的历史建筑项目,如全国重点文物保护单位,优秀历史建筑等;②小规模的历史地段项目,如历史社区或历史街道,达不到历史街区的规模,又包括了文物建筑、历史建筑(狭义)与传统建筑等;③大规模的历史地段项目,如历史街区、历史名街、历史名村、历史名镇。对于三大类别的历史建筑项目功能性分析利用内容的对比详见表 5-1 所示。

表 5-1 不同类别的历史建筑项目功能性利用现状分析对比表

利用分析内容	独立历史建筑项目	历史社区或历史片区	历史街区或历史村镇
价值评估	可能有	没有	一般没有
可行性评估	一般没有	一般没有	一般没有
管理条件评估	一般没有	一般没有	一般没有
保护规划	有	通常没有	可能有
保护等级	有	部分建筑有	可能有
产权	相对简单	复杂	非常复杂
保护限制条件	清晰	部分建筑可能有	往往不够明确
建筑保存情况	容易调查	一般也不复杂	调查内容较多
工程能否适宜性改造	根据保护限制条件确定,改造的限制大	外立面不动的话,还是有一定的保护限制	外立面不动的话,相对的限制较小,除非是重点建筑

---

❶ 贾雯帆. 邂逅田子坊(海客游)[EB/OL]. 人民日报(海外版)2017-08-21. http://paper.people.com.cn/rmrbhwb/html/2017-08/21/content_1799421.htm.

续表 5-1

利用分析内容	独立历史建筑项目	历史社区或历史片区	历史街区或历史村镇
受周边环境影响	较大影响	有一定的影响	本身就是建筑环境
文化传承	较大	有一点	相对较小
现状利用情况调查	容易	一般	复杂
目前消费人群调查	容易	一般	复杂
涵盖住宅业态	除非本身是住宅	一般不涵盖*	一般都涵盖
同类项目对比分析	有的容易,有的没有	相对容易对比	容易对比
SWOT 分析	容易	复杂	比较复杂
总体功能定位	容易**	复杂	非常复杂
功能延续或业态调整(空间)	容易	建议引入业态清单	复杂,多种业态清单,充分考虑住宅业态
总体功能定位	容易**	复杂	非常复杂
时间阶段设计	一般不用	需要设计,但相对简单	需要设计,较为复杂
合理性评价	容易	较难	很难
经营方案	基本不用	最为需要	更多是引导
执行实施	容易,直接执行	复杂,直接执行与间接引导	非常复杂,主要需要政策引导
宣传与推广	相对容易	可以引入民间宣传推广手段	需要集中资源宣传推广
后续功能调整	相对容易	比较复杂	很难

* 如果是住宅类的历史社区或街道一般不用专门的功能性利用分析,延续原有功能即可。

** 独立的历史建筑项目利用功能定位往往需要根据周边环境与消费群体的变化经常调整。

历史建筑利用的深度分析至少包括竞争项目分析与 SWOT 分析。通过与同类项目比较,从建筑、人群与文化等不同角度,重点分析建筑项目的优势、劣势、机遇与挑战。要从理论逻辑与实际市场来推导合理的历史建筑项目功能性利用定位与业态延续或调整。

2) 利用功能总体定位

首先要设定历史建筑项目利用功能定位总体目标,这是非常重要的。其关键是明确物、人、文化三方面的发展引导,利用最终是要引导什么样的人群来消费或使用。

如果在上位规划或保护规划中对于周边区域或历史建筑本身的利用功能定位以及消费人群发展方向有明确规定,如历史街区、名村镇或著名景点,需做好进一步的实施管理。

要看到许多历史建筑项目并没有明确的利用功能定位或其定位并不合理。如果是直接整体征迁的项目相对容易操作;如果是存量的历史建筑项目,特别是历史地段的更新利用定位就比较复杂。失败的利用案例举不胜举,结果是项目社会影响败坏或是无人问津,政府或企业资金投入无法收回,造成资源严重浪费。最担心的是有些遗产项目的改造是不可逆的。所以,历史建筑利用功能定位一定要清晰合理,讲清道理以及做好可行性分析,不能像有些地方的历史建筑保护规划与发展定位一味迎合个别领导的主观意见,应该坚持合理科学的利用功能定位。实际操作中,开发商投资需要考虑回报,利用定位就会偏重于短期效应;政府投资对经营不够专业,受政策层面影响大,容易脱离市场。如果能合理结合这两种投资或经营模式,对于历史建筑功能利用是有利的。

3) 利用功能的延续与调整

保护规划对历史建筑原有功能是否延续会有一些强制规定,操作层面上,在保护规划或城市设计中应当详细规定哪些历史建筑(文物古迹)必须延续原有功能。"法无禁止即可为"。对于未列入"强制名单"的历史建筑原有功能是否需要延续,应当以是否违反利用的前提以及是否能促进目标的实现作用标准进行评估,提出相应参考建议,再确定是否需要调整功能,最后通过保护规划具体落实。

合理利用历史建筑就意味着要科学界定历史建筑的潜在功能与经济价值。不仅要提炼其形态特征、组成要素、场景意义、美学观念、历史文化等,而且要从中认识历史建筑的各种独特价值和文化积淀,以及其所能满足的不同的经济需求与功能需要。例如里弄建筑、四合院建筑就不适合改造利用为大型商业体,因为难以满足其空间、地理位置、人口流动性等客观要求,这些更适宜居住或小型餐饮、商务会所;厂房、仓库等工业遗产项目更适宜改造为中型商业体、文创园或相同性质的其他商业类型。同时,也要考虑历史建筑周边的经济环境来选择合理的商业或其他业态,基于历史建筑的现状策划改造和利用的合理模式。

功能性利用的分析应注意:①空间分布(业态布局);②时间计划(分段实施,动态引导);③业态清单(禁止负面、鼓励,控制比例)。

按照历史建筑项目的具体情况,功能利用分区调整确定的基本思路是:

① 对于文物保护单位、控保单位、登录不可移动文物点等历史建筑,制定严格保护规划确定功能业态予以保护与实施。

② 根据历史建筑项目的整体功能定位,确定项目范围内需要保留或增加的必要配套设施,如公共厕所、垃圾存放点、交通道路、停车场地、景点服务区等。

③ 根据历史建筑项目的整体功能定位,确定建议业态的功能分区,比如哪些区域建议要做住宅、酒店或办公区。

④ 剩余的区域范围由市场来自行调整利用功能,主要指商业或其他业态,特别是中小类业态。

4) 利用实施管理与评价

历史建筑项目功能性利用定位或调整结果的合理性需要后期实施评价。不是讲个道理或一个可行性分析即可,要通过合理的评价方法进行判断。如果可能的话还应当引入经济效益评价。

项目利用功能定位成果一旦确定需要实际执行,需要多方面的考虑具体实施手段、动态管理机制以及文化宣传与推广等事项,这些内容也要在历史建筑项目功能性利用分析中充分考虑。

综上所述,历史建筑功能性利用分析的基本思路是:第一,明确对象的现状情况、优势缺点、市场情况;第二,结合上位规划或保护规划对其进行利用功能总体定位,明确消费人群对象;第三,业态延续或功能调整分析;第四,确定功能空间布局与时间进度安排,其中根据需要进行细化分析,还可以引入合理性分析或通过经济评价来判断功能利用的合理性;第五,综合考虑利用管理、实施手段以及文化宣传与推广等事项。

5.3.2 功能性利用的经济分析

尽管以历史建筑的合理开发与利用来实现其长期有效、可持续的动态保护逐渐成为包括理论和实践在内的社会各界一致认可和呼吁的观点,但是历史建筑利用的内涵、核心以及边界的界定仍然经历了较长时间的摸索过程。赵彦等人将历史建筑的再利用发展特征总结为"波浪式"历程,并指出历史建筑从最初以修复和保护为主,逐步向局部开发利用、再利用等阶段演变,每次变革都会带来新的发展理念和方向❶。

19世纪初,历史建筑的保护尚处于"忠实于原状修复"阶段,这种缺乏实用性的保护必然导致技术、设备、专业人才以及必要资金的缺乏,实用功能不足甚至使得"原状修复"也难以达到理想效果。1945年以后,得以幸存的历史建筑再度引起包括艺术界在内人士的高度关注,当时已有部分人提出对历史建筑进行开发和再利用,虽然这些声音极其稀少而微不足道,且与异常紧迫的战后重建工作相比更加难以引起人们重视,不可否认这些呼吁仍然对催生历史建筑的再利用观念起到了重要的启发和推动作用。在城市规划建设中,面对散落于民间村落的历史建筑,应打破保护至上的固化思维。正如梁思成先生所说的"不求原物长存❷"观念,是结合传统建筑的结构、用材等特点而提出的更新观点。事实上,在长期的固守"修旧如旧"这种历史建筑保护理念的过程中,逐渐暴露出我国的历史建筑开发利用的诸多问题。例如法律法规体系不健全、缺乏切实有效的执行力和操作性;历史建筑市场化开发要么难以真正实现独立运作经营,行政力量阻碍市场化运作,要么过于追求利润最大化,甚至湮灭了历史建筑原有的历史传统与文化内涵;历史建筑开发利用缺乏民众参与,导致开发产出成果与民众需求不相符,难以真正取得应有的社会效用和经济效应;历史建筑开发缺乏相关部门监管;非政府组织发展滞后,无法填补政府退出市场所造成的监管缺位现象等。因此,如何界定或衡量历史建筑开发利用的"合理性"成为问题的起点和关键。

本书认为,界定和衡量历史建筑功能性利用的经济合理性可借鉴不动产估价"最高最佳利用"原则。从经济角度上看,不动产利用的驱动力在于经济效益最大化。最高最佳利用需要满足四个标准:法律上允许、技术上可能、财务上可行和价值最大化❸。

---

❶ 赵彦,陆伟,齐昊聪.基于规划实践的历史建筑再利用研究:以美国芝加哥为例[J].城市规划研究,2013,20(2):18-22.

❷ 梁思成.中国建筑史[M].天津:百花文艺出版社,2007.

❸ 《房地产估价规范》(GB/T 50291—2015)。

这些标准是依次考虑的,法律上允许、技术上可能的检验都必须在财务上可行和价值最大化检验之前进行。前者不可行,后者无意义。最高最佳利用分析提供了某类不动产在市场参与者心目中竞争地位的详细调查基础,确定不动产最有利、最有竞争力的用途。因此,最高最佳利用可以被描述为市场价值形成的基础。最高最佳利用通常分为将土地设想为空地的最高最佳利用与有改良物的不动产的最高最佳利用两种情况。改良不足的建筑,就是指那些没能达到最佳用途或最大规模的不动产,有被拆除或改建的可能。因为那些没有得到充分利用的建筑,一旦拆除或改建行为得到法律上的许可,就会在原地建造一个能够产生更大价值的新建筑,市场趋势会导致人们去追逐兴建那些新的不动产。但是历史建筑毕竟是历史遗留的产物,历史时期的规划布局、基础设施、人们的生活习惯与现代社会相比可谓是大相径庭。以现代人视角来看,历史建筑无论从最佳用途、规模等通常很难达到最佳利用效益。所以在分析历史建筑利用时,最高最佳利用原则需要一些适宜性调整,具体体现在下列几个主要方面。

1) 历史建筑"价值最大化"的特殊理解

四大标准中"法律上允许、技术上可能、财务上可行"对于普通不动产与历史建筑普遍适用;其中,法律上"财务上可行"与前文的"经济可行"可作相同解读。对"价值最大化"的理解,一方面是历史建筑使用价值最大化(机会成本最小化)。在遵循建筑使用功能文化属性的前提下,通过创造性再利用,为人类特定的活动提供室内外空间的能力❶。人们直接使用历史建筑实现消费功能,如居住、办公等,就要充分考虑机会成本的最小化,即人们使用其他建筑物达到相同的使用效益时所需要支付的成本费用。另一方面是经济收益最大化。历史建筑利用经济收益通常包括租金收益、经营收入或旅游收益等,属于直接收益。历史建筑经济收益还可以表现为衍生的间接经济收益。例如历史建筑给所在区域带来整体经济效益的提升,拉动地方旅游、住宿、餐饮、商业和其他相关行业的综合性发展等。特别在旅游业中,文化遗产项目的品牌效应及其特殊资源凸显垄断价值,有效利用遗产资源的比较优劣发展旅游业,可以实现良好的经济回报,也会拉动更多的遗产保护资金支持❷。因此,历史建筑利用不能仅关注于眼前利益,一定要将间接收益影响都在考虑在内。甚至很多时候应放弃部分眼前利益,着眼于未来,才能做到可持续发展。历史建筑不同于普通不动产,"价值最大化"体现在首先保证其社会效益、环境效益最大化的基本前提下,才能考虑满足使用需求或提升经济效益的价值最大化。

2) 历史建筑利用功能的调整优化

由于历史建筑拆除或改建行为可能性较小,或从社会影响、文化意义的考量,以及政府的政策主导出发,意味着历史建筑的继续利用成为唯一选择。空置或博物馆式的

---

❶ 朱光亚.建筑遗产评估的一次探索[J].新建筑,1998(2):22-24.
❷ 顾江,文化遗产经济学[M].南京:南京大学出版社.2009:23-52.

静态陈列属于经济、使用及社会效益的极大浪费。如果现状使用是适宜的,就应继续保持;如果现状使用达不到经济效益最大化,可以通过适宜性的功能调整来弥补。对于保护等级高的文物保护单位,其使用功能严格限定。《文物保护法》第二十六条规定:"使用不可移动文物,必须遵守不改变文物原状的原则。"但并不是所有历史建筑的使用功能都被严格限定,宗教建筑用途通常不会改变,位于历史街区的古民居,哪怕属于历史建筑,也可能会开放旅游参观,或可能继续作为住宅功能使用,甚至用于精品会所。但这些调整都必须在符合历史建筑相关限制的前提下。对于等级更低的普通历史建筑,使用功能的调整余地就更加灵活。例如一些地方政府对于历史街区的传统风貌建筑用途变更就未做严格限制规定。紧临商业街的传统民居,自然改为优雅休闲的咖啡吧,依水小筑吸引游客休憩。老城内的旧厂房或仓库不乏建筑精品,所处的地理位置又使得人们趋之若鹜。于是许多新颖独特、具有市场敏感的适宜性改造方案纷纷提出,例如北京798艺术区、上海新天地等,甚至项目本身就是政府主导的改造成果。所以,历史建筑的功能用途首先与保护等级相关。有些严格限制,有些较为灵活,哪怕是没有强制限定用途的历史建筑,最佳利用功能也要与建筑物自身条件、周边环境状况、区域发展规划等实际情况来综合确定。

3) 历史建筑的工程修复成本控制

价值最大化(经济效益最大化)是目标,历史建筑要做到最高最佳利用还要取决于投入成本的多少。历史建筑的修复不同于现代"方盒子"建筑的兴建,很难参照市场建筑成本,历史建筑的真实性、完整性及其修复成本问题应当值得注意。人们经常需要考虑是完全保留原貌,或是仅保留建筑外立面。对于某些历史建筑,保留建筑外立面、对内进行现代化改造也不妨是一种既解决历史保护又能统筹兼顾经济效益的办法。多数情况是对不同保护等级的历史建筑实施不同程度的修缮改善方案,增加一些必要设施,提高其舒适度和实效性,使得这些历史建筑更具备功能实用性。所以在确定可能的利用预期方案时,工程修缮改造成本要作为一个重要的决定因素考虑在内。关键点是要求修缮方案满足历史建筑达到预想实用性要求的前提下,尽量合理控制修缮改造工程成本。

4) 科学量化历史建筑利用的经济效益

经济效益是利用的经济表现,需要通过技术方法予以衡量显化。合理衡量经济效益的技术方法包括历史建筑经济价值评估与历史地段项目经济评价两个技术体系。历史建筑经济价值评估是指估价机构与估价师根据估价目的,遵循估价原则,按照估价程序,在合理假设下,采用适宜的方法,并在综合分析历史建筑经济价值影响因素的基础上,对其在价值时点的特定经济价值进行分析、测算和判断,并提供相关专业意见的活动。历史地段项目经济评价是根据国家规定的建设项目经济价值技术标准,适用于历史地段项目并进行一定技术调整,通过分析项目投资、成本费用、营业收入与资产价值等,计算项目内部收益率、净现金量等财务指标,明确盈亏平衡分析、敏感性分析等以判断项目投资的经济可行性❶。项目经济评价是引导和促进资源合理配置,减少和规避历史地段项目投资风险的基础性工作。经济价值评估是静态与针对性的,反映历史建筑在评估时点的经济价值,关注的是时点效应。项目经济评价是动态与整体性的,反映历史地段项目在投资期或收益期的财务资金情况,关注的是时段效应。历史地段项目经济评价分析详见本书第 16 章。经济价值评估行为是项目经济评价的重要组成部分,两者即有区别又有联系,都是反映历史建筑利用经济效益的主要计算方式。

因此,综合历史建筑展示性利用、功能性利用的经济分析,得出表 5-2。

表 5-2　历史建筑利用的经济评价基本要求表

基本原则:尽量保证社会效益、环境效益最大化的前提

	展示性利用		功能性利用
重要纪念物	不用考虑经济收益,必须得到严格的保护、展示和诠释	价值最大化的理解	(如果使用)尽量体现消费价值,机会成本最小化
			(如果经营)尽量获得经济效益,经济收益最大化
其他遗产项目	在保证展示与诠释的基础上,采用合理利用方式,尽量达到经济可行,弥补成本	经营性项目	经济可行是基本要求,采用合理经营手段,产生直接效益,达到经济效益最大化
成本	合理控制成本	成本	(消费)机会成本、(经营)投资收益率
间接收益	可反哺展示性利用的成本	间接收益	获得衍生经济效益

❶　徐进亮.历史地段经济评价大纲及指标体系研究[J].建筑与文化,2017(4):85-87.

6 历史建筑经济价值影响因素

考虑到历史建筑从本质上属于特殊的资源性资产,本书借鉴了资产类经济价值的影响因素体系,结合对历史建筑经济功能和表现形式的理解,对照文物建筑评估体系,对历史建筑经济价值的影响因素进行了分析总结。

6.1 社会经济因素

6.1.1 经济发展趋势

1) 经济发展状况

研究经济价值,首先应该确认和分析经济趋势。经济趋势不仅指的是已发生的经济变动状况,而且还包括未来变动的可能方向、范围,以及预测发展趋势。经济发展包括了国际、国家、地区的经济发展现状和趋势,需要分析这些地区经济结构、各自的相对优势,以及民众对经济发展和变化的态度。不同级别的地区经济状况相互影响,特别是与不动产相关的经济因素,例如 GDP、通货膨胀率(物价指数)、就业水平、资金投资情况等。这些经济发展趋势都会影响到房地产市场,进而影响历史建筑市场经济价值。

(1) GDP 主要来源。国内生产总值被公认为衡量国家或地区经济状况的最佳指标,不仅可反映一个国家或地区的经济表现,更可以反映综合国力与财富。GDP 主要来源通常包括投资、消费与出口。

(2) 产业结构。产业结构是指各产业的构成及各产业之间的联系和比例关系。各产业部门的构成及相互之间的联系、比例关系不尽相同,对经济增长的贡献大小也不同。其影响因素主要包括:知识与技术创新、人口规模与结构、经济体制、资本结构等。

(3) 物价水平。物价水平是用来衡量所在的目标市场所潜在的消费能力和分析其经济状况的一项重要指标。物价稳定是经济稳定、财政稳定,货币稳定的集中体现;物价稳定同时标志着社会总体需求量的基本平衡,财政收支的基本平衡和时常流通的货币供应量与市场的货币量的基本适应。

2) 居民收入、储蓄、消费及投资状况

居民收入是指反映居民生活水平的实际收入。对不动产价格的影响主要由居民实际收入及边际消费倾向所决定。资本积累依赖于储蓄,储蓄的多少是由储蓄能力和储蓄意愿所决定;储蓄能力来自居民的收入和消费水平,储蓄意愿取决于消费取向和利率水平。居民收入和储蓄的保障是居民超前消费的前提,影响不动产投资市场。特别是对于高收入阶层而言,他们的基本生活条件已经得到满足,需要追求更高的文化生活情趣。收入增加会影响历史建筑市场的投资欲望,从而影响历史建筑经济价值。

3) 城市化与城市定位

(1) 城市化。城市化是指在社会经济变化过程中,农业人口非农业化、城市人口规模不断扩张,城市用地不断向郊区扩展,城市数量增加以及城市社会、经济、技术变革的过程。加快城市化进程的本质并不是快速建造城市,而是要使全体国民享受现代城市的一切城市化成果并促进生活方式、生活观念、文化教育素质等转变,其中最为重要的是城市定位。

(2) 城市定位。城市定位是根据自身条件、竞争环境、需求趋势及动态变化,在全面深刻分析有关城市发展的重大影响因素及其作用机理、复合效应的基础上,科学地筛选城市地位的基本组成要素,合理地确定城市发展的基调、特色和策略的过程❶。城市定位应遵从独特性原则,通过分析城市的主要职能,揭示某个城市区别于其他城市本质的差别。当然,要使城市脱颖而出,定位的关键点在于找出最能代表城市个性特点的"名片"。城市的个性应当是不可接近、难以模仿和超越的,城市特色是城市内在素质的外部表现,是地域的分野、文化的积淀。城市定位的个性可以从历史文脉、名胜古迹、革命传统、自然资源、地理区位、交通状况、产业结构以及自然景观、生态环境、建筑风格等诸多方面去发掘培育,讲究创意和标新立异。城市的历史建筑正是这个城市历史文化灵魂的凝聚,是最能体现城市特点的独一无二的代表物。历史建筑记载了城市发展的历史痕迹和信息,是城市特色文化的基因库,保存并延续这种基因对于我们在全球化和城市化进程中保持城市自身的文化特质、保持自身发展的历史轨迹和文化脉络以及保持城市作为竞争基础的文化独特性和差异性具有重要作用❷。总而言之,城市化越发达,城市定位越清晰,历史建筑的地位越高。

4) 城市基础设施和公共设施

(1) 城市交通体系。城市交通体系分为城市对外联络的交通情况、城市内部交通的整体状况。城市对外联络的交通方式主要包括航空、航运、铁路、公路等,对外通达的城市交通必然带来城市经济的快速发展;城市内部交通就像一个自循环体系,能够决定区域内运输效率的高低,城市内部交通的便利主要反映在城市道路建设与公共交通体系上。历史建筑对于打造良好的城市环境形象较为重要,但如缺乏必要的交通便捷条件,位于小巷深处,"藏于深闺无人知",甚至无法停车或通行,这些历史建筑将很难被人们所充分利用,特别是在现代城市中,除非进行大规模的旧城改造,其经济价值将受到极大影响。

---

❶ 刘文俭.对青岛城市定位问题的思考[N].青岛日报,2010-04-24.
❷ 朱光亚,杨丽霞.浅析城市化进程中的建筑遗产保护[J].建筑与文化,2006(6):15-22.

(2) 城市基础设施。城市基础设施是城市生存和发展所必须具备的工程性基础设施的总称,用于保证城市社会经济活动正常进行的公共服务系统。完善的城市基础设施对加速社会经济活动,促进其空间分布形态演变起着巨大的推动作用。城市基础设施一般包括供排水、供电、通信、供气和暖气等,随着经济和技术的发展而不断提高,种类更加增多,服务更加完善。虽然有些历史建筑可以游览观赏,但是绝大多数的历史建筑最终仍然被人们直接用于生产生活,如果缺乏必要的配套基础设施,必然无法适应人们的现代城市生活。

(3) 城市公共设施。城市公共设施是指由政府或其他社会组织提供的、给社会公众使用或享用的公共建筑或设备,按照具体的项目特点可分为教育、医疗卫生、文化娱乐、交通、体育、社会福利与保障、行政管理与社区服务、邮政电信和商业金融服务等❶。与基础设施不一样,公共设施对于城市土地并不是不可或缺的,对城市居民的影响是间接的;如果周边没有学校或学校级别不能满足需求,居民可以支付另外的交通费用,通过不同的选择方式来替代。城市公共设施是通过辐射的方式对城市用地的使用产生影响的。每个公共设施都以自己为圆心对外发生作用,所以衡量公共设施对城市不动产的影响,可以根据相互之间的距离进行判断。如果一处不动产属于多个公共设施的辐射范围内,其潜在的市场价值可能更大。

6.1.2 社会文化因素

1) 当地知名度

当地(城市)知名度指对象城市被公众知晓、了解的程度,是评价对象名气大小的客观尺度,即是对象城市对于社会公众影响的广度和深度。在同质竞争的市场中,知名度的高低起到极为关键的作用。树立良好城市形象,以文化旅游产业发展带动城市环境优化,提升产业品牌及城市品牌价值;通过挖掘历史文化、创新现代文化、弘扬先进文化、展现时代特色,强调城市的个性特征,可以促进城市定位与传统民居、生活习俗等原真城市特色的融合,甚至可以重新定位城市形象,全面提升城市或地域知名度,当然对象城市也包括村镇等。

2) 社会文化价值观

狭义的文化是指意识形态所创造的精神财富,包括宗教、信仰、风俗习惯、道德情操、学术思想、文学艺术、科学技术、各种制度等。品位是指对事物有分辨与鉴赏的能力。那么,文化品位就是指一个人对意识形态所创造的精神财富的分辨和鉴赏的能力❷。每个人的教育程度、知识能力和视角不同,对各种物质的审视欣赏的结果也不尽相同,但多数人对文化意识的共同认知会逐步凝聚成人们对周围事物的一种普遍认知,而这种普遍认知也会影响其他人的欣赏水平和解读能力,进而形成社会认知。

---

❶ 公共设施:百度百科。
❷ 文化品位:百度百科。

社会文化价值观指人们在文化方面所具有的普遍、较为稳定、内在的基本品质,表明人们在这些知识以及与之相适应的能力行为及情感等方面综合发展的质量、水平和个性特点。作为历史文化的物理载体,历史建筑反映了各个朝代或各个时期人文、社会、环境及历史记忆,是人类延续的最重要的记忆档案,担负着重要的历史文化传承作用。人们要对历史建筑能够高度认知并且产生自觉保护意识,需要不断地渗透、协调和宣传教育,甚至依赖于整体社会文化价值观的提高。

3) 居民生活方式

生活方式是与生产方式相对应的范畴。如果说社会生产是创造产品与服务的过程,社会生活则是消费社会生产成果的过程。居民生活方式包括人们的家庭生活方式、消费方式、闲暇方式和社会交往方式等四个方面❶。消费方式在生活方式研究中的意义在于:消费的基本目的是满足人们生活的基本需要,人们的基本需要是否得到满足,以及以何种形式来满足,这些直接说明了生活质量;另外,消费在满足人们基本需要的前提下,将会具有一种符号性和象征性的意义。凡勃伦在《有闲阶级论》中首先提出了"炫耀性消费"的概念,指出社会上的有闲阶级,在基本需要得到了满足的前提下,进一步追求消费的质量以及寻找新的消费内容,以此作为财富和社会地位的象征。

研究表明:人均GDP达到3 000美元,人们从温饱生活向小康生活过渡,在旅游、教育及医疗保险上会产生一定投入,但不会占较大比例。而人均GDP达到6 000～8 000美元,消费水平会提升至一个新阶段,一部分人将资金投入到汽车、房产以及出国旅游等方面的消费;当人均GDP突破10 000美元,人们会普遍关注生活的舒适与享受,会更加注重学习、体育和休闲娱乐,考虑优质的教育和医疗资源,人们发展自身的欲望也会更加强烈❷。人们更加重视生命健康、注重享受生命过程和实现生命价值。历史建筑作为记录历史文脉的物质载体,其文化社会价值只有在一定的物质基础上才能被人们逐步重视,才能回到大多数民众的生活视界内。很难想象在一个温饱尚未解决的社会能对历史建筑的文化内涵普遍关注与重视;这也是为何在20世纪中叶,许多历史建筑被盲目分摊占用,而近年来又逐步迁移恢复的基本原因。

6.1.3 人口因素

任何市场的主体始终是人,人口是决定住宅商业等需求量和市场大小的基本因素。人的数量、构成和人口素质的变化都会对房地产市场产生较大影响,进而影响历史建筑市场需求。

1) 人口数量与结构

(1) 人口数量。人口数量是人口因素中最重要的指标。当一个城市或地区的人口

---

❶ 郑杭生,李路路.城市居民的生活方式与社会交往[M]//中国人民大学中国社会发展研究报告2005:走向更加和谐的社会.北京:中国人民大学出版社,2005.

❷ 胡国华.居民生活方式和消费兴趣点会发生哪些变化?[N].常州日报,2011.8.26.

数量增加时，对房地产市场的需求就会增加。引起人口数量变化的重要因素是人口增长，是指在一定时期内由出生、死亡、迁入和迁出等因素的消长所导致的人口数量增加或减少的变动现象。人口增长可以分为人口净增长、人口负增长和人口零增长；还可以分为人口自然增长和人口机械增长。人口机械增长主要是指迁入和迁出导致的人口变化。一个地区的人口密度增加，会刺激商业、旅游业和服务业等的发展；但如果密度过大，也会导致生活环境恶化，有可能降低房地产价格。

(2) 人口结构。人口结构是指一定时期内人口按照性别、年龄、职业、文化、民族等因素的构成状况。其中人口年龄构成是指一定时间内的人口按照年龄的自然顺序排列反映的年龄状况，以年龄的基本特征划分的各年龄组人数占总人数的比例表示。家庭构成反映的是家庭人口数量的情况：中国当前是从传统的复合大家庭向个人小家庭发展的趋势，其中家庭人口规模的变化会引起居住单位的变动，进而引起房地产市场需求的变化，进而影响历史建筑交易市场。

2) 人口素质

心理因素对房地产市场的影响不容忽视，这些心理因素主要有以下方面：购买或出售物业时的心态、个人的欣赏趣味、时尚风气、跟风或从众心理、接近名人住宅的心理。

人们的文化教育水平、生活质量和文明程度越高，自我判断能力就越强，越能掌握良好的投资与消费心理。多数人的教育品质、文化修养形成了社会的普遍人口素质，即社会文化素质或社会文化价值观，前文已有阐述。

6.2 市场供求关系因素

6.2.1 供给状况

供给是指在给定时间的特定市场中，可供出售或租赁的物业数量。历史建筑由于建造年代较为久远，大多数都经历漫长的时间阶段，保留下来的存量极为有限。历史建筑具有不可再生性，一旦破坏就很可能无法修复，而且这些存留下来的历史建筑还会由于保护不力以及自然损毁等原因而不断减少，所以历史建筑的自然供给量是有限的和稀缺的。

历史建筑的经济供给是指在给定时间的特定市场中，在自然供给及社会经济条件允许的情况下，可供人类社会利用的历史建筑数量。经济供给反映的是历史建筑的稀缺性、相对可进入性以及总的可利用性，受到保护等级、产权制约和地域差异等多种因素的影响。这些影响因素在短时期内不会出现明显变化，从而导致历史建筑的市场供给也不会呈现大的波动，因而历史建筑市场供给表现出相对稳定性。

由于历史建筑自然供给的有限性、经济供给的相对稳定性，导致历史建筑供给弹性较小。

6.2.2 需求状况

需求是指在特定时期的特定市场中,以一定价格购买或租用某种类型物业的愿望。历史建筑具有价值量大、产权限制、实用性差、维护成本较高等特征,使用过程将会受到较多限制。从社会学和群体心理学的角度分析,历史建筑更多是满足人们的心理需求,而非实用需求。所以,正是由于历史建筑具有如此明显的局限性,只有那些并不计较实用功能,又能够承担如此高额收购值和修复维护成本的少数群体才是历史建筑的潜在需求者。因此,历史建筑的市场需求量的有限性显而易见,即历史建筑需求也缺乏价格弹性。

6.2.3 市场交易状况

历史建筑通过供给而进入市场以实现历史建筑需求。由于历史建筑相较于普通房地产的特殊性,供给和需求曲线在一定时期内呈现出稳定波动趋势,即在同一价格水平下的历史建筑需求和供给曲线均呈现出近乎水平的状态。两条稳定曲线的交点所决定的均衡价格一般不会由于供给与需求的变动而发生大规模波动,不易受到外界诸如政策等因素的影响,不会由于市场供求的变化而发生大涨或大跌的情况。

6.3 法律政策因素

6.3.1 法律政策

由于历史建筑的稀缺性、不可再生和不可替代性,为了更好地保护祖辈留下的珍贵的文化遗产,政府通过颁布法律法规或制定政策来限制、规范历史建筑的处置与利用等。

1) 不动产的法律制度政策

不动产法律制度通常包括土地制度、住房制度、房地产价格政策等。

(1) 土地制度。首先是所有制,有公有制与私有制之分。我国土地实行的是公有制,土地使用权可以出让和转让,以适应市场化条件,但由于出让行为主要由政府控制,土地流转效率较低,实际影响土地的预期收益。我国在土地的用途与流转方面都有较为严格的限制。土地征用制度对土地的价值影响也很大。农村集体土地只有通过国家征用转为国有土地后,才能进入土地市场。这样容易形成供给的垄断,不利于土地市场价值的体现。中共十八届三中全会审议通过的《中共中央关于全面深化改革重大问题的决定》中对此进行了突破性的改变:"在符合规划和用途管制前提下,允许农村集体经营性建设用地出让、租赁、入股,实行与国有土地同等入市、同权同价。缩小征地范围,规范征地程序,完善对被征地农民合理、规范、多元保障机制。"历史建筑所在的土地同样也会涉及国有或集体所有权,使用权的出让、转让和抵押问题,如果涉及划拨用地还需要补缴出让金才可以允许进入交易市场。所以,土地制度的变化对历史建筑的价值也会有所影响。

(2) 住房政策。住房政策包括福利型和市场配置型两种。大多数的国家采用两种制度相结合的模式。当然福利程度越高,市场竞争程度就越低,不动产的市场价值就不能完全体现出来。相反,如果市场化程度过高,住房的市场价格可能会随着整个经济环境的波动而变得不稳定。住房政策也会随着当地的人口不断变化,对价格的影响也是不断变化的。城市中大多数的历史建筑还是作为住宅使用,因此住房政策对于历史建筑的市场具有一定的影响力,比如住房限购制度。

(3) 房地产价格政策。房地产价格政策是指政府对房地产价格高低和涨落的态度,以及采取的相应管制或干预方式和措施等,主要实行市场调节价或是政府指导价。根据不同的经济发展阶段,政府会采用各种措施扶持或抑制房地产的价格,主要目的是为了规范房地产市场的健康合理发展,遏制房地产投机炒作。历史建筑的经济价值最终要在房地产市场中得以实现。房地产价格政策对于历史建筑的交易行为和价格确定也会产生影响。

2) 涉及历史建筑的法律政策

涉及历史建筑的法律政策通常是表现为专门的保护制度。一个国家对历史建筑的保护力度也取决于其保护制度的完善程度。保护制度主要包括了法律制度、行政管理制度、资金保障制度这三项基本内容,以及相应的监督制度、公众参与制度等。各国的保护制度虽有所不同,却都有一些共同特点:一是基本建立了相对完善的全国性法律、法规,与各自的历史建筑遗产保护体系相配合,形成完整的历史建筑保护的框架;二是对保护资金的落实与保障进行明确的法律规定;三是保护制度本身兼具可操作性与适应性的双重特点,原则化与灵活性相互协调❶。

相对于发达国家,我国的历史建筑保护的法律制度还不够健全,具体表现为:国家级、特别是地方性的保护法规的覆盖面不够完善;目前对于文物保护单位的法律体系较为完整,但对于其他保护性的历史建筑、历史文化保护区,更多的是依靠部门规章或地方性法规,甚至是一些低级别的规范性文件,涉及的广度与深度都不够,操作性不强;对保护资金落实和文件执行目前仍然更多地依赖于当地政府部门的重视程度。

当然,近年来中国在文化遗产保护的法律制定也取得了明显进步:目前已经初步建立从上至下、比较完备的文化遗产保护法律制度,积极推动《非物质文化遗产保护法》等法律、行政法规的立法进程;到2015年,要求基本形成较为完善的文化遗产保护法律法规体系,具有历史、文化和科学价值的文化遗产得到全面有效保护。但实际使用过程中还有许多问题值得我们去思考:例如可以转让的历史建筑有哪些限制性规定?为什么当年《苏州市古建筑保护条例》鼓励民间资本购买和租用古建筑,却在全国掀起轩然大波?市场经济行为与历史建筑限制政策的矛盾如何协调?这些法律政策

---

❶ 王林.中外历史文化遗产保护制度比较[J].城市规划,2000,24(8): 49-51.

都是影响历史建筑经济价值的重要影响因素。

6.3.2 金融税收

虽然政府已经投入了大量的保护资金,但对于数量众多的历史建筑只是杯水车薪。如果适当地引入社会资本,对历史建筑及遗址的保护和修复都会起到重大作用。为了鼓励这种行为,政府会在融资或税收政策方面予以优惠。

1) 金融制度

不动产由于价值量大,建造、投资和消费都与金融制度密不可分。影响不动产价格的金融制度主要是房地产的信贷政策,包括严格控制或者适度放松投资开发贷款、上调和下调金融机构贷款基本利率、提高或降低购房首付款比例、提高或降低不动产抵押贷款金额、延长或缩短购房贷款期限等❶。金融制度是否健全,金融状况是否活跃和稳定,也能反映一个国家或地区的综合经济实力。金融的核心是货币,市场的货币总量、流动的频率、秩序和效率反映了经济市场的状况❷。事实上,金融与房地产市场的关系最为密切,金融制度的微小变化都会严重影响房地产市场,因此,金融制度也是经济价值的重要影响因素。

对于历史建筑遗产保护的资金来源渠道,国内外已经有较多的成功实例,详见表 6-1 所示。

表 6-1 历史建筑遗产保护的资金来源渠道

类别	资金来源渠道
财政融资方式	1. 预算拨款
	2. 政策性银行贷款
	3. 预算外专项建设基金
	4. 财政补贴
银行融资方式	1. 信用贷款、流动贷款、专项贷款
	2. 抵押贷款
	3. 担保贷款
	4. 贴现贷款
商业融资方式	1. 土地运作
	2. 城建资产运作
证券融资方式	1. 股票
	2. 企业债券
	3. 投资基金(城建投资基金、产业投资基金)
	4. 文化艺术品投资包

---

❶ 中国房地产估价师与房地产经纪人学会. 房地产估价理论与方法[M]. 北京:中国建筑工业出版社,2010.
❷ 邹晓云. 土地估价基础[M]. 北京:地质出版社,2010.

续表 6-1

类别	资金来源渠道
信托融资方式	资金以信托方式进入历史文化遗产建设领域
项目融资方式	BOT 方式、TOT 方式/ABS 方式
国际融资方式	1. 国外政府贷款
	2. 国际金融组织贷款：亚洲开发银行、世界银行贷款
	3. 国外直接投资

2）税收政策

税收政策，无论是企业还是个人。在取得、持有以及交易不动产时，如果税收负担过高或过低，都会有不同的选择。因此，政府在对房地产市场进行宏观调控时，税收成为一个重要的手段。同时，一定区域内的税收政策会因时而异来进行不断地调整，包括税种和税率的调整，都会对市场价格产生较大影响。一般情况下。不动产税收包括房地产开发商开发环节、转让环节和持有环节的税收。

世界各国对于历史建筑的保护极为重视，在资金投入方面经常给予税收方面的优惠扶持，例如，美国政府针对历史建筑的税收优惠政策包括物业税减免、所得税减免和诸多拨款等[1]。国内也有类似规定，如《苏州市区古建筑抢修保护实施细则》规定"为了支持古建筑抢修保护的市场化运作，依法出售的古建筑给予一定的税收优惠，契税参照普通住宅执行"与"采取责任单位维修贷款政府贴息"等。这些税收政策的奖励优惠都是影响历史建筑经济价值的组成因素。

6.3.3 规划因素

涉及历史建筑的规划主要有国土空间规划、城市更新规划（专项规划）、保护规划（专项规划）与旅游规划等。

1）国土空间规划

国土空间规划是对一定区域国土空间开发保护在空间和时间上作出的安排，包括总体规划、详细规划和相关专项规划。国家、省、市县编制国土空间总体规划，各地结合实际编制乡镇国土空间规划。相关专项规划是指在特定区域（流域）、特定领域，为体现特定功能，对空间开发保护利用作出的专门安排，是涉及空间利用的专项规划。国土空间总体规划是详细规划的依据、相关专项规划的基础；相关专项规划要相互协同，并与详细规划做好衔接[2]。当然，并不是规划确定的市场价值都能实现，还应对于具体情况进行分析。国土空间规划是城市的发展计划，是管理城市建设的依据，要求"多规合一"，其中对于历史建筑、历史街区和历史文化区域等也有一些比较明确的规

---

[1] Judith Reynolds, Historic properties: Preservation and the valuation process[M]. 3rd ed. [S. l.]: The Appraisal Institute, 2006. 8

[2] 中共中央、国务院. 关于建立国土空间规划体系并监督实施的若干意见[EB/OL]. (2019-05-23)[2024-10-02]. https://www.gov.cn/zhengce/2019-05/23/content_5394187.htm.

定,特别是确定其发展方向、规模和布局等。国土空间规划也是制定城市更新规划、保护规划与旅游规划的重要依据。

2）城市更新规划

城市更新规划是对城市建成空间的统筹谋划。在国土空间总体规划的指导和约束下,编制城市更新专项规划,对城市存量用地的二次开发与保护利用进行战略性综合部署,以解决城市发展问题,实现城市发展战略目标。在城市建成空间进一步划分城市更新单元,编制详细规划,作为实施国土空间用途管制、核发建设项目规划许可、进行各项建设等的依据,统筹安排拆除与重建等活动,规范城市更新项目落地实施。城市更新对应经济、社会、文化三个维度的需求。城市更新规划的经济目标应体现提高土地利用效率和促进产业升级转型;社会目标应注重提高公共服务水平和城市生活品质;文化目标应坚持地方文化遗产的保护与传承。尤其是在维护社会公平方面,城市更新规划具有公共政策的基本属性,应通过精细化的更新配套政策,引导市场贡献更多的公共利益,为片区功能提升、环境再造提供所需的土地和空间。通过底线控制、功能引导等不同的调节方式,灵活组合成公共政策杠杆,把契合不同发展阶段诉求的公共利益落实到各阶段的城市更新中❶。

3）旅游规划

旅游规划包括旅游发展规划和旅游区规划。其中,旅游发展规划是根据旅游业的历史、现状和市场要素的变化所制定的目标体系,以及为实现目标体系在特定的发展条件下对旅游发展的要素所做的安排。旅游区规划是指为了保护、开发、利用和经营管理旅游区,使其发挥多种功能和作用而进行的各项旅游要素的统筹部署和具体安排❷。旅游规划的重点在于发展旅游业,而保护规划侧重于保护文物。因此同一区域内的旅游规划经常与保护规划各自存在一定的侧重点,也不可避免地出现一些矛盾。一般来说,如果当两个规划范围重叠时,旅游规划必须建立在保护规划的基础上。比如为了解决旅游接待问题,需要建设各种服务设施、宾馆和停车场,相关建设发生在保护规划范围内的,建筑物的体量、高度、造型和密度等都不能违背保护规划的要求。但在实际工作中,两个规划经常同时进行制定,各自的实施程度取决于不同部门之间的利益均衡。有时候为了发展地方经济,即使保护规划已经公布,也只能束之高阁,不利于文物、历史建筑和历史地段的整体保护。因此,要做好保护规划与旅游规划协调与衔接,必须依法指导和约束。这方面我国目前还不够完善,需要进一步研究与实践。

---

❶ 河北省自然资源厅科技外事处.国土空间规划体系下城市更新规划编制探讨[EB/OL].(2022-09-07)[2024-10-02]. http://zrzy.hebei.gov.cn/heb/gongk/gkml/kjxx/kjfz/10764935262891831296.html.

❷ 吴美萍.全国重点文物保护单位的保护规划与旅游规划关系问题研究[C].旅游学研究(第二辑),2006(8):194-196.

6.4 不动产自身因素

6.4.1 位置

对于不动产而言,区位是核心。区位决定了物业适宜做什么,也决定了购买者愿意为其投入多少,所以从区位甚至可以判断一处不动产的预期和前景。区位的优劣受到交通便捷度、基础设施完善度、公共设施完备度和环境因素等影响,最终是由其经济合适性来决定的。

历史建筑通常坐落于古城中心地段或历史街区,所临的街巷也会相对闭塞而易受到交通管制,如单行线或步行街;由于缺乏停车场或交通不通达,可能将限制人流车流的吸引和集聚。因此,许多历史建筑由于位于小巷深处或山野乡村而无人问津。但有时正是因为交通不便、人迹罕至,才能保留优美的自然环境,从而又成为吸引购买者的要素。所以针对历史建筑,就算是同一因素,也不能以普通不动产的影响程度来简单适用,需要因地制宜、具体分析。关于历史建筑位置的重要性在国际古迹遗址理事会澳大利亚委员会(ICOMOS Australia)的《巴拉宪章》中有专项说明:

(1) 地点的地理位置是其文化意义的一部分。一座建筑、一件作品,或一个地点的其他构成部分,应当保留在其过去的位置上。迁建通常都不能被接受,除非除此之外再没有一种切实可行的保存方法。

(2) 地点的某些建筑、作品,或其他构成部分被设计成可移动的,或在历史上曾经迁建过。倘若这样的建筑、作品,或其他构成部分,与其现在的位置并无有意义的联系,那么移动也许是合适的。

(3) 一个地点的任何建筑、作品,或其他构成部分如果要移动,应当移到一个恰当的位置,给以恰当的用途。这类行动不应当对任何有文化意义的地点构成损害。

除了交通通达性以外,针对历史建筑各自的用途相应考虑基础设施、公共设施、商业或生活环境氛围等。衡量这些设施配套完善的最常见指标是距离。距离进一步分为空间直线距离、交通路线距离、交通时间距离和经济距离来认识,平时人们使用最多的通常是交通路线距离。

位置对于经济价值的影响是一个相对概念。城市生活方式的多元化、居住人群的多层次化,以及商业服务业的分工专业、交通等基础设施不断更新换代,对位置的重要性也有新的认识,价值也会发生一些相应变化[1]。但总的来说,不动产位置与市场经济价值之间的变化仍然遵循着可以衡量的经济规律,对于历史建筑而言,其基本规律是一致的。

---

[1] 邹晓云.土地估价基础[M].北京:地质出版社,2010.

6.4.2 用途

用途是指不动产、土地的利用方式与利用程度,是决定市场经济价值最重要的关键因素,遗产保护领域习惯称为"使用功能"。权利人通过劳动与资本投入来获取收益或某种享受,没有利用就不会产生经济价值。不动产的基本用途通常包括:居住、商业办公、公共服务、工业和农业生产等。用途的差异决定了不同的消费或收益方式,如居住倾向于消费享受,而商业、工业关注于未来的经营收益。所以,不同用途受到位置、交通、配套、经营方式以及城市规划等因素影响。

不同用途对人们的生活生产、国民经济部门等产生各自的作用,但由于土地资源的有限性,必须在用途之间实施优化配置和合理布局。我国对不动产的用途限制是比较严格的,规划一旦确定便不能随意改变用途,如沿街住宅改为商铺等,就算允许调整变更,也要求向政府缴纳一定数目的土地出让金❶。投资者会考虑到变更成本的过高而放弃这种行为,但事实上还是有许多变更行为的产生,这是由于不动产的不同用途以及利用方式之间存在着竞争和择优的问题。在市场经济中,投资者总是趋向于获取最大利益的用途和利用方式,称之为"最高最佳使用"。

由于历史建筑受到严格保护限制,通常不可能改变利用方式,如扩建、增建等;那么即使没有达到最高最佳使用,也不能被拆除或较大改建。因此,为了尽量满足实用性的要求,除非是重要的历史文物建筑强制规定了使用功能,其用途不能轻易改变以外,其他的历史建筑特别是历史街区中的一些风貌建筑的用途变更限制就显得较为宽松,人们可以提出一些创造独特和具有市场敏感的适宜性用途的改造方案,例如将原近代工业厂房改建为商业区,如北京 798 艺术区,又如荷兰阿姆斯特丹东部旧港区 Borneo-Sporenburg 居住区开发等。这种适宜性改变会使收益更易表现,而原有的建筑结构、外形以及历史文化特征要竭力保存。正如《巴拉宪章》所说:"一个地点应有一个相容性用途。策略方案应当确认一种或一组用途,或者是为保留该地点之文化意义而对其使用作出限制。一个地点的新用途应当对原来有意义的构件和用途只作最小限度的改变;应当尊重原来的情感联系和意义;那些有助于保持其文化意义的实践才是恰当的。"而针对适宜性用途的变更,政府一般都会给予相应的优惠减免政策,诸如土地出让金优惠、税收减免等。正如前文所述,改变用途过程中应注意收益分配问题,增值收益应在所有权人、用益权人和相关影响人之间合理分配,分配原则要与使用类型和规模相互协调。

6.4.3 土地因素

随着历史建筑的市场需求不断增加,其吸引了更多人群来关注。历史建筑涉及土

---

❶ 如苏州市明确规定:因规划条件调整产生的土地增值属于级差地租,归地方政府所有,防止土地使用者通过改变土地用途和容积率等非正当途径获取额外利益,导致国有土地资产流失。(苏府[2006]12 号)《关于进一步加强国有存量土地资产管理的意见》

地的影响因素通常包括:土地面积、形状、交通、配套设施、环境、地形地势等。

1) 土地面积

首先感知的是土地面积的大小。一般情况下,面积较小的土地不利于经济利用开发;但这与所处的区域相关,在城市繁华地段对面积大小的敏感度较高,在郊区则相对较低。土地面积大小的合适度还与不同地区、不同用途、不同消费习惯相关。只有在面积适宜的情况下,才能得到最佳的收益回报,这对于商业用途更为敏感。目前,城市里规模较大的园林或历史建筑群通常被开发为旅游项目,保留下来可供居住或私人经营的历史建筑涉及的土地面积不会很大,而市郊地没有如此限制。这也让一些消费者考虑购买远郊的历史建筑,以求大小适宜的园林用地。

2) 土地形状

除了土地面积,能直接感知的是土地形状。形状决定用地布局,利用率不同,利用效益必然也不同。许多历史建筑经过了历史演变,保留下来的土地形状可谓是奇形怪状,一些边缘用地被相邻使用人持续侵占使用,所以在实际状况中,消费者考虑购买历史建筑时,希望能将相邻房屋一并购置,以保留历史建筑土地形状的完整性,以便可以重新进行用地布局设计。对于商业用地,临街宽度与深度较为重要,商家总希望尽量能临街宽、进深浅,便于吸引人流量,提高商业经营效益。居住用地却正好相反,中国传统民居通常是门户窄小、却高墙瓴瓦、院落幽深,一方面是希求宁静安逸,同时也是考虑到隐私安全。

3) 交通、配套设施

不同用途对交通与配套设施的要求不同,如表6-2所示:

表6-2 不同用途下交通、配套设施的关键影响因素

居住用途	商业用途
对外交通通达	对外交通通达
公共服务配套设施:学校、医院、超市等	公共交通便利度
内部基础设施:水电气等	配套停车设施
配套绿化环境	商业集聚规模
	所在商业区域
不重视:商业集聚、公共交通人流量	不重视:公共服务配套设施、绿化环境污染

4) 环境状况

影响不动产价值的环境景观因素主要有大气环境、水文环境、声觉环境、视觉环境、卫生环境等。空气质量的好坏对人体健康非常重要,不动产所在的区域是否有难闻气味、有害物质和粉尘污染,对其经济价值产生很大影响。地下水、地表水污染后很难治理,可能会大面积漫延,产生无形的化学危害和可以感知的视觉或嗅觉危害,所造成的区域潜在生态危害,会对人们心理产生较大阴影。车站、铁路沿线、工厂和公共服务场所(农贸市场)等,可能会形成严重噪声,这必然会产生不利影响。而优美的周边

绿化环境使人赏心悦目,特别是江南建筑粉墙黛瓦、古色古香,周边碧水荡漾、绿树掩映,让人仿佛置身于一幅动人的画景。

5) 地势地形

地势坡度过大,通常会影响土地利用率;但中国传统建筑的设计者往往因地制宜,巧妙利用地势地形起伏舒展变化,营造出坡地意境,水景、植物、小品等协调搭配,让景观面富有层次感。

6.4.4 建筑因素

历史建筑是由土地与建筑体组成,影响建筑部分的相关因素包括:建筑(规模)面积、建筑保存现状与使用情况、建筑修缮设计方案、建筑重建与维护成本、通风、采光和日照等。

1) 建筑(规模)面积

建筑规模、面积和开间大小都会影响建筑物的形象、功能和使用强度。当然,不同用途对于面积规模的大小要求不一样,如商业用途的建筑尽量面积适中,使得成本、收益达到适度均衡。历史建筑通常要进行专门测绘,估价的参考资料通常要求有测绘资料。

2) 建筑使用情况与保存现状

建筑使用情况与保存现状是一个综合性因素,包括现有建筑物年龄、维修养护、工程质量情况等,通常用《建筑质量鉴定报告》反映。历史建筑的使用情况与保护现状是影响历史建筑经济价值大小的关键性因素。详见本章下节特殊使用价值部分阐述。

3) 建筑修缮状况

历史建筑、特别是文物保护单位定期需要进行保护修缮。保护修缮应当被理解为保存文物古迹实物遗存及其历史环境进行的批判性活动,其目的是真实、全面地保存并延续其历史信息及核心价值,同时兼顾工具理性。

4) 隔音、通风、采光、日照

建筑物应当满足相关要求:防止噪声和保护私密性,能阻隔声音在室内与室外、上下楼层之间的传递;能够使室内与室外空气之间流通,保持室内空气新鲜;白天室内明亮,室内有一定的空间能够获得一定时间段的阳光照射。采光和日照对住宅比较重要:自然状态下的日照长短,主要是与所处地区纬度和气候有关。这里主要考虑受到人为因素影响下的日照长短,主要与建筑物朝向、周边其他物体(如树木)的高度、距离有关。

6.5 历史建筑的特殊影响因素

不同的历史建筑所蕴含的各类信息要素对人类主体的功能影响并不一样,这是由于众多的相关外界因素对历史建筑价值体系有不同程度的影响,这些相关影响因素不直接作用于经济价值,而是引起内在综合价值的整体变动,进而间接导致经济价值的联动。有些因素相对稳定,如历史建筑的始建年代;有些则表现比较活跃,如社会知名度等,但是这些因素是历史建筑所特有的。因此,对历史建筑进行估价,必须深入研究影响历史建筑特有价值的各种因素,并剖析这些因素对历史建筑特有价值要素影响的作用机理与影响程度。

本书认为历史建筑经济价值受到特殊历史文化价值、特殊使用价值(可利用性)和保护限制条件等特殊因素的影响。

(1) 特殊历史文化价值是指历史建筑保存的各种特殊信息所蕴含的对人类社会产生重要功能和积极效用的价值因素,主要包括历史价值、艺术价值、科学价值、环境价值、社会价值、文化价值因素。这些特殊价值不属于经济价值范畴,而是决定或影响其经济价值的主要特殊因素。

(2) 特殊使用价值(可利用性)是指反映历史建筑的保存(损坏)状态、修缮维修改善情况、使用状况、利用方式以及可利用潜力的特性,对历史建筑的功能利用产生积极或消极的影响。

(3) 保护限制条件是指为了保护、保存、恢复和使用历史建筑而制定和采取的各种适当措施,保护这些独特的人类历史文化遗产并能确保将之传承后代。这些保护限制条件在不同程度上制约或影响历史建筑的功能利用。

6.5.1 特殊历史文化价值影响因素

特殊历史文化价值是指历史建筑保存的各种特殊信息所蕴含的对人类社会产生重要功能和积极效用的价值因素,主要包括历史价值、艺术价值、科学价值、环境价值、社会价值、文化价值因素。

1) 历史价值影响因素

历史价值在于对历史事实的揭示,这种揭示是通过留存于历史建筑的时代印迹来实现的。历史价值指历史建筑作为历史见证的价值,可以帮助证实历史建筑的独特性,并能提供与过去的联系,揭示渊源的信息等[1]。

---

[1] 该定义出自:国际古迹遗址理事会中国国家委员会. 2015 中国文物古迹保护准则[M]. 2015 年修订. 北京:文物出版社,2015. 以下的艺术价值、科学价值、社会价值、文化价值定义都出自此版本。

(1) 始建年代

始建年代❶是指历史建筑最初的建成时期，反映了建筑形成、存续和发展的历史久远程度。建造年代越久远，所保留的历史事实就越具有追溯性和积极意义。随着人们愈加强调的主观体验，始建年代已是形成现代人类判定审美原则的重要基础。例如，苏州目前保留的是最为古老的历史建筑是五代的云岩寺塔(图6-1)，仅凭此项便入选全国文物保护单位。

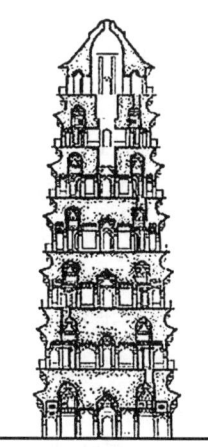

图6-1　苏州云岩寺塔

(2) 重要历史事件和历史人物的关联性

历史建筑作为人类历史遗留的产物，在纵向和横向都见证着人类一定历史时期的重要人物、事件等；毋庸置疑，其承载着重要的历史信息。其中包括与重大历史事件、重要历史人物的关联程度、是否保留历史遗存物等。

① 与重大历史事件的关联性，是指历史建筑是否与某些重大历史事件相关联，或关联的重要程度，以及历史建筑是否印证历史事件的真实性等。许多历史建筑都受到一定的历史事件影响，特别是处于历史特殊时期，如改朝换代、战争变革等。历史建筑能与重大历史事件有关联，即使建筑本身没有特征，也会具有较高的历史价值，如南昌的江西大旅行社(八一南昌起义纪念馆)(图6-2)。历史事件的重要程度通常可以分为在世界范围、全国范围、地区范围内有重大影响等。通常历史建筑与历史事件的关联性越强，或者历史事件的重要程度越高，历史价值就越高。

图6-2　江西大旅行社

② 与重要或著名历史人物或群体的关联性是指历史建筑是否与重要历史人物或群体相关联或关联程度，以及历史建筑是否能印证历史名人活动的真实性等。许多历史建筑或多或少与重要历史人物或群体有关，这些重要或著名历史人物或群体不仅包括革命人物，还包括历史记载的各个时代的重要人物，如：帝王将相、官宦商贾、文人墨客、能工巧匠等。历史建筑可能是居住场所、办公官衙、聚会游宴讲学之处，如周恩来故居、天津静园等，不胜枚举。这就是此类建筑具有重要历史意义的原因，也是得以出名的重要原因，有助于提升这些历史建筑的历史价值❷。

---

❶ 或称为：建成年代、最初建造年代、历史久远性、年代的久远程度等。
❷ 卢永毅.遗产价值的多样性及其当代保护实践的批判性思考[J].同济大学学报(社会科学版),2009(5)：35-44.

当然与历史人物的关联除了居住、活动以外,还包括:是否参与投资,如清朝探花陈伯陶投资捐赠的北京东莞会馆;是否参与规划设计,如苏州的拙政园由江南"四大才子"之一的文徵明亲自规划设计;是否参与建造,如目前国内的世界文化遗产建筑有四分之一出自清代雷氏家族之手。

③ 是否保留历史遗存物。实际上历史遗存物涉及的范围很广,这里主要指历史建筑中是否保留下一些名人遗留的笔墨、书画、匾联、曾用物品或记载重要事件的碑刻等,这也代表了历史名人的活动或重大事件的印迹,可以对历史人物活动或相关历史事件进行辅证,因此也是影响历史价值的重要因素之一。例如北京东莞会馆保留着康有为所题的匾额。因此,根据这些遗存物的稀缺程度和重要程度可以判定其历史价值。

(3) 反映建筑风格与元素的历史演变

历史建筑是特定时代的历史产物,是不同年代建筑文化、建筑技能及历史信息的承载体,人们通过对其研究,可以了解到历史建筑建成时期的社会经济发展概况,特别是城市建设与发展过程,从而为填补部分缺失的历史资料或为证实历史文献记载提供依据。历史建筑能够反映建筑风格与元素的历史特征与演变过程,具体包括:反映当时典型与特殊的建筑风格与建筑元素、反映建筑风格及建筑元素的演变、反映建筑在地域历史发展中的地位等。

① 反映当时典型的建筑风格与建筑元素。建筑风格主要是指历史建筑的平面布局、外貌特征、形态构成、艺术处理和手法运用等方面所显示的独创性和完美意境;建筑元素是指建筑风格的构成单元。不同地区、不同年代的历史建筑都具有各自代表性的建筑风格与建筑元素,如江南水乡典型的建筑风格与建筑元素与山西地区的显然有较大差异;宋代与清代的建筑风格与建筑元素有所不同;中西方的历史建筑风格与元素差异更大,即使是建筑设计师仿照国外的典型建筑风格来设计建造,在许多建筑元素的细节方面也还是会充分考虑与本土文化特征相结合。因此,历史建筑是否能反映其建造时期典型建筑风格与建筑元素,是影响历史价值的重要因素之一。

② 反映当时特殊的建筑风格与建筑元素。与典型的建筑风格、元素相对应,某些地区在某一时期出现过一些非典型(特殊)的建筑风格与建筑元素,那么其中蕴含的历史意义也较为重要。这在一定程度上说明甚至证实该地区在该时期可能曾经出现的某些社会变故,这些变故的痕迹在历史建筑的风格与元素方面得以保留,如一些地区遗存的西式教堂等。所以,是否能反映当时特殊的建筑风格与建筑元素也是影响历史价值的重要因素之一。

③ 反映建筑风格与建筑元素的演变。历史建筑经历过岁月流逝,各个时期的典型或非典型的建筑风格与建筑元素都可能在历史建筑本身留下或多或少的痕迹;有些只是各种元素、风格胡乱的堆砌;而有些则能清晰表达出各个时期历史建筑风格、元素特征的改进演变过程,具有不可多得的科研价值,而且对于历史可证伪性也有着重要意义。

④ 反映建筑在地域历史发展中的地位。建筑在地域历史发展中的地位或作用是表征历史建筑在其所处的历史时期和地区所起到的历史功能或历史贡献。有些历史建筑或是重要工程项目，对地域的发展有着不可替代的重要作用；或是地域历史发展过程的重要里程碑或纪念性建筑，代表着一个时代或事件的辉煌历史。这些建筑（工程）既有高超的艺术美感，也记录了当时人类的社会状况，如四川都江堰工程、安徽歙县牌楼群（图 6-3）等。

图 6-3　安徽歙县牌楼群

(4) 反映当时社会发展水平

所谓反映当时社会发展水平是指历史建筑记载了或反映建造时期的社会发展状况的能力，表现所处时代的社会结构、礼制制度、宗教信仰、社会风尚、社会经济等情况，例如古代的建筑布局、形式等根据主人的不同社会等级而受到严格规制，可以反映出当时使用者的社会地位❶。此外，中国的历史建筑普遍采用中轴线布局，重要建筑居中、次要建筑置于两侧，来显示权利和地位❷，以及反映出尊卑贵贱、等级次序等社会关系❸，这些都体现于建筑制度上。建筑制度是古代人们在当时社会发展时期所规定的设计、建造建筑时所要遵循的相关规范或规则，对建筑的布局、风格和用材等均有重要影响。同时，每当人类社会经历重大变革时，总会在众多事物中保留下明显的阶段性成果特征，建筑就是重要的证据。将同一地区不同时期的建筑进行比较，可以通过建筑质量、规模与风格等不断改变，来揭示社会经济生产力的发展和人们生活水平的进步程度。总之，历史建筑越能反映当时的社会发展水平，所具有记载历史信息的功能越强，历史价值就越高。

2) 艺术价值影响因素

艺术价值指历史建筑作为人类艺术创作、审美趣味、特定时代的典型风格的实物见证的价值。历史建筑的结构、构造、造型、装饰色彩及建筑情调等所表现出的艺术个性、风格、地域性、民族性等特征，以及这些特征给人们在精神上或情绪上的审美感染力。历史建筑是一种跨越时空的艺术形式，建筑设计、建造过程都凝结着古代设计师、建造师们的辛勤劳动，是他们所创作的艺术作品；许多现代的艺术作品或艺术成就都是在借鉴以往艺术文化遗产的基础上获得的。它们不约而同地赋予大

---

❶　根据《大清会典》，亲王可以使用五开间屋大门；而贵族大臣只能使用一间屋式的广亮大门；普通人家不得建房开门，只能开设随墙门。

❷　陈智云.浅谈中国民族古建筑[J].中国科技信息，2005(13)：231-232.

❸　程孝良，冯文广，曹俊兴.中国古建筑的社会学含义[J].成都理工大学学报(社会科学版)，2007，15(4)：7-12.

众艺术美感。

(1) 体现地域、民族特征或文化交融的艺术特征

一件艺术作品最重要的艺术审美价值表现在具有独特的艺术特征和意境,特别是体现了地域性或民族性特征。中国地域广阔,各地区自然生态和社会环境大相径庭;中国又是一个多民族的国家,各民族生活背景、文化风情差异明显,具有各自独特的文化传承和审美情趣。如果能立足于本地域、本民族的文化艺术传统,以建筑风格的形式表现出不同地区或不同民族人们的生活、思想感情、艺术审美和文化意境,就是独一无二的,就是地方和民族文化的结晶,是永恒的艺术,如"北国的淳厚、江南的秀丽、蜀中的朴雅、塞外的雄浑、雪域的静谧、云贵高原的绚丽多姿"❶。

当然,艺术在发展过程中也受到不同国家的建筑艺术相互交流影响,不断推进建筑本体以及装饰艺术的发展。一些历史建筑吸收了中外文化的艺术成就,造就了不同特色的建筑艺术特征,极大提高了历史建筑的艺术价值,例如上海外滩中山东一路12号大楼(浦东发展银行)的壁画作品就是中外建筑艺术结合的代表。

因此,建筑艺术的地域性和民族性是影响历史建筑艺术价值的因素之一,亦即历史建筑通过建筑艺术的创意构思与表现手法是否能体现出地域性或民族性的艺术特征和意境。历史建筑越能体现出地方和民族的艺术特征和意境,其艺术价值越高,就越值得保护。

(2) 不同历史时期的艺术特征

中国的历史建筑凝聚着古老辉煌的文明传承,如果说历史建筑能够反映地方和民族的艺术意境是从空间范畴来表述的话,那么从时间范畴上,历史建筑是否体现不同历史时期的建筑艺术特征和意境,也是影响历史价值的重要因素。正如汉魏质朴、隋唐豪放、两宋秀逸、明清典丽,正是这些建筑艺术特征的总结。同样,艺术表现也会受到不同时期建筑艺术相互交流的影响,推进建筑艺术的融合,如建筑大师贝聿铭所设计建造的苏州博物馆❷就是古今建筑艺术结合的佳作。因此,历史建筑不仅能反映出不同时期历史艺术特征,也能揭示出建筑艺术发展的历史进程。

(3) 空间布局的艺术特征

空间布局是指确定历史建筑内部各个构成部分在空间组合的相互关系和相互位置。由于标准原则的差异,空间布局会产生不同序列组合、比例尺度安排、空间布局和相应的构图与布局工艺等,造就不同的艺术特征。

空间布局包括建筑整体空间布局、建筑选址布局、生态保护、灾害防御、造型与结构设计以及建筑与园林等的关系处理,反映其设计理念。中国传统建筑的空间布局自古有着"简明有序"的艺术特征。简明有序是指遵循宗法礼制的传统理念,按照等级有

---

❶ 潘谷西.中国建筑史[M].7版.南京:东南大学出版社,2015:262.

❷ 苏州博物馆是中国地方历史艺术性博物馆,馆址为太平天国忠王府遗址,尚存部分古建筑,为殿堂型式,梁坊满饰苏式彩绘。2006年由著名的建筑设计大师贝聿铭设计新馆,创造出新古建筑完美融合的典范。

序的价值尺度,采用均衡对称的方式,纵轴线为主、横轴线为辅的布局原则。晚清、民国或新中国成立初期建筑可能受到近现代涌现的新使用功能需求和新艺术风格的影响,表现出不同于中国传统的空间布局。

(4) 建筑风格(整体造型)的艺术特征

历史建筑风格(整体造型)的表现形式是被人直观感觉的建筑造型的物化形态,包括体量、立面、色彩、质感、细部等;建筑风格(整体造型)从整体上给人产生直观的感觉,设计是否得当,不仅影响建筑的使用价值,也影响着艺术和文化价值。不同地区、不同时期、不同功能的历史建筑往往具有不同的整体造型和艺术风格。如中国历史建筑的屋顶造型多以坡面大屋顶为主,呈现出放射形式,显得厚重且含有层次感,能够给人以体量大、力度强的艺术特征;但同时使用飞檐翘角,轻巧地将人们的视线引向上空以扩展空间,也使得建筑物静中呈动,带来生气勃发的美感。不同地区、不同时期的历史建筑造型式样也会以不同的建筑形制、结构法式以及曲线造型等表现出艺术特征的奇特性。

(5) 建筑细部构件的艺术特征

建筑细部构件是历史建(构)筑物的各个主要构成部分,包括屋面、结构构架、墙身、基座基础各主要构成部位的木作、砖作、瓦作及金属构件等。许多历史建筑的细部构件艺术水平极为精致,部分技能甚至还超过现代工艺。一些建筑细部构件的设计或建造工艺也会较大地影响建(构)筑物的整体艺术特征,例如斗拱❶,由方形木块、弓形短木、斜置长木组成纵横交错、层层叠叠、逐层向外挑出的上大下小的托座,体现出力学美和层次结构美❷。因此,建筑细部构件的艺术特征也成为影响历史建筑艺术价值的因素之一(图6-4)。

凤凰穿细部

轩梁西厢记雕饰

图 6-4 木雕装饰艺术

---

❶ 斗拱:方形木块叫斗,弓形短木叫拱,斜置长木叫昂,它们的结合体称斗拱。斗棋一般置于柱头和额枋(位于两檐柱之间的看枋)、屋面之间,是建筑物的柱子与屋顶之间的过渡部分。它是中国古代建筑独特的构件。

❷ 黄艺农.中国古建筑审美特征[J].湖南师范大学社会科学学报,1998,27(5):68-73.

(6) 建筑细部装饰的艺术特征

建筑细部装饰包括对建(构)筑物各部位和构件等进行的装饰手法。建筑装饰包括雕刻(如木雕、砖雕等)、彩画壁画、裱贴、錾金、镶嵌、油漆粉刷、瓷砖拼花等,是历史建筑的重要组成部分。绘画、雕刻、工艺美术的不同内容和工艺制作应用到建筑装饰中,极大地丰富和加强了建筑美观,蕴含一定的历史信息和文化寓意,并具有一定的构件保护作用。各类装饰搭配的合理性、装饰材料的质量水平等也影响着艺术效果和建筑耐久性。诸如繁复精巧的雕梁画栋、勾角镂花的木雕壁挂等,其中最典型的是彩画作的装饰手法,亦即木构表面施油漆彩画,既保护木材又装饰美化。一般而言,历史建筑的装饰艺术特征越强烈,艺术价值也相应较高。

(7) 历史环境要素的艺术特征

历史建筑除了建筑体本身具有无与伦比的艺术特征以外,其附带的园林或庭院中的历史环境要素的营造艺术也是整体艺术特征的重要组成部分,可谓是别具一格、源远流长。

中国园林艺术始于秦汉皇家苑囿,经历了长期的不断发展,在魏晋南北朝时期掀起了建造园林的高潮,并逐步形成、完善了一套自成体系的传统园林文化。由于造园艺术的蓬勃发展,后世的历史建筑基本都会附带建有园林。中国传统园林讲究自然意境,总体特征是含蓄多姿、典雅精致。明代计成所著《园冶》是我国第一部造园专著,书中有云:"虽由人作,宛如天开",突出了山水的自然性,建筑需要与山水自然有机融合,才能升华成一件艺术作品。作为历史建筑的一个重要组成部分,园林环境要素艺术也影响着整个历史建筑的整体艺术特征(图6-5)。

图6-5 文徵明《东园图》

3) 科学价值影响因素

科学价值指历史建筑作为人类的创造性和科学技术成果本身或其创造过程的实物见证的价值。历史建筑在设计、建造等方面提供了有价值的且重要的理念、技术与知识等信息,这些信息作为建筑文化遗产见证,反映了其产生、使用、存在和发展的历史期内的科学技术发展水平和知识状况,展示了人类历史文明在适应自然环境过程中所运用的观念与手法。

(1) 完整性

完整性即某一物品的完好程度,包括该物品整体是否完好,各个组成部分是否协调与完整。2015《中国准则》对完整性的阐述是："文物古迹保护是对其价值、价值载体及其环境等体现文物古迹价值的各个要素的完整保护"。历史建筑的完整性包括建筑本体、环境空间和历史信息三个层面，即构成建筑本体的单体建筑、部件、构件完好无缺的程度；与建筑本体紧密关联的周边环境空间稳定延续的程度；现状实物所反映历史变迁信息真实充分的程度。

历史建筑经过几十年甚至千百年的洗礼，大部分可能已经受到一定程度的损坏，不仅是自然毁损，而且受到战争等人为因素的毁损。如果建筑完整性不能得到保存，现存建筑就很难反映当时的历史建筑设计、修建与建筑材料所包含的科技水平，也就失去价值意义。一般来说，建筑技术含量较低的历史建筑更容易受到损坏；而设计科学、建材质量好的历史建筑，建筑寿命会相对较长。例如：山西南禅寺大殿是我国现存最古老的唐代木结构建筑，柱梁粗壮，柱上斗拱极为雄健，承托屋檐，殿内无柱，四椽栿通达前后檐柱之外，梁架结构简练，屋顶举折平缓。这座大殿能较完整地保留到现在，很大程度是由于当时使用了较高超的技术工艺和建筑材料。历史建筑的完整性是反映出历史建筑设计、修建以及建筑材料所包含的科技水平的基础，是影响科学价值的主要因素之一。

(2) 建筑形制与结构的合理性或独特性

历史建筑本身就是一种重要的科学技术资料。为适应所在地形、气候和经济条件，历史建筑往往采取合理的或者创造性的建筑形制、结构形式和构造做法，反映的是当时当地的设计和建造技术水平，具有一定的科学技术价值。评价其适应性、合理性，以及在功能、规模、尺度和技术原理上的独特性或创新性。

① 建筑整体布局（设计理念）的合理性或独特性。历史建筑整体布局的合理性或独特性包括建筑整体空间布局、建筑选址布局、生态保护、灾害防御、造型与结构设计以及建筑与园林等的关系处理，反映其设计理念。例如，中国传统建筑许多都是以建筑群落形式出现，布局时必须遵循"以纵轴线为中心，横轴线为辅"的设计理念，但各单体建筑之间如何有机协调，如何防火防灾，都要求在设计、建造过程中具有充分的科学依据。建筑科学设计水平的高低会影响到各种要素配置的合理性或独特性。

② 建筑主体结构的合理性或独特性。中国传统建筑一般多为木构架。木构架建筑是由立柱、横梁及顺檩等主要构件组成，用榫卯结合各构件之间节点的弹性框架结构体系。由于木结构主要以柱梁承重，墙壁只作间隔之用，不承受上部屋顶的重量，故内墙隔断可以按照所需室内空间大小来设置，这实际上就是现代框架结构与剪力墙结构的雏形。此外，抗震性能强是木梁柱结构的重要的优点之一：通过斗拱和卯榫可以把巨大的地震能量消失在弹性很强的节点上，起到调整变形的作用，例如1996年云南丽江大地震，大部分木梁柱结构的老建筑都保留了下来。所以，建筑主体结构的合理性或独特性是历史建筑科学价值的重要方面，不仅会影响历史建筑的艺术价值，也是

建筑科学技术的反映(图 6-6)。

③ 造园的合理性或独特性。各地历史建筑,特别是在江南地区,多数与园林等进行结合而设计修建。在建筑设计与建造过程中,相关的园林设计(如山石花木等景观要素配置得当)及修建技术应用得当,以及造园材料应用合理,可以使建筑与园林相得益彰,从而带来整个建筑(包括园林)的生态及居住功能一体化。

图 6-6　木构架建筑(网络收集)

④ 建筑构件的合理性或独特性。历史建筑是由各建筑构件组成的有机整体,建筑构件包括台基、梁架、柱、鼓磴、斗栱、门窗、外墙、屋顶等,各个构件在设计与建造过程中必须经过科学设计与处理,建筑构件的科学性也决定历史建筑整体的科学合理性。例如柱是传统历史建筑最重要的构件,与梁、桁(檩)、枋等一起组成梁柱构架,承受屋顶的全部重量。宋代大量采用"柱升起""柱侧脚"和"减柱法"等建筑手法来减少立柱,以扩展室内空间。例如晋祠的圣母殿采用"减柱法"建造,殿内外共减 16 根柱子,以廊柱和檐柱承托殿顶屋架,显得殿前廊和殿内空间宽敞。"减柱法"的熟练使用,说明宋代时期在建筑上已进一步掌握了力学原理❶。这些高超的营造技术、设计手法以及合理的结构形式,无不体现出当时建筑科学技术水平的发展成就;此外,建筑构件的质地水平,例如柱架的材料及连接部分的质量优劣直接决定了建筑寿命。

⑤ 建筑装饰的合理性或独特性。建筑装饰包括雕刻(如木雕、砖雕等)、彩画、裱贴、鉴金、镶嵌、油漆粉刷等,是历史建筑的重要组成部分。建筑装饰的科学性不仅起到了解决技术问题的作用,在满足实用功能的同时还能达到良好的艺术效果,例如古建筑的窗在没有使用玻璃之前,多用粉联纸糊裱或安装鱼鳞片等半透明的物质以遮挡风雨,需要较密集的窗格,相应出现以菱纹、步步锦、各种动植物、人物组成的千姿百态的窗格花纹❷。此外,各类装饰搭配的科学合理性、装饰材料的质量水平等不仅影响着装饰效果的持久性,也反映了当时装饰技术水平和相关材料的发展程度。

(3) 建筑材料的合理性或独特性

历史建筑材料的合理性或创新性包括材料本身成分配比、性能、质地,以及材料之间相互连接的构造做法。评价其材料是否适应当地气候,是否具有独特性或稀缺性,是否反映了当时的新技术应用和不同地区技术交流。

首先,历史建筑是由相关材料组建而成的,如木材、石材等。不同时期、等级的历史建筑会由不同质量等第的材料建造,例如亲王府才可用琉璃瓦铺盖屋顶;同样在不

---

❶ 朱向东,薛磊.历史建筑遗产保护中的科学技术价值评定初探[J].山西建筑,2007,33(35):1-2.
❷ 李方方.论中国古建筑的装饰特点[J].西北建筑工程学院学报(自然科学版),2002(4):37-40.

同地区的建筑也会采用不同材料,例如中原地区多用木料,云南地区因地制宜采用竹材。其次,各种建筑材料在用于建造建筑的过程中,科学使用的合理性以及材料之间搭配的合理协调度等不仅影响着建筑质量的高低,且有利于建筑材料的组成比例达到和谐统一的高度,最终形成具有艺术美感的独特性或典型性的建筑作品。再其次,不同建筑需要不同木材,通常木材可以分为"软木"和"硬木",常见软木包括松木、杉木等,多用于一般大架、非承重性构件、普通雕刻等;常见硬木包括柏木、楠木、楸木等,多用于柱梁大架、小木作装修、高级雕刻等,所以"出材"工序是古建筑营造的重要环节。

(4) 施工工艺水平

施工工艺直接影响建筑质量,并体现当时建筑科学技术发展水平。评价历史建筑是否保留和延续传统施工工艺,是否采用当时较先进的工艺和设备,以及工艺做法的精细程度和技术难度。首先,施工技术水平的创新与进步,会造就新的建筑风格或新的建筑结构等的出现,有时甚至具有划时代意义,如无梁殿的建造,就运用了当时的能工巧匠所创造的新工艺制作技术。其次,建筑的质量好坏不仅与建筑的设计、建筑材料有关,同时也与建筑施工的技术水平有关,如基础、沟渠、城垣、高台等构筑技术等。再其次,施工技术水平越高明,建筑的木作、石作及水作等做工工艺也会越精细,可以提升建筑建造及装饰质量水平。所以对于历史建筑而言,施工技术水平反映了建筑所处历史时期建筑科学技术发展水平的高低,也影响着历史建筑科学价值的高低。

(5) 科学研究价值

历史建筑的科学价值在很大程度上就是为当代人对研究建筑发展史、社会发展史以及建筑科学技术提供相应的研究对象或素材,可以为历史建筑的修复、改建甚至现代建筑的设计建造技术发展提供帮助,如:赵州桥的设计与建造反映了当时力学和数学应用的科学成就,应县木塔反映了我国古代高层木结构建筑的技术特点,都江堰更是反映了我国水利建设技术发展的辉煌成就。历史建筑本身就是一种重要的科学技术资料,如历史建筑的结构、构件、用材等第、施工技术等,都记录着建筑的科学技术发展轨迹。此外,有的历史建筑甚至还直接记录或保存着重要的科学技术资料,如北京灵岳寺,建于大唐贞观年间,曾历经辽、元、清朝数次重修,现仍保存着元代《重修灵岳寺记》碑和清康熙年间《重修灵岳禅林碑记》等,碑文中记录着重修寺庙的许多事项,其中有多项涉及建筑的选址、布局原理和修复技术,这本身就是不可多得的文物,可以直接为人们研究建筑发展史、建筑技术水平等提供科学依据。

4) 环境价值影响因素

环境价值是指历史建筑具有的环境生态特性以及提供人们观赏、愉悦的功能,是历史建筑的一个重要功能特征。ICOMOS《西安宣言》将周边环境的重要性提到了一个前所未有的高度。从环境价值的形成及特征来看,其受到诸多因素的影响作用。

(1) 地段区位

地段区位是建筑的灵魂,任何建筑在设计、修建之前都要选址。不同的地段区位代表着不同的交通条件、基础设施、公共服务设施状况等。建筑的地段区位不仅影响到建筑成本的高低,同时也影响到历史建筑与周围生态环境的协调性以及历史建筑的整体观赏价值。区位选择对于历史建筑极为重要:例如皇城建筑、官署建筑通常位于城市中心区域,以昭示权威与尊严;又如宗教建筑、名人居所等一般会选择一些自然条件优越的地段区位,使得人、建筑与自然生态环境融为一体,或位于生活便利的地段,如苏州唐伯虎故居,位于阊门桃花坞,便是《红楼梦》所描述的"最是红尘中一二等富贵风流之地"。因此,历史建筑的地段区位是影响其环境价值的重要因素。

风水是我国建筑美学精神的灵魂,历史上建筑选址都十分注重地形地貌、风土环境、采光通气、山水距离等环境要素,认为建筑环境好坏不仅关系到建筑使用者的安危,同时也关系到子孙后代的兴衰❶(图6-7)。风水对建筑本身的影响,除了建筑选址以外,还表现在建筑的规划布局、设计施工及城镇或村落等的总体布置上。在传统风水的建筑美学中,无论是阴宅还是阳宅,讲究的是"藏风得水"。例如苏州仓桥浜邓宅北靠桃花坞河,东临仓桥浜河,南有河埠水湾,是三面依水的枕河古宅。穴前流水聚集,水道交汇使水流缓慢,平缓的流水正是风水所要求的条件。因此,在中国古代,无论是民间村落、住宅还是陵墓的规划与选址,都深受风水理念的影响。这一中国建筑史上特有的古代文化现象,其影响一直延续到现代,也形成了中国古代建筑所特有的风貌特色❷。

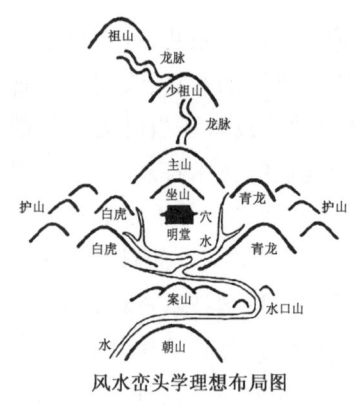

图6-7 风水图

图6-8 历史建筑周边环境生态

(2)与周边环境的协调性

历史建筑的周边环境包括了周边自然环境和社会文化环境。从自然环境上,历史建筑本身不是单独存在的,是与周围环境融为一体,相互影响、相互联系的。因此,历史建筑本身是否具有生态环境效益,不仅与自身各因素的配置程度有关,还与以下因

---

❶ 程建军,孔尚朴.风水与建筑[M].南昌:江西科学技术出版社,2005.
❷ 徐进亮,王茂森.浅谈风水学对中国古建筑选址布局的影响:以苏州古建筑为例[J].江苏土地估价通讯,2010(1).

素相关:所处位置、周围环境是否能够协调,是否反映中国古代建筑选址理念、地方习俗,是否反映巧于因借、趋利避害的科学性和艺术性。例如,我国自古以来建筑的选址与布局都非常注重建筑与环境的协调性,力求将建筑与自然之美融合一体,将人的情感赋予自然,再以自然美和艺术美陶冶人的情操,满足人类精神上的审美需求,这是我国历史建筑规划设计中重要的造景审美特征,如苏州拙政园、承德避暑山庄、武当山道教建筑群等都是建筑与周围自然风景完美结合的典范❶(图6-8),具有很高的环境价值。

从社会文化环境上,综合判断历史建筑风格及其反映的文化传统是否与当地社会文化环境相协调,合理表现地域的空间肌理,代表特定的平面结构形态和垂直结构形态等。建筑与环境相生相息,中国历史建筑由于受到当时儒家思想及其他哲学观念的影响,更加关注与周围自然环境的有机结合,从而体现"天人合一、崇尚自然"的哲学境界。然而在现代城市,经常会出现历史建筑周边高楼林立、霓虹闪烁的现象,如沈阳故宫周边;有些历史建筑周围乱搭乱建,甚至立面都受到破坏,如上海舟山路历史建筑群。因此《西安宣言》第六条申明:"涉及古建筑、古遗址和历史地区的周边环境保护的法律、法规和原则,应规定在其周围设立保护区或缓冲区,以反映和保护周边环境的重要性、独特性"。

(3) 内部环境景观配置

历史建筑内部环境景观配置的合理性也是影响环境价值的因素,特别是那些附属园林、庭院的历史建筑,就是由许多景观因素配置而成的,其环境价值也受到各类景观因素配置的影响,如历史建筑空间布局、建筑内部之间的协调性、园林与建筑的协调程度以及园林内部各因素的协调性等。例如苏州礼耕堂西一路庭园,小池水榭、奇峰湖石、清幽小道、花木藤萝,这静中有动的意境,仿佛是一幅立体的诗画❷(图6-9)。

图6-9 历史建筑内部环境

(4) 建筑或所在建筑群落在反映地域生态环境中的作用

对于历史建筑来说,特别是居所,大多数位于城市范围内或城市郊区,代表了一个地区甚至城市的建筑文化特色,是反映城市历史环境特色的重要窗口之一。在一些历史文化名城,如西安、青岛、平遥等,历史文化遗产较多,特别是历史建筑占据了老城区建筑的相当比重,形成一些的著名历史街区,如天津五大道、福州三坊七巷。这些大规模历史建筑群落的景观,有时经常会给人以连绵不绝的景象,例如北京的故宫建筑群、

---

❶ 刘春玲.中国古建筑景观的旅游功能与鉴赏[J].石家庄师范专科学校学报,2000,2(4):69-72.

❷ 徐进亮.礼耕堂:平江历史街区:潘宅[M].苏州:古吴轩出版社,2011.

湖南凤凰古城等。这些数量众多、古色古香的传统建筑群落产生规模效应，也会对城市甚至周边区域的生态环境改善产生影响。历史建筑除了给这些城市带来浓厚的文化氛围以外，还影响着人们的整体视觉感受，同时也影响着历史街区甚至整个地域的生态环境景观。当然，环境影响的正负性是相对的，贡献的同时也会产生破坏，如游人数量超过当地的承受能力，反而会造成周边生态环境的损害，这也是对当前"申遗热、重建热、仿建热"等现象的最大质疑。

5）社会价值影响因素

社会价值是指历史建筑在知识的记录和传播、文化精神的传承、社会凝聚力的产生等方面所具有的社会效益和价值。社会价值包含了记忆、情感、教育的内容。

(1) 稀缺程度（存世量）

不同地区的社会历史发展情况决定当地的历史建筑传承与保存情况。有些历史建筑记录历史传承，有些历史建筑反映特殊的建筑类型、制度和风格元素，历史建筑蕴含的地方独特历史文化价值的不可再生性和不可替代性，体现当地的地域、民族特征或文化交融。当地保存数量多少与品质优劣决定了历史建筑的价值。例如明清建筑在山西、江西较为常见，而在深圳、珠海就颇为稀少，当地人更加关注。因此，同类历史建筑在当地的稀缺程度直接决定历史建筑经济价值。

(2) 社会知名度

历史建筑的社会知名度即指历史建筑为社会公众所知晓、了解的程度，以及其对社会影响的广度及深度，包括历史建筑在当地的社会影响力、教育旅游功能、情感归属程度。历史建筑是前人留下的宝贵遗产，通过加大向社会宣传普及与之相关的知识，提高社会知名度，吸引民众的关注程度，可以充分发挥历史建筑资源与社会资源的结合，最终达到合理保护的目的，比如当前的"申遗热"，不管成功与否，至少让世人知晓、了解到中国的这些珍贵文化遗产。同时，历史建筑的社会知名度也要建立在社会普遍认同的基础之上，历史建筑的社会认同即指社会或人们对该历史建筑的文化特征的普遍判断，包括人们对该历史建筑的感兴趣程度，以及人们对其价值的心理认同。

① 社会影响力是指历史建筑为一定范围的社会公众所知晓、了解的程度，以及其对社会影响的广度及深度。历史建筑是前人留下的宝贵遗产，通过加大向社会宣传普及与之相关的知识，提高社会知名度，吸引关注或提升民众关注度，可以充分发挥历史建筑资源与社会资源的结合，最终达到合理保护的目的。

② 教育功能是指历史建筑可以展示所处时期的精神、政治、民族及其他方面的社会文化背景，来增进人们对历史传统文化知识的了解，达到教育宣传的目的。可以说，历史建筑所具有的教育功能就是其最重要的无形价值之一，这是历史建筑自建造以来经过长期的历史演变积累而成的，本身就是一堂生动的历史课程。

③ 旅游功能。在国家旅游业所产生的经济效益中，历史文化遗产旅游业收益占据了较大比重，成了旅游经济的重要支柱。许多地区依靠得天独厚的建筑文化遗产资源，带动了当地经济、文化和旅游业的发展。近些年国内掀起的"申遗热"，虽然是

存在着急功近利的心态误区,受到普遍质疑,但从另一角度也是证实了文化遗产的旅游功能,也让"只有民族的才是世界的"的观念被更多的人所接受。这种争论至少让国人去关注、探讨这些先辈留下的珍贵遗产,而非弃之如敝屣、任其殁灭在历史痕迹中。所以,历史建筑能否吸引人们前来旅游观赏,是否能调节人们的情绪,是否能强化人们的社会意识以及提高人们的文化素养等,也成为其能否扩大社会知名度的重要前提。

④ 情感归属是指能促进人们群体之间的友情、尊重及相互信任的功能,发挥其增进社会和谐、民族团结的作用。例如宗祠祖庙对于宗族人氏产生心理归属感;又如外地的同乡会馆(温州会馆等)让旅居他乡的人们得以聚会,或者有些具有民族特色的历史建筑对于本民族来说,归属感比较强烈,如清真寺历史建筑。不同历史建筑对同一人群也有不同程度的归属感,同一建筑给不同人群的归属感也有所不同,历史建筑的心理归属感又与历史建筑的建造风格等相关联。这些心理归属感都会对历史建筑的社会价值产生影响。

(3) 保护等级影响

保护等级是确定历史文化特征重要程度与产权限制程度的依据。不同保护等级的历史建筑产生不同的社会影响,对其保护与监管理念和具体要求都有差异。各级文物保护单位、未定级不可移动文物(一般文物点)、依法认定的历史建筑(狭义)、传统风貌建筑通常代表着依次递减的社会影响力和保护监管限制。

6) 文化价值影响因素

文化价值指以下三个方面的价值:第一,历史建筑因其体现民族文化、地区文化和宗教文化的多样性特征所具有的价值;第二,历史建筑的自然景观、环境等要素因被赋予了文化内涵所具有的价值;第三,与历史建筑相关的非物质文化遗产所具有的价值。文化价值影响因素包含了文化多样性、文化传统的延续及非物质文化遗产因素等相关内容。

(1) 真实性

1964年《威尼斯宪章》将真实性确立为历史文化遗产保护的基本原则及理念之一,本义是表示"真的而非假的,原本的而非复制的,忠实的而非虚伪的,神圣的而非亵渎的"❶。因此,真实性是衡量某一事物的外表和内在统一程度的重要标准。2015《中国准则》对真实性的阐述是:"真实性是指文物古迹本身的材料、工艺、设计及其环境和它所反映的历史、文化、社会等相关信息的真实性。"对历史建筑的保护就是保护这些信息及其来源的真实性,包括了外形和设计、材料与材质、用途和功能、传统技术和管理体系、环境和位置、语言和其他形式的非物质遗产、精神和感受、其他内外因素等。1994年《奈良真实性文件》将真实性同地区与民族的历史文化传统相联系,"避免在试图界定或判断特定纪念物或历史场所的真实性时套用机械化的公式或标准化的程

---

❶ 阮仪三.城市遗产保护论[M].上海:上海科学技术出版社,2005.

序"。因此,真实性是影响历史建筑社会文化价值的重要因素。

(2) 文化传承特色(文化代表性)

历史建筑对于人类的文化贡献在很大程度上取决于是否完整、真实地体现了典型的设计形制、建造技术和艺术风格;是否继承并延续了当地的历史文脉与文化传统;是否反映出当地自然环境、人文特点的生产生活方式,在地域历史发展中的地位,反映当时社会发展状况,反映社会文化背景,存在明显的地域社会文化特征;是否属于当地同类历史建筑的代表作品等。

中国地域广阔,各地区历经数千年,逐步形成并完善了符合当地自然环境、人文特征的生产生活方式,彼此间存在明显的地域社会文化特征差异,这必然也会表现在建筑上。江南地区的吴文化代表着吴地人民在悠久的历史长河中创造的物质财富和精神财富的总和,这里土地丰沃、河网密布、山温水软,自古农业生产兴旺、商业交易繁荣,人们生活较为富庶,造就吴地人民感情细腻、淡雅舒缓、重文重教、外柔内刚的特性。所以,该地区的历史建筑具有鲜明的地域特征:宅第精致含蓄,庭园轻巧秀美,色调青白灰黑、淡雅朴素,街巷窄长幽静。同样在东北平原、黄土高原以及亚热带地区等不同地域的历史建筑都会有着不同的文化特征。

与地域文化特征类似,民族文化特征也是历史建筑社会文化价值的重要影响因素,所不同的是民族性文化特征是从民族的角度来反映的。不同民族具有不同的社会风情、信仰、观念及其他社会文化习俗,不可避免地影响着建筑的风格与样式,这也是民族性文化的传承方式之一,例如云南地区傣族竹楼和佛寺。因此,具有民族文化特征的历史建筑有着丰富的文化底蕴,同时也能体现出不同历史时期社会文化的民族特征。它们不仅可以丰富人们的民族社会文化知识,增强人们的民族自豪感,还有利于各民族的和谐融洽,增强凝聚力,具有重要的社会文化价值。

除了反映典型的地域、民族文化特征以外,历史建筑有时还会体现某种特殊社会文化方面,例如代表了当时的某种宗教信仰、宗族礼制、伦理观念以及社会习俗等。例如宗教历史建筑,象征着当时人们对宗教的崇拜;而还有些历史建筑反映了当时社会上某种精神或信仰,如许多革命历史建筑。在许多地区都会有一些历史建筑反映了特殊的社会文化背景,体现了特定的历史时期社会文化特征及民族精神。

6.5.2 特殊使用价值(可利用性)

特殊使用价值(可利用性)是指反映历史建筑的保存状态、修缮维修改善情况、使用状况、利用方式以及可利用潜力的特性,对历史建筑的利用产生特殊影响。

1) 保存状况(完好程度、质量安全)

历史保护建筑目前的保存状况是指是否对正常使用产生影响。普通建筑一般不会有这样的情况,因为建筑时期尚短。完好程度是指历史保护建筑原状的整体布局、主体结构和附着物的完好程度、保存和维护情况等。质量安全是指判断建筑可否继续使用、是否需要修缮维修改善、是否拆除等提供部分依据。在旧城改造中,留存至今的年代较为久远的历史保护建筑大多质量一般、年久失修,有一定程度的损坏。对不同损坏程度的建筑,在保护与改造中应采取不同的措施。

目前许多历史建筑保存状况堪忧,由于长期遭受风雨侵蚀且缺乏保护,它们逐渐坍塌荒废,甚至被迁移至其他城市,完全丧失了原有的地域文化底蕴与内涵。北京、上海等城市曾为了缓解城市建设用地紧张而将历史建筑作为居住用房,但由于缺乏对建筑原体改扩建的严格控制,使之成为对历史建筑造成破坏最严重、利用程度比较低的一种利用方式❶。北京现存的44处私家园林中,保护基本完好的不足一半。其中利用不当对历史建筑带来的伤害最为明显的有:清代的莲园早已沦为大杂院,皇家私园蔚秀园也成为民居,晚清才子那桐的故居已变成餐厅……过度利用导致的破坏和低效利用严重降低了历史建筑的价值。

历史建筑的质量安全是指因建(构)筑物构件的腐朽、断裂、缺失、性能劣化等因素而影响到建(构)筑物的结构质量安全性能。历史建筑的质量安全问题主要来自两个方面,即自然破坏和人为破坏。自然破坏可以分为自然灾害和自然侵蚀。自然灾害,如地震、洪水、泥石流、滑坡、暴风雪等,这些灾害的破坏往往是突然的,给建筑遗产带来无法预料的破坏;自然侵蚀包括因植被生长导致古建筑屋面破损、风雨侵蚀导致古建筑的墙体破损等。在人为破坏中,有些是无意的,有些是故意的,首先是建设性破坏,特别是建筑上的违章搭建;另外就是使用类损坏,特别是因使用者用火不当等原因引起的火灾损坏等。

2)修缮维护情况

历史建筑修缮维护包括是否有翻建、改建、重大修缮、改善以及重大装饰装修,是否得到正常维护维修等。

历史建筑特别是文物保护单位需要定期进行保护修缮。保护修缮应当被理解为保存文物古迹实物遗存及其历史环境进行的批判性活动,其目的是真实、全面地保存并延续其历史信息及核心价值,同时兼顾工具理性。也就是说,保护修缮设计的核心内容是一系列综合性的操作,应对应遗产的真实性、完整性和延续性标准。这些操作衡量的标准在《文物保护法》中被概括为"不改变文物原状"❷和"谁使用谁负责维修"原则,历史建筑的修缮应遵守不改变原状。建筑修缮方案主要内容包括:充分理解保护的目标,认识保护对象的核心价值,突出建筑物的历史艺术精华元素;加强施工前的详细勘察工作,采用合适的工程措施方案,来恢复建筑物的原有风貌或保存现有建筑状态及历史文化信息;同时要根除或缓解建筑结构安全隐患,为有效利用提供必要设施条件。

历史建筑重建与维护成本对于其修缮维护情况影响较大。重建成本随着历史建

---

❶ 张杨.社区居民对历史建筑保护与利用的态度研究:以比利时鲁汶市女修道院为例[J].社会科学研究,2009(6):102-105.

❷ 朱光亚,等.建筑遗产保护学[M].南京:东南大学出版社,2020.

筑的市场需求不断增加,引来了更多人群的关注。历史建筑具有建造年代原有的风格特征,人们要求设计师、建筑师等在保证不破坏完整性、真实性的前提下,尽可能地使用各种工艺技术,来为历史建筑进行修复和配置必要相关设施。《威尼斯宪章》提到:"修复过程是一个高度专业性的工作,其目的旨在保存和展示古迹的美学与历史价值,并以尊重原始材料和确凿文献为依据。"建筑成本一般根据建筑物重新建造的方式不同,分为重置成本和重建成本。重建成本是指采用与估价对象中的建筑物相同的建筑材料、建筑构配件和设备及建筑技术、工艺等,在价值时点的国家财税制度和市场价格体系下,重新建造与估价对象中的建筑物完全相同的全新建筑物的必要支出及应得利润❶。进一步解释,重建成本就是采用与历史建筑相同的建筑材料、还原所有的建筑细节(甚至包括地板、门窗、屋瓦以及其他建筑特征),建造与历史建筑完全相同的全新建筑物所需要的成本值,但并不意味着必须也要去恢复那些非实用和陈旧落后的元素,只要不影响历史建筑的完整性与真实性。建筑成本也会受到市场因素而波动,特别是那些特殊材料与配件。所以,建筑修缮重建成本是影响历史建筑修缮维护情况的重要因素。

《天津市历史风貌建筑保护条例》规定:"历史风貌建筑的所有权人、经营管理人和使用人应当对历史风貌建筑承担保护责任。""历史风貌建筑的所有权人、经营管理人应当按照历史风貌建筑的保护要求,对历史风貌建筑进行修缮、保养。"保养维护工作指在"不改变文物的现存结构、材料质地、外貌、装饰、色彩等的情况下所进行的经常性保养维护,如屋顶除草勾抹;局部揭瓦补漏;梁柱、墙壁等的简易支顶加固;庭院整顿清理、室内外排水疏导等小型工程。此类工程应由管理或使用单位列入年度工作计划和经费预算"❷。因此,历史建筑维护保养成本的高低对经济价值的体现较为重要。但必须注意到,在实际生活中,许多历史建筑的产权人或使用人缺乏保护意识,拒绝履行保护责任。法律上规定如果产权人或使用人无力维护时,政府应有一定的支持措施;由于是政府部门支持而非所有者,故对定期维护的积极性不高。当许多地区的预算紧张时,削减的支出就可能是历史建筑的维护资金,故历史建筑维护成本的安排与实施仍是当前修缮维护工作的难点与重点。

3) 使用状况

使用状况是指历史建筑是否正常使用,使用功能是否适宜。普通建筑一般不会有这样的情况,因为用途确定,原则上不允许改变。使用状况主要是评判房屋使用功能、设施设备状况的指标。房屋使用功能包括面积、层高、采光、通风等,设施设备包括给排水、电力、电信、厨厕、安全措施等因素,这些能直接反映出房屋所在地区和使用者的生活质量与水平。

4) 规划使用功能

规划使用功能是指保护规划中是否对历史建筑未来的使用功能有调整要求,是

---

❶ 住房城乡建设部.房地产估价基本语标准:GB/T 50899—2013[S].北京:中国建筑工业出版社,2013.
❷ (原)文化部.纪念建筑、古建筑、石窟寺等修缮工程管理办法[EB/OL].(1986-07-12)[2024-10-02]. http://www.baikebaidu.com.

否具备功能改造的可行性,以及历史建筑的空间与结构体系能够适应经济活动的空间使用需求的可行性程度。在各国的保护规划实践中,对历史建筑及地段的利用经常采用历史建筑改建赋予新功能的方式,即保持原有建筑外貌特征和主要结构,内部改造后按新功能使用。这样做不仅增加了这些建筑本身生存的活力,而且还可获得一定的效益,从而提高了历史建筑的价值❶。因此,对历史建筑加以合理利用,不仅可以更大地激活其潜在的经济价值,还能够借助于历史建筑新的使用价值提高其价值本身❷。

历史建筑改造使用的另一种方式是综合进行用地调整、环境整治、增加基础设施和服务设施、功能置换、重要地标建筑物和环境形态要素的保护。该种方式是通过改善历史建筑保存现状来提高历史建筑的价值,使之既有清晰可见的地段历史发展踪迹和见证物,又具有全新的、符合当代使用功能和景观生态要求的一流环境,从而提高历史建筑的价值。

6.5.3 保护限制条件

保护限制条件是指为了保护、保存、展出、使用和恢复历史建筑而制定和采取各种适当的措施。保护这些独特的人类历史文化遗产并能确保将之传承后代。

1) 保护规划

保护规划是指针对历史文化遗产保护的专项规划。我国当前常见的各类建筑遗产保护规划,可以简单地根据主管机关和法规依据分为两大系列,一个是历史文化名城系列的保护规划(简称"名城系列保护规划"),另一个是文物保护单位系列的保护规划(简称"文物系列保护规划")。二者的主管部门、法规依据、保护对象、法定概念均有显著差异,规划目标和所要解决的主要矛盾也存在不同的侧重❸。2008年国务院颁布《历史文化名城名镇名村保护条例》,2009—2010年是名城名镇名村保护规划制度化建设的关键年。依照相继出台的《中华人民共和国城乡规划法》(简称《城乡规划法》)、《历史文化名城名镇名村保护条例》,历史文化遗产的保护规划进入了有法可依的轨道。在《城乡规划法》和《历史文化名城名镇名村保护条例》的统领下,政府管理部门着手对已有的法规和部门规章进行了系统梳理,构建起了比较完整的历史文化名城保护基本法律体系,使历史文化名城、历史街区的保护与管理、规划编制得到更好的系统化和规范化❹。2004年7月,国家文物局颁布了《全国重点文物保护单位保护规划编制审批办法》和《全国重点文物保护单位保护规划编制要求》两个文件。前者就保护规划的性质、范围、要求、原则进行了概括性说明;后者则提出了保护规划的具体编制要求。

---

❶ 王建国,戎俊强.关于产业类历史建筑地段的保护性再利用[J].时代建筑,2001(04).
❷ 贾雯帆.邂逅田子坊(海客游)[EB/OL].人民日报(海外版),2017-08-21[2024-10-02]. http://paper.people.com.cn/rmrbhwb.html/2017-08-21/content.1799421.htm.
❸ 朱光亚,等.建筑遗产保护学[M].南京:东南大学出版社,2020.
❹ 张兵,康新宇.中国历史文化名城保护规划动态综述[J].中国名城,2011(1):27-33.

当历史建筑坐落在历史街区范围内,会受到相应的历史街区保护规划限制,例如应保护历史地段的环境要素,严格控制建筑的性质、高度、体量、色彩及形式,必须控制历史城区内的建筑高度等。正如前文所述,历史建筑与历史街区的关系犹如点与线面的关系,历史街区强调的是"区域",包含了一定数量历史建筑或历史文化遗产的街道或区域。良好的区域保护规划不仅不会弱化历史建筑本身的特性,而且还能带动整个地区的经济价值提高。同样,如果历史建筑的周边高楼林立,彼此之间毫无协调性,产生明显的矛盾冲突,那就势必降低其经济价值。

如果是文物保护单位,政府通常会制定相关的保护规划或保护区划,规划文本内容一般应包括:各类专项评估、规划原则与目标、保护区划与措施、若干专项规划、分期与估算等五个部分基本内容;规模特大、情况复杂的文物保护单位规划文本还应包括土地利用协调、居民社会调控、生态环境保护等相关内容❶。对不属于文物保护单位、但归于政府公布名单的其他历史建筑也可能会制定一些法定规划,如设定"紫线"范围等。

2)环境风貌限制

历史建筑是否符合所在文化环境风貌区域保护规划和建设限制规定。例如加强对自然生态、历史人文、景观敏感等重点地段城市与建筑风貌管理,对历史文化遗存、景观风貌保护管理,严格管控新建建筑,不拆除历史建筑、不拆除传统民居、保存传统街巷格局与空间尺度、不破坏地形地貌、不砍老树等。环境风貌限制影响历史建筑的使用功能与使用方式(或强度),进而影响经济价值。

3)建筑实体保护限制

不同保护等级的历史建筑有不同的保护限制条件,主要包括不改变历史建筑原状的原则,负责保护建筑物及其附属文物的安全。应当保持原有的高度、体量、外观形象及色彩等;不得进行新建、扩建活动,任何单位或者个人不得损坏或者擅自迁移、拆除历史建筑等;未经批准不得随意修缮修复等,内容详见本书第4章"产权界定与限制"。非核心保护范围根据国家相关规定执行。建筑实体保护限制决定了历史建筑的使用功能与使用方式(或强度),进而影响经济价值。

4)产权与使用限制

《保护世界文化和自然遗产公约》认为:"人类社会应为了保护、保存、展出和恢复这些文化遗产而制定和采取各种适当的措施。"联合国教科文组织《关于在国家一级保护文化和自然遗产的建议》指出:"各国应根据其司法和立法需要,尽可能制定、发展并应用一项其主要目的应在于协调和利用一切可能得到的科学、技术、文化和其他资源的政策,以确保有效地保护、保存和展示文化和自然遗产。"对历史建筑设定诸多保护性产权限制条件,其目的就是保护这些独特的人类历史文化遗产并能确保将之传承

---

❶ 国家文物局.全国重点文物保护单位保护规划编制要求[Z/OL]. (2004-08-02)[2024-10-02]. http://www.ncha.gov.cn.

后代。

不同的产权对应于不同的保护限制条件,主要包括:建筑产权转让的限制、建筑修复的限制、使用的限制等。例如国有不可移动文物不得转让、抵押等,历史建筑功能用途与使用条件一般不得擅自改变等。这些限制条件大多数以法律法规形式加以规范,通过国家强制力来保证实施。

产权与使用限制条件直接决定了历史建筑的使用方式与使用情况,影响经济价值。经济上的具体表现为:维护成本提高、交易费用增加和实用性降低等,与历史文化特征要素产生的增值效应互为矛盾,最终影响目标对象的经济价值。正是由于这些限制条件,所以现实中也经常会出现历史文化底蕴良好的历史建筑的交易价格却比周边普通别墅的价格更低。

6.5.4 历史建筑经济价值特殊影响因素表

前文对历史建筑经济价值的特殊影响因素因子进行了具体阐述。在实践操作中,并不是所有的特殊影响因素因子对历史建筑经济价值产生显著效应。有些因素关联性强,有些关联性则弱,甚至有些因子在文物价值评价体系中较为重要,而在经济价值评估中很难把握。例如:前文提及历史价值因素包含了始建年代、重要历史事件和历史人物的关联性、反映建筑风格与元素的历史演变和反映当时社会发展水平等四个因子。经调查分析,始建年代、重要历史事件和历史人物的关联性两项因子对于历史建筑经济价值关联显著;而反映建筑风格与元素的历史演变和反映当时社会发展水平两项因子则不然,一方面由于其对经济价值的影响不显著,另一方面过于专业,估价人员毕竟不是建筑史学者,对这两项的掌握很难精准。因此本书认为,选用前两个因子项作为影响经济价值的历史价值因素组成已然足够。同样,艺术价值因素中细部构件与细部装饰分属两个不同的艺术特征因子,但在实践操作中,两者对历史建筑的经济价值影响呈现相互纠缠的情况,本书将两者合并为一个因子项。按此理,引入主层次分析法,本书全面分析各特殊影响因素的因子组成,删除部分、合并部分,遴选出部分关联性强的因素因子,构成相对合理的历史建筑经济价值的特殊影响因素因子体系(表6-3),以便更适用于历史建筑经济价值评估的实践应用。

表 6-3 历史建筑经济价值特殊影响因素因子体系表

因素	说明	因子	说明
历史价值因素	指历史建筑作为历史见证的价值,可帮助证实历史建筑的独特性,并能提供与过去的联系,揭示渊源的信息等	始建年代	指现存历史建筑最初建成时期,反映了建筑形成、存续和发展的历史久远程度
		重要历史事件的关联性	历史建筑与某些重大历史事件相关联或关联的重要程度,以及历史建筑是否印证历史事件的真实性等。历史建筑能与重大历史事件有关联,即使建筑本身没有明显特征,也具有较高的历史价值
		重要或著名历史人物的关联性	历史建筑与重要或著名历史人物或群体相关联或关联程度,以及历史建筑是否能印证历史名人活动的真实性等。历史建筑中保留的一些名人遗留物或相关纪念物等,也代表了历史名人的活动或重大事件的印迹,可对历史人物活动或相关历史事件进行辅证
艺术价值因素	指历史建筑作为人类艺术创作、审美趣味、特定时代的典型风格的实物见证的价值。历史建筑的结构、构造、造型、装饰色彩及建筑情调等所表现出的艺术个性、风格、地域性、民族性等特征,以及这些特征给人们在精神上或情绪上的审美感染力	空间布局的艺术特征	空间布局是指确定历史建筑内部各个构成部分在空间组合的相互关系和相互位置。由于标准原则的差异,空间布局会产生不同序列组合、比例尺度安排、空间布局和相应的构图与布局工艺等,造就不同的艺术美感;空间布局包括建筑整体空间布局、建筑选址布局、生态保护、灾害防御、造型与结构设计以及建筑与园林等的关系处理等,反映其设计理念。中国传统建筑的空间布局自古有着"简明有序"的艺术特征。简明有序是指遵循宗法礼制的传统理念,按照等级有序的价值尺度,采用均衡对称的方式,纵轴线为主、横轴线为辅的布局原则。晚清、民国或新中国成立初期建筑可能受到近现代涌现的新使用功能需求和新艺术风格的影响,表现出不同于中国传统的空间布局
		建筑风格(整体造型)的艺术特征	历史建筑内部和外部造型的表现形式,是被人直观感觉的建筑空间的物化形态,包括体量、立面、色彩、质感、细部等;建筑造型从整体上给人产生直观的感觉,设计是否得当,不仅影响建筑的使用价值,也影响着艺术和文化价值。不同地区、不同时期、不同功能的历史建筑往往具有不同的整体造型和艺术风格
		细部工艺的艺术特征	细部工艺包括细部构件和细部装饰;细部构件包括历史建筑(构筑物)的各个主要构成部分,包括屋面、结构构架、墙身、基座基础各主要构成部位的木作、砖作、瓦作及金属构件,细部构件设计或工艺会影响建(构)筑整体的艺术美感;细部装饰包括对各部位和构件等进行的装饰手法。建筑装饰包括雕刻(如木雕、砖雕等)、彩画壁画、裱贴、鎏金、镶嵌、油漆粉刷、瓷砖拼花等,是历史建筑的重要组成部分。各类绘画、雕刻、工艺美术的不同内容和工艺制作应用到建筑装饰,丰富和加强了建筑美观,蕴含一定的历史信息和文化寓意,并可能具有一定的构件保护作用。各类装饰搭配的合理性、装饰材料的质量水平等也影响着艺术效果和建筑耐久性
		历史环境要素的艺术特征	历史建筑经常建有园林或庭院,设置各类历史环境要素,包括铺地、古井、古树名木、围墙漏窗等,其营造艺术是整体艺术特征的重要组成部分

续表 6-3

因素	说明	因子	说明
科学价值因素	指历史建筑作为人类的创造性和科学技术成果本身或创造过程的实物见证的价值;历史建筑在设计及建造等方面提供的有价值的、重要的理念、技术与知识等信息,是建筑文化遗产见证所产生、使用和存在、发展的历史时间内的科学、技术发展水平和知识状况的价值,展示了人类历史文明对自然环境适应的观念与手法	完整性	历史建筑的完整性包括建筑本体、环境空间和历史信息三个层面,即构成建筑本体的单体建筑、部件、构件的完好程度;与建筑本体紧密关联的周边环境空间稳定延续的程度;现状实物所承载历史传承变迁信息的完整程度
		建筑形制与结构的合理性或独特性	历史建筑本身就是一种重要的科学技术资料,为适应所在地形、气候和经济条件,往往采取合理的或者创造性的建筑形制、结构形式和构造做法,反映当时当地的设计和建造技术水平,具有一定的科学技术价值。评价其适应性、合理性,以及在功能、规模、尺度和技术原理上的独特性或创新性
		建筑材料的合理性或独特性	历史建筑材料的合理性或创新性包括材料本身成分配比、性能、质地,以及材料之间相互连结的构造做法。评价其是否适当地气候;是否具有独特性或稀缺性;是否反映了当时的新技术应用和不同地区技术交流
		施工工艺水平	施工工艺直接影响建筑质量,并体现当时建筑科学技术发展水平。评价历史建筑是否保留和延续传统施工工艺,是否采用当时较先进的工艺和设备,以及工艺做法的精细程度和技术难度
环境价值因素	指历史建筑具有的环境生态的特性以及提供人们观赏、愉悦的功能	历史地段区位	地段区位影响到历史建筑与历史地段的协调性以及历史建筑的整体价值。对应的地段区位是历史地段核心地段、重点地段、一般地段、边缘地段和不在历史地段范围内
		与周边环境的协调性	历史建筑的周边环境包括了周边自然环境和社会文化环境。从自然环境上,历史建筑本身不是单独存在的,是与周围环境融为一体,相互影响相互联系;历史建筑本身是否具有生态环境效益,除与自身各因素的配置程度有关以外,与所处位置、周围环境是否能够协调;是否反映中国古代建筑选址理念、地方习俗和巧于因借、趋利避害的科学性和艺术性。从社会文化环境上,综合判断历史建筑风格及其反映的文化传统是否与当地社会文化环境相协调
		内部环境景观配置	历史建筑内部环境景观配置的合理性也是影响环境生态价值的因素,特别是那些附属园林、庭院的历史建筑,就是由许多景观要素配置而成的,其环境生态价值也受到各类景观要素配置的影响,如历史建筑空间布局、建筑内部之间的协调性、园林与建筑的协调程度以及园林内部各因素的协调性等
社会价值因素	指历史建筑在知识的记录和传播、文化精神的传承、社会凝聚力的产生等方面所具有的社会效益和价值,社会价值包含了记忆、情感、教育的内容	稀缺程度(存世量)	不同地区的社会历史发展情况决定当地的历史建筑传承与保存情况。有些历史建筑记录历史传承,有些历史建筑反映特殊的建筑类型、制度和风格元素,历史建筑蕴含的地方独特历史文化价值的不可再生性和不可替代性,体现当地的地域、民族特征或文化交融;当地保存数量多少与品质优劣决定了历史建筑的价值;例如,明清建筑在山西、江西较为常见,而在深圳、珠海就颇为稀少,当地人更加关注;因此,同类历史建筑在当地的稀缺程度直接决定历史建筑经济价值

续表 6-3

因素	说明	因子	说明
社会价值因素	指历史建筑在知识的记录和传播、文化精神的传承、社会凝聚力的产生等方面所具有的社会效益和价值,社会价值包含了记忆、情感、教育的内容	社会知名度	社会知名度包括历史建筑在当地的社会影响力、教育功能、情感归属程度; 社会影响力是指历史建筑为一定范围的社会公众所知晓、了解的程度,以及其对社会影响的广度及深度。历史建筑是前人留下的宝贵遗产,通过加大向社会宣传普及与之相关的知识,提高社会知名度,吸引关注或提升民众关注度,可充分发挥历史建筑资源与社会资源的结合,最终达到合理保护的目的; 教育功能是指历史建筑可展示所处时期的精神、政治、民族及其他方面的社会文化背景,增进人们对历史传统文化知识的了解,达到教育宣传的目的; 情感归属是指是否能促进人们群体之间的友情、尊重及相互信任的功能,发挥其增进社会和谐、民族团结的作用
		保护等级影响	保护等级是确定历史文化特征重要程度与产权限制程度的依据。不同保护等级的历史建筑产生不同的社会影响,对其保护与监管理念和具体要求都有差异,通常文物保护单位、未定级的不可移动文物、历史建筑(狭义)、传统风貌建筑代表着依次递减的社会影响力和保护监管限制
文化价值因素	指以下三个方面的价值,第一,历史建筑因其体现民族文化、地区文化和宗教文化的多样性特征所具有的价值;第二,历史建筑的自然、景观、环境等要素因被赋予了文化内涵所具有的价值;第三,与历史建筑相关的非物质文化遗产所具有的价值,包含文化多样性,文化传统的延续及非物质文化遗产因素等相关内容	真实性	真实性是指历史建筑本身的材料、工艺、设计及其环境和它所反映的历史、文化、社会等相关信息的真实性;对历史建筑的保护就是保护这些信息及其来源的真实性,包括外形和设计、材料与材质、用途和功能、传统技术和管理体系、环境和位置、语言和其他形式的非物质遗产、精神和感受、其他内外因素等
		文化传承特色(文化代表性)	历史建筑对于人类的文化贡献在很大程度上取决于是否完整、真实地体现了典型的设计形制、建造技术和艺术风格;是否继承并延续了当地的历史文脉与文化传统;是否反映出当地自然环境、人文特点的生产生活方式,在地域历史发展中的地位,反映当时社会发展状况,反映社会文化背景,存在明显的地域社会文化特征;是否属于当地同类历史建筑的代表作品等
特殊使用价值因素	指反映历史建筑的保存状态、修缮维修改善情况、使用状况、可利用性以及利用潜力的特性,对历史建筑利用产生特殊影响	保存维护状况	历史建筑的保存维护状况包括建筑物完好程度、质量安全、修缮维护情况,是否对正常使用产生影响; 完好程度是指历史建筑原状的整体布局、主体结构和配套设施的完好程度、保存及损坏情况等; 质量安全为判断建筑能否继续使用、是否需要修缮维修改善、是否拆除等提供部分依据; 修缮维护情况是指历史建筑是否有翻建、改建、重大修缮、改善以及重大装饰装修,是否得到正常维护维修。对不同损坏程度的建筑,在保护与改造中应采取不同的措施
		使用状况	历史建筑目前是否正常使用,使用功能是否适宜;普通建筑一般不会有这种情况,因为用途确定,原则上不允许改变; 现状使用功能主要是评判房屋使用功能、设施设备状况的指标;房屋使用功能包括面积、层高、采光、通风等,设施设备包括给排水、电力、电信、厨厕、安全措施等因素,这些能直接反映出房屋所在地区和使用者的生活质量与水平
		规划使用功能	保护规划中是否对历史建筑未来的使用功能有调整要求,是否具备功能改造的可行性,以及历史建筑的空间与结构体系能够适应经济活动的空间使用需求的可行性程度

续表 6-3

因素	说明	因子	说明
保护限制条件	指为了保护、保存、展出、使用和恢复历史建筑而制定和采取各种适当的措施；保护这些独特的人类历史文化遗产并能确保将之传承后代	有无保护规划（保护规划限制）	历史建筑或所在的历史地段有无保护规划或相关保护限制条件
		环境风貌限制	历史建筑是否需要符合所在文化环境风貌区域保护规划和建设限制规定，例如加强对自然生态、历史人文、景观敏感等重点地段城市与建筑风貌管理，对历史文化遗存、景观风貌保护管理，严格管控新建建筑，不拆除历史建筑，不拆除传统民居、保存传统街巷格局与空间尺度、不破坏地形地貌、不砍老树等；环境风貌限制影响历史建筑的使用功能与使用方式(或强度)，影响经济价值
		建筑实体保护限制	不同保护等级的历史建筑有不同的保护限制条件。主要包括不改变建筑原状的原则，负责保护建筑物及其附属文物的安全；应当保持原有的高度、体量、外观形象及色彩等；不得进行新建、扩建活动，任何单位或者个人不得损坏或者擅自迁移、拆除历史建筑等；未经批准不得随意修缮修复等；非核心保护范围根据国家相关规定执行；建筑实体保护限制决定了历史建筑的使用功能与使用方式(或强度)，影响经济价值
		产权与使用限制	不同的产权对应于不同的保护限制条件，如国有不可移动文物不得转让、抵押等；历史建筑功能用途与使用条件一般不得擅自改变等；产权与使用限制直接决定了历史建筑的使用方式与使用情况，影响经济价值

7 历史建筑估价原则与程序

历史建筑估价是指估价人员根据估价目的,遵循估价原则,选用适宜的估价方法,并在综合分析历史建筑经济价值影响因素的基础上,对历史建筑在价值时点的客观合理价值进行分析、估算和判定的活动。历史建筑估价要遵循一定的估价原则和估价程序,这是指导估价行为的基本准则与原理。

7.1 估价原则

历史建筑估价是针对特定的历史建筑目标对象,测算其经济价值并用货币数值形式表现出来的过程。历史建筑的经济价值受其效用、相对稀缺性及有效需求性等因素影响,且由它们相互作用形成。这些影响因素的变化趋势和经济价值的形成过程遵循一定的原则和运动规律,并通过估价主体运用适当的估价方法来表现。

7.1.1 估价主体

估价主体,即估价人员(估价师),他们往往会因为各自不同的知识背景、关注领域和价值倾向对历史建筑进行片面评判。为了更加客观与全面地展开估价工作,应该选择经验丰富的专业人员作为估价主体。合理的估价应建立在估价人员对估价对象充分了解的基础上。估价主体的背景不一样,则可以设定相应的熟悉度与稀疏度,即把每个估价人员的权重乘以每一个人的熟悉程度系数,进行累加,并除以每个人员的熟悉程度系数之和,得出考虑熟悉程度的每一层的权重值[1]。传统的不动产估价中要求估价主体至少是两名以上的估价师,历史建筑是一种特殊资产,其估价主体至少是两名以上经过相关专业培训的估价师。

7.1.2 估价客体

估价客体,即被估价的对象,本书研究的估价对象是历史建筑的经济价值。历史建筑通常会由于其个体特色、所处时代、所在区域的不同,所蕴含的历史文化价值特征也不同,体现的特征也不同。对这些特征的恰当认识和价值的定位,对整个估价过程

---

[1] Eric van Damme. Discussion of accounting for social and cultural values[C]. NARA Conference on Authenticity, 1994.

都很重要。因此在分析估价客体时,要结合历史背景、地域范围以及时代发展等各个方面综合考虑。

7.1.3 遵循的估价原则

除了土地房地产估价技术规范要求的估价原则外,历史建筑估价还应遵循下面的原则。

1) 最高最佳使用原则

(1) 最高最佳使用

市场力量决定市场价值,对市场力量的分析非常重要。不动产利用的驱动力在于经济效用最大化,即通常所指的"最高最佳使用(Highest and Best Use)。"这需要满足四个标准:物理上可能、法律上允许、财务上可行和最大的生产力。这些标准通常是依次考虑的,物理上的可能和法律上允许的检验都必须在财务上可行和最大生产力检验之前进行。前者不可行,后者无意义。最高最佳使用分析提供了一种不动产在市场参与者心目中竞争地位的详细调查的基础,以确定不动产最有利、最有竞争力的用途。因此,最高最佳使用可以被描述为市场价值形成的基础❶。

(2) 历史建筑使用的必要性

保护的目标是保存与延续。人们对于重要物品最简单的保护方式是保管收藏。可移动文物无论是否仍具有实用性,由于体积较小,采用陈列式的收藏方式,特别是通过博物馆等集中性的收藏保管,保管维护成本属于可控范围内;而且收藏文物越多,保管成本分摊越低。但类似于历史建筑等不可移动的物品由于体积庞大,几乎无法做到馆藏式保管❷;而且离开了历史建筑所处的地理环境,其蕴含的历史文化价值也大幅减弱。同时,由于中国的历史建筑多数属于木结构建筑,防潮、防火、防虫措施要求较高,细部木构件易损,需要时常更新维护,"古迹的保护至关重要的一点在于日常维护"❸;如果采用博物馆式原封不动的保存方式,很难做到合理保护。因此,无论是从经济效益考虑,还是出于社会效益和保护使用价值的目的,都要求必须对历史建筑进行使用,而不得随意空置。正如《威尼斯宪章》指出"为社会公用之目的的使用古迹永远有利于古迹的保护";罗马文物保护与研究中心前主任费尔顿也提到"维持文物建筑的一个最好方法是恰当地使用它们"❹。

(3) 历史建筑提供有效使用功能的能力不足

历史建筑是历史遗留的产物。历史时期的规划布局、基础设施以及人们的生活习惯与现代社会相比可谓大相径庭。以现代人视角来看,历史建筑无论是用途还是规模

---

❶ 美国估价学会.房地产估价:第12版[M].中国房地产估价师与房地产经纪人学会,译.北京:中国建筑工业出版社,2005:270.
❷ 类似于美国纽约大都会博物馆中的"明轩"属于建筑遗产的馆藏案例,但为数极少,不作为代表。
❸ 《威尼斯宪章》第4条
❹ 贺臣家.北京传统四合院建筑的保护与再利用研究[D].北京:北京林业大学,2010.

等通常都很难达到最佳使用效益。例如办公用途的历史建筑，经常会出现建筑空间格局不实用、采光通风不符合现代办公要求，以及不能提供足够的停车位；或者是没有达到合适的建筑密度；或者功能不够齐全，在不得破坏建筑完整性的前提下，合理安装空调、排水等现代化设施存在一定难度等。使用功能的缺乏（实用性不足）导致历史建筑很难被当代人直接使用，所支付的改造维护成本与获得收益不相匹配。如果单纯从经济角度来计算，对于达不到充分利用的改良物，最佳处置方式是进行适宜性改建，甚至是拆除重建。

但是历史建筑的产权（包括使用权、改建权）受到严格限制。即使历史建筑存在功能使用上的不经济性，也不能或不允许被拆除或较大改建。政府制定了一系列保护政策，禁止重要的历史建筑被拆除等；甚至文物管理部门要求文物建筑遗产的内部重新装修都必须按照相关程序审批，并且在实施过程中接受监督等。即使政府没有明确规定相应限制，许多历史文化遗产保护人士和媒体也在奔走呼吁，给予使用者莫大的舆论压力。有时政府在限制的同时，还推出一些鼓励抢修和保护历史建筑的奖励政策，如贴息、税收减免等。

（4）最高最佳使用的优化调整

由于历史建筑拆除或改建行为可能性较小，或从社会影响、文化意义，以及政府的政策主导出发考量，历史建筑的继续使用都成为唯一的选择，空置或博物馆式的静态陈列属于经济、使用及社会效益的极大浪费。所以在历史建筑估价时，不能简单遵循传统的最高最佳使用原则来认定其合理性。

由于历史建筑的现状使用可能达不到经济最大化，有时可以通过科学适宜性调整来弥补。历史建筑的用途首先与保护等级相关，有些严格限制，有些则较为灵活；哪怕是没有强制限定用途的历史建筑，最佳使用功能也要与建筑物自身条件、周边环境状况、区域发展规划等实际情况来综合确定，这对估价人员的市场策划能力有所要求。

2）替代原则

经济学认为，任何经济主体的行为，都是要以最小代价取得最大效益（效用）。于是在同一市场上，相似效用的物品或服务，将会形成相似的价值，这就是替代原则。当然由于历史建筑的特殊性，几乎没有任何一处历史建筑会是相同的，但就人类主体的社会普遍满足感而言，历史建筑的外在效用性、功能适用性以及社会影响力在一定程度上还是能相互比较的。有时人类会忽略一些建筑细节特征，来换取更大的市场选择度。当然这里并不否认特定主体对于特定客体历史建筑的偏好。

3）变动原则

变动原则认为房地产市场的变化是不可避免和持续存在的。历史建筑的经济价值受到社会、经济、环境以及物业自身等各种因素相互作用的影响，这些影响因素也经常处于不断地变动之中，例如建筑风格经常变化，晚清时期与民国时期的建筑就有明显差别。但不管如何变动，人们首先要求恢复原貌，其次要求尽量符合现代化的生活习惯，例如安装空调、照明等。人们对历史建筑的喜好也会随着时间而变动，20世纪五六十年代流行的红砖墙建筑现在几乎无人问津,而在当时木结构传统建筑却遭轻视,这也与整个民族文化素质的普遍提高密切相关。所以必须分析历史建筑的效用、稀缺性、个别性和有效需求,掌握这些影响因素之间发生变动的因果关系和变动规律,以便更有效判断历史建筑的现有地位及未来发展趋势。

4) 预期原则

预期原则认为价值是由未来可获得的收益预期产生。收益形式是多样化的:租赁或出售行为都会产生收益,旅游收入也是收益表现;就算是自用型物业也同样具有潜在收益,收益形式表现为使用者的机会成本;同样,收益也分为直接收益与间接收益、潜在收益与显化收益、土地收益与建筑收益等。因此,对于预期收益形式与内容的准确判断是价值评估的基本前提。与其他类型不动产产权人一样,历史建筑的所有权人也期望价值会随着时间不断上升。历史建筑经济价值产生增值的原因较为复杂,可能是房地产市场价格整体上扬,或者是该历史建筑风格近年逐渐受到社会的普遍喜好,甚至是历史建筑所在区域变化带来的综合收益效应,例如该区域被设立为历史街区,政府决定大规模投资改造周边环境;还可能是政府出台相关奖励政策,使得历史建筑的修复成本明显下降,例如美国的税收抵免政策❶。

5) 贡献原则

贡献原则亦称收益分配原则,是根据经济学的边际收益理论确定的一条法则:产品各生产要素价值的大小,可依据其对总收益的贡献的大小来判断。正如前文所述,无论收益方式是直接还是间接(衍生),历史建筑具有未来预期收益。对历史建筑进行估价时,要求估价人员必须认真考虑和辨别以下这些问题:土地与改良物部分的各自收益在历史建筑总收益中贡献大小是多少?历史建筑是蕴含历史文化元素的特殊资产,历史文化特征产生的增值收益如何在总价值中体现,包括不同的内含价值对历史建筑整体效益的各自贡献度如何考虑?针对历史建筑的诸多限制条件对收益产生负面影响又如何体现?直接与间接收益的各自贡献如何认定?诸多影响因素产生相互作用,彼此之间对历史建筑的各自影响程度大小又是怎样?如果历史建筑属于不动产的一部分,那么历史建筑对不动产整体价值的贡献以何种比例关系进行分析等。除此以外,还要仔细分析当历史建筑无法达到最有效使用状态时,这种功能或经济折旧对收益产生的影响程度,因为这种情形经常发生。

6) 供求原则

历史建筑具有不可复制性和稀缺性,有利于提升它们的价值。然而,由于历史建筑功能实用性的缺乏、经济效益的预期变动和建筑修复成本的不确定性等不利因素,即使得到政府、民众的支持,在一定区域范围内市场对历史建筑的关注仍然是有限的。当然,随着宣传工具的不断发展,特别是网络自媒体的兴起,那些在本地市场受到忽视

---

❶ Judith Reynolds. Historic properties: Preservation and the valuation process [M]. 3rd ed. [S. l.]: Appraisal Institute, 2006.

和价值低估的历史建筑,正在逐步走出困境,意向购买者可以扩大到全国甚至国际范围。那些具有独特风格的地域或民族性历史建筑,更能吸引不同社会文化背景的人群。

市场供小于求也会推动价值上涨。如果在一段时期内社会普遍关注某个历史时期或某种特定风格的历史建筑,寻求购买(租赁)的买者(租户)就会增多,其经济价值随之上涨。例如上海新天地改造成功后,得到了社会公众、媒体的欣赏和追捧,称之为海派文化的代表性建筑风格。于是一时间沪上的石库门建筑变得紧俏,与其他建筑风格相比,经济价值显然就会更高。

7.2 估价程序

估价程序是指完成某个估价项目所需要做的各项工作,按照彼此之间的内在联系排列出的先后次序。

7.2.1 一般性程序

历史建筑估价工作应遵循下列程序进行:
(1) 受理估价委托:包括委托书、委托合同;
(2) 估价对象界定;
(3) 估价目的描述;
(4) 价值时点确定;
(5) 价值类型确定;
(6) 资料收集与整理,于本章第3节说明;
(7) 实地查勘;
(8) 估价假设条件;
(9) 估价方法选用;
(10) 编制估价报告;
(11) 保存估价档案;
(12) 执业能力与专业协助。

7.2.2 受理估价委托

1) 出具估价委托书

估价机构在接受估价委托时,应要求估价委托人出具估价委托书。估价委托书除一般内容之外,还应包括下列内容:
(1) 估价对象的名称、坐落;
(2) 财产范围和空间范围;
(3) 估价目的、价值类型等:设定的价值类型应与估价目的相对应;

(4) 价值时点：应根据估价目的确定；

(5) 权属：土地、建筑物和构筑物的所有权、使用权、经营权或租赁权等；

(6) 用途：登记用途、实际用途、估价设定用途等；

(7) 面积：土地面积、建筑面积、估价设定面积等；

(8) 建造年代：始建年代、修复、重大修缮年代，估价设定的始建年代、修复、重大修缮年代等；

(9) 建筑状况：建筑实际状况、估价设定的建筑状况等；

(10) 建筑结构：建筑实际结构、估价设定的建筑结构等；

(11) 保护要求：历史建筑的保护等级等；

(12) 估价需要设定的假设条件；

(13) 其他需要明确的内容。

2) 签订委托合同

决定受理估价委托的，估价机构应与委托人签订书面委托合同，明确估价事项。委托合同应包括下列内容：

(1) 委托双方名称、联系人及电话；

(2) 估价范围和估价对象基本情况；

(3) 委托方应提供的估价所需资料清单；

(4) 估价服务内容及工作量；

(5) 估价报告交付日期；

(6) 委托估价费用及支付方式、时间；

(7) 估价成果验收要求；

(8) 技术成果及产权归属；

(9) 委托双方其他权利义务；

(10) 违约责任；

(11) 合同解除情形；

(12) 争议解决方式；

(13) 其他需要明确的内容。

7.2.3 估价对象界定

估价人员应根据估价委托书和其他资料，结合估价对象实地查勘情况，确定历史建筑估价对象范围与权益状况。界定历史建筑估价对象，应明确下列内容：

(1) 名称、坐落。

(2) 财产范围和空间范围：

① 财产范围：根据不同的估价目的，估价对象的财产范围主要包括土地、建筑物、构筑物、装饰装修、配套设施、园林庭院（历史环境要素）、历史遗址等。财产范围应当明确是否包含家具、活动器物、非物质文化遗产等非房地产类财产，或者不包含土地、

装饰装修、历史环境要素等房地产类财产。

② 空间范围:应当关注估价对象的可分割性和独立使用性对经济价值的影响,需明确估价对象是整体房地产还是其中的纯建筑物或是建筑物主要构件;是房地产的整体还是其中局部(或部分)房地产;是单独建筑物还是建筑群等。

(3) 估价对象状况,如历史状况、现实状况、未来保护工程完成后的状况等。

(4) 权属:土地、建筑物和构筑物的所有权、使用权、经营权、租赁权或他项权利等。

(5) 用途:登记用途、实际用途、估价设定用途等。

(6) 面积:土地面积、建筑面积等、估价设定面积等。

(7) 建造年代:始建年代、修复、重大修缮年代,估价设定的始建年代、修复、重大修缮年代等。

(8) 建筑状况:建筑实际状况、估价设定的建筑状况等。

(9) 建筑结构:建筑实际结构、估价设定的建筑结构等。

(10) 保护要求:保护等级等。

7.2.4 估价目的描述

估价人员应充分、准确地了解估价委托人的需求,结合历史建筑估价要求,清晰表述估价目的,明确价值类型,并取得估价委托人的认可。

历史建筑估价目的主要包括核资、转让(收购)、置换、租赁、抵押、定损、征收(迁移)补偿、涉税、行政执法和司法处置等。

7.2.5 价值时点确定

历史建筑估价的价值时点应根据估价目的确定,可以是过去、现在、未来的某一特定时间点或时间段。

价值时点为现在的,原则上应为完成估价对象实地查勘之日。

价值时点为过去的,可为事件发生之日、损害发生(知悉)之日或估价委托书约定之日,但均应满足估价目的的需要。

价值时点为未来的,可为计划(预计)完工之日或估价委托书约定之日,但均应满足估价目的的需要。

租金类评估的价值时点可为过去、现在、未来的某一特定时间段。

现实性估价中,价值时点不是完成实地查勘之日且估价对象未发生较大变化的,应在假设条件中设定估价对象在价值时点的状况与在完成实地查勘之日的状况一致。

7.2.6 价值类型(价值基准)确定

1) 价值类型(价值基准)

估价行为的前提是设定价值类型(价值基准)。价值类型的表述是估价最基本的原则。一个价值类型不是估价方法的规范,也不是阐述资产类型,而是代表性的表述了假设交易的性质、交易各方的关系和动机，以及资产向市场展示的程度。价值类型与目标对象资产在价值时点的认定状态有关，通常以假设或特殊假设予以设定❶。

按照国际估价标准(IVS)，常见的价值类型(价值基准)包括：市场价值、市场租金、投资价值及公允价值等。市场价值是最普遍的价值类型，因为其表述了市场中的无关联的且自由经营的当事方之间的交易，忽略由特殊情况而引起的价格变形，代表了一个资产在最大范围内最有可能达到的价格。

委托方进行估价委托时，可以约定价值类型，估价人员应当充分理解委托方约定的价值类型及假设或特殊假设，并在估价报告中予以相关提示。

2) 历史建筑经济价值

历史建筑经济价值是历史建筑效用价值在经济关系上的反映，以货币形式表现，体现的是历史建筑的经济属性；强调的是历史建筑所蕴含的特殊历史文化价值、使用价值及其他特殊因素等在商品交换系统或经济市场中表现出的经济价值形态。历史建筑经济价值具体可以为市场价值、成本价值和收益价值、增值价值或减损价值、抵押价值或补偿价值等，也可以根据相关技术规范以及估价委托书要求，设定为其他价值类型。

3) 具体价值类型

根据不同的估价目的，估价中应明确采用何种价值类型及其定义，并在估价报告中予以说明。

(1) 用于核定历史建筑资产价值的，表述为"为核定历史建筑财产金额提供参考依据而评估的历史建筑市场价值"；

(2) 用于历史建筑转让(收购或置换)估价的，表述为"为确定历史建筑转让(收购或置换)金额提供参考依据而评估的历史建筑市场价值"；

(3) 用于历史建筑租赁估价的，表述为"为确定历史建筑的租金额度提供参考依据而评估的历史建筑租金收益价值"；

(4) 用于历史建筑抵押贷款估价的，表述为"为确定历史建筑抵押贷款额度提供参考依据而评估的历史建筑抵押价值"；

(5) 用于历史建筑核定损害赔偿价值的，表述为"为确定历史建筑的损害(或减损、其他财产损失、搬迁费用、临时安置用、停业损失等)赔偿额度提供参考依据而评估的历史建筑减损价值"；

(6) 用于历史建筑征收(迁移)补偿估价的，可以表述为"为确定历史建筑的征收(迁移)补偿额度提供参考依据而评估的历史建筑补偿价值"；

(7) 用于历史建筑涉及税收(行政执法或司法处置)需要估价的，可以表述为"为确定历史建筑涉及税收(行政执法或司法处置)提供参考依据而评估的历史建筑经济价值"；

---

❶ RICS. RICS 评估：全球标准 2017 版[S/OL]. (2017-07-01)[2024-10-02] rics.org/standards.

(8) 其他估价目的价值类型可以参考上述文字表述。

4) 经济价值的特殊情况

在实际市场中,经常会出现一些特殊购买者,是指某一历史建筑对于该购买者具有特殊意义,如果该购买者拥有该建筑时将会产生特殊利益,而其他购买者拥有该建筑则不会产生这种特殊利益。例如,某一家族的宗族祠堂,对家族以外的人群来说,该祠堂仅是一座普通历史建筑,但对于直属后代来说,历史内涵则不同寻常,具有极其特殊的传承意义,他们甚至愿意以远超过正常市场价格的资金来购置。这种反映出某一历史建筑针对特殊购买者具有特殊意义的价格就属于特殊情况之一。

7.2.7　估价假设条件

估价人员可以根据估价对象历史建筑实际状况,合理且有依据地设定估价假设条件,并与估价委托人协商约定,在估价委托书中予以设定,在估价报告中说明其对估价结果可能产生的影响。估价假设条件包括但不限于下列内容:

(1) 历史建筑权益状况不清或未经登记的,按照市、县级人民政府主管部门的认定或处理结果,或由估价委托人提供其所持有的相关证明资料予以设定,在估价委托书中明确权属无争议。

(2) 历史建筑的实际用途与登记用途不一致的,原则上按照登记用途进行估价。房屋登记用途与土地登记用途不一致的,可参照相关规划并按照最高最佳利用分析确定的最佳用途进行估价,在估价委托书中予以设定。

(3) 历史建筑的土地面积、建筑面积、建筑结构等实际状况与登记状况不一致的或没有相应证明资料的,原则上要求重新测绘鉴定。如无法测绘鉴定,可以由估价委托人设定面积、结构等,在估价委托书中予以确认。

(4) 历史建筑的始建年代、修缮、维修或改善年代没有相应证明资料的,原则上要求专业鉴定。如无法鉴定,可以由估价委托人设定始建年代、修缮、维修或改善年代等,在估价委托书中予以确认。

(5) 历史建筑物理状况未发生改变,或已经发生改变,估价委托人要求假设这些改变已经发生或未发生,包括尚未修复或正在修复假设为已修复状态,已损坏或部分损坏假设为未损坏状态,已灭失假设为未灭失状态等,在估价委托书中予以设定。

(6) 历史建筑空置、占用或利用情况已经发生改变,估价委托人要求假设未改变,在估价委托书中予以设定。

(7) 回顾性估价、对改建前或未修复状况下的历史建筑、对损坏或灭失前的历史建筑进行估价时,由于无法对历史建筑的原有状况进行实地查勘,估价人员可以按相应图纸、照片等资料进行估价,并与估价委托人商议,在估价委托书中予以设定。

(8) 估价委托人无法提供的资料,估价人员通过实地查勘、尽职调查也无法搜集的,在确定无重大影响的前提下,可根据估价对象情况进行谨慎合理地设定假设条件,并与估价委托人商议,在估价委托书中予以设定。

(9) 其他需要设定的假设条件,可参照本条相关内容,在确定无重大影响的前提下予以合理设定。

7.2.8 执业能力与专业协助

1) 估价人员执业能力

从事历史建筑估价的估价人员应当熟悉相关专业技术指引,具备历史建筑相关知识,能对历史建筑状况和经济价值特殊影响因素及其影响进行恰当描述与科学分析,具有相关资格或者相应胜任能力;能基本掌握历史建筑的建筑形制、结构、材料、细部演变、施工工艺、建造程序及工程造价费用的专业计价标准等。

2) 专业协助

在估价中遇到本机构难以解决的特殊专业问题,如历史建筑测绘、质量安全鉴定、工程造价咨询等其他专业问题,可建议估价委托人聘请或由估价机构直接聘请具有相应资质资格的专业机构或专家提供专业意见,并在估价报告中予以说明。

7.3 资料收集与整理

7.3.1 需要提供的重点资料清单

除权属资料、市场资料等一般性资料以外,历史建筑估价还需重点收集下列资料:

(1) 历史建筑的保护等级资料。收集历史建筑保护等级的核定公布文件或及标志说明文字,包括保护对象始建、修复和修缮年代、价值特点和保护范围、特殊保护限制要求、说明牌及界桩照片等。

(2) 历史建筑保护管理文件资料。收集估价对象所在省、市公布的历史建筑保护管理相关规定文件;各类保护对象和保护区划范围内保护、修缮、重建、维修、改善、拆除和功能利用、产权交易、租赁等方面的限制要求资料;优惠政策和审批、操作要求等。

(3) 历史建筑的保护规划资料。收集历史建筑所在的历史文化名城、名镇或名村保护规划,历史文化街区保护规划、整治规划或其他法定规划(设计)等。文物保护单位的保护规划或保护区划的档案资料("四有"档案);非文物保护单位的历史建筑保护范围(紫线范围)、建设控制地带或环境协调区的相关资料。

通过文本与图纸、照片的对比分析,明确保护规划或图则中划定各类保护界线(包括保护范围、建设控制地带、环境协调区)和相应的保护管理、建设控制要求,包括用地适建性规定、规划用途、建筑高度、建筑间距、建筑物后退道路红线距离、相邻地段的建筑建造情况等。

历史建筑尚无正式公布的保护规划或保护图则的,保护范围按照建筑外墙或院落边界执行,保护管理和建设控制要求按照地方或所在省、市相关文件执行。

(4) 历史建筑的现状资料。历史建筑群体和单体的外景、内景、重要部位照片和视频资料等。

测绘信息文本,包括建筑群体总平面图、建筑单体平面图、立面图、剖面图、结构图、节点大样图等。

历史建筑结构质量安全鉴定报告或建筑工程领域专家出具的建筑结构质量安全相关意见,且附有现存建筑结构、建筑材料状态的文本及照片。

历史建筑综合评估报告,包括历史建筑价值评估报告、历史建筑影响评估报告、历史建筑预防性保护报告等。

历次修复、修缮、维修、改善、装饰过程中形成的文字、图纸、图片、影像、工程等资料。翻建、改建、拆除或者异地迁移施工的信息记录和相关资料。

(5) 历史文化特征资料。反映估价对象历史建筑的历史沿革、始建年代、修复修缮年代、历史事件、地名典故、名人轶事、社会影响、代表作品及特色价值等相关资料。异地迁移的历史建筑的原址证明以及相关历史资料。

保护规划、价值评估报告、工程设计方案或有关描述历史建筑或历史地段等文献资料中,通常包含对估价对象的历史文化特征描述。

(6) 收益成本资料。历史建筑发生修缮、维修、改善的,涉及工程施工内容和相关工程造价费用等资料;历史建筑设有经营权、租赁权的,涉及经营收入与费用、租金收入等资料。历史建筑发生异地迁移的,涉及相关收购、迁移成本费用等资料。

7.3.2 资料提供的注意事项说明

(1) 估价人员可以根据估价需要和估价对象状况,向估价委托人列明历史建筑估价所需要的估价资料清单。

(2) 估价机构和估价人员应要求估价委托人根据估价委托书和估价资料清单,如实提供历史建筑估价所需要的情况和资料,并对所提供的情况和资料的真实性、合法性和完整性负责。

(3) 估价人员应勤勉尽责,对估价委托人提供的情况和资料的真实性、准确性和完整性进行核查验证、分析整理,作为估价依据。

(4) 当估价委托人无法完整提供所有情况和资料,或提供情况和资料的真实性、合法性和完整性可能存在异议,导致无法估价或者影响估价结果的,估价人员及时向估价委托人书面提交估价补充资料清单。

(5) 当资料无法补充或补充后仍不能满足需要的,估价委托人应书面说明要求可以根据现有资料进行估价。估价人员应保持必要的谨慎,对估价对象历史建筑进行充分判断后,认为可以接受委托的,应在估价报告"估价假设和限制条件"的"依据不足假设"中说明因缺少估价所必需的资料可能影响估价结果的风险。估价补充资料清单和估价委托人出具的书面说明可作为估价报告的附件。

由于估价委托人未能按照估价委托书提供需要的情况或资料以及其他客观原因,

造成历史建筑估价不能达到本指引要求的描述内容和分析的,在估价报告中予以说明。

7.4 实地查勘注意事项

除普通影响因素之外,估价人员对历史建筑进行实地查勘时,需注意下列内容:

(1) 估价人员需将历史建筑现状与相关资料进行对照,做好实地查勘记录,留取必要的反映历史建筑外观、内部状况、特殊因素和周围环境景观的照片与影像资料。内外部状况照片需加注必要的文字说明,作为估价报告的附件。由于各种原因不能拍摄内部状况照片的,在估价报告中予以说明。

(2) 估价人员认为工作需要时,可对历史建筑进行测绘(研究性测绘:法式测量),绘制建筑平面图、立面图、剖面图及详图等测绘成果,准确记录估价对象建筑的历史信息。如估价机构认为无法自行测绘,可建议估价委托人聘请或估价机构直接聘请相应专业机构或专家进行专业协助。

(3) 估价人员无法收集历史建筑的始建年代的准确信息时,需实地进行断代鉴定。如估价人员认为无法自行鉴定,可建议估价委托人聘请或估价机构直接聘请相应专业机构或专家进行专业协助。

(4) 对于历史建筑的特殊工程技术以及隐蔽工程,无法进行实地查勘的,在估价报告中予以说明。

(5) 估价人员认为历史建筑的结构安全、工程质量、环境污染等存在重大问题或隐患的,可建议估价委托人聘请或估价机构直接聘请相应专业机构或专家出具相关质量安全鉴定意见。

(6) 估价委托人聘请或估价机构直接聘请的相关专业领域的机构或专家需进行实地查勘、建筑测绘或断代鉴定,对估价对象的房屋安全、工程质量、环境污染状况、始建年代或历史文化因素等进行检测、鉴定或评价,提供专业意见或成果。

(7) 实地查勘记录(表 7-1)由进行实地查勘的估价人员签名或盖章。实地查勘记录应作为估价档案资料妥善保管。

表 7-1 历史建筑特殊因素因子实地查勘记录表

估价对象历史建筑项目				
坐落				
现状用途		保护等级		
稀缺性程度		保护资料("四有"档案)收集情况:		
产权登记状况	登记用途:	登记土地面积:		(m²)
	登记产权人:	登记建筑面积:		(m²)
无产权证	产权情况:	土地面积:		(m²)

续表 7-1

四至	建筑面积：		（m²）		
	东：		南：		
	西：		北：		
地段位置	是否位于历史地段或保护区域，以及相对位置				
历史地段保护资料收集情况：					
与周边环境的协调性：					
建（构）筑物实物状况	建筑面积：		（m²）	层数：	（层）
	建筑结构：			朝向：	
	始建年份：		（朝代、年）	真实性：	
	完整性：				
	建（构）筑物成新状况	现场勘查成新率：			
		建（构）筑物建造或修缮时间（物理成新率）：			
	空间布局：				
	整体造型（形制与结构）：				
	细部构件：				
	内外装饰装修：				
	建筑材料的特殊性				
	施工工艺水平：				
	是否有相关图纸（平面图、测绘图或修缮工程图等）：				
	如果近期有修复修缮，修复修缮维护资料收集情况：				
	有无历史建筑的特殊工程技术以及隐蔽工程，无法进行实地勘察的：				
历史环境要素（内部景观）状况					
历史文化特征资料：（反映历史建筑的历史沿革、始建年代、修复修缮年代、历史事件、地名典故、名人轶事、社会影响及特色价值等相关资料。迁移历史建筑的原址证明以及相关历史资料）					
社会影响力与知名度：					
文化传承特色（代表作品）：					
是否有价值评估报告或相关的说明资料：					
历史建筑使用状况	是否改建/扩建/翻建等：				
	保存状况（完好程度、质量安全）：（是否存在结构安全、工程质量、环境污染等存在重大问题或隐患的）				
	修复修缮维护状况：				
	使用状况：				
	规划使用功能：				
收益成本情况	历史建筑发生修复修缮的，涉及工程施工内容和相关工程造价费用等资料；历史建筑设有经营权或租赁权的，涉经营收入与费用、租金收入等资料；迁移历史建筑相关收购、迁移成本费用等资料				
其他相似历史建筑交易案例					
其他备注					

7.5 测绘与断代鉴定

历史建筑估价有时会遇到一些特殊专业技术工作,如测绘、断代鉴定、工程质量鉴定、结构安全性鉴定、抗震性能鉴定、环境污染状况鉴定等。其中涉及测绘、断代鉴定工作,估价机构认为有专业能力能够承担,可进行测绘、断代鉴定工作;如认为无法承担,可聘请相关专业领域的机构或专家出具意见。至于历史建筑的工程质量鉴定、结构安全性鉴定等,如有需要,建议估价机构另行聘请相关专业领域的机构或专家出具意见为宜。

7.5.1 测绘

1) 基本概述❶

测绘是建筑遗产保护的基础环节。依据2015《中国准则》,遗产保护分为调查、评估、确定文物保护单位级别、制定文物保护规划、实施文物保护规划、定期检查文物、保护规划及实施情况六个环节,测绘获得的古建筑的基础数据和信息是评估的基础,也是制定文物保护规划和实施文物保护规划的前提条件和工作基础图纸的来源。因此,测绘成果亦可作为估价的重要基础资料。

历史建筑测绘分为研究性测绘和工程性测绘两大类型。研究性测绘的目标是以历史建筑的法式和形制研究为主。其中的"法式测量"一般采取简化或粗略的测量方式,其要点在于把握具有法式特点的基本尺寸关系,可以在没有脚手架或仅有简易攀高工具的情况下完成。工程性测绘一般指服务于历史建筑保护工程需求的测绘,通常是对历史建筑进行全面精细的测绘,包括所有类别的构件尺寸及空间关系,对重要的梁、檩、枋等构件须逐一测量并制表编号。作为估价而言,测绘成果只需要标示重要信息,反映其特殊因素,其成果并非用于工程设计或施工,因此研究性测绘(法式测量)的精度足以符合估价需求。

2) 测绘工作流程

针对历史建筑的测绘,工作流程主要包括:

(1) 勘察现场;

(2) 确定测绘水平参考线;

(3) 全站仪打点和手工测量;

(4) 完成几何测绘图;

(5) PhotoScan 测绘;

(6) 照片与几何测绘图叠合,矫正照片变形;

---

❶ 本节测绘理论部分选用了《建筑遗产保护学》中部分内容,在此为估价人员仅作简介,详细内容可参考:朱光亚,等.建筑遗产保护学[M].南京:东南大学出版社,2020.

(7) 建筑测绘图总有 PhotoScan 无法覆盖的地方，还是靠人眼和局部照片获取信息；

(8) 建造尺、建造材料和建造技术分析。

3) 测绘技术

对于雕刻复杂的历史建筑单体测量，应用较多的是近景摄影测量技术。近景摄影测量是摄影测量的一个分支，通过摄影获取测量目标的几何和物理信息，适合不规则测量点数量众多的对象。可以对普通无校验数码相机拍摄的海量照片进行数据解析和图形处理的解析法摄影测量技术，成本低廉且操作简便快捷，可普遍应用于建筑正射投影图、测绘底图和表面病害勘察底图的生成。

三维激光扫描技术近几年在历史建筑测绘和研究领域的应用越来越普遍，主要优势是可以高效率、无接触地开展不规则物体的全面测量，现场外业工作相对简便快捷。尽管因其可以弥补传统测绘手段的诸多不足而广受欢迎，但也存在一定的局限性，包括其有效精度极易受到仪器架设距离、架设角度以及被测对象表面反射率的影响，需要加以慎重的判别。三维激光扫描对于内部空间复杂、构件繁密且相互遮挡的中国传统建筑测绘，目前仍然缺乏将点云转换为高精度平立剖图纸的成熟软件，不得不借助大量的人工内业工作从点云模型切片中描绘线图等。

4) 测绘要求

(1) 平面数据的测量。平面上需要测量的尺寸包括台基尺寸、柱网尺寸、总尺寸、出檐尺寸、翼角曲线，各类型柱子的柱径、柱础尺寸、柱顶石尺寸，山墙与前后檐墙厚(墙身与下碱)、门窗的尺寸、每块阶沿石的尺寸、铺地材料的尺寸、台阶的尺寸、散水尺寸、栏杆尺寸、指北针等。

(2) 剖面数据的测量。剖面上需要测量的尺寸包括柱础的高度、柱的高度、各步架宽度、各檩条下皮标高、梁底标高、斗拱各跳的出挑与高度、斗口尺寸、梁和枋的断面、檩条直径、檐椽直径、飞椽断面、连檐等其他细节。

(3) 立面数据的测量。台基、台基高度，阶沿石高度、柱础高度、柱高度(注意柱生起)、檐口标高(滴水底、滴水顶、筒瓦底、筒瓦顶)，瓦垄中到中的尺寸，瓦的尺寸，屋角的曲线，垂脊的高度、厚度，正脊的高度、厚度，吻兽的位置和尺寸，垂脊中到中的距离，山面排山勾滴的尺寸，博风板的高度、厚度，博脊的长度，山面的屋脊曲线等。

5) 测绘实例

本书列举了一些历史建筑的建筑平面、立面、剖面图与装饰细部图，仅作参考。

(1) 平面图(图 7-1、图 7-2)

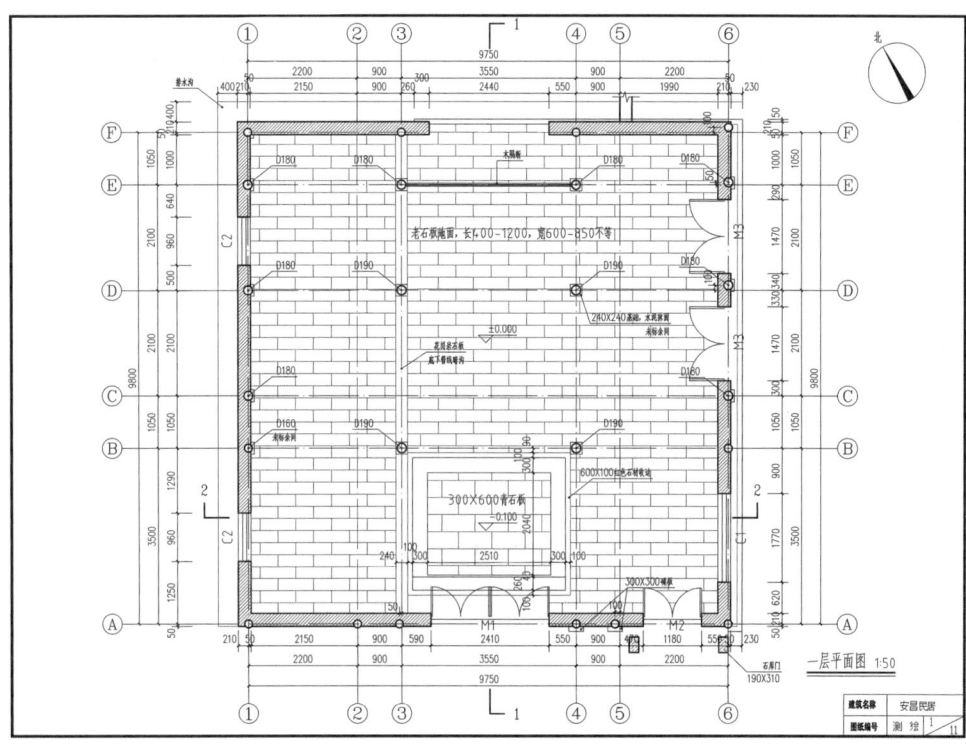

图 7-1 浙江安昌某宅平面图

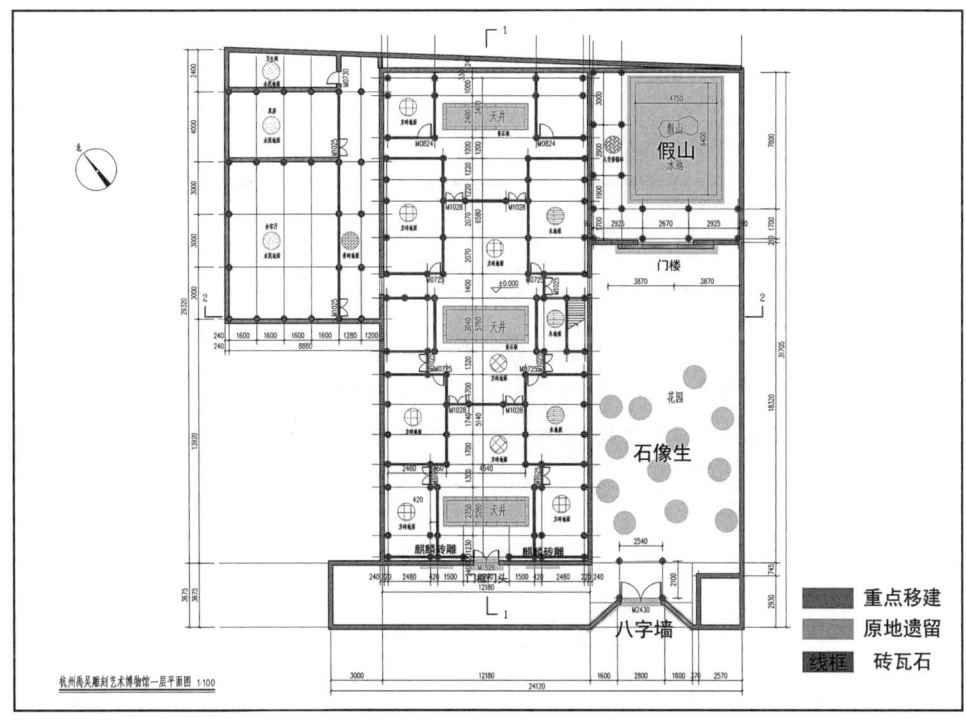

图 7-2 杭州某宅平面图

(2) 立面图(图 7-3、图 7-4)

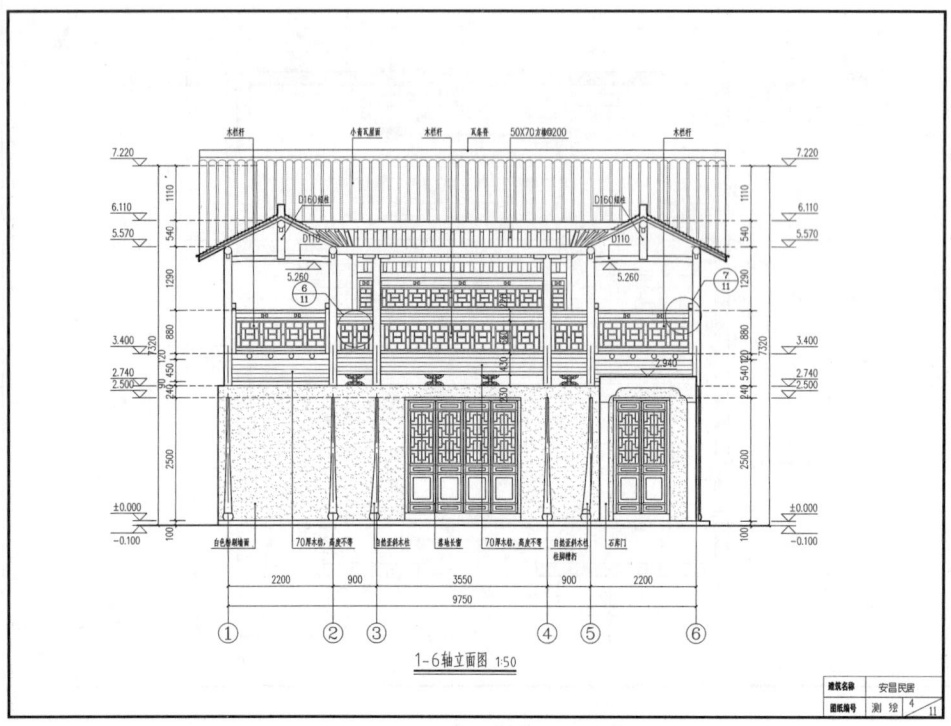

图 7-3 浙江安昌某宅立面图

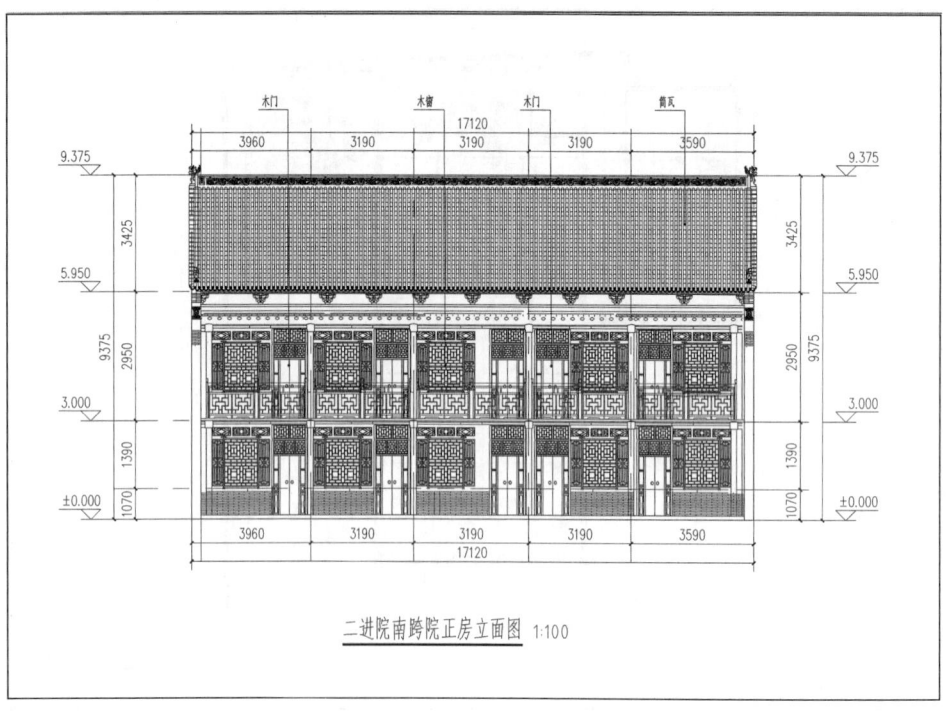

图 7-4 平遥某宅立面图

(3) 剖面图(图 7-5、图 7-6)

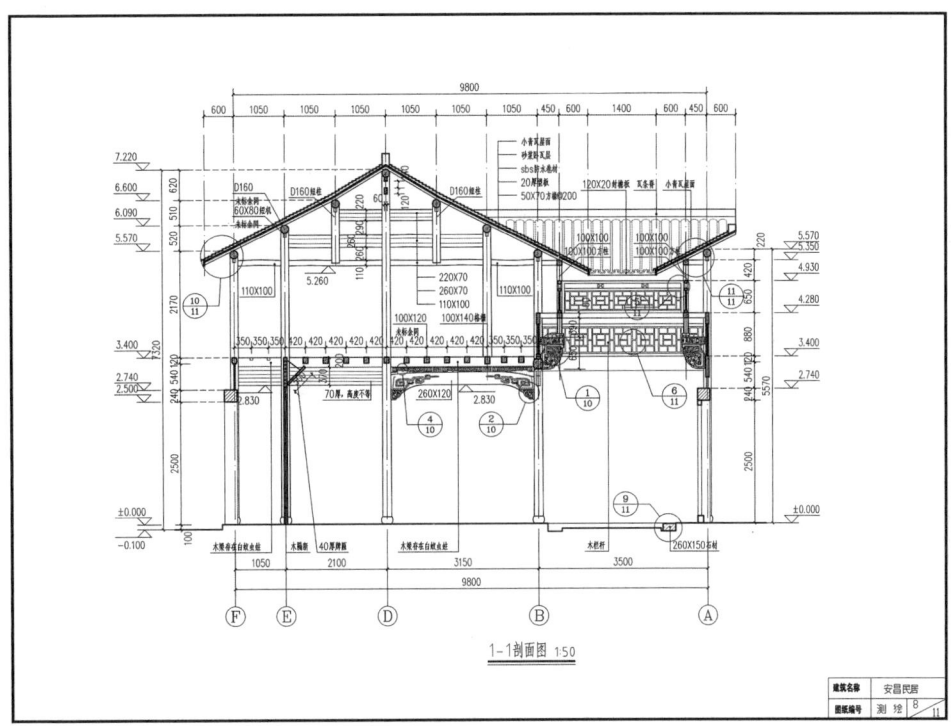

图 7-5 浙江安昌某宅剖面图

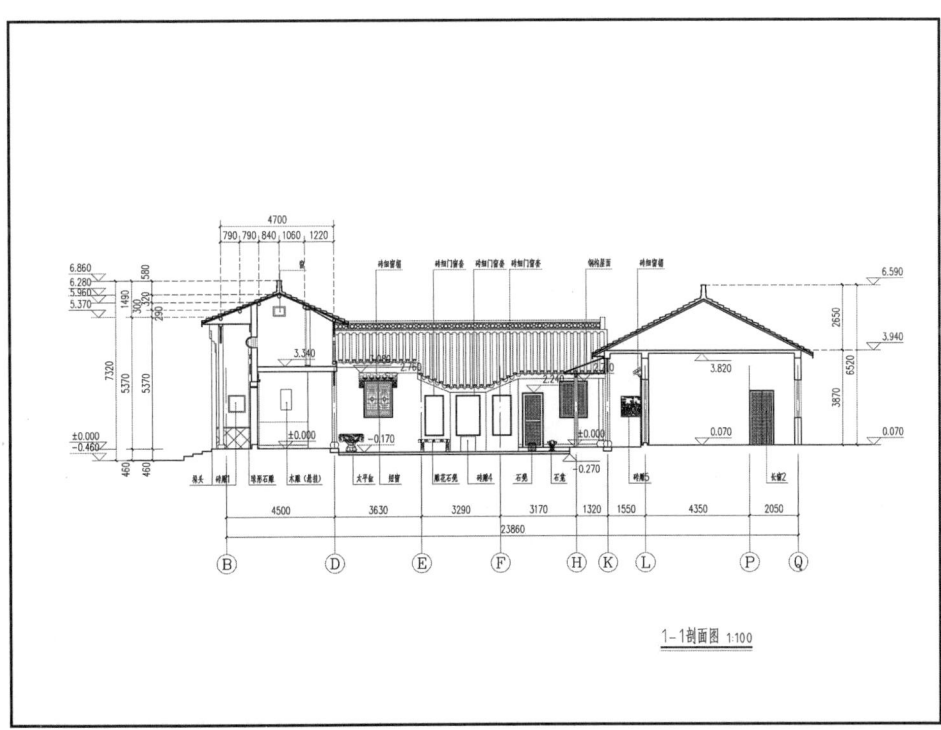

图 7-6 南京某宅剖面图

(4) 装饰细部图(图 7-7、图 7-8)

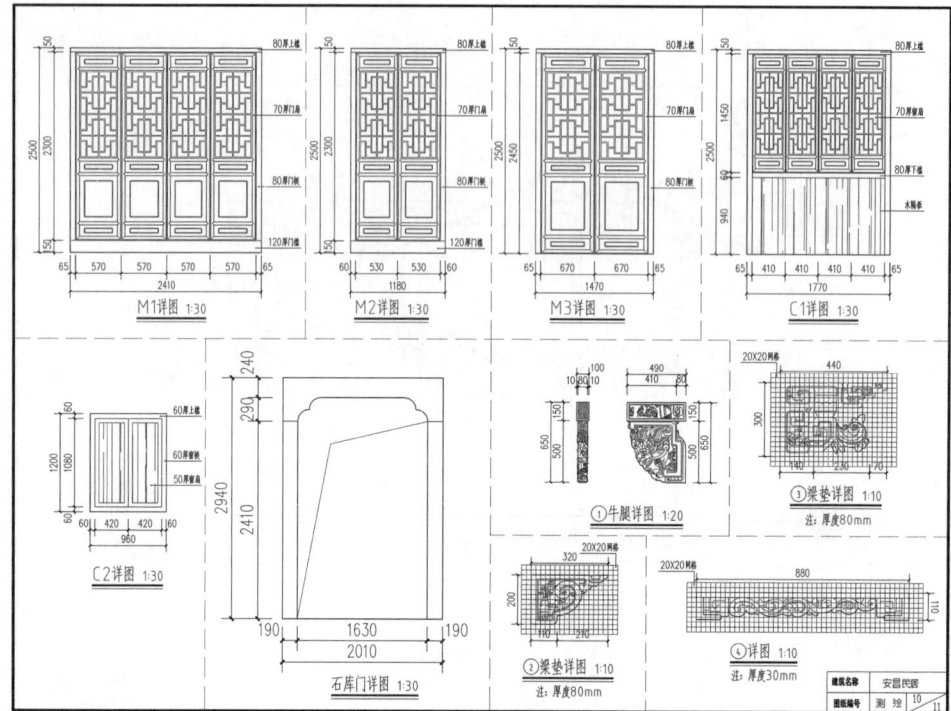

图 7-7 浙江安昌某宅装饰细部图

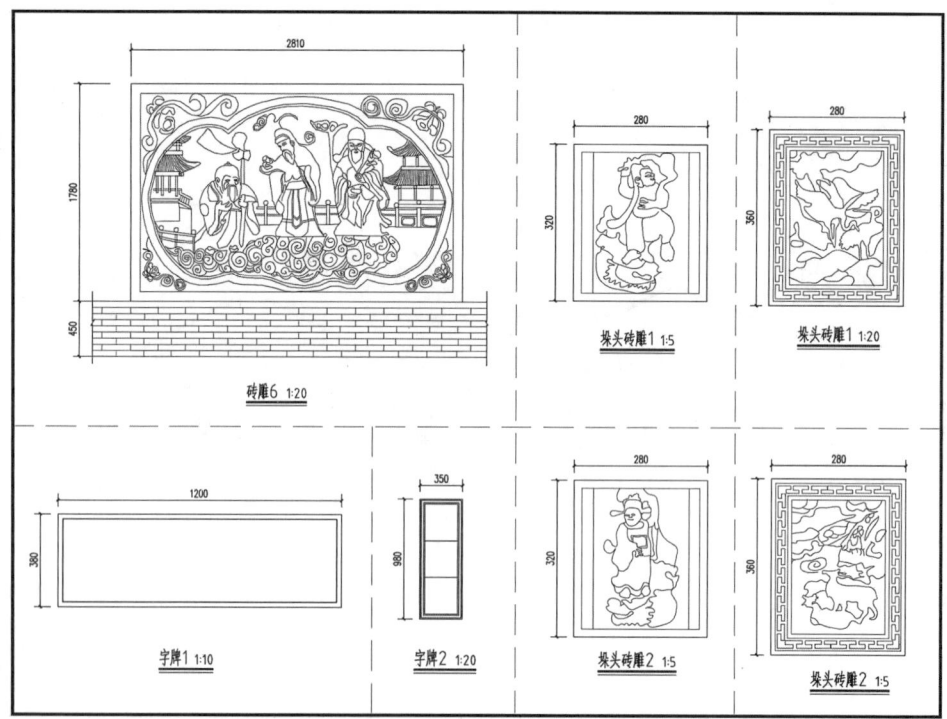

图 7-8 南京某宅装饰细部图

7.5.2 断代鉴定

1) 基本概述 ❶

估价人员在工作中经常会遇到一些古代建筑,判断它有没有历史文化价值,鉴定年代是一项基本工作。对于一座古代建筑,只有确定它的始建年代(原建年代),才能放在一定的历史时期去研究,揭示其在建筑发展史的地位,判断它的历史文化价值。鉴定年代不是研究古建筑的最终目标,也不能仅根据年代来确定价值,但断代鉴定是进一步研究确定其价值的必不可少的基本条件。

2) 断代鉴定的依据

古建筑的年代鉴定以什么作为主要依据?一般情况下,应该以一座建筑物现存的主体结构作为主要依据,并且要以一定的文献资料做旁证;不能以个别构建或附属艺术品作为主要依据。具体说,木结构应以现存整体梁架结构作为主要依据,砖石结构应以其整体结构式样(包括雕刻、垒砌方法、用料规格等)作为主要依据,其他如装修、瓦件、彩画、塑像、家具等只能作为辅助依据。古建筑断代鉴定时应注意:①梁架结构是组成建筑物的主体,是年代鉴定中的主要依据。②斗拱结构是木结构建筑中变化最明显的一部分,往往同一时代的早、中、晚各期也不相同,这在年代鉴定时应当特别重视。③砖石结构的建筑物首先应注意其整体外形,然后仔细观察它的细部雕刻结构方法、材料规格等。

木结构古建筑的调查鉴定的要点包括:①勘察建筑整体形象,包括体量大小、殿身高低、殿顶形制等。②勘察大木作结构形象,包括斗栱高度及整体形象、柱子排列方式及柱高与柱径比例、梁栿形制及高宽比例。③勘察门窗、栏杆形式及墙体、铺地砖形制和砌法等。④要特别注意勘察细部结构及建筑手法,主要包括梁架结构,斗栱结构,柱网、柱形与柱础、门窗、栏杆、额坊、屋顶、脊瓦、建筑彩画和壁画附属文物等。

砖石古建筑调查鉴定的要点:除按木构建筑的调查要求以外,还要注意砖石建筑的整体形象,如造型、外部形象、整体式样,再仔细勘察其细部雕刻、结构方法、材料规格和建筑手法等。

3) 断代鉴定的方法

祁英涛认为应通过"两查两比"方法。"两查":一是调查建筑物的现存结构情况,二是查找有关的文字记录资料。"两比":一是将现存结构与已知年代的建筑或法式进行对比,二是将现存结构与文献资料对比。经过上述"两查两比"后,一座建筑物的时代或具体年代,多数都能够大体确定,但也有不好确定、难以下结论的,主要有以下五种情况:

---

❶ 本节断代鉴定理论部分选用了祁英涛、杨焕成两位先生的书中部分内容,在此为估价人员仅作简介,详细内容可参考:祁英涛.怎样鉴定古建筑[M].北京:文物出版社,1981.
杨焕成.中国古建筑时代特征举要[M].北京:文物出版社,2016.

(1) 现存整体结构,包括平面、梁架、斗栱、装修、瓦顶等各部分的时代完全一致或基本一致,且与文献资料完全符合。这种情况最容易确定其年代。明清建筑相对比较容易确定,明代之前就少见。

(2) 主体结构即木结构建筑的梁架、斗栱,砖石结构建筑的主要砌体等,都是原建(创建或重建)时候的遗物,附属部分虽经后代改换,仍应定为原建时代的建筑。

(3) 建筑结构已经完全脱离其创建时代的式样,应按现存结构情况来确定年代。

(4) 主体结构只有一部分改变了原貌,另一部分仍为原建时的遗物。这种情况最为复杂,确定其年代的关键在于保留主体结构的程度如何。例如河北正定隆兴寺转轮藏殿是北宋时代建筑,经过元和清两次大修,更换过一些小构件,个别斗栱、枋子也改变了原貌,但最主要的梁、柱结构未变,故仍定为北宋建筑。

(5) 完全没有具体文献可查,只能依靠现存主体结构的时代特征来确定。这种情况比较多,特别是迁建建筑。对这类建筑物一般只能称为属于某一时代的建筑,或者称之为具有某一时代特征的建筑。

杨焕成认为确定古建筑断代的主要方法包括:

(1) 现存建筑结构和公认的古建筑时代特征作对比研究。

(2) 与同时代官式建筑手法与地方建筑手法作比较研究。

(3) 历次重修建筑遗存特点研究。

(4) 时存建筑与袭古建筑手法研究。

(5) 古建筑旧料重新加工利用研究。

以上仅是鉴定古建筑年代的经验和一般原则的简单说明,本书对各时代建筑的具体特征描述不再详细展开。由于每幢建筑物的具体情况不同,不能用固定的方法硬套。总之,断代鉴定要有科学的态度,最主要就是从实际出发,具体情况具体分析,才能得出比较准确的结论。

4) 断代鉴定案例

本书采用了上海某处迁建的传统风貌建筑作为断代鉴定的案例,仅作参考。根据估价委托人的说明,估价对象传统建筑于2007年安徽省黄山市休宁县迁建于此,属于清代建筑。由于时间较长、人员疏忽等因素,并未保留对迁建传统建筑的文字资料。因此估价师会同相关专业人员,对迁建传统建筑原件的地域断代情况进行勘查辨识,作为估价依据。

(1) 地域辨识判断

① 梁架类型(图7-9)

与苏杭传统民居相比,大木架具有较为明显的皖南民居特征,苏杭传统民居为穿斗式与抬梁式相结合的典型架构,估价对象传统建筑的大木架具有插梁式特征,与苏杭传统民居分属不同的构架形式。此外,因为皖南位于山区,用材便利,故柱等材料相较苏杭传统民居更为粗壮,形状更加顺直。

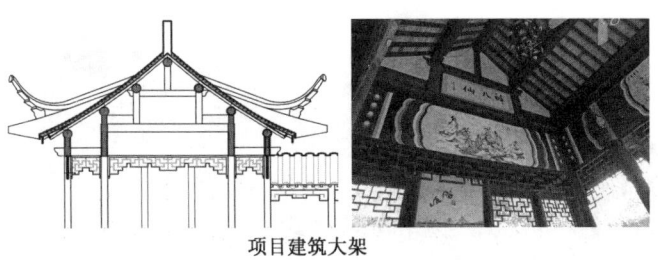

| 项目建筑大架 | 皖南某建筑大木架 |

图 7-9 大架对比图

② 飞檐翘角(图 7-10)

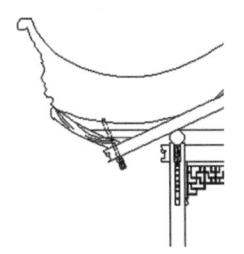

| 项目建筑戗角 | 某苏州园林戗角 |

图 7-10 戗角对比图

与苏杭地区传统民居相比,估价对象传统建筑屋面具有较明显的皖南民居特征。两者主要体现在屋脊式样的差异。苏杭传统民居的屋脊类型与式样较多,做工构件考究;皖南民居的主脊类型较为单调,整体形态古拙。园内建筑的筒脊、简单的拔檐线脚、混水做法的宝顶等,更多蕴含的是皖南的"山林野味",而非苏杭的"匠气"。相比之下,苏杭传统民居的屋角起翘更为舒展飘逸,屋顶显得"如鸟斯革,如翚斯飞",颇具文人气质。皖南民居更加注重实用性,形式更加质朴,故戗角起翘不高,提栈相对较为平缓,出檐也更加深远,以此适应皖南山区的多雨气候。

③ 地域辨别判断小结

通过以上两例,大致判断估价对象传统建筑的建造工艺与江南地区建筑虽有相似之处,但结构亦有明显区别,非苏浙地区的传统建筑特点,与皖南地区传统风貌建筑相近。因此,可以基本辨识判断估价对象传统建筑源于皖南地区。

(2) 断代辨识判断

清代建筑按照年代划分,一般可划分为:清前期(顺治—康熙时期)、清中期(雍正—乾隆时期)、清后期(嘉庆—道光—咸丰时期)、清晚期(同治—光绪—宣统时期),不同时期的建筑风格与装饰技术相互联系传承,又各有差异特征。

① 雕刻技术（图7-11）

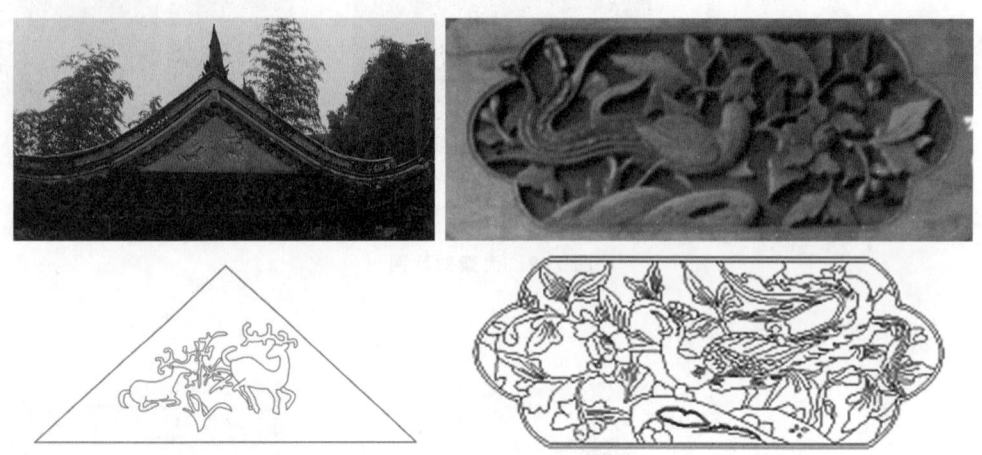

图7-11　雕刻对比图

从雕刻方面，歇山建筑的山面灰塑图案曲线柔顺，水榭及连廊梁枋表面更有精美彩画绘其表面；可谓技艺精湛，创意性极强，这与明代雕刻技艺所表现的"拙"有着明显的区别，而与清代雕刻"精"的特点更加吻合。在清代建筑发展鼎盛的乾隆时期，雕刻技术迅猛发展，达到空前繁荣，雕刻工具也更加复杂多样，雕刻的图案更具多样化和创意性，刻画线条精细，立体感强，所刻之物脉络雕刻明显，所能展现的图案更加繁复奢华。至道光以后，清朝衰败，雕刻技艺亦随之出现失真和呆滞。根据实物判断，可推断估价对象雕刻原件属于清中时期所制的可能性最大。

② 建筑构件形式（图7-12）

明代时期的建筑营造工艺仍是继承宋制，在此基础上加以优化，甚至到了清早期都是这个趋势，其中具有的特点是：一是明代所有木柱均有收分和卷杀，廊柱更是有侧脚，到了清中往后的时期，清朝的营造体系成熟，而木柱不再做卷杀和侧脚，至于收分亦是可有可无，至清末完全消失。二是明代时期的建筑梁架呈现"上陡下缓"的折线，而随着时间发展，这条折现不断趋近于曲线，到了清末，各界提栈几乎相同。

图7-12　建筑构件形式图

估价对象传统建筑木柱未发现侧脚及卷杀却有收分,可确定属于清时期的建筑;而梁架虽亦有"上陡下缓"的形式,但不突显,反而各界提栈近乎相同,只有最上部有明显的拔高,可推断建筑虽属于清朝时期,但有别于清晚期或清前期,属于清中期的典型做法。

③ 断代辨别判断小结

通过以上两例,大致判断估价对象传统建筑虽与清前期风格略有相似之处,但雕刻工艺更加成熟,木构件宋制特征几乎消失,也不属于清晚期皖南地区的建筑特征范畴,而是具有较典型的清中期建筑形制特点。因此,可以基本辨识判断估价对象传统建筑的始建时期为清中期(雍正—乾隆时期)。

7.6 估价方法适用性分析

历史建筑是一种历史文化产品,拥有稀缺资源的典型特征,属于资源性的资产;历史建筑是影响其周边环境协调性的一种环境产品,具有环境效益;历史建筑更是一种特殊的不动产,具有不动产的基本特性。因此,历史建筑估价理论上可以运用传统的不动产评估方法、资源与环境经济学的评估方法及目前较为先进的模型评估法,但这些估价方法具有各自的技术路线和适用范围,本书在此针对各估价方法是否适用于历史建筑对象进行分析。

7.6.1 估价方法分析

1) 市场比较法

市场比较法又称比较法,是指通过估价对象与近期的可比实例相互比较,采用合适的比较单位并且基于比较要素进行调整从而得到评估价值的过程❶。市场比较法的基本原理是预期和变动原理,具体表现为替代、供求、均衡等原则。市场比较法是经济学替代原理的应用,表现的是市场理性的经济行为。当然,绝对理性是不存在的,会因购买力、社会消费品味和偏好的不断变化而产生均衡变动,从而影响人类理性认知。市场比较法的基本公式为:

$$估价对象市场价值 = 可比实例的市场价格 \times 比较因素的调整值$$

评估历史建筑的市场价值,特别是可交易的历史建筑对象,选取市场比较法通常较为合适。市场比较法的基本原理是效用性的比较、替代和均衡。只要不是那些独一无二的建筑,许多历史建筑在一定时期与区域范围内还是有可替代或可选择的对象的;同时一些消费人群更关注历史建筑的效用、功能适用的可替代性,忽略一些建筑细

---

❶❷ 美国估价学会.房地产估价:第12版[M].中国房地产估价师与房地产经纪人学会,译.北京:中国建筑工业出版社,2005:306-307.

节特征,以换取更大的市场选择度。因此,市场比较法属于历史建筑估价的基本方法。

2) 成本法

成本法是以开发不动产所耗费的各项费用之和为主要依据,再加上一定的利润、利息、税金和不动产所有权益来确定不动产价格的估价方法。成本法的理论依据是生产费用和替代原理,认为商品价值都是由各组成部分的总成本费用来决定的,亦即,谨慎的购买者愿意支付价格款,不会超过取得相似地块并且建造相同效用和满意度的建筑物的总成本[2]。基本公式为:

$$估价对象市场价值 = 土地价值 + 建筑成本 + 开发利润 - 折旧$$

在任何市场上,价值与其成本相关。成本法适用于那些无收益、又很少交易的不动产对象,特别是历史建筑。成本法的应用前提是历史建筑市场价值与其重建成本及折旧额相关联。现存历史建筑的年代越久远,重建成本的估算和折旧额的合理性就越不准确;反之,新修复的历史建筑运用成本法更为适宜。成本法也可作为历史建筑估价的基本方法。

3) 收益法

收益法是不动产估价中最常用的方法之一,是分析不动产获得未来收益的收益能力,并将收益转换为现值的一种估价方法,其本质是以预期未来收益为导向求取估价对象的价值[1]。由于不动产具有固定性、个别性、持续性等特征,使用者占用某一物业时,不仅能取得该物业当前的纯收益,而且还能期待在未来收益期内不断地持续取得。将此项随着时间延续而能不断取得的纯收益,以适当的还原利率折算为当前价值的总额(收益价值或资本价值)时,即表现为不动产的实质价值,基本公式为:

$$价值 = 净收益 / 资本化率$$

预期收益原理是收益法的理论依据,取决于投资者对市场的未来判断和心理动机。应用收益资本化法应考虑未来收益的变动趋势。历史建筑如果产生收益,其收益通常较为稳定,受到市场变动的影响幅度小。因此,具有收益性的历史建筑可以采用收益法评估其经济价值,但必须注意到历史建筑估价的综合资本化率具有一定的特殊性。

4) 假设开发法(剩余法)

假设开发法(剩余法)是求得估价对象后续开发的必要支出及折现率或后续开发的必要支出及应得利润和开发完成后的价值,将开发完成后的价值和后续开发的必要成本折现到价值时点后相减,或将开发完成后的价值减去后续开发的必要支出及应得利润得到估价对象价值或价格的方法[2]。

由于历史建筑是事实保留的存量建筑,对于未修复或部分修复的历史建筑可以考

---

[1][2] 住房城乡建设部. 房地产估价规范:GB/T 50291—2015[S]. 北京:中国建筑工业出版社,2015.

虑引入假设开发法(剩余法)的技术思路,即将已修复完成后的历史建筑市场价值扣除需要投入的建筑物的修复成本费用、财务费用、相关税费等,测算历史建筑现状的经济价值。但也要充分考虑最高最佳使用,包括潜在用途和利用条件,以及以预期收益为原则准确地预测未来的市场变化趋势。

剩余法适用于历史建筑用地地价评估也可行,研究难点在于如何分配建筑物和土地之间在内含价值效用功能的贡献度。建筑物本身除了蕴含科学价值、艺术价值外,也同样具有部分的历史、社会、环境等信息功能,这些并不是土地的专利。通常情况下,如果某一历史建筑以建筑科学、艺术等价值著称,其建筑物的贡献度偏高,反之土地偏高,当然这不是绝对的;建筑物越是老旧破损、蕴含的信息功能越会弱化,土地的贡献度比例也会提高。本书认为,剩余法适用于土地贡献度高的历史建筑用地地价评估,土地贡献比例越高、计算结果越接近准确。

5) 标准价调整法

《房地产估价规范》(GB/T 50291—2015)将其定义为:对估价范围内的所有被估价房地产进行分组,使同一组内的房地产具有相似性,在每组内选定或设定标准房地产并测算其价值或价格,利用有关调整系数,将标准房地产价值和价格调整为各宗被估价房地产价值或价格的方法。2014《城镇土地估价规程》中没有标准价调整法,类似的是公示地价系数修正法中的标定地价系数修正法。应用标定地价系数修正法的前提是当地政府制定并公布了标定地价体系。标准价调整法的理论依据还是替代原理,即在正常的市场条件下,具有相似条件和使用价值的土地或房地产,在交易双方具有同等市场信息的基础上,应具有相似的价格。本书认为,历史建筑及用地具有历史稀缺性,其数量有限,但在一些历史地段中仍然存在历史建筑的批量估价(特别是租金评估)的可能性。因此,标准价调整法可适用于成批量规模的历史建筑及用地估价。

6) 特征价格法

特征价格法起源于 Lancaster 的消费者理论[1]和 Rosen 市场均衡模型[2],认为商品拥有一系列的特征,这些特征结合在一起形成影响效用的特征包。商品是作为内在特征的集合来出售的,通过产品特征的组合从而影响消费者的选择。经济学的特征价格即消费产品或服务而得到的效用与满足,产品本身具有的一系列特征是效用产生的源泉,不同特征结合在一起形成影响消费者总效用的特征包。消费者需要的并不是商品本身,而是更重视其所包含的各个特征;每个特征对应一个隐含市场,整个商品市场可被理解为由多个特征的隐含市场构成。因而每个特征都应该有一个相对应的价格,由于这种价格难以直接观察,所以又把它称作特征的隐含价格。近年来,特征价格法在各个国家商品价格指数,特别是房地产市场价格指数的编制与实践中得到广泛应用,

---

[1] Lancaster K J. A New approach to consumer theory[J]. The Journal of Political Economy, 1966, 74(2): 132-157.

[2] Rosen S. Hedonic prices and implicit markets: Product differentiation in pure competition[J]. The Journal of Political Eeonomy, 1974, 82(1): 35-55.

表现出良好的效果。

如前文所述,影响历史建筑经济价值的因素众多,既有影响不动产经济价值的传统因素,如经济发展状况、法律政策、市场供求等宏观要素,以及土地面积、位置、用途等微观因素,也有针对历史建筑的特殊因素,如历史文化特征、艺术科学价值和产权限制等。若以变量集 X 来表示一般意义上的属性,即把历史建筑看成普通不动产的影响因素,再以变量集 Y 表示除此之外的所有其他属性,即历史建筑所特有的历史文化环境价值属性等,则历史建筑价格 P 的函数可以表示为: $P = f(X,Y)$。对于变量的选择要满足上述三个假设,关键在于对不动产自身、周边环境以及其他环境变量的把握,究竟该使用哪些变量来度量其对历史建筑的影响,这些变量必须可以量化。选择何种函数模型会影响计算的结果,具体选择哪个模型更合理,要根据调查获得的数据求解出模型后进行各项回归评估才能判定。整个技术过程虽然会耗时长、程序繁,但只要有足够的样本数据,就可以构建出契合历史建筑特殊属性的特征价格方程,其理论技术依据充分,结论比较科学合理,更能够反映出历史建筑经济价值的内涵。因此只要有足够的样本数据,特征价格法可以适用于历史建筑经济价值的评估,特别是位于历史街区、古村镇范围内的历史建筑项目。

7) 条件价值法

条件价值法(CVM)亦称意愿评估法、调查评价法等,是在效用最大化的理论基础上,利用假设市场的方式揭示公众对公共产品的支付意愿,从而评估公共物品价值的方法[1],是资源经济学评估的基本方法。该方法在详细介绍研究对象概况(包括现状、存在的问题、提供的服务与商品等)的基础上,假想形成一个市场(成立一项计划或基金)用以恢复或提高该公共商品或服务的功能,或者允许目前环境恶化与生态破坏的趋势继续存在,通过问卷调查方式直接考察受访者意愿(WTP)或接受意愿(WTA),以得到消费者支付意愿来对商品或服务的价值进行计量的一种方法。简而言之,CVM是在模拟市场条件下,引导受访者说出愿意支付或者获得补偿的货币量。WTP 是指调查居民所愿意支付的改善生态系统的质量生态系统服务的货币量;WTA 是居民愿意接受企事业单位由于经济开发活动,导致生态环境质量下降而提供补偿的货币量。从总体上来看,CVM 理论、技术方法与案例实证方面的研究仍然是十分有限的,从目前实际应用范围来看,多适用于非市场物品价值评估,即在缺乏市场价格的情况下,条件价值法这种采用假想市场的方式为非市场物品(如环境资源)的价值评估提供了可能性,成为当前重要的衡量环境物品价值的基本方法之一。

历史建筑虽然不属于自然资源物品的范畴,却同样具有资源稀缺性与不可再生性的基本特征,同时凝结了难以衡量的历史文化等无形价值信息量,属于文化资源。而文化资源就是人们从事文化生产或文化活动所利用或可利用的各种资源,它不仅是指

---

[1] 陈应发.条件价值法:国外最重要的森林游憩价值评估方法[J].生态经济,1996,12(5):35-37.

物质财富资源,同时也是精神财富资源❶。因此,本书认为应用条件价值法对历史建筑经济价值进行评估是可以考虑的。

8) 旅行费用法

旅行费用法是评估旅游者通过消费这些环境商品或服务所获得的效益,或者说对这些旅游场所的支付意愿(旅游者对这些环境商品或服务的价值认同)的评估方法❷。旅行费用法的基本思路是构造一条支付意愿曲线。该曲线的横轴为参观率,即一定时期内到旅游景点参观的人数与总人口数的比例,纵轴为旅行费用,曲线上的点表示当旅行费用为一定数额时的参观率,当旅行费用高到一定程度时,参观率将为零。这一支付意愿曲线下方的面积,就是所谓的消费者剩余,也就是消费者支付意愿的总价值。

旅行费用法作为一种传统的估价技术,在资源与环境经济学中占有一定的地位。该方法利用消费者支付意愿的总价值作为对旅游景点价值的估计,通常用来评价那些没有市场价格的自然景点或者环境资源的价值,如国家公园、风景名胜区以及其他具有休闲娱乐功能的建筑场所等。但本书研究的是历史建筑经济价值评估,其用途并不局限于旅游景点或游憩地。旅行费用法作为一种基于消费者选择理论的旅游资源非市场评估方法,具有强烈且难以消除的主观任意性,其评估结果的有效性难以得到保证。同时,旅行费用法只能评估实际已经发生游客到访的历史建筑的价值,难以评估历史建筑作为潜在游憩地的价值;也只能评估历史建筑的使用价值,不适用于非使用价值和消极使用价值。因此,对于旅行费用法在理论和实践中应用于历史建筑经济价值评估存在着广泛的争议。

9) 生产率法

生产率法原本是用来评价环境质量的经济价值的,即利用就环境质量变化引起的某区域产值或利润的变化来计量环境质量变化的经济效益或经济损失。这种方法把环境看成是生产要素,环境质量的变化导致生产率和生产成本的变化,用产品的市场价格来计量由此引起的产值和利润的变化,估算环境变化所带来的经济损失或经济效益❸。

由于历史建筑的存在与承受的保护限制,造成私人收益与社会收益,或私人成本与社会成本不一致,进而导致历史建筑在其利用与维护中必然产生外部性,既有正外部性,也存在负外部性。重要的历史建筑给所在区域能够带来整体经济效益的提升,拉动旅游、住宿、餐饮、商业和其他相关行业的综合性发展等,产生正外部性。此时历史建筑的存在引起的区域产值或利润增加即是历史建筑相对于普通不动产的特殊历史文化增值的体现。而在针对历史建筑或历史景区的利用时,实际经营者通常只考虑自己的经济效益,通过大兴土木来进行深度开发,但是对环境生态产生负面影响,加大

---

❶ 程恩富.文化经济学通论[M].上海:上海财经大学出版社,1999.
❷ 陈应发.旅行费用法:国外最流行的森林游憩价值评估方法[J].生态经济,1996(4):35-38.
❸ 张宏艳.环境质量价值评估的经济方法综述[J].中国科技成果,2007(23):33-36.

社会成本;或是为了吸引更多的人群,将单位收益下调以提高总收益,产生负外部性。此时,引起的区域产值或利润减少则为历史建筑相对普通不动产的价值损失。综合判断历史建筑给区域经济带来的增值与损失,即为历史建筑相对于普通不动产的价值差值。

然而,区域经济和效益的变化是由众多因素引起的非常复杂的过程,历史建筑对区域经济的外部性难以从中剥离和量化,因此,不建议将生产率法作为历史建筑经济价值评估的基本方法。

10) 机会成本法

机会成本法是指在无市场价格的情况下,资源使用的成本可以用所牺牲的替代用途的收入来估算。例如,保护国家公园,禁止砍伐树木的价值,不是直接采用保护资源的收益来测算,而是采用为了保护资源而牺牲的最大替代选择的价值去测算。同理,也可以采用保护历史建筑而放弃的最大效益来测算其价值。机会成本法的核心是保护历史建筑所牺牲的替代用途的最大收入。但历史建筑可以有多种利用方式,每种方式所带来的效益也各有不同,如何界定"放弃的最大效益用途"是该方法运用的难点,这使得机会成本法不适宜成为历史建筑经济价值评估的基本方法。

7.6.2 估价方法选择

本书通过对不同估价方法的分析,认为适用于历史建筑的估价方法主要包括:比较法、成本法、收益法、假设开发、条件价值法和标准价调整法,并对不同情形提出各自适宜的估价方法、建议,具体内容如下:

(1) 估价对象有不少于3个类似交易实例的历史建筑,应选用比较法。

(2) 估价对象的可比交易实例少于3个或无可比交易案例的,宜选用比较法的特殊影响因素附加调整法。

(3) 估价对象近10年有修复、重大修缮、翻建或迁建的,宜选用成本法。

(4) 估价对象或其同类历史建筑通常有租赁、经营等经济收入的,应选用收益法。

(5) 估价对象为可修复的历史建筑,评估其在未修复状况下的经济价值的,应选用假设开发法。

(6) 单独评估历史建筑用地地价的,宜选用假设开发法。

(7) 对于保护等级较高的文物保护单位、社会影响大的公共建筑或现状极为复杂的历史建筑,宜选用条件价值法。

(8) 估价对象为同一历史地段、历史文化街区或历史建筑群内可独立使用的大量类似历史建筑的,宜选用标准调整法。

当然,最终还需要估价人员根据估价对象历史建筑实际状况,结合当地房地产市场条件以及估价资料收集情况,进行估价方法适用性分析,选用适宜的估价方法。

8 市场比较法的应用

市场比较法又称比较法,是房地产估价中较为重要的传统方法。市场比较法如何应用于历史建筑这个特殊对象,需要从基本原理和比较分析技术角度去探究。

8.1 市场比较法的适用性分析

市场比较法是指通过估价对象与近期的可比实例相互比较,采用合适的比较单位并且基于比较要素进行调整从而得到评估价值的过程❶。

市场比较法的基本原理是预期和变动原理,具体表现为替代、供求、均衡等原则。市场比较法是经济学替代原理的应用,表现的是市场理性的经济行为。当然,绝对的理性是不存在的,会受购买力、社会消费品味和偏好的不断变化导致均衡变动,从而影响人类理性认知。

市场比较法适用于拥有充分有效数据的开放性市场,是一些非收益性不动产市场价值评估的首选方法。当目标市场不成熟或对象特殊时,市场比较法的应用会受到一定限制;当然,适当扩大市场地域范围、合理比较可比实例和目标对象的特征差异,分析各影响因素的贡献程度,以及给予估价对象评估价值区间❷将是较好的解决方式。如果能搜集到相应的交易实例,比较法这种方法相对简单直观,但由于历史建筑本身的特征,估价过程也可能会变得复杂:如何建立可比实例与估价对象历史建筑的关联性,如何选取和调整历史建筑的比较影响因素等,是市场比较法适用历史建筑估价的难点。

由于历史建筑本身的稀缺性,价值时点搜集不到合适的可比实例是经常出现的情况。我们注意到,比较法的基本原理是效用性的比较、替代和均衡。人们关注历史建筑是由于其蕴含着普通不动产所不具备的历史、艺术、文化等信息要素,对人类产生额外的效用价值,额外的效用价值创造了收益增值;如果缺乏这种额外效用价值,人们会选择价格更加低廉的普通不动产。正是由于历史建筑蕴含着特殊的信息要素,所以需要更加严格的保护措施,具体表现为特殊使用、产权及规划限制导致历史建筑功能定位、使用收益等产生局限性,同样对经济价值带来负面影响。本书基于替代均衡原理,

---

❶❷ 美国估价学会. 房地产估价:第12版[M]. 中国房地产估价师与房地产经纪人学会,译. 北京:中国建筑工业出版社,2005:367-369.

考虑一个新的估价技术思路:先将历史建筑假设为普通房地产,按普通房地产依据正常程序进行估价测算其价值,此过程中考虑普通因素的影响,然后在此基数上,对其历史文化等特殊影响因素进行比较修正,测算历史建筑经济价值。这个技术思路的本质仍然是基于某个具体的市场价值进行修正,仍然属于市场比较法的范畴,而非新的方法体系。

因此,市场比较法应用于历史建筑这个特殊对象,基于替代原理,可以分为两个估价技术路径:

(1) 对能搜集到符合本指引要求的类似可比实例的,可以采用通过可比实例进行比较调整的技术方法,基本公式为:

$$估价对象历史建筑市场价值 = 可比实例的市场价格 \times 普通影响因素的调整值 \times 特殊影响因素的调整值$$

(2) 对于无法搜集到符合本指引要求的类似可比实例的,可以采用通过假设普通房地产价值进行特殊因素附加调整的技术方法。该技术路径是基于替代原则,将历史建筑假设为普通房地产作为基数,再对特殊影响因素进行修正,测算估价对象价值的估价技术方法,基本公式为:

$$估价对象历史建筑经济价值 = 假设为普通房地产价值 \times (1 + 特殊历史文化价值因素修正系数) \times (1 + 特殊使用价值修正系数) \times (1 + 保护限制条件修正系数)$$

从理论上讲,这种技术方法也同样适用于历史建筑用地估价,即在普通建筑用地价格的基础上,对历史建筑用地蕴含的各种特殊因素进行修正,得到估价对象用地的地价近似值。

任何估价方法的结果都是一种价值指示。如果能顺利收集到符合要求的历史建筑交易案例,比较法可直接应用于历史建筑估价;如果市场上很难找到历史建筑交易案例的话,那么基于普通房地产价值进行特殊因素附加调整的技术方法也是一种可行的补充技术估价路径。

8.2 比较法的应用

8.2.1 比较法的程序

比较法应用于历史建筑估价时,通常遵循以下程序:第一,分析明确目标对象的历史文化、物理状态等特征;第二,充分研究区域市场交易信息,选取与目标对象相似的可比实例,并准确进行描述;第三,选择确定合适的比较单位和比较因素,使得比较因素尽量能够完整全面地反映出目标对象与可比实例的主要特征;第四,通过比较分析来衡量目标对象与可比实例之间比较因素的差异,并且通过一系列修正来反映这些差异;第五,把比较修正分析后取得的价值结果确定为最终价值。

8.2.2 可比实例选取

比较法中一般应选用三个(不少于三个)相似或相近可比实例。可比实例是与目标对象相似、便于比较的成交实例,通常是指销售实例。按照估价程序,估价人员必须事先调查了解区域市场,充分收集交易数据。选取可比实例一般都要注意选取标准。在历史建筑估价中应尽量做到:

(1) 用途相同、区位相似、建筑特征相同或相近、历史文化特征重要性相似,保护等级相同或相近、权益状况相似、使用情况相似、环境状况相似、交易时间与价值时点接近等。

(2) 由于历史建筑的稀缺性和独特性,可以适当扩大搜集可比实例的区域范围。与估价对象位置较近的区域没有可比实例时,可比实例的区域范围可适当扩大至与估价对象同一城市,或相邻城市范围内;极为重要的历史建筑可以考虑扩大到市、省甚至全国去收集交易案例。

(3) 可比实例的交易日期限制可适当放宽,与价值时点相差一般不宜超过 5 年。

(4) 可比实例较少时,可以根据估价对象历史建筑的历史传承、社会影响、建筑形制、功能效用的可替代性等,参照效用相似性原则选取可比实例。历史建筑的相似性包括主要特征相似或是能给予人们相似效用。如无法获取主要特征相似的可比实例,也可按照相似效用的原则选取。无论是中国传统建筑,还是民国时期的西式风格或折中主义建筑,在给人的舒适度和愿意拥有的欲望这一点上是可以相似的。市场上还是有相当一部分的消费群体更关注于历史建筑的效用、功能适用的可替代性,有时也会忽略一些建筑细节特征,来换取更大的市场选择机会。所以在此基础上,可对建筑特征、历史文化特征、环境状况、知名度和交易情况等条件适当放宽,但效用的相似性应以市场普遍认知为标准。估价人员要注意确认分析,尽量避免个人的主观意识。

8.2.3 比较因素调整分析

1) 比较单位

在国外的估价过程中比较重视"比较单位"这个概念,国内有时会称之为价格可比基础。所谓比较单位是根据不同比较目的来划分的相同单位[1],如每平方米建筑面积、房间、立方米、单元等。历史建筑估价使用最多的是每平方米建筑面积,但在国外也有使用每房间或单元等。这是因为国外特别是在欧洲,将历史建筑改造为酒店或公寓的情况比较普遍。当然有些特殊情况历史建筑,例如假设苏州网师园可以出售的话,使用每平方米的单位是不现实的,可能直接选用整座庭院来比较才是合适的,如采用扬

---

[1] 美国估价学会. 房地产估价:第12版[M]. 中国房地产估价师与房地产经纪人学会,译. 北京:中国建筑工业出版社,2005:373.

州个园、无锡寄畅园等进行比较。

2) 比较因素

比较因素是反映目标对象与可比实例特征差异的要素。《房地产估价规范》(GB/T 50291—2015)❶将比较因素分为交易情况、交易日期、房地产状况(区位状况、权益状况、实物状况)等。有台湾学者❷将其分为交易情况、交易日期、区域因素(交通、环境、地势等)、个别因素(面积、形态、建筑规模、建筑完损情况等)。美国估价学会将比较因素归为10大类❸:转让的不动产权利、融资条件、交易情况、购买后即刻支付的费用、市场时点、区位、物理特征、经济特征、用途、非不动产部分价值。

针对历史建筑,比较因素应区分普通影响因素与特殊影响因素,进行各自调整。

(1) 普通影响因素

本质上与普通建筑并无明显区别,具体包括:

① 交易时点。如前文分析,历史建筑的市场变动稳定性强,其价格可以与普通不动产建立一种函数关系,根据普通不动产的市场变动趋势进行修正调整来得到历史建筑的市场交易变动趋势模型。通常情况下,普通不动产市场变动模型可以采用线性回归法取得。

② 交易情况。交易情况指买卖双方在非正常的压力下进行的交易行为,估价时应谨慎选择、充分披露。

③ 权益状况。权益状况包括土地使用年限、租约限制、他项权利等。

④ 区位状况。区位状况包括位置状况、道路状况、交通便捷度、停车状况、公共配套设施状况、景观、朝向、楼层等。

⑤ 实物状况。实物状况包括面积、设施设备、空间布局、采光通风、装修、物业管理等。

(2) 特殊影响因素

特殊影响因素包括特殊历史文化价值因素、特殊使用价值与特殊保护限制条件,详见第6章的"历史建筑经济价值特殊影响因素因子体系表(表6-3)"。

3) 特殊影响因素调整

本书不再展开普通影响因素调整说明,主要分析特殊影响因素调整。

(1) 确定特殊影响因素与因子选项

实际估价过程中,由于不同地域、时期、类型、功能以及估价对象历史建筑自身差异,可能会出现除表6-3"历史建筑经济价值特殊影响因素因子体系表"之外的其他因子。其他因子应由估价机构组织专家组另行确定,并在估价报告中说明理由。

---

❶ 住房城乡建设部.房地产估价规范:GB/T 50291—2015[S].北京:中国建筑工业出版社,2015.
❷ 林彦英.不动产估价[M].台北:文笙书局股份有限公司,2004:147-150.
❸ 美国估价学会.房地产估价:第12版[M].中国房地产估价师与房地产经纪人学会,译.北京:中国建筑工业出版社,2005:374.

实际估价过程中,历史建筑特殊因素因子调整需要涉及具体选项,具体选项根据不同地域、类型和对象等由估价机构组织专家组确定。

(2) 确定特殊因素系数调整体系

由于历史建筑的独特性,编制比较技术路径的特殊因素系数调整体系时,应根据其测算基数(可比实例)的价值定义、估价对象实际状况、相对稀缺性等,合理选择特殊因素因子与测算调整系数。

实际估价过程中,建议估价行业协会或估价机构组织专家根据估价对象与所在区域的情况,通过适宜的技术方法确定估价对象所在区域的特殊因素调整系数区间范围,进一步确定各特殊因子调整系数区间范围,然后确定各因子的具体选项以及相应的调整系数区间范围。最后由估价师根据估价对象状况,在选项调整系数区间范围内确定特殊因子调整系数值。特殊因子调整系数值可到小数点后一位。

(3) 特殊因素系数调整方法

特殊因素因子调整系数区间的确定可以通过专家调查法、层次分析法或回归分析法等技术方法确定。专家组成员宜覆盖历史建筑规划、设计、工程、法律、金融、评估、交易、利用策划和保护管理等领域。

历史建筑的特殊因素调整体系可就估价对象历史建筑进行单独编制;也可以根据当地实际情况,在特定期限内,针对不同区域、不同用途、不同建筑类型、不同保护等级、不同估价方法,定期统一编制相应的特殊因素调整系数标准。

① 德尔菲法(专家调查法)

推荐德尔菲法(专家调查法)用于构建特殊影响因素调整系数体系。德尔菲法是依据系统的程序,采用匿名发表意见的方式,团队成员之间不得互相讨论,不发生横向联系,只能与调查人员发生关系,通过填写问卷,以集结问卷填写人的共识及搜集各方意见,用来构建团队沟通机制,应对复杂任务难题的管理技术。选择各方面的专家,采取独立填表选取权重系数的形式,然后将他们各自选取的权重系数进行整理和统计分析,最后确定出各因素、各系数的权重系数。集合了专家的智慧和意见,并运用数理统计方法进行检验和调整。采用德尔菲法确定系数区间,建议通过专家三轮打分确定系数上下限值。

计算公式为:

$$\bar{x} = \frac{\sum x_i f_i}{\sum f_i} \qquad (公式 8-1)$$

式中: $\bar{x}$ ——某系数或因素权重系数;

x_i ——各位专家所取权重系数;

f_i ——某权重系数出现的系数。

② 层次分析法

层次分析法(Analytic Hierarchy Process, AHP)是将与决策总是有关的元素分解成目标、准则、方案等层次,在此基础之上进行定性和定量分析的决策方法。层次分析法是一种定性与定量分析相结合的多因素决策分析方法❶。该方法可以将决策者的经验判断进行定量化,在目标因素结构复杂且缺乏必要数据时使用更为方便,因而在众多领域实际研究中得到广泛应用。应用层次分析法确定历史建筑用地因素指标基础权重的具体步骤如下:

A. 选择一定数量研究历史建筑的相关专家,并由各位专家利用1~9比例标度法分别对每一层次的评价指标的相对重要性进行定性描述,并用准确的数字进行量化表示,从而得到两两比较判断矩阵 A。有关判断矩阵及其标度含义如表8-1所示:

表8-1 判断矩阵及其标度含义

标度	含 义
1	表示两个因素相比,具有相同重要性
3	表示两个因素相比,前者比后者稍重要
5	表示两个因素相比,前者比后者明显重要
7	表示两个因素相比,前者比后者强烈重要
9	表示两个因素相比,前者比后者极端重要
2,4,6,8	表示上述相邻判断的中间值
倒数	若因素 i 与因素 j 的重要性之比为 a_{ij},那么因素 j 与因素 i 重要性之比为 $a_{ji} = \dfrac{1}{a_{ij}}$

B. 进行层次单排序。进行层次单排序就是根据判断矩阵计算,相对于上一层因素而言,本层次与之有联系的因素的重要性次序的权重,可以归结为计算判断矩阵的最大特征根及其对应的特征向量。一般运用和积法或根法求解判断矩阵,分别得出在单一准则下被比较元素的相对权重。

C. 进行一致性检验。在和积法或根法分析相对权重的基础上,计算出一致性检验指标 CI:

$$CI = \frac{\lambda_{\max} - n}{n - 1} \qquad 公式(8-2)$$

然后,查找相应的平均随机一致性指标 RI。对 $n = 1, 2, \cdots, 9$,可以从平均随机一致性指标值表中查找相应的 RI 值,从而可以进一步计算一致性比例 CR:

$$CR = \frac{CI}{RI} \qquad 公式(8-3)$$

当一致性比例 $CR < 0.10$ 时,一般认为判断矩阵的一致性是可以接受的,否则需要对判断矩阵进行修正。其中 CR 的值越小,说明判断矩阵偏离实际情况的值越小,

---

❶ 秦寿康.综合评价原理与应用[M].北京:电子工业出版社,2003:23-45.

就越接近现实情况。在此基础上,自上而下地计算各级要素关于总体的综合重要度,从而得到历史建筑用地各影响因素指标相对总目标的绝对权重系数:

$$W'_i = \sum_j W_j v_{ij} \qquad 公式(8-4)$$

以上为应用层次分析法对历史建筑因素指标体系中的各指标基础权重进行确定的步骤。

③ 调整方式比较

通过实证分析看出,德尔菲法的操作简便、判断快速,可是该方法构建的历史建筑价值因素调整体系较为粗略,精确度不够,结果的正确性模糊;但该方法可涵盖更多指标,不需要做一次性检验,操作简便,德尔菲法适用范围较广,基本上在同一古城、古村镇范围内均可适用。层次分析法相对来说构建了更为细致的修正体系,对历史建筑的影响因素因子组成更加全面详尽,更准确地反映了影响因素的调整程度与系数,其结果明显更加精准,但是操作过程较为复杂,需要进行一次性检验,且由于计算过程的繁复,导致该方法可操作性较差,所能容纳的指标数最多不能超过 15 个,局限了层次分析法的实用性。另一方面,层次分析法的适用性较弱,往往一套调整系数体系只能针对特定估价对象,普适性较差。

(4) 历史建筑特殊影响因素系数(表 8-2)

表 8-2 历史建筑特殊影响因素因子调整系数体系表

因素	因素调整系数范围/%	因子	因子调整系数范围/%	选项	选项调整系数范围/%
历史价值因素		始建年代			
		重要历史事件的关联度			
		重要或著名历史人物的关联度			
艺术价值因素		空间布局的艺术特征			
		建筑风格(整体造型)的艺术特征			
		细部工艺的艺术特征			
		历史环境要素的艺术特征			
科学价值因素		完整性			
		建筑形制与结构的合理性或独特性			
		建筑材料的合理性或独特性			
		施工工艺水平			

续表 8-2

因素	因素调整系数范围/%	因子	因子调整系数范围/%	选项	选项调整系数范围/%
环境价值因素		历史地段区位			
		与周边环境的协调性			
		内部环境景观配置			
社会价值因素		稀缺程度(存世量)			
		社会知名度			
		保护等级影响			
文化价值因素		真实性			
		文化传承特色(文化代表性)			
使用价值因素		保存维护状况			
		使用状况			
		规划使用功能			
保护限制条件		没有或未收集到历史建筑或历史地段的保护规划或保护限制条件			
		有保护规划或保护限制条件	环境风貌限制		
			建筑实体保护限制		
			产权与使用限制		

8.2.4 比较法的实证应用

本书选用了山西省平遥古城内的一处传统风貌建筑作为比较法的实证案例。

1) 综述

(1) 估价对象

① 位置:平遥古城火神庙街××号。

② 保护等级:平遥古城传统风貌建筑。

③ 面积:土地面积 273.46 m²,建筑面积 192.03 m²。

④ 用途:登记用途为住宅,实际用途为住宅。

⑤ 土地使用权性质:私人产权。

(2) 估价目的

传统风貌建筑住宅转让,评估市场价值。

(3) 价值时点

2020 年 5 月 30 日。

(4) 建筑物重建或重修时间

现有建筑于 2016 年重建。

(5) 估价方法

比较法。

2) 估价对象简述

(1) 区域状况描述

估价对象位于平遥县内平遥古城。区域因素主要包括区域概况、交通状况、环境状况、外部配套设施、区域商业繁华度、区域土地利用状况等因素。详细表述(略)。

(2) 土地状况描述(略)

(3) 估价对象区段状况(略)

(4) 建筑物实物状况描述

经实地查勘,估价对象位于火神庙街××号,为传统院落形制,现作为住宅使用。2016年,估价对象涉及建筑物进行过规模性改建,但建筑布局、位置和规模没有明显变化。

估价对象为沿街南房3间,院内东西厢房各3间,北房3间。房屋建筑面积为192.03 m^2(图8-1、表8-3)。

表8-3 估价建筑建筑物现状

估价项目	估价对象房屋	建筑结构	建筑面积/m^2	设定现状用途
平遥古城火神庙街××号部分建筑物	北房3间(主房)	砖木	68.44	住宅
	东房3间	砖木	26.36	住宅
	西房3间	砖木	27.34	住宅
	南房3间	砖木	69.89	住宅
合计			192.03	

沿街南房3间,砖木结构,双坡顶灰筒瓦屋面,陡板正脊、垂脊,脊端设望兽、垂兽。山面做铃铛排山勾滴,砖博缝,拔檐线砖。墀头叠涩出檐,前檐柱顶平板枋承托梁头搁檐檩架檐椽、飞椽。随檩枋、平板枋间加荷叶墩支撑,穿插枋出柱顶端押于平板枋下。柱间额枋下镶嵌花板,浮雕植物花卉、博古图案。明间上槛下装挂落,透雕仙人博古图案。上槛下装木槅扇门四扇,次间上槛下装传统窗,风槛下为石制榻板,看面浮雕出行图。青条砖砌筑槛墙,墙面镶嵌石制"暗八仙""渔樵耕读"浮雕。建筑室内使用瓷面砖铺墁地面,室外檐下青方砖错缝铺墁地面,条石阶沿。

院内东、西厢房各3间,砖木结构,单坡顶灰筒瓦屋面,女墙正脊,陡板垂脊,脊端设望兽、垂兽。山面做铃铛排山勾滴,砖博缝,拔檐线砖。墀头以木挑梁出檐,前檐柱顶梁头搁檐檩架檐椽、飞椽。随檩枋、额枋间加荷叶墩支撑,额枋、上槛间镶嵌花板,浮雕植物花草图案。明间上槛下装风门帘架,做亮窗单扇门,槛框内装四扇木槅扇门,次间装传统窗。石制榻板浮雕卷草图案,青条砖砌筑槛墙。建筑室内使用灰色瓷方砖铺墁地面,墙面贴浅棕色壁纸。室外檐下地面错缝铺墁青方砖,条石阶沿。

北方3间,坐北面南,砖木结构,双坡顶灰筒瓦屋面,陡板正脊、垂脊,脊端设望兽、垂兽。山面做铃铛排山勾滴,砖博缝,拔檐线砖。墀头叠涩出檐,前檐柱顶平板枋承托梁头搁檐檩架檐椽、飞椽。随檩枋、平板枋间加荷叶墩支撑,额枋、上槛间镶嵌花板,浮雕仙人法器图案。上槛外装风门帘架，做亮窗单扇门，内装四扇木榻扇门，次间装传统窗。风槛下石制榻板浮雕卷草图案，青条砖砌筑槛墙。建筑室内使用灰色瓷方砖铺墁地面，墙面贴米白色壁纸。室外檐下地面错缝铺墁青方砖，条石阶沿。入口处做二级石踏步并安装垂带石。

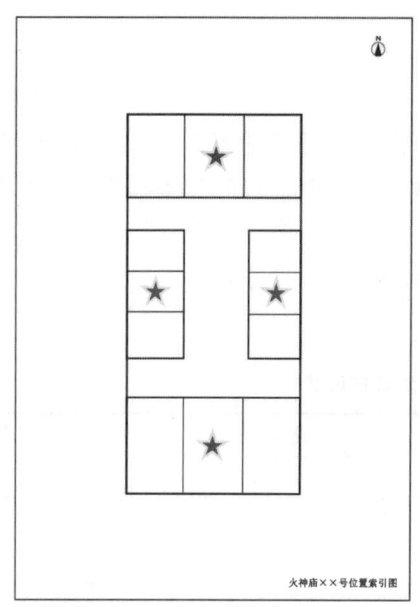

图 8-1　估价建筑建筑物现状图

3) 估价计算过程

（1）选择可比实例

根据估价人员对估价对象所在平遥古城内相似区域的住宅市场调查，虽然住宅交易不算频繁，但仍然有一些类似状况下的市场交易实例，我们选择了两年内发生交易的与估价对象属同一供需圈的三个交易实例，交易实例建筑状况与估价对象建筑状况相似，无明显差异，估价对象与可比实例的位置示意图见图 8-2 所示。各实例情况详见表 8-4 所示：

表 8-4　可比实例基本情况表

项目名称	可比实例 A	可比实例 B	可比实例 C
交易情况	正常	正常	正常
用途	住宅	住宅	住宅
坐落	旗杆街 18 号	西壁景堡街 17 号	孟家堡巷 4 号

续表 8-4

项目名称	可比实例 A	可比实例 B	可比实例 C
交易日期	2020.5.3	2019.8.12	2020.1.8
建筑面积/m²	278.80	282.05	267.16
楼层	一层	一层	一层
成交总价/万元	168	175	170
成交价格/(元/m²)	6026	6205	6363
成交价格价值定义	公开市场价格	公开市场价格	公开市场价格
租约限制	无	无	无
保护等级	传统风貌建筑	传统风貌建筑	传统风貌建筑
土地使用年限	70	70	65.4
案例来源	平遥县房产交易中心	平遥县房产交易中心	平遥县房产交易中心

图 8-2　估价对象与可比实例的位置示意图

① 可比实例 A(表 8-5)

表 8-5　可比实例 A

位置	旗杆街 18 号
建筑面积/m²	278.80
土地面积/m²	326.77
容积率	0.853
产权情况	私人产权交易,无产权无纠纷、无设定租赁权、他项权利等
现有建筑重建或修缮时间	2012 年
装修装饰状况	简单装修
单位价格(建筑面积)/(元/m²)	6026

续表 8-5

位置	旗杆街 18 号

② 可比实例 B（表 8-6）

表 8-6　可比实例 B

位置	西壁景堡街 17 号
建筑面积 /m²	282.05
土地面积 /m²	317.66
容积率	0.888
产权情况	私人产权交易，无产权无纠纷，无设定租赁权、他项权利等
现有建筑重建或修缮时间	2018 年
装修装饰状况	普通装修
单位价格(建筑面积)/(元 /m²)	6205

③ 可比实例 C（表 8-7）

表 8-7　可比实例 C

位置	孟家堡巷 4 号
建筑面积 /m²	267.16
土地面积 /m²	345.33
容积率	0.774

续表 8-7

位置	孟家堡巷 4 号
产权情况	私人产权交易,无产权无纠纷,无设定租赁权、他项权利等
现有建筑重建或修缮时间	2015 年
装修装饰状况	简单装修
单位价格(建筑面积)/(元/m²)	6363

(2) 建立比较基础

① 统一比较基础

估价对象与可比实例具有统一付款方式、统一融资条件、统一税费负担、统一计价单位(统一价格表示单位、统一货币种类和货币单位、统一面积内涵和单位)。

② 普通影响因素

传统风貌建筑的比较因素修正分为普通因素与特殊因素修正。普通影响因素通常包括权益状况、区位因素、实物状况等。

③ 特殊影响因素

特殊影响因素包括特殊历史文化价值因素、特殊使用价值因素和保护限制条件因素等。

(3) 普通影响因素修正

① 选择普通影响因素

根据估价对象的条件,影响房地产价格的主要常见因素有:

a. 市场状况(交易日期)是将可比实例在成交日期的房地产市场状况下形成的成交价格,调整为价值时点的房地产市场状况下最可能形成的成交价格。

b. 交易情况是把可比实例的实际成交但不够正常的交易价格修正为正常价格。

c. 房地产状况因素指估价对象本身的条件和特征,是决定同一区位内房地产差异性的重要因素,是同一区域内房地产销售价格差异的重要原因。房地产状况因素包括权益状况、区位状况和实物状况。详细见表 8-8。

② 估价对象与可比实例的普通影响因素说明(表 8-8)

表 8-8　普通影响因素条件说明表

项目名称		估价对象	可比实例 A	可比实例 B	可比实例 C
位置		火神庙街××号	旗杆街 18 号	西壁景堡街 17 号	孟家堡巷 4 号
用途		住宅	住宅	住宅	住宅
成交价格 /(元 /m²)		待估			
交易情况		正常	正常	正常	正常
交易时间		2020.5.31	2020.5.3	2019.8.12	2020.1.8
权益状况	土地使用年限 /年	70	70	70	65.4
	租约限制	无租约限制	无租约限制	无租约限制	无租约限制
	他项权利	无抵押等他项权利	无抵押等他项权利	无抵押等他项权利	无抵押等他项权利
区位状况	位置状况	一般	较劣	较劣	一般
	道路状况	支路	巷道	巷道	巷道
	交通便捷度	较优	一般	一般	一般
	停车状况	100 m 内无停车位	100 m 内无停车位	100 m 内无停车位	100 m 内无停车位
	公共配套设施状况	设施齐全	设施齐全	设施齐全	设施齐全
	教育配套设施	普通学区	普通学区	普通学区	普通学区
	景观	一般	一般	一般	一般
	朝向	南北朝向	南北朝向	南北朝向	南北朝向
	楼层	一层	一层	一层	一层
实物状况	面积 /m²	192.03	278.80	282.05	267.16
	设施设备	水、电等设施齐全	水、电等设施齐全	水、电等设施齐全	水、电等设施齐全
	空间布局	户型形状方正,布局合理	户型形状方正,布局合理	户型形状方正,布局合理	户型形状方正,布局合理
	采光	采光良好	采光良好	采光一般	采光良好
	通风	南北通透,通风良好	南北通透,通风良好	南北略狭窄,通风一般	南北通透,通风良好
	装修等级	普通装修	简单装修	普通装修	简单装修
物业管理		无物业公司进行管理	无物业公司进行管理	无物业公司进行管理	无物业公司进行管理

③ 编制普通影响因素指标表

通过专家打分法编制普通影响因素指标表,过程解释略。

a. 交易情况修正

以上所选择的几个可比实例,均为自由竞争市场上的平均价格,无急买急售、交易双方的特殊偏好等特殊交易情况,且为包含买卖双方应负担税费的正常成交价格。故修正系数均取 100。

b. 市场状况修正

三个可比实例交易日期均与价值时点日期比较接近,在该段时间内估价对象所在区域住宅房价平稳,故不作修正。

c. 权益状况修正（表 8-9）

表 8-9 权益状况修正表

序号	项目	说　　明
01	土地使用年限	由于估价对象用途为住宅，根据《民法典》物权编，住宅用地到期后将自动续期，故土地使用年限不作修正
02	租约限制	由于估价对象与三个可比实例均无租约限制，故租约限制不作修正
03	他项权利状况	由于估价对象与三个可比实例均无他项权利限制，故他项权利状况不作修正

d. 区位状况修正（表 8-10）

表 8-10 区位状况修正表

序号	项目	等级	指标	序号	项目	等级	指标
01	位置状况	优、较优、一般、较劣、劣五个等级	估价对象指数为100，每上升或下降一个级别，则指数增加或减少2	02	道路状况	古城内主干道、次干道、支路、巷道四个等级	设定估价对象的指数为100，每上升或下降一个级别，则指数增加或减少2
03	交通便捷度	优、较优、一般、较劣、劣五个等级	设定估价对象的指数为100，每上升或下降一个级别，则指数增加或减少2	04	停车状况	100 m内无停车位、100 m内有停车位、建筑或周边有1个停车位、建筑或周边2个及以上停车位四个等级	设定估价对象的指数为100，每上升或下降一个级别，则指数增加或减少2
05	公共配套设施状况	齐全、较齐全、一般、不齐全四个等级	设定估价对象的指数为100，每上升或下降一个级别，则指数增加或减少2	06	教育配套设施	重点学区、次重点学区、普通学区、较差学区四个等级	设定估价对象的指数为100，每上升或下降一个级别，则指数增加或减少2
07	周边环境	详见特殊因素修正		08	景观或噪声污染	优、较优、一般、较劣、劣五个等级	设定估价对象的指数为100，每上升或下降一个级别，则指数增加或减少1
09	朝向	南北朝向、东南西南朝向、东西朝向、东北西北朝向、正北朝向北五个等级	设定估价对象的指数为100，每上升或下降一个级别，则指数增加或减少3。	10	楼层	纯一层、局部一层、局部二层、纯二层、局部三层五个级别	以顶层为最劣，底层次之，以中楼层为最佳，每上升或下降一个级别，因素指数上升或下降2

e. 实物状况修正（表 8-11）

表 8-11 实物状况修正表

序号	项目	等级	指标	序号	项目	等级	指标
01	建筑物成新度	详见特殊因素修正		02	建筑面积	100 m² 以下、100～150 m²、150～250 m²、250～350 m²、350 m² 以上五个等级	设定估价对象的指数为100,每上升或下降一个级别,则指数增加或减少1
03	设施设备	齐全、较齐全、一般、不齐全四个等级	设定估价对象的指数为100,每上升或下降一个级别,则指数增加或减少0.5	04	采光	优、较优、一般、较劣、劣五个等级	设定估价对象的指数为100,每上升或下降一个级别,则指数增加或减少0.5
05	通风	优、较优、一般、较劣、劣五个等级	设定估价对象的指数为100,每上升或下降一个级别,则指数增加或减少0.5	06	装修等级	豪华装修、中档装修、普通装修、简单装修、无装修五个等级	设定估价对象的指数为100,每上升或下降一个级别,则指数增加或减少3
07	物业管理状况	高、较高、一般、较低、无物业五个等级	设定估价对象的指数为100,每上升或下降一个级别,则指数增加或减少0.5				

f. 容积率状况修正(表 8-12)

表 8-12 容积率状况修正表

容积率	<0.5	0.5～0.7	0.7～0.9	0.9～1.1	1.1～1.35	1.35～1.5	>1.5
修正系数	95	97	103	100	103	95	90

④ 普通影响因素修正计算

根据估价对象与可比实例普通影响因素的差异,以估价对象的各普通因素条件为基础,确定可比实例各普通因素的相应指数,普通影响因素修正系数表和计算过程详见表 8-13、表 8-14 所示。

表 8-13 普通影响因素修正系数表

		估价对象	可比实例 A	可比实例 B	可比实例 C
成交价格/(元/m²)		待估	6 026	6 205	6 363
交易情况		100	100	100	100
交易时间		100	100	100	100
权益状况	土地使用年限	100	100	100	100
	租约限制	100	100	100	100
	他项权利	100	100	100	100

续表 8-13

		估价对象	可比实例 A	可比实例 B	可比实例 C
区位状况	位置状况	100	98	98	100
	道路状况	100	98	98	98
	交通便捷度	100	98	98	98
	停车状况	100	100	100	100
	公共配套设施状况	100	100	100	100
	教育配套设施	100	100	100	100
	景观	100	100	100	100
	朝向	100	100	100	100
	楼层	100	100	100	100
实物状况	面积	100	101	101	101
	设施设备	100	100	100	100
	空间布局	100	100	100	100
	采光	100	100	99.5	100
	通风	100	100	99.5	100
	装修等级	100	97	100	97
	物业管理	100	100	100	100
	容积率	0.702	0.853	0.888	0.774

表 8-14 普通影响因素修正测算过程表

		可比实例 A	可比实例 B	可比实例 C
成交价格/(元/m²)		6 026	6 205	6 363
交易情况		100/100	100/100	100/100
交易时间		100/100	100/100	100/100
权益状况	土地使用年限	100/100	100/100	100/100
	租约限制	100/100	100/100	100/100
	他项权利	100/100	100/100	100/100
区位状况	位置状况	100/98	100/98	100/100
	道路状况	100/98	100/98	100/98
	交通便捷度	100/98	100/98	100/98
	停车状况	100/100	100/100	100/100
	公共配套设施状况	100/100	100/100	100/100
	教育配套设施	100/100	100/100	100/100
	景观	100/100	100/100	100/100
	朝向	100/100	100/100	100/100
	楼层	100/100	100/100	100/100

续表 8-14

		可比实例 A	可比实例 B	可比实例 C
实物状况	面积	100/101	100/101	100/101
	设施设备	100/100	100/100	100/100
	空间布局	100/100	100/100	100/100
	采光	100/100	100/99.5	100/100
	通风	100/100	100/99.5	100/100
	装修等级	100/97	100/100	100/97
	物业管理	100/100	100/100	100/100
	容积率	103/103	103/103	103/103
普通因素修正系数		1.0845	1.0626	1.0628
比准价格一/(元/m²)		6 535	6 593	6 763

4）特殊影响因素调整

（1）估价对象与可比实例的特殊影响因素说明（表 8-15）

说明表格如下：

表 8-15 估价对象与可比实例的特殊因素说明表

因素	因子项	估价对象	可比实例 A	可比实例 B	可比实例 C
历史价值因素	始建年代	重建的传统风貌建筑,历史无考	重建的传统风貌建筑,历史无考	重建的传统风貌建筑,历史无考	重建的传统风貌建筑,历史无考
	重要历史事件的关联度	重建的传统风貌建筑,历史无考	重建的传统风貌建筑,历史无考	重建的传统风貌建筑,历史无考	重建的传统风貌建筑,历史无考
	重要或著名历史人物的关联度	重建的传统风貌建筑,历史无考	重建的传统风貌建筑,历史无考	重建的传统风貌建筑,历史无考	重建的传统风貌建筑,历史无考
艺术价值因素	空间布局的艺术特征	南北一进,布局普通	南北两进,布局严谨	东西两路一进,布局普通	南北两进,布局严谨
	建筑风格（整体造型）的艺术特征	南北狭小	整体造型方正	东西狭小	整体造型方正
	细部工艺的艺术特征	正常细部构件	正常细部构件、门楼装饰较为特殊	正常细部构件	正常细部构件
	历史环境要素的艺术特征	基本无要素	基本无要素	基本无要素	基本无要素
科学价值因素	完整性	重建的传统风貌建筑风格	重建的传统风貌建筑风格	重建的传统风貌建筑风格	重建的传统风貌建筑风格
	建筑形制与结构的合理性或独特性	重建的传统风貌建筑风格	重建的传统风貌建筑风格	重建的传统风貌建筑风格	重建的传统风貌建筑风格
	建筑材料的合理性或独特性	重建的传统风貌建筑风格	重建的传统风貌建筑风格	重建的传统风貌建筑风格	重建的传统风貌建筑风格
	施工工艺水平	重建的传统风貌建筑风格	重建的传统风貌建筑风格	重建的传统风貌建筑风格	重建的传统风貌建筑风格
环境价值因素	历史地段区位	古城一般地段	古城边缘地段	古城边缘地段	古城一般地段
	与周边环境的协调性	周边有商铺民宿一般协调	周边多为住宅较为协调	周边多为住宅较为协调	周边有商铺民宿一般协调
	内部环境景观配置	基本无内部景观	基本无内部景观	基本无内部景观	基本无内部景观

续表 8-15

因素	因子项	估价对象	可比实例 A	可比实例 B	可比实例 C
社会价值因素	稀缺程度(存世量)	传统风貌建筑,8年内重建	传统风貌建筑,8年内重建	传统风貌建筑,8年内重建	传统风貌建筑,8年内重建
	社会知名度	传统风貌建筑,8年内重建	传统风貌建筑,8年内重建	传统风貌建筑,8年内重建	传统风貌建筑,8年内重建
	保护等级影响	传统风貌建筑,8年内重建	传统风貌建筑,8年内重建	传统风貌建筑,8年内重建	传统风貌建筑,8年内重建
文化价值因素	真实性	传统风貌建筑,8年内重建	传统风貌建筑,8年内重建	传统风貌建筑,8年内重建	传统风貌建筑,8年内重建
	文化传承特色(文化代表性)	传统风貌建筑,属于一般性代表建筑	传统风貌建筑,属于一般性代表建筑	传统风貌建筑,属于一般性代表建筑	传统风貌建筑,属于一般性代表建筑
使用价值因素	保存维护状况	2016年修缮重建,正常维护	2012年修缮重建,正常维护	2018年修缮重建,正常维护	2015年修缮重建,正常维护
	使用状况	正常使用	正常使用	正常使用	空置
	规划使用功能	住宅	住宅	住宅	住宅
保护限制条件	环境风貌限制	受古城保护规划整体限制	受古城保护规划整体限制	受古城保护规划整体限制	受古城保护规划整体限制
	建筑实体保护限制	建筑实体改建维修都有限制要求	建筑实体改建维修都有限制要求	建筑实体改建维修都有限制要求	建筑实体改建维修都有限制要求
	产权与使用限制	私人产权,基本无限制	私人产权,基本无限制	私人产权,基本无限制	私人产权,基本无限制

(2) 编制特殊影响因素调整指标表

根据估价对象与可比实例实际情况,通过专家打分法编制特殊影响因素调整系数指标表(表 8-16),过程解释略。

表 8-16 估价对象与可比实例的特殊因素调整系数指标表

因素	因子	修正等级	修正系数
历史价值因素	始建年代	都是传统风貌建筑,且都在8年内重建,故始建年代不作修正	
	重要历史事件的关联度	都是相似的传统风貌建筑,故不作修正	
	重要或著名历史人物的关联度	都是相似的传统风貌建筑,故不作修正	
艺术价值因素	空间布局的艺术特征	较高、一般、较劣三个等级	估价对象指数为100,每上升或下降一个级别,则指数增加或减少1
	建筑风格(整体造型)的艺术特征	较高、一般、较劣三个等级	估价对象指数为100,每上升或下降一个级别,则指数增加或减少2
	细部工艺的艺术特征	较高、一般、较劣三个等级	估价对象指数为100,每上升或下降一个级别,则指数增加或减少2
	历史环境要素的艺术特征	较高、一般、较劣三个等级	估价对象指数为100,每上升或下降一个级别,则指数增加或减少1
科学价值因素	完整性	都是传统风貌建筑,且都在8年内重建,故完整性不作修正	
	建筑形制与结构的合理性或独特性	较高、一般、较劣三个等级	估价对象指数为100,每上升或下降一个级别,则指数增加或减少2
	建筑材料的合理性或独特性	较高、一般、较劣三个等级	估价对象指数为100,每上升或下降一个级别,则指数增加或减少2
	施工工艺水平	较高、一般、较劣三个等级	估价对象指数为100,每上升或下降一个级别,则指数增加或减少3

续表 8-16

因素	因子	修正等级	修正系数
环境价值因素	历史地段区位	古城核心地段、重点地段、一般地段、边缘地段四个等级	估价对象指数为100,每上升或下降一个级别,则指数增加或减少1
	与周边环境的协调性	较为协调、一般协调、略不协调、不协调四个等级	估价对象指数为100,每上升或下降一个级别,则指数增加或减少2
	内部环境景观配置	较为协调、一般协调、略不协调、不协调四个等级	估价对象指数为100,每上升或下降一个级别,则指数增加或减少1
社会价值因素	稀缺程度(存世量)	都是传统风貌建筑,且都在8年内重建,故稀缺性程度不作修正	
	社会知名度	都是传统风貌建筑,且都在8年内重建,故社会知名度不作修正	
	保护等级影响	都是传统风貌建筑,且都在8年内重建,故保护等级影响不作修正	
文化价值因素	真实性	都是传统风貌建筑,且都在8年内重建,故真实性不作修正	
	文化传承特色(文化代表性)	都是传统风貌建筑,属于一般性代表建筑,故文化传承特色不作修正	
使用价值因素	保存维护状况	以理论成新率为指标	按百分率实际判断成新率差异
	使用状况	正常使用、空置两种情况	估价对象指数为100,每上升或下降一个级别,则指数增加或减少2
	规划使用功能	都是住宅,且都在8年内重建,古城规划也未有调整,故规划使用功能不作修正	
保护限制条件	环境风貌限制	都位于平遥古城内,都是传统风貌建筑住宅,且都在8年内重建,符合保持延续平遥地方建筑风貌,环境风貌限制要求基本一致,故不作修正	
	建筑实体保护限制	都位于平遥古城内,都是传统风貌建筑住宅,且都在8年内重建,都保持延续平遥地方建筑特色,建筑实体保护限制要求基本一致,故不作修正	
	产权与使用限制	都位于平遥古城内,都是传统风貌建筑住宅,且都在8年内重建,都保持延续平遥地方建筑特色,产权与使用限制要求基本一致,故不作修正	

（3）特殊影响因素调整计算

根据估价对象与可比实例特殊影响因素的差异,以估价对象的特殊因素条件为基础,确定可比实例各特殊影响因素的相应指数,特殊影响因素调整系数表和计算过程详见表 8-17、表 8-18 所示。

表 8-17 特殊影响因素系数调整表

因素	因子项	估价对象	可比实例 A	可比实例 B	可比实例 C
历史价值因素	始建年代	100	100	100	100
	重要历史事件的关联度	100	100	100	100
	重要或著名历史人物的关联度	100	100	100	100
艺术价值因素	空间布局的艺术特征	100	101	100	101
	建筑风格(整体造型)的艺术特征	100	102	100	102
	细部工艺的艺术特征	100	102	100	100
	历史环境要素的艺术特征	100	100	100	100
科学价值因素	完整性	100	100	100	100
	建筑形制与结构的合理性或独特性	100	100	100	100
	建筑材料的合理性或独特性	100	100	100	100
	施工工艺水平	100	100	100	100

续表 8-17

因素	因子项	估价对象	可比实例 A	可比实例 B	可比实例 C
环境价值因素	历史地段区位	100	99	99	100
	与周边环境的协调性	100	102	102	100
	内部环境景观配置	100	100	100	100
社会价值因素	稀缺程度(存世量)	100	100	100	100
	社会知名度	100	100	100	100
	保护等级影响	100	100	100	100
文化价值因素	真实性	100	100	100	100
	文化传承特色(文化代表性)	100	100	100	100
使用价值因素	保存维护状况(按理论成新率)	0.904	0.808	0.952	0.88
	使用状况	100	100	100	98
	规划使用功能	100	100	100	100
保护限制条件	环境风貌限制	100	100	100	100
	建筑实体保护限制	100	100	100	100
	产权与使用限制	100	100	100	100

表 8-18 特殊影响因素系数调整测算表

因素	因子项	可比实例 A	可比实例 B	可比实例 C
	比准价格一/(元/m²)	6 535	6 593	6 763
历史价值因素	始建年代	100/100	100/100	100/100
	重要历史事件的关联度	100/100	100/100	100/100
	重要或著名历史人物的关联度	100/100	100/100	100/100
艺术价值因素	空间布局的艺术特征	100/101	100/100	100/101
	建筑风格(整体造型)的艺术特征	100/102	100/100	100/102
	细部工艺的艺术特征	100/102	100/100	100/100
	历史环境要素的艺术特征	100/100	100/100	100/100
科学价值因素	完整性	100/100	100/100	100/100
	建筑形制与结构的合理性或独特性	100/100	100/100	100/100
	建筑材料的合理性或独特性	100/100	100/100	100/100
	施工工艺水平	100/100	100/100	100/100
环境价值因素	历史地段区位	100/99	100/99	100/100
	与周边环境的协调性	100/102	100/102	100/100
	内部环境景观配置	100/100	100/100	100/100
社会价值因素	稀缺程度(存世量)	100/100	100/100	100/100
	社会知名度	100/100	100/100	100/100
	保护等级影响	100/100	100/100	100/100

续表 8-18

因素	因子项	可比实例 A	可比实例 B	可比实例 C
文化价值因素	真实性	100/100	100/100	100/100
	文化传承特色(文化代表性)	100/100	100/100	100/100
使用价值因素	保存维护状况	0.904/0.808	0.904/0.952	0.904/0.88
	使用状况	100/100	100/100	100/98
	规划使用功能	100/100	100/100	100/100
保护限制条件	环境风貌限制	100/100	100/100	100/100
	建筑实体保护限制	100/100	100/100	100/100
	产权与使用限制	100/100	100/100	100/100
	特殊因素调整系数	1.0544	0.9404	1.0175
	比准价格二/(元/m²)	6 890	6 200	6 881

5) 估价结果测算

由于三个比准价格差距不大,且均真实可信,故以其算术平均值作为估价对象测算后的评估结果,即

$$(6\,890 + 6\,200 + 6\,881)/3 = 6\,657 \text{ 元/m}^2$$

故估价对象传统风貌建筑总价值为：$192.03 \times 6\,657 = 1\,278\,343.71$ 元,取整到万位为 127.83 万元。

8.3 比较法的特殊影响因素附加调整法的应用

比较法的特殊影响因素附加调整法原理与传统比较法相同,只是比较对象有所差异。属于一种特殊的比较法。"传统比较法"体现历史建筑估价对象与可比实例历史建筑之间的差异,"比较法的特殊影响因素附加调整法"(简称"附加调整法")体现估价对象历史建筑与普通房地产之间的差异。

8.3.1 附加调整法的评估程序

附加调整法的评估程序的应用步骤为：

(1) 先将估价对象历史建筑假设为普通房地产,通过传统房地产估价方法测算得出现状利用条件下的普通房地产价值。

(2) 对估价对象历史建筑的特殊历史文化价值、特殊使用价值与保护限制条件等特殊影响因素进行调整,测算调整系数。

(3) 将普通房地产价值与特殊因素调整系数相乘,得出测算估价对象历史建筑价值。

附加调整法的调整基数是普通房地产价格,不是传统比较法中的其他同类历史建

筑交易价格。例如始建年代,传统比较技术路径中的调整系数可能是5%,而附加调整法的调整系数可能达到20%。因此,《房地产估价规范》(GB/T 50291—2015)比较法中要求"分别对可比实例成交价格的修正或调整幅度不宜超过20%,共同对可比实例成交价格的修正和调整幅度不宜超过30%"等规定并不适用于附加调整法的系数调整。

无论采用层次分析法还是德尔菲法来计算的历史建筑特殊因素调整系数时,都应考虑项目所在区域及保护等级等因素设定调整系数范围。由于附加调整法的原理是以普通房地产价格为基数,其不同的保护等级对调整系数分值区间的影响较大。例如全国重点文物保护单位、省级文物保护单位或部分特殊因素明显突出的历史建筑,其特殊性与普通房地产差异太大,同样反映在价格上,如果强行进行系数调整,有可能会出现其综合调整系数超过150%或单个因素调整系数超过50%的情况,严重偏离合理范围,故"比较法的特殊影响因素附加调整法"不宜用于保护等级高以及某个特殊因素影响显著的历史建筑估价。

因此,适用附加调整法的难点在于确定调整因素和编制调整系数表,以及准确剖析历史建筑与普通房地产在历史文化增值、特殊使用与产权利用限制的差异,目前学术界这样的研究较少。因此,建议估价行业协会或估价机构组织专家根据估价对象与所在区域的情况,通过适宜的技术方法确定估价对象所在区域的特殊因素调整系数区间范围,进一步确定各特殊因子调整系数区间范围,然后确定各因子的具体选项以及相应的调整系数区间范围。最后由估价师根据估价对象实际情况,在选项调整系数区间范围内确定特殊因子调整系数值,特殊因子调整系数值可到小数点后一位。

同理附加调整法应用于历史建筑用地地价评估的评估程序为:

(1) 先将估价对象历史建筑用地假设为普通建筑用地,通过传统土地估价方法测算得出现状利用条件下的普通建筑用地地价。

(2) 对估价对象建筑用地的特殊历史文化价值、特殊使用价值与保护限制条件等特殊影响因素进行调整,测算调整系数。

(3) 将普通建筑用地价值与特殊影响因素调整系数相乘,得出测算估价对象历史建筑用地地价。

8.3.2 附加调整法的实证应用

本书选用了江苏省苏州古城内的一处市级文物保护单位作为附加调整法的实证案例,分别应用于房地产估价与土地估价两种情形。

1) 历史建筑估价的附加修正技术路径应用

(1) 综述

① 估价对象

a. 位置:苏州古城滚绣坊青石弄5号——叶圣陶故居。

b. 保护等级：苏州市级文物保护单位。

c. 面积：土地面积 452.05 m²，建筑面积 277.11 m²。

d. 用途：登记用途：科教文卫；实际用途：苏州杂志社。

② 估价目的

国有资产价值核算，纳入国有资产管理报告。

③ 价值时点

2021 年 12 月 20 日。

④ 估价方法

比较法的特殊影响因素附加调整法。

(2) 估价对象描述

① 估价对象周边环境描述

估价对象叶圣陶故居位于苏州古城双塔街道十全街滚绣坊青石弄(图 8-3)。十全街位于苏州古城南部，东起葑门安立桥堍，西至人民路三元坊口，为旧时古城高尚住宅区，豪门巨屋，深宅大院，鳞次栉比，古朴宁静。十全街上已栽了好几十年的法国梧桐，也不失原来粉墙黛瓦、人家枕河的韵味，夏季树林阴翳，秋季泛黄的梧桐枝叶铺满街道，给人一种畅游在古风古韵中的惬意之感。

图 8-3　估价对象现状照片

② 保护限制条件

估价对象古建筑位于苏州古城中心区域,属于历史城区内,但不属于核定的历史文化街区范围内。保护限制条件按《苏州国家历史文化名城保护条例》规定执行。

③ 估价对象实物描述

叶圣陶是中国现代著名作家、教育家、出版家和社会活动家。他于1894年出生在苏州城内一个平民家庭,1928年发表了长篇小说《倪焕之》。1923年出版的《稻草人》是我国第一部童话集。1930年,转入开明书店,主办《中学生》杂志。新中国成立后叶圣陶曾任中央人民政府出版总署副署长、教育部副部长兼人民教育出版社社长和总编辑等职。

1935年,叶圣陶用多年笔耕的收入购建了位于苏州古城中心区域的一座幽静古朴、三面回廊的庭院,这个占地七分的石库门院落,一半是庭院,一半是中西式平房。花石围绕草坪,绿树掩映长廊,尤如小型园林。

叶圣陶和母亲、子女一家六口住在这里。叶圣陶在此定居两年,"八一三"淞沪抗战爆发,叶圣陶携全家离开苏州,辗转去了四川等地。抗日战争胜利后,未迁回苏州。1984年底,叶圣陶主动提出,想把苏州滚绣坊青石弄的这处住宅捐给国家,办一点文化方面的事情。1985年12月正式把青石弄5号这所私房捐赠给苏州市文联。翌年,青石弄5号完整地移交到市文联手中。1990年,修缮好的叶圣陶的这所故居成了苏州杂志社所在地,2011年重新整修。当时《苏州杂志》杂志社主编、社长陆文夫是中国当代文学史上的著名作家,交游甚广,全国各地的作家朋友到苏州来,喜欢来苏州杂志社坐坐。青年女作家范小青也曾在杂志社任主编。1998年,叶圣陶故居被列为苏州市文物保护单位。

滚绣坊青石弄5号土地面积452 m^2,建筑面积277 m^2。院门东向。传统的苏式牌坊上题有"叶圣陶故居"五个字,院门左右设有"苏州市文物保护单位"标记、叶圣陶故居简介、苏州杂志门牌,具有浓厚的文人气息。走进大门,里面是一个花厅。建筑空间整体呈丁字形。院北一排青砖青瓦朝南平房,面阔15.6 m,进深10.57 m,砖混结构,正面外做木结构双步前廊,前为1.62 m进深,砖砌方形檐柱,连以砖砌坐栏,地面方砖铺地。长门短窗结合,砖细门窗套,短窗下青砖清水墙面。雕花门扇加砖细门套,硬山搁檩,屋面为小青瓦制,配镂空屋脊,正间纹头脊。主房分为四间,上施泥墁,下铺地板,每间又以格扇分为内外两半,内为卧室,外为写作、会客、起居之所。西侧还有朝东附房一列。

南部则是花木扶疏四时常绿的庭院,庭院内布局开阔,太湖石假山水池、石桥,鹅卵石海棠花纹铺地,石桌凳俱全。庭院内紫藤悬垂、小径逶迤,并题有名人字画,可以称得上是闹市中的一处静谧之所。

(3) 价值计算过程

① 估价方法说明(略)

② 假设为普通房地产的价值计算

此处计算略。

通过传统估价方法计算,得出价值时点 2021 年 12 月 31 日,假设为普通房地产的估价对象价值结果为:单位价值为 19 280 元/m²,建筑面积 277.11 m²,总价值为 534.27 万元(科教文卫用途)。

③ 计算特殊历史文化价值因素调整

a. 建立历史建筑特殊历史文化价值因素调整指标范围

本次估价采用德尔菲法来取得该区域内历史建筑特殊历史文化价值因素调整指标范围,指标体系详见表 8-19 所示。

表 8-19 特殊历史文化因素调整指标体系表(德尔菲法)

因素项	因子项	总调整系数区间范围/%	选项	调整系数区间范围/%	备注
历史价值因素调整指标					
历史价值因素	始建年代	略	明代及以前	略	
			清代		
			清末与民国前期		
			民国中后期		
			1949 年后		
	重要或著名历史人物的关联度		全国知名人物		
			地方知名人物		
			一般人物		
			全国知名事件		
			地方知名事件		
			一般事件		
艺术价值因素调整指标					
艺术价值因素	空间布局的艺术特征		艺术特征明显、具有较高的艺术美感		
			具备一定的艺术特征		
			艺术特征一般		
	建筑风格(整体造型)的艺术特征		艺术特征明显、具有较高的艺术美感		
			具备一定的艺术特征		
			艺术特征一般		
	细部工艺的艺术特征		艺术特征明显、具有较高的艺术美感		
			具备一定的艺术特征		
			艺术特征一般		
	历史环境要素的艺术特征		艺术特征明显、具有较高的艺术美感		
			具备一定的艺术特征		
			艺术特征一般		

续表 8-19

因素项	因子项	总调整系数区间范围/%	选项	调整系数区间范围/%	备注
科学价值因素调整指标					
科学价值因素	完整性		完整		
			基本完整		
			仅余单体		
			基本无原有风貌		
	建筑形制与结构的合理性或独特性		科学合理性较高		
			有一定的科学合理性		
			科学合理性一般		
	建筑材料的合理性或独特性		科学合理性较高		
			有一定的科学合理性		
			科学合理性一般		
	施工工艺水平		工艺水平较为突出		
			有一定的施工工艺水准		
			施工水平一般		
			工艺水平较差,对建筑物有破坏		
环境价值因素调整指标					
环境价值因素	历史地段区位		历史地段核心地段		
			历史地段重点地段		
			历史地段一般地段		
			历史地段边缘地段		
			不在历史地段范围内		
	与周围环境的协调性		较为协调		
			一般协调		
			略不协调		
			明显不协调		
	内部环境景观配置		较为协调		
			一般协调		
			略不协调		
			明显不协调		

续表 8-19

因素项	因子项	总调整系数区间范围/%	选项	调整系数区间范围/%	备注
社会价值因素调整指标					
社会价值因素	稀缺程度（存世量）		苏州古城内属于较为稀缺		
			苏州古城内稀缺性程度一般		
			苏州古城内稀缺性程度较弱		
	社会知名度		全国知名		
			区域知名		
			本地知名		
			一般知名		
	保护等级影响		市县级文物保护单位		
			控制性保护建筑		
			历史建筑		
			一般不可移动文物		
文化价值因素调整指标					
文化价值因素	真实性		真实保存度较高		
			有一定的真实保存度		
			真实性保存度一般		
	文化传承特色（文化代表性）		典型代表作品		
			代表作品		
			一般作品		

b. 确定估价对象历史建筑特殊历史文化价值因素调整指标值

估价人员根据德尔菲法的系数分值调整体系，针对估价对象的特殊历史文化价值因素方面的实际情况，综合确定各特殊影响因子的调整指标值，详见表 8-20 所示。

表 8-20　特殊历史文化价值因素情况说明与调整值表

因素项	因子项	估价对象情况说明	调整指标/%	备注
历史价值因素	始建年代	1935 年，叶圣陶用多年笔耕的收入购建了位于苏州古城中心区域的一座幽静古朴、三面回廊的庭院	略	
	重要历史事件	估价对象无重大历史事件发生		
	重要或著名历史人物的关联度	叶圣陶是中国现代著名作家、教育家、出版家和社会活动家；解放后叶圣陶曾担任中央人民政府出版总署副署长、教育部副部长兼人民教育出版社社长和总编辑等职		

续表 8-20

因素项	因子项	估价对象情况说明	调整指标/%	备注
艺术价值因素	空间布局的艺术特征	占地七分的石库门院落,一半是庭院,一半是中西式平房;整体上形成宅院分明的空间体系		
	建筑风格(整体造型)的艺术特征	估价对象主体建筑为砖木结构,青砖砌筑单丁斗砖墙;屋面设置简单的立瓦正脊;整体造型属于带有西方建筑特色的中式传统建筑		
	细部工艺的艺术特征	估价对象建筑主要是青砖青瓦朝南平房,砖细门窗套,短窗下青砖清水墙面;装饰素雅,少木(砖)雕与彩画等		
	历史环境要素的艺术特征	南部则是花木扶疏四时常绿的庭院,庭院内布局开阔,太湖石假山水池石桥,鹅卵石海棠花纹铺地,石桌凳俱全;庭院内紫藤悬垂、小径透迤;虽然不是典型的苏式园林布局,也可以称得上是闹市中的一处静谧之所		
科学价值因素	完整性	估价对象于 1985 年捐赠国家,虽然经过数次修缮,但整体建筑形制、装饰相对保持完整		
	建筑形制与结构的合理性或独特性	估价对象建筑大量使用抬梁穿斗混合结构;虽然尺度有限,空间简明,形制结构较为合理,但无明显特色		
	建筑材料的合理性或独特性	估价对象建筑大量使用木构、青砖墙等,用材合理,但无明显特色		
	施工工艺水平	估价对象修缮时聘请当地的专业施工团队负责实施,施工水平较为细致		
环境价值因素	历史地段区位	位于苏州古城核心地段,但不属于历史文化街区范围内		
	与周边环境的协调性	周边环境小桥流水人家,小巷深处渲染着历史的记忆,较为协调		
	内部环境景观配置	院中紫藤悬垂,小径透迤;花石围绕草坪,绿树掩映长廊,尤如小型园林		
社会价值因素	稀缺程度(存世量)	此处故居不属于传统意义上的长久故居,其建筑风格较为普遍,在苏州地区相对稀缺性程度一般		
	社会知名度	由于叶圣陶仅在此定居两年,并不属于传统意义上的故居,且地处深巷,社会知名度并不高		
	保护等级影响	市级文物保护单位		
文化价值因素	真实性	1990 年与 2011 年均进行过大修,保留了一定的真实性,但一些材料与结构略作变动		
	文化传承特色(文化代表性)	一座幽静古朴、三面回廊的庭院,这个占地七分的石库门院落,一半是庭院,一半是中西式平房;此处庭院不属于传统苏式建筑风格,对反映苏州地方文化特色历史背景程度一般;属于苏州民国时期中等人家庭院代表作品,存在一定的文化传承		
	小计		69	

c. 经过特殊历史文化价值调整后的价值计算

通过分析历史建筑本身的历史、艺术、科学、环境、社会文化价值特殊因素,编制因素调整体系,并确定各指标基础指标范围。根据估价对象特殊历史文化价值因素实际情况,估价人员综合确定相关的调整指标值,详见表 8-21 所示。

表 8-21 特殊历史文化价值调整的价值计算表

项目	调整比例/%	金额/万元
假设为普通房地产的估价对象价值		534.27
特殊历史文化价值因素调整		
历史价值因素调整	24	
艺术价值因素调整	6	
科技价值因素调整	5	
环境价值因素调整	4	
社会价值因素调整	19	
文化价值因素调整	11	
小计	69	368.65
调整后的估价对象价值		902.92

④ 特殊使用价值调整

a. 建立历史建筑特殊使用价值调整指标范围

本次估价采用德尔菲法，取得该区域内历史建筑特殊使用价值调整指标范围，详见表 8-22 所示。

表 8-22 特殊使用价值因素调整指标

因素项	因子项	总调整系数区间范围/%	选项	调整系数区间范围/%	备注
使用价值因素	保存维护状况	略	修缮后保存完好	略	
			修缮后保存情况一般		
			未修缮,有一定的损坏减值		
			损坏较严重,甚至濒临坍塌		
	使用状况		正常使用、现有功能合适		
			正常使用、现有功能不宜		
			空置		
	规划使用功能		可调整使用功能		
			可保留原有功能		
			需改为展示功能		

b. 估价师根据德尔菲法的系数分值调整体系，针对估价对象的使用价值特殊影响因素方面的实际情况，综合确定各影响因子的调整指标。详见表 8-23 所示。

表 8-23 估价对象的特殊使用价值因素调整计算表

因素项	因子项	情况说明	调整指标/%	备注
使用价值因素	保存维护状况	有部分木柱、木构件出现开裂等损坏，需要简单维修；长期得到维护，整体维护情况较好	略	
	使用状况	目前正常使用，现有使用功能合适		
	规划使用功能	规划使用功能没有变化，可保留原有功能		
小计			−2	

c. 特殊使用价值因素调整值

通过分析传统风貌建筑本身的特殊使用价值影响因素，编制因素调整体系，并结合估价对象建筑本身的实际状况，综合确定使用价值调整指标，将房地综合价值与调整指标结合得出使用价值影响因素值，详见表 8-24 所示。

表 8-24 特殊使用价值影响因素计算结果表

项目	调整比例/%	金额/万元
估价对象建筑价值		902.92
使用价值因素调整	−2	
使用价值影响因素值		−18.06
调整后的估价对象价值		884.86

⑤ 保护限制条件调整

估价对象属于市级文物保护单位，有编制文物保护单位保护规划。

a. 建立历史建筑保护限制条件调整指标范围

本次估价采用德尔菲法，来取得该区域内历史建筑保护限制条件调整指标范围，详见表 8-25 所示。

表 8-25 保护限制条件调整指标体系（德尔菲法）

因素项	因子项	总调整系数区间范围/%	选项	调整系数区间范围/%	备注
保护限制条件	环境风貌限制	略	对历史建筑所在的历史地段传统格局、环境风貌有严格限制	略	
			对历史建筑所在的历史地段传统格局、环境风貌有一定的限制		
			对历史建筑所在的历史地段传统格局、环境风貌限制不明显		

续表 8-25

因素项	因子项	总调整系数区间范围 /%	选项	调整系数区间范围 /%	备注
保护限制条件	建筑实体保护限制		严格限制建筑高度、风貌、形制、格局、外立面和室内结构、空间和装饰等		
			对建筑高度、格局、风貌、外立面等有所限制,对室内结构、空间和装饰等限制较小		
			仅对建筑风貌、外立面有所限制,不限制室内改造		
	产权与使用限制		使用功能限制		
			产权人或使用人的相关限制		

b. 估价人员根据德尔菲法的系数分值调整体系,针对估价对象的保护限制条件的实际情况,综合确定各影响因子的调整指标。详见表 8-26 所示。

表 8-26 保护限制条件情况说明与调整值表

因素项	因子项		情况说明	调整指标 /%	备注
保护限制条件	环境风貌限制		处于古城核心地段,整体保护古城水陆并行、河街相邻的双棋盘传统格局和小桥流水、粉墙黛瓦、史迹名园的独特历史风貌;保护历史城区肌理和传统街巷特色,控制传统街巷、水巷空间形态与尺度;传统街巷界面应当保持历史延续和展现传统风貌,建(构)筑物的形式、布局、体量、材料和色彩应当与周围环境相协调;不得破坏历史建筑的环境风貌;建(构)筑物色彩以黑、白、灰为主,体现淡、素、雅的城市特色	略	
	建筑实体保护限制		历史建筑维修不得任意改变和破坏原有建筑的布局、结构和装修,不得任意改建、扩建;不得在历史建筑及其设施上刻划、涂污		
	产权与使用限制	使用功能限制	科教文卫用途,实际作为苏州杂志社所在,使用功能不能随意调整		
		产权人或使用人的相关限制	属于国有文物保护单位,不得交易、抵押等,也未租赁,限制要求较高		
	小计			-16	

c. 保护限制条件调整值

估价对象位于苏州古城范围内,虽然不属于历史文化街区,但古城保护规划、建筑保护限制、利用限制因素也对估价对象价值产生影响,编制因素调整体系,并确定各指标基础权重范围。根据估价对象本身的保护限制条件因素,综合确定保护限制条件的调整指标,将综合价值与调整指标结合得出保护限制影响值。保护限制条件与其他特殊价值不同,对估价对象的价值产生负影响,故在调整时予以扣除。详见表 8-27 所示。

表 8-27　保护限制条件调整的价值计算表

项目	调整比例/%	金额/万元
特殊因素调整后的估价对象价值		884.86
保护限制条件调整		
保护限制影响值	−16	−141.58
调整后的估价对象价值		743.28

⑥ 计算估价对象文物保护单位建筑(科教文卫用途)价值

通过分析估价对象的特殊历史文化价值因素、特殊使用价值和保护限制条件等，编制特殊因素调整表，得出估价对象的特殊因素调整指标；再次将普通房地产价值与调整指标结合得出最终价值结果(表 8-28)。

历史建筑经济价值 = 假设为普通房地产价值×(1＋特殊历史文化价值因素调整系数)×(1＋特殊使用价值调整系数)×(1＋保护限制条件调整系数)

表 8-28　附加调整法的估价计算工作表

项目	内容	调整指标/%	金额/万元
假设为普通房地产价值(P_1)			534.27
	特殊历史文化价值因素调整值(R_1)	69	
	特殊使用价值因素调整值(R_2)	−2	
	保护限制条件调整值(R_3)	−16	
调整后的估价对象价值 P	$P = P_1 \times (1+R_1) \times (1+R_2) \times (1+R_3)$		743.28
建筑面积/m²	277.11		
估价对象文物保护单位的单位价值/(元/m²)	26 823		

因此，估价人员综合考虑估价结果和咨询专家组意见，确定在价值时点 2021 年 12 月 20 日，通过比较法的特殊影响因素附加调整法计算得出满足所有估价假设和限制条件下的估价对象文物保护单位建筑(科教文卫用途)价值为 743.28 万元。

2) 历史建筑用地地价评估的附加调整法应用

本书同样以上述的苏州叶圣陶故居作为历史建筑用地地价评估的附加调整法(修正技术路径)应用案例，技术过程可依据《古建筑古村落用地估价指引(试行)》。

(1) 假设为普通建设用地地价计算

此处计算略。

通过传统估价方法计算，得出估价期日 2021 年 12 月 31 日，假设为普通建设用地的估价对象地价结果为：单位地价为 5 095 元/m²，土地面积 452.05 m²，总地价为 230.32 万元(科教文卫用途)。

(2) 历史文化特殊影响因素修正

① 特殊历史文化价值影响因素修正

本次估价采用德尔菲法来取得该区域内历史建筑用地特殊历史文化价值因素与修正指标范围。

需要强调的是,地价的特殊影响因素与连房带地的因素并不一致,其中科学、艺术价值因素更多对应于建(构)筑物本体,计算地价时不进行修正。这也体现了贡献原则的基本原理,即产品各生产要素价值的大小对总收益的贡献程度,历史建筑估价要关注其土地与建(构)筑物的各自贡献值,其理论分析可见第 9 章"成本法的应用"中 9.2.1 节"特殊影响因素调整说明"。

指标体系详见表 8-29 所示,地价因素的修正调整系数值与连房带地的因素的修正系数值并无明显差异。

表 8-29　特殊历史文化因素修正指标体系表(德尔菲法)

因素项	因子项	总修正系数区间范围/%	选项	修正系数区间范围/%	备注
历史价值因素修正指标					
历史价值因素	始建年代	略	明代及以前	略	
			清代		
			清末与民国前期		
			民国中后期		
			1949 年后		
	重要历史事件与历史人物的关联度		全国知名人与事		
			地方知名人与事		
			一般人与事		
环境价值因素修正指标					
环境价值因素	地段区位	略	历史地段核心地段	略	
			历史地段重点地段		
			历史地段一般地段		
			历史地段边缘地段		
			不在历史地段范围内		
	与周围环境的协调性		较为协调		
			一般协调		
			略不协调		
			明显不协调		
	内部环境景观配置		较为协调		
			一般协调		
			略不协调		
			明显不协调		

续表 8-29

因素项	因子项	总修正系数区间范围/%	选项	修正系数区间范围/%	备注
社会文化价值因素修正指标					
社会文化价值因素	稀缺性程度		苏州古城内属于较为稀缺	略	
			苏州古城内稀缺性程度一般		
			苏州古城内稀缺性程度较弱		
	社会知名度		全国知名		
			区域知名		
			本地知名		
			一般知名		
	保护等级影响		市县级文物保护单位		
			控制性保护建筑		
			历史建筑		
			一般不可移动文物		
	文化传承特色（代表作品）		典型代表作品		
			代表作品		
			一般作品		

修正过程参照上节。

② 特殊使用价值修正

本次估价采用德尔菲法，取得该区域内历史建筑特殊使用价值修正指标范围，详见表 8-30 所示。

表 8-30　特殊使用价值因素修正指标

因素项	因子项	总修正系数区间范围/%	选项	修正系数区间范围/%	备注
使用价值因素	使用情况	略	正常使用、现有功能合适	略	
			正常使用、现有功能不宜		
			空置		
	规划使用功能		可调整使用功能		
			可保留原有功能		
			需改为展示功能		

修正过程参照上节。

③ 保护限制条件修正

估价对象属于市级文物保护单位，有编制文物保护单位保护规划。本次估价采用德尔菲法，来取得该区域内历史建筑用地保护限制条件修正指标范围，详见表 8-31 所示。

表 8-31 保护限制条件修正指标体系（德尔菲法）

因素项	因子项	总修正系数区间范围 /%	选项	修正系数区间范围 /%	备注
保护限制条件	环境风貌限制	略	对历史建筑所在的历史地段传统格局、环境风貌有严格限制	略	
			对历史建筑所在的历史地段传统格局、环境风貌有一定的限制		
			对历史建筑所在的历史地段传统格局、环境风貌限制不明显		
	建筑实体保护限制		严格限制建筑高度、风貌、形制、格局、外立面和室内结构、空间和装饰等		
			对建筑高度、格局、风貌、外立面等有所限制，对室内结构、空间和装饰等限制较小		
			仅对建筑风貌、外立面有所限制，不限制室内改造		
	产权与使用限制		使用功能限制		
			产权人或使用人的相关限制		

修正过程参照上节。

3）计算估价对象文物保护单位建筑（科教文卫用途）用地地价

通过分析估价对象的历史、环境、社会文化价值因素、特殊使用价值和保护限制条件等，编制特殊因素修正表，得出估价对象的特殊因素修正指标；再次将普通建设用地地价与修正指标结合得出最终地价结果（表 8-32）。

历史建筑用地价格 ＝ 假设为普通建设用地价格×（1＋历史价值修正系数＋环境价值修正系数＋社会文化价值修正系数）×（1＋特殊使用价值修正系数）×（1＋保护限制条件修正系数）

表 8-32 附加调整法的估价计算工作表

项目	内容	修正指标 /%	金额 /万元
假设为普通建设用地地价（P_1）			230.32
特殊因素修正	特殊历史文化价值因素修正值	50	
	特殊使用价值因素修正值	0	
	保护限制条件修正值	－16	
修正系数（R）		34	
修正后的估价对象地价（P）	$P = P_1 \times (1+R)$		308.63
土地面积 /m²	452.05		
估价对象 /（元/m²）	6 827.32		

因此，估价人员综合考虑估价结果和咨询专家组意见，确定在估价期日 2021 年 12 月 31 日，通过比较法的附加调整法计算得出满足所有估价假设和限制条件下的估价对象文物保护单位建筑（科教文卫用途）用地地价为 308.63 万元。

9 成本法的应用

成本法是传统房地产估价的基本方法之一。一般认为,采用成本法计算历史建筑经济价值较为适宜,但在估价实践中还有许多值得探究的地方。

9.1 成本法的适用性分析

9.1.1 适用性分析

成本法是通过估算现有建筑的重建成本,加上开发利润或激励,再从总成本中减去折旧,并加上估算的土地价值,得到不动产价值指示的方法。国内无论是估价规范还是学者文献对成本法的定义都基本接近。成本法的理论依据是生产费用和替代原理,认为商品价值都是由各组成部分的总成本费用来决定的,亦即,谨慎的购买者愿意支付的价格款,不会超过取得相似地块并且建造相同效用和满意度的建筑物的总成本❶。基本公式为:

估价对象市场价值 = 土地价值 + 建筑成本 + 开发利润/激励 − 折旧❷

在任何市场上,价值与其成本相关。成本法特别适用于那些无收益又极少交易的不动产对象。成本法的优势在于依据充分、容易判断;缺点是计算结果往往与市场供求状况关联性不够,有时会出现过高或过低的现象,这是因为成本法的隐含前提是市场的稳定性(稳定收益)。所以,成本法表现出一种无限接近的趋势,市场越稳定,计算结果越准确。

成本法适用于历史建筑的前提是历史建筑市场价值与重新购建所花费的成本相互关联。历史建筑重建成本的资料收集和估算虽然有些困难,但还是有据可查的;可是建筑使用年限越长,磨损折旧越严重,历史建筑相对于普通建筑蕴含着独有的风貌特征和历史文化内涵,这些信息属性会随着建筑的磨损折旧而衰退,而这种衰退对历史建筑价值的影响是否能通过数学量化来精确计算却不得而知。重建成本的前提是

---

❶ 美国估价学会.房地产估价:第12版[M].中国房地产估价师与房地产经纪人学会,译.北京:中国建筑工业出版社,2005:306-307.

❷ 不同国家的成本法公式表达略有不同,这是由于各国对于土地与建筑物成本认识的差异性造成的。本书采用的是美国估价标准的成本法公式,只是认为其逻辑表达性比较清晰,不代表其他国家公式有误。

要求运用与原建筑的相同材料、相同技术：当年使用的建筑材料现在可能还能找到相同或类似的❶，但经历百余年战乱，那些独特的设计构思、工艺技术出现失传、断承的不在少数，例如榫卯结构的某些运用技术等。所以重建成本扣除折旧得到建筑物价值的方式适用于历史建筑是否合理也不置可否。我们认为，现存历史建筑的年代越久远，重建成本的估算和折旧额的合理性就越不准确；反之，新修复的历史建筑运用成本法就比较适宜。

9.1.2 公式调整

基于成本法的原理，历史建筑适用于成本法时，基于情形不同，成本法公式也应作适用性调整。下面是具体的公式。

(1) 历史建筑房地产综合体的估价，成本法公式调整为：

历史建筑经济价值＝[假定为普通建筑的土地取得成本＋历史建筑重建成本或重置成本(包括建筑物、构筑物及历史地理要素，下同)－折旧]×(1＋历史价值、科学价值、艺术价值、环境价值、社会价值、文化价值因素调整系数)×(1＋特殊使用价值调整系数)×(1＋保护限制条件调整系数)

(2) 以历史遗址为主要特色，其上建筑物、构筑物及历史地理要素属于翻建、复建或仿建的历史建筑估价，成本法公式调整为：

历史建筑经济价值＝[假定为普通建筑的土地取得成本×(1＋历史价值因素调整系数)＋(建筑物重置成本－折旧)×(1＋科学价值、艺术价值因素调整系数)]×(1＋环境价值、社会价值、文化价值因素调整系数)×(1＋特殊使用价值调整系数)×(1＋保护限制条件调整系数)

(3) 以建筑物的艺术性与科学性为主要特色的历史建筑估价，成本法公式调整为：

历史建筑经济价值＝[假定为普通建筑的土地取得成本＋(历史建筑重建成本或重置成本－折旧)×(1＋历史价值、科学价值、艺术价值因素调整系数)]×(1＋环境价值、社会价值、文化价值因素调整系数)×(1＋特殊使用价值调整系数)×(1＋保护限制条件调整系数)

(4) 不含历史建筑用地价值的历史建筑物估价，成本法公式调整为：

历史建筑物经济价值＝(历史建筑重建成本或重置成本－折旧)×(1＋历史价值、科学价值、艺术价值、环境价值、社会价值、文化价值因素调整系数)×(1＋特殊使用价值调整系数)×(1＋保护限制条件调整系数)

---

❶ 其实也不然，例如北京故宫太和殿的大柱修复现在已经不易找到类似体量的木材。

(5) 仿古建筑的估价,成本法公式调整为:

仿古建筑经济价值＝(普通建设用地地价＋建筑物重置成本－折旧)×(1＋科学价值、艺术价值、环境价值、社会文化价值因素调整系数)×(1＋特殊使用价值调整系数)

9.1.3 迁建项目适用成本法的说明

历史建筑除了本土建筑外,还有一种特殊情况,就是迁建的建筑物。迁建也存在两种情况:

一种是整体平移,即不对建筑物进行拆除,而是利用工程技术进行空间平移,一般适用于同一城市距离较近的情况,例如1983年,英国兰开夏郡Warrington市的一座具有历史纪念意义的学校建筑纵向整体平移15 m;该建筑物重达8 000 kN,砖石结构,在托换顶起建筑物时使用了专用托换装置,并用环氧树脂技术对建筑物进行加固。在建筑物基础下浇筑一个钢筋混凝土水平框架(上轨道梁),在该框架下建造另一个框架(下轨道梁)与片筏基础连为整体,并延伸至新位置。两个框架之间留有间隙放入滚轴,并涂抹润滑油,用卷扬机和钢丝绳做牵引装置。其采用牵引装置和平移方法与国内许多整体平移工程相似。国内也有类似案例,例如广西北海英国领事馆,由于交通道路建设,北海市整体把英国领事馆旧址往东北方向平移55.8 m;上海已经有单位开展建筑整体平移的相关业务。

我国常见的是第二种情况,即异地迁建,就是将异地的历史建筑在原址进行拆解,然后进行整体或部分运输到新址(通常跨省或跨城市),再进行重新搭建补建等,完成建筑物的迁建过程。这种情况在20世纪90年代至2015年前比较常见,建筑物主要来源于安徽、江西、浙江、山西等地。普通房地产几乎不存在迁建这种情况。由于迁建的主要是建筑物梁架结构材料、装饰构件等,成本法更适用于这类情况。由于其复杂性,本书第16章中16.2节"异地迁移建筑项目评估研究"专门阐述,本章不作分析。

9.2 成本法的评估程序

成本法的评估程序通常包括以下七个主要步骤:第一,根据估价对象情况,选择适用的成本法公式;第二,计算建筑用地地价,考虑是否需要相关特殊因素调整;第三,估算建筑物(构筑物、历史地理要素)的建筑成本,确定重建成本或重置成本;第四,估算建筑物的各项折旧额;第五,在估算的建筑成本中扣除折旧,计算出建筑物剩余价值,并考虑是否需要相关特殊因素调整;第六,建筑物价值加上土地价值,计算出成本法的汇总值;第七,进行相关特殊因素调整,得出成本法的积算价值。

9.2.1 特殊影响因素调整说明

在正常情况下,历史建筑的特殊影响因素调整是直接作用于房地产综合价值的基础上,正如市场比较法、调整法或收益法等。但成本法的理论是生产费用和替代原理,商品价值都是由各组成部分的总成本费用来决定的。不动产(房地产)也是由土地和建筑物组成,总价值可分为土地与建筑物的价值组合,反映的是总价值的物理构成。前文已知,历史建筑是具有历史、文化等价值要素,能在一定程度上反映文化传承或历史风貌的房地综合体。将历史建筑分割成土地和建筑物部分进行分析,情况变得非常复杂,因为各自的影响因素侧重点不同,即土地与建筑物的价值贡献度基于不同的历史建筑可能完全不同。

影响历史建筑的信息功能要素对于土地与建筑物有所侧重,例如:科学价值主要是针对建筑物的建造技术等;艺术价值也偏重于建筑设计构造、装饰色彩及建筑情调等所表现出的艺术美感;有些历史信息也包含在建(构)筑物内,一旦本体损坏也将不复存在。但是从历史价值的定义来看,历史建筑作为历史事件或历史背景的见证,代表历史过程的重要证明与载体,是人类历史活动的体现,具有真实性,其中历史遗址的作用不可忽视,如湖南长沙贾谊故居虽然已经湮灭在历史长河,而故居遗址作为一种独特存在的文化景观,却也能受人推崇,在遗址上重新建造仿古建筑(而非修复),同样吸引络绎不绝的参观人群,也同样被认定为省级文物保护单位。现在许多地区不断重修这类建筑,就是借助那些仍然蕴含于土地的历史文化信息,来满足人们的效用需求,如黄埔军校旧址、广东韶关张九龄故居等。同样,那些尚未开发的历史遗址或空地也表现出地域特色和自然景观,蕴含着人与自然环境之间的艺术美感。有时人们将历史建筑迁建,无疑会对历史建筑用地的价值产生影响,因为土地本身所保留的信息将会流失,实际上建筑物价值流失的部分更大,如果失去了文脉传承,建筑物本身可能会变得毫无意义。如上海将一些江西古民居迁建至浦东,改造为一种具有特殊建筑风格的别墅群,可是离开那片土生土长的文化地域,没有历史记载、故事和传说等,建筑只是一种传统外形而已。

本书认为,六大价值中除了科学价值、艺术价值要素以外,历史建筑用地(历史遗址)蕴含着历史价值、环境价值和社会文化价值要素,同样受到作用于综合价值体系的众多因素影响。历史建筑作为一种特殊的不动产,由改良物(建筑物、构筑物等)和依附的土地构成。土地与改良物在传递给人类主体那些蕴含的特殊信息属性功能时会表现出各自的作用,即存在不同的贡献度。正如前文所述,历史建筑用地更多是保留着历史、环境和社会文化信息,如果这些信息属性的功能表现越丰富或重要,土地贡献度越大,土地的价值比例越高。对于历史遗址或空地,土地的信息属性功能的贡献度甚至达到了100%。历史建筑用地(历史遗址)的经济价值(地租)可以独立于建筑物而单独存在,也会受到市场供求关系的影响形成价格波动。

同样,建(构)筑物偏重于蕴含着历史价值、科学价值、艺术价值和社会文化价值要素,如果在上述价值要素有突出价值,同样可以被认定为历史建筑,如苏州东山雕花楼(春在楼)始建于民国初期,但建筑物内部集砖雕、木雕、金雕、石雕、雕塑、彩画、壁画、匾额为一体,具有极高的艺术品位,其中主楼大厅所有梁、柱、窗、栅无处不雕不刻,仅梁头就刻着几十幅三国演义组画,窗框刻有全二十四孝组画。大厅还雕有178只凤凰,给人以琳琅满目的美,是20世纪20年代香山帮的典型作品,属于目前苏州古民居砖雕门楼的代表作。80年代初,当地政府将东山雕花楼申报为全国重点文物保护单位和国家级风景旅游景区正式对外开放。

由于历史建筑的认定有其特殊性,或是基于整体价值,或是地的价值,或亦有建筑物价值,正如第7章7.1节的"估价原则"中贡献原则提出的"土地与改良物部分的各自收益在历史建筑总收益中贡献大小是多少""诸多影响因素产生相互作用,彼此之间对历史建筑的各自影响程度大小又是怎样"?故本书认为,采用成本法计算历史建筑价值时,应区分历史建筑的组成情况。正如上节提出的五种情形,相应列出五种成本法公式,实际就是历史建筑不同情形下特殊影响因素的作用标示。

9.2.2 建筑用地地价计算

前文已经深入讨论历史建筑用地的特征、影响因素和经济价值分析等。如果是房地综合体情形,就先假设历史建筑用地为普通建筑用地,计算其地价;待加上建(构)筑物成本价值后,在房地总价值基础上进行特殊影响因素修正调整。如果是以历史遗址为主要特色的情形,就先假设历史建筑用地为普通建筑用地,计算出其地价后,直接进行相关特殊影响因素修正调整。估价人员应考虑历史遗址地块价值的贡献度、地块与建筑物的协调性,以及与周边的地段环境配套等;考虑土地的额外增值主要反映在历史、环境与社会价值要素,调整系数的编制可以参照比较法中德尔菲法的调整体系。估价人员在实际工作中应重视收集相关资料。

需要注意的是,成本法中地价与建筑成本计算有"房地分估"与"房地合估"两种模式。本书认为从模拟房地产开发过程看,"合估"更符合开发形式,所以优先采用"房地合估";如果基于特殊目的,需要强调区分房地各自价值时,则采用"房地分估"。

9.2.3 建筑成本

1) 建筑成本的选用

《房地产估价规范》(GB/T 50291—2015)中4.4.5要求:"对一般的建筑物,或因年代久远、已缺少与旧建筑物相同的建筑材料、建筑配件和设备,或因建筑技术、工艺改变等使得旧建筑物复原建造有困难的建筑物,宜测算重置成本;对具有历史、艺术、科学价值或代表性的建筑物,宜测算重建成本"。

按此要求,本书认为:

① 对历史建筑的修缮修复时,采用按价值时点的原建筑材料、建筑构配件、建筑设备,采用原建筑技术和工艺等,计算其成本时采用重建成本。

② 对历史建筑的修缮修复时,采用按价值时点的现有建筑材料、建筑构配件、建筑设备和建筑技术等,计算其成本时采用重置成本。

③ 新建、仿建或翻建的建筑,计算其成本时采用重置成本。

关于重建成本与重置成本的区别,本书在后节做专门阐述并举例说明。

2) 历史建筑重建成本组成

历史建筑重建成本包括历史建筑的建筑、装饰装修和安装工程费、勘察设计费及前期工程费、基础设施建设费、公共服务设施建设费、其他工程费、建设期间税费(可能属减免范围)、管理费用、销售费用、财务费用、交易税费、开发利润等。由于历史建筑的特殊性,需重点关注历史建筑修缮维修改善工程审批时间带来的财务费用变化,以及当地针对历史建筑交易的增值税与土地增值税的收取标准。

(1) 历史建筑的建筑、装饰装修和安装工程费(直接成本)

历史建筑的建筑、装饰装修和安装工程费是指历史建筑在施工建造过程中发生的建筑材料、装饰装修材料和水电设施费、人工费(包括普工、一般技工、高级技工和特殊技工费)、施工机械费和承包商利润等直接成本❶。有时又称基本重建成本。

房地产估价师可以参考《古建筑修缮工程消耗量定额》TY01-01(03)—2018、《古建筑修建工程质量检验评定标准(北方地区)》《古建筑修建工程质量检验评定标准(南方地区)》《园林绿化工程工程量计算规范》等分部分项标准,以及当地历史建筑修复、修缮、维修、改善、重建、装饰、装修的现行工程造价定额和相关税费标准为依据,并结合估价对象历史建筑实际状况及当地人工、材料、施工机械市场价格状况等进行测算。

中国传统建筑主要为木构造,本书从三个层面分别阐述重建成本所必须考虑的分部分项❷。三个层面是指宋《营造法式》、清工部《工程做法则例》、现代《古建筑修建工程质量检验评定标准(南方地区)》❸(表9-1)。

---

❶ 本书中直接成本、间接成本、企业家利润和折旧等概念都摘自于:美国估价学会.房地产估价:第12版[M].中国房地产估价师与房地产经纪人学会,译.北京:中国建筑工业出版社,2005:313-317.

❷ 本书暂不考虑近代仿西式建筑的重建成本分部分项计算。

❸ 注:①《营造法式》,编于宋朝熙宁年间,是李诫在两浙工匠喻皓的《木经》的基础上编成的。该书是北宋官方颁布的一部建筑设计、施工的规范书,这是我国古代最完整的建筑技术书籍。②清工部《工程做法则例》,全书共七十四卷,刊行于雍正十二年(1734),是继宋代《营造法式》之后官方颁布的又一部较为系统、全面的建筑工程标准设计规范。③《古建筑修建工程质量检验评定标准(南方地区)》,1997年建设部制定发布的国家行业标准,为统一我国南方地区古建筑修建工程质量检验评定标准,确保工程质量,加强对古建筑的保护,制定本标准。

表 9-1　中国传统建筑分部分项表❶

宋《营造法式》	台基、踏道、栏杆、铺地	包含台基、踏道、栏杆、铺地
	大木作	包含柱、枋、斗栱、屋架、多层做法
	墙壁	包含土墙、砖墙、木墙、
	屋顶	包含类型、屋面曲线、屋角、屋面材料、屋脊和屋面装饰
	小木作	包含门、窗、天花、藻井、卷棚
	色彩与装饰	包含粉刷、油漆、彩画、壁画、雕刻
清工部《工程做法则例》	大木	包含殿堂、楼房、转角、厅堂、川堂、城楼、仓库、垂花门、亭的做法
	斗科	包含斗口单昂、斗口重昂、单翘单昂、单翘重昂等 11 种斗栱的设计技法、有关斗栱部件的安装,以及根据斗口的尺寸所列各种斗栱的各部件尺寸
	装修	包含隔扇、窗、门、木顶隔
	基础	包含石、砖、瓦作、发券、土作
	用料	包含木作、锭铰作、石砖瓦作、搭材作、土作、油作、画作、裱作等用料估算
	用工	包含木作、锭铰作、石砖瓦作、搭材作、土作、油作、画作、裱作等用工估算
现代《古建筑修建工程质量检验评定标准(南方地区)》	土方、地基与基础工程	包含土方、人工地基、台基、基础工程
	大木工程	包含大木构架中柱、梁、川(穿)、枋、桁(檩)、椽、木基层、斗栱、楼梯的制作、安装
	砖石工程	包含修建工程中的砖石(细)加工、砌筑、漏窗制作及安装
	屋面工程	包含望砖、小青瓦、筒瓦、屋脊、饰件工程
	地面与楼面工程	包含基层、墁砖工程、墁石地面、木楼地面等
	木装修工程	包含木门窗、隔扇、坐槛、栏杆、挂落、博古架、天花(藻井)、美人靠、落地罩等小木作构件的制作和安装
	雕塑工程	包含各类木雕、砖雕、石雕和灰雕等
	装饰工程	包含室外、室内粉刷、油漆、彩绘等
	脚手工程	包含内外满堂脚手架、木制斜道及安全网等,及平移、顶升工程等

(2) 间接成本

间接成本是指建造过程中除建筑材料和人工以外的相关费用❷,通常包括勘察设计费及前期工程费、基础设施建设费、公共服务设施建设费、其他工程费等。

① 勘察设计费的特殊性:中国古代并无建筑设计师一说;清末民初时期,中国近代建筑基本是外国建筑师的作品,一直到 20 世纪二三十年代,国内建筑师才逐步涌现,其中梁思成、杨廷宝、刘敦桢这些建筑先达们,为中国的建筑和文化遗产保护事业鞠躬尽瘁,他们设计的作品至今仍有大量保留;历史建筑的设计需要具有较高的文化艺术

---

❶ 本表中所列的项目摘录自宋《营造法式》[潘谷西.中国建筑史[M].7 版.北京:中国建筑工业出版社,2015.]、清工部《工程做法则例》[蔡军.《工程做法则例》成立体系的研究[J].华中建筑,2003(2):89-91]。
❷ 美国估价学会.房地产估价:第 12 版[M].中国房地产估价师与房地产经纪人学会,译.北京:中国建筑工业出版社,2005:313-317.

水平和专业技术,如果按此核算设计费的话,对标院士层次不为过。

② 消防设施的特殊性:中国现存的古建筑多是木结构或砖木结构,极易引起火灾,预防火灾是古建筑管理工作中的首要一环。1984年文化部和公安部发布的《古建筑消防管理规则》的规定,每处古建筑都必须指定专人负责防火工作,要按照实际情况和可能,建立隔绝火源、电源等严格的防火管理制度,置备必要的消防设施,保证古建筑的安全。此类设施新加成本必须考虑。

③ 功能配套设施:在符合现代生活对于卫厕的要求之外,历史建筑中还需要合理设置排水、排污设施等功能配套;同时在卫生防疫方面要有很高的标准。

(3) 其他开发费用

其他开发费用包括管理费用、销售费用、财务费用、开发利润和相关税费等。

① 管理费用:历史建筑需要不时修缮维护,维护管理技术要求较高,维保费用肯定也会比新建建筑的费用要高。

② 财务费用(投资利息):各地对历史建筑修缮、维修、改善工程审批的流程各有要求,经常出现由于不同管理部门规定的牵扯,造成审批时间拉长,甚至能达到一年至两年,由此带来前期投资的财务费用增加,也是历史建筑领域的特有情况。

当然有些地区会对历史建筑修缮重建推出一定优惠减免政策:例如美国的税收抵免政策;又如苏州公布的《苏州市区古建筑抢修贷款贴息和奖励办法》规定,古建筑抢修贷款贴息申请人实际享受的贴息金额,按下列公式计算:

$$年度可享受贴息金额 = 古建筑抢修贷款额 \times 年贷款利率 \times 50\%$$

$$贴息总额 = 年度可享受贴息金额 \times 实际贷款年限(最长为3年)❶$$

③ 开发利润:代表投资者对项目的贡献和承担风险所获得的补偿额或希望所获得的补偿额。按国内的说法,通常是指该类项目投资的社会平均利润,有别于投资利润率(IRR)❷。开发利润通常是直接成本和间接成本总和值的一定比率。明确计算历史建筑的开发利润较为困难,最好能有类似的市场交易实例作为参考。近些年历史建筑交易越来越多,至少江南地区在这方面的资料还是比较容易取得的。

④ 相关税费:历史建筑保护利用需要引入多元化机制,必然会涉及产权交易。目前各地历史建筑交易多是按照二手房交易交纳税费,主要涉及的是土地增值税、所得税等,税费成本甚至达到房价的40%~60%,直接导致市场交易成本过高,投资者望而生畏,严重制约了市场交易及推动多元化进程。近期全国人大对此研究调研,希望推动扩大历史建筑开发成本的认定范围,如搬迁成本、修缮成本、土地出让金等成本,而不是单一考虑旧房重置成本作为可抵扣成本依据,确保古建老宅更新项目收支平衡。推动

---

❶ 通常运用成本法计算历史建筑价值时,并不扣除这部分优惠金。因为这是投资人实际支付后再由政府补贴,作为历史建筑保护的一种奖励。

❷ 《美国估价标准》认为,投资利润率IRR专指具体项目,而该类项目平均利润率称为开发利润。

调整相关税收政策,针对文物建筑交易,特别是卖方为国资平台公司,可视同于一手房(商品房)交易等。

9.2.4 折旧计算

1) 历史建筑折旧计算技术思路

通常采用综合成新率方式测算历史建筑的建筑物折旧。

① 先测算现场勘查成新率与理论成新率,再采用合适的权重通过加权平均法计算综合成新率。

② 通过实际观察法(年龄-寿命法中的成新折扣法)判定现场勘查成新率。

③ 通过年限法计算理论成新率:

$$理论成新率 = [1-(1-残值率)使用年限/耐用年限] \times 100\%$$

使用年限/耐用年限可按上一次修缮、修复或改善年代重新计算。

④ 由于历史建筑的特征,如果认为理论成新率的计算结果不符合历史建筑实际情况的,可对其权重进行调整。

2) 现场勘查成新率

《房地产估价规范》(GB/T 50291—2015)提到:"测算建筑物折旧时,应到估价对象现场,观察、判断建筑物的实际新旧程度,并应根据建筑物的建成时间和使用、维护、更新改造等情况确定折旧额或成新率。"建筑物的现场勘查成新率通常采用赋分测算(表9-2)。

表9-2 估价对象建筑物现场勘查成新率

部分	名称	标准	实例状况	打分	合计	修正系数
结构部分	基础	25				
	承重构件	25				
	非承重墙	15				
	屋面	20				
	楼地面	15				
装修部分	门窗	25				
	外粉饰	20				
	内粉饰	20				
	顶棚	20				
	细木装修	15				
设备部分	水卫	60				
	电照	40				
现场勘查成新率						

3) 理论成新率(折旧)

理论上,折旧是指改良物现状与完好程度的偏差。折旧通常是由三种原因导致:

物理折旧、功能退化(功能折旧)和外部退化(经济折旧)❶。

(1) 物理折旧

物理折旧是指改良物实体由于使用和自然影响而发生的老化、损坏所导致的价值减少。估算历史建筑的物理折旧,实际上对于估价人员的专业素质是一种挑战。最合理的估算方法是对各个组成部分或构件的实体损耗情况进行判断估计,称之为"分解法"。这是由于历史建筑各类构件的损耗期限是不一致的,特别还有一些隐蔽项目的损耗程度,未受到专业训练的人员确实很难掌握。但目前使用最多的估算物理折旧的方法还是"年龄-寿命法",该方法简单适用,假设建筑物各部件的经济寿命和使用年限损耗程度相互一致,亦即都依直线基础折旧。直线折旧是一种近似算法,其基本公式如下:

有效年龄 t 年的物理折旧总额计算公式:

$$E_t = C(1-R)\frac{t}{N}$$ 公式(9-1)

式中:E_t——折旧总额;
C——建筑成本;
R——建筑物净残值率;
t——有效年龄;
N——建筑物经济寿命。

中国传统建筑主要是木结构承重,按照古建筑修复标准,通常经济寿命为40年左右,相比于西方石制建筑寿命数百年确实有着明显差异;但是中国传统建筑的维修保护较为便易,构件损毁只要及时更换,一般不会妨碍建筑整体功能的使用,因此数百年的木构建筑还是随处可见。

历史建筑的建筑结构与附属设施的使用寿命有较大不同,我们认为应该予以分开考虑:附属设施包括电力、给排水、空调、安全系统等,通常情况下使用寿命不超过15年,故称为短寿命项目;不属于短寿命项目的都是长寿命项目。估价人员要谨慎认定各分部分项的寿命期限,尽量准确地估算历史建筑的实体损耗。

(2) 功能退化(功能折旧)

功能退化是建筑物在结构、材料或设计等方面的缺陷所引起的功能、效用和价值的减少。这种缺陷是相对于价值时点的最高最佳使用和效益-成本最优化而言的。当然针对历史建筑,这种缺陷还要考虑市场的认可度,例如有些功能不足(楼梯窄小或挑檐低矮等),在普通住宅可能就不能被接受,而对于历史建筑人们会认为是理所当然的,反而成为魅力所在。当然中国传统建筑的实用性比较缺乏,如传统厅堂开阔高敞、木制门窗雕刻精美,这也是吸引公众的亮点,但实用性体现在空间与形式的相互合理

---

❶ 前面为英文直译,括弧里为国内定义,在英语单词上并无差异。

搭配,有时厅堂过大、木制门窗密封性不够,会造成空调设施功能不足,需要改造空调设施或是在木制门窗内添加现代无缝玻璃门窗;无论哪种改良方式,都会带来成本增加,这就是功能退化。当然历史建筑的功能实用还体现在安全性、便利度、灯光、给排水等方面,如果在历史建筑修复或重建的时候,设计、建造人员能够专业谨慎地考虑到这些可能的缺陷,就会很好地避免功能退化的过早出现[1]。功能折旧可按照实际具体情况采用德尔菲法、市场提取法或成新折扣法等计算。

(3) 外部退化(经济折旧)

外部退化是指不动产本身以外的各种消极因素所造成的价值减损。消极因素可能是经济因素、不良市场状况或是区位环境恶化等。历史建筑的外部主要体现在环境的外部性,如果历史建筑与周边建筑环境和谐统一,将为彼此带来增值;反之,如果相互冲突,价值则必然会受影响。这些外部退化因素往往不是产权人或使用人能够消除的,例如历史建筑被现代楼宇所包围(永久性外部退化),又如幽雅肃穆的寺庙旁边正在开山炸石(暂时性外部退化)。外部退化的估算需要从市场资料去提取,通常会是通过市场销售收入的减少或租金收益的损失去剥离和衡量。外部退化可按照实际具体情况采用德尔菲法、市场提取法或成新折扣法等计算。

9.3 重建成本与重置成本说明

9.3.1 历史建筑重建成本与普通建筑重置成本的区别说明

重建成本是指采用与历史建筑相同或相似的建筑与装饰装修材料、建筑构配件及建筑技术工艺,还原所有的建筑细节,在价值时点的国家财税制度和市场价格体系下,重新建造与历史建筑完全相同或相似的全新建筑物的必要支出及应得利润,即按照原规模和建筑形式,使用与原建筑材料、建筑构配件和建筑设备相同的建筑材料、建筑构配件、建筑设备以及原建筑技术和工艺等,采用价值时点时的价格水平,重新建造与原建筑物完全相同的新建筑物。这种重新建造方式可形象地称为"复制"。

现代建筑或仿古建筑采用的是重置成本,重置成本是采用价值时点的建筑材料、建筑构配件、建筑设备和建筑技术等,按照价值时点时的价格水平,重新建造与估价对象建筑具有同等效用的新建筑物的正常价格[2]。

重建不是简单重建一个房屋,是复制原有建筑。要求使用的是:

(1) 原有材料(例如:水磨石要用建筑原物的同一品种,当然不是找民国时期的原物,而是要用同一品种的水磨石材料;如果这种水磨石现在已经不生产了,那么水磨石

---

[1] 随着经济技术的发展,建筑的功能退化不能避免,只是尽可能地延后。
[2] 中国房地产估价师与房地产经纪人学会. 房地产估价原理与方法. 2022[M]. 北京:中国建筑工业出版社,2022.

价值更高,甚至只能模拟计算)。

(2) 原有施工技术与工艺,就是要用始建年代的施工技术手法,而不是用现代的施工技术。

(3) 原有设计,如果属于极有名望的设计师,应考虑同等水平的设计师的计费标准。

诸如此类,历史建筑的重建成本应明显高于普通建筑重置成本。

9.3.2 案例说明

1) 案例文物建筑综述

南京某市级文物保护单位,20世纪50年代改建,由中国著名建筑学家杨廷宝先生❶主持。建筑由中部主楼及两翼裙楼组成。主楼为三层单檐悬山顶建筑,其立面外观为古典三段式。首层南向中心位置为主入口,高出地面70 cm,故其前部建有"桥型"楼梯。以楼梯为中心,两侧依次开设门窗。窗间墙、窗台、勒脚及建筑的底层台基位置统一做米黄色涂料刷饰(图9-1)。

---

❶ 杨廷宝(1901—1982),字仁辉,1940年起兼任中央大学(今南京大学)教授,中华人民共和国成立后,任南京工学院(今东南大学)建筑系主任、建筑研究所所长、副院长、中国科学院院士,中国近现代建筑设计开拓者之一。在国际建筑学界享有很高的声誉,被誉为"近现代中国建筑第一人"。

图 9-1　案例文物建筑现状

2) 案例文物建筑特殊点说明

(1) 工程特点

本案例文物建筑相对现代建筑或仿古建筑项目,从建筑工程角度上,至少有以下四个特点:

① 大屋顶;

② 砖雕;

③ 特殊材料,如日本进口的屋顶瓦片、水磨砖、彩色玻璃;

④ 特殊施工工艺。

(2) 特殊的明清官式大屋顶

案例虽然是 20 世纪 50 年代建造的民国风格建筑,但杨廷宝先生的设计采用了明清官式建筑大屋顶,保留了中式风格。

明清官式建筑屋面的特点是不仅需要大量的构造及功能材料,还需要丰富的彩绘等装饰材料。中国传统建筑在明清时期,斗拱及其他构造已发展成大量的装饰构件。木屋架部分、梁枋部分、斗拱及装饰部分、旋子彩绘、苫背、琉璃瓦屋面及瓦饰等。不同于民间建筑的屋顶,更有别于现代建筑的屋顶。因此,官式建筑将近半数建造成本都在屋顶上。

(3) 材料特点

案例采用了一些特殊的建筑材料,下面是主要的材料。

① 进口的屋顶瓦片特点说明：当时国内没有技术生产这种陶土釉面机制瓦，全靠欧洲或日本进口，相比于当时国内生产的传统黏土瓦，吸水性弱、强度高、自洁性好，工艺标准高，不同于现代建筑的屋顶瓦片。

② 清水砖墙特点：选择的砌筑青砖需要在同一窑厂，无气孔、不变形、尺寸标准、色泽接近。在砌筑前每块砖需耗费大量人工进行打磨，直至表面平整、光滑，砖角线条顺滑、挺阔，使砌筑砖同时具备饰面效果，不同于现代建筑的砌筑砖。

③ 彩色玻璃特点说明：当时国内没有这样的工艺制造彩色玻璃，全部依赖欧洲进口，需耗费大量成本，且稍有不慎就有破损。

④ 油漆：于传统油漆来说，油和漆是两种材料，油是桐油，漆是生漆（大漆），是每年从漆树上收割下来的天然材料，产量较低，需要通过传统工艺，如经过专业师傅的过滤、熬制、调配，才能用于施工。

（4）施工工艺技术

案例采用的是传统和现代相结合的施工技术，以当时的建造技术择优选择施工工艺的特点。

① 结构工艺，不同于现代建筑的施工技术，该建筑下边主体部分是砖混结构，上边屋盖部分是中国传统建筑木屋架结构。

② 砌筑工艺，砌筑时使用石灰砂浆砌筑，保持砖表面砌筑缝不超过 10 mm，需要极高的技巧及耐心，花费大量的时间成本，传统的泥瓦匠人已把能够将清水砖墙砌好作为行业的技能评判标准，即使在目前仿古建筑中清水砖墙的成本也非其他普通砖墙可以相比。

③ 传统油漆工艺，施工工序也较为复杂，要经过三遍到四遍工艺才能成活。其耐候性远远高于化学调和漆，但材料及施工人工成本是当代化学漆的至少 10 倍以上。

④ 令人担心的是，现在熟悉这种传统施工技术工艺的技师人员逐年减少。

3）案例文物建筑重建成本差异说明

根据上述关于案例文物建筑工程上的特殊点说明，因此反映在重建成本上就与现代建筑成本有很大差异。

（1）屋顶造价成本差异对比

① 传统大屋顶成本差异（表 9-3）

表 9-3 传统大屋顶成本差异　　　　　　单位：元/m²

分部分项	文物建筑重建成本	单价依据	仿古重置成本	现代建筑成本
屋架屋面	1 500（木屋架）	《江苏省仿古建筑与园林工程计价表》（2007 年版）；《江苏省房屋修缮工程计价表》（土建）（2009 年版）	1 000（木屋架）	400（钢筋混凝土）
瓦	800（进口瓦）		600（陶土琉璃瓦）	300（机制平瓦）
油漆	220（传统大漆）		200（大漆）	55（调和漆）
防水层	130（苦背）		80	40

② 实际比较案例（表 9-4）

表 9-4　实际比较案例　　　　　　　　　　　　　　　　　　　　　　单位：元/m²

项目	工程内容	工程分部分项	工程单价
南京大学老图书馆	大屋顶	传统大屋顶	
		木屋架屋面	1 500(木屋架)
		瓦	800(进口瓦)
		油漆	220(传统大漆)
		防水层	130(苫背)

(2) 材料成本的差异对比

① 基本材料的成本差异(表 9-5)

表 9-5　基本材料的成本差异

分部分项	文物建筑重建成本	单价依据	仿古重置成本	现代建筑成本
屋顶瓦片	50 元/片	《江苏省仿古建筑与园林工程计价表》(2007 年版);《江苏省房屋修缮工程计价表》(土建)(2009 年版)	20 元/片	6 元/片
清水砖	8 元/块		4 元/块	0.5 元/块
彩色玻璃	380 元/m²(原工艺)		220 元/m²	120 元/m²
油漆	220 元/m²		220 元/m²	55 元/m²

② 实际比较案例(表 9-6)

表 9-6　实际比较案例

项目	工程内容	工程分部分项	工程单价
南京人民大会堂		屋顶瓦片	40 元/片
		清水砖	10 元/块
		彩色玻璃	450 元/m²(原工艺)
		油漆	280 元/m²

(3) 施工成本的差异对比(表 9-7)

表 9-7　施工成本的差异对比　　　　　　　　　　　　　　　　　　单位：元/m²

分部分项	文物建筑重建成本	单价依据	仿古重置成本	现代建筑成本
结构工艺	1 500(木屋架)	《江苏省仿古建筑与园林工程计价表》(2007 年版);《江苏省房屋修缮工程计价表》(土建)(2009 年版)	1 000(木屋架)	400(钢筋混凝土)
砌筑工艺	2 900(丝缝干摆)		2 100(磨砖对缝)	600
传统油漆工艺	220(传统大漆)		200(大漆)	55(调和漆)

参考类同建筑重建价格水平并结合案例文物建筑的自身特点及文保建筑专家的意见来综合确定其各项重建价值。通过上述分析可见,案例文物建筑的重建成本(加固成本＋重建成本)明显高于普通建筑重置成本。

9.4 成本法的实证研究

9.4.1 直接成本的测算

历史建筑的建筑、装饰装修和安装工程费又可称为"直接成本",有时也称为"基本重建成本"。本书依据某案例对此成本进行实证说明。

1) 案例建筑物的实物状况描述

案例建筑物位于××市王府小巷1号,为王府大厅文物建筑(市级文物保护单位)。经实地查勘,案例始建于清乾隆时期,建筑面积为129.60 m²,为典型的江苏淮扬地区风格传统民居形制,由前院及正房组成,现前院已被改建,正房仍保留原始风貌,目前空置。案例为现留存的正房。其坐北朝南,三开间。中间为堂屋,东西两侧为房间。

王府大厅使用穿斗和抬梁穿斗混合结构。明间将开间放大,在阑额上搭梁,另一端与后壁甬柱连接,再做抬梁穿斗。将部分柱子缩短直接架在穿梁上。梁柱的连接以直接榫接为主,多用雀替和丁头拱加固。梁上承柱时用平盘斗或垂莲柱。出挑构件形式多样,既有直接以梁头硬挑,也有用桃梁、丁头拱或撑拱软挑,形成形式复杂具高度装饰性的做法。

建筑外墙使用清水墙体,仅做局部粉刷;墙体材料以砖墙为主,大部分是青砖;砌筑方式以空斗墙为主,在勒脚和转角处采用眠砌以加强墙体。砌筑工艺较为精致,形成了浑厚致密的质感。此种砌筑结构建造费事,表面质量差,精工细作,具有优良的耐久性,是追求坚固永久的一种方式(图9-2、图9-3)。

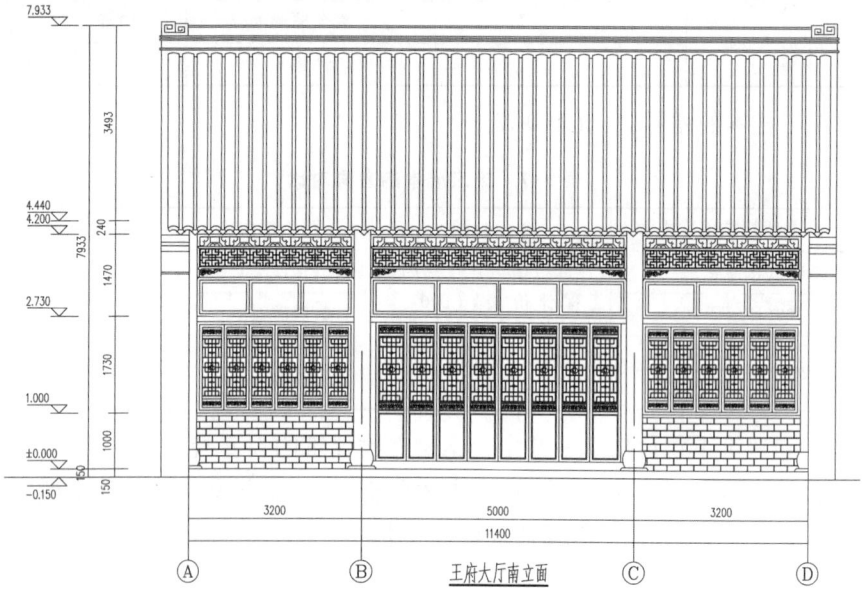

图 9-2 案例南立面图

建筑形体统一,外观简朴素雅,装饰较为内敛节制。瓦作相对简单,主要有脊饰、瓦当(勾头)滴水,正脊两端做鸱尾。筒瓦屋面均做瓦当滴水。传统木结构梁架既是主要的承重结构体系,也是装饰的重点部位,使木材的结构性能和装饰性能同时充分发挥。构架和檐下采用雕刻加以装饰,使得材料、结构和装饰浑然一体。大木结构架大多朴素而不施过分装饰,尽显材质之美与结构之美。梁身饰简单线刻。大部分梁架将装饰集中在梁柱连接的节点部位,包括雀替、插枋、丁头拱等。外檐檐下挑梁、丁头拱、撑拱等出挑构件形式多样,并饰以图案。王府大厅现存装饰构件破坏较严重,但仍然能看出外墙、额枋到房顶、门窗细部雕刻的原有痕迹;其修缮方案中也有描述,给人的整体印象是浑厚纯朴。

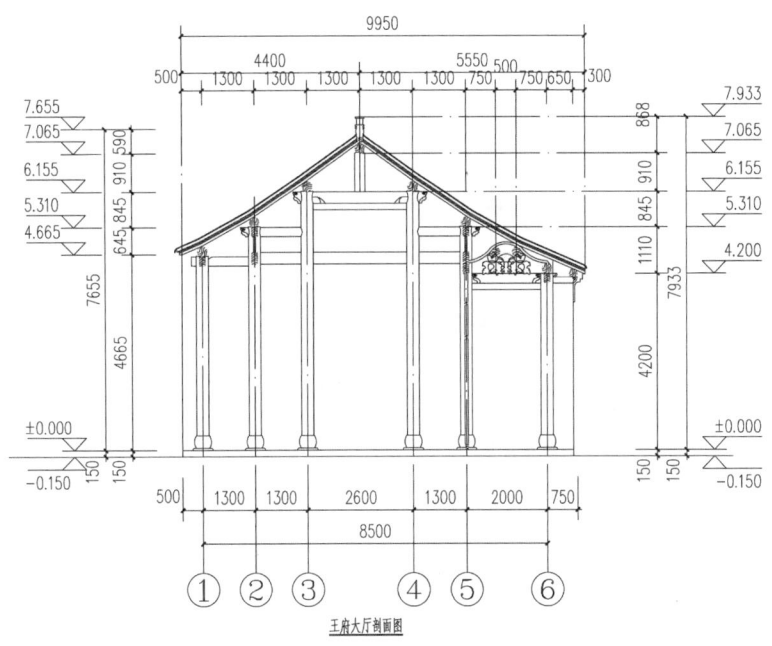

图 9-3　案例剖面图

2) 案例建筑物基本重建成本价值计算

案例建筑物为一层砖木结构,建筑面积为 129.60 m²。

案例建筑物基本重建成本分部分项名称内容如表 9-8 所示:

表 9-8　现状状态下的建筑物基本重建成本测算一览表

工程名称:王府大厅项目

序号	项目名称	项目特征描述	计量单位	工程量	金额/元		备注
					综合单价	综合合价	
	王府大厅	砖木结构一层					
A	分部分项						
一	地基与基础						

续表 9-8

序号	项目名称	项目特征描述	计量单位	工程量	金额/元		备注
					综合单价	综合合价	
1	土方工程	土方开挖	m³	100.17	21.63	2 166.68	
2	地基与基础	100 厚 C15 素砼垫层	m³	5.72	181.02	1 035.43	
3	地基与基础	地基与基础	m²			以下数值略	
4	砼基础梁	C30 砼浇筑	m³				
二	砌筑工程						
1	实心青砖墙	① 砌墙厚度:240 mm ② 用砖品种规格: 青砖 240 mm×115 mm×53 mm	m³				
2	实心砖基础	① 砌墙厚度:240 mm ② 用砖品种规格: 标准砖 240 mm×115 mm×53 mm	m³				
三	石作工程						
1	地袱石	规格:300×150;材质:花岗岩; 工艺:甲级斩细	m				
2	石鼓墩	① 石料种类、构件规格: 花岗岩石鼓墩柱径 500 mm ② 石表面加工要求及等级: 甲级斩细	只				
3	石礓板	① 石料种类、构件规格: 600 mm×600 mm×120 mm ② 石表面加工要求及等级: 甲级斩细	只				
4	阶沿石	① 石料种类、构件规格: 400 mm×150 mm×150 mm ② 石表面加工要求及等级: 甲级斩细	m²				
四	地面工程						
1	青砖铺地	用砖品种规格: 标准砖 300 mm×300 mm×30 mm	m²				
2	青破立铺地	80 厚小青砖铺地,表面平整磨光	m²				
五	屋面工程						
1	青瓦屋面	① 屋面类型:小青瓦 ② 瓦件规格尺寸:盖瓦 180×180 底瓦 200×200 ③ 坐浆配合比及强度等级: 20 厚 1:1:4 混合砂浆 ④ 丙纶布防水卷材(压挂灰条@1 200,表面粗糙) ⑤ 20 厚 1:1:4 混合砂浆 ⑥ 20 厚望砖	m²				

续表 9-8

序号	项目名称	项目特征描述	计量单位	工程量	金额/元		备注
					综合单价	综合合价	
2	屋脊	① 类型:游脊 ② 瓦件规格尺寸:瓦 180×180 ③ 坐浆配合比及强度等级: 20 厚 1:1:4 混合砂浆	m				
3	屋脊头	① 类型:纹头 ② 瓦件规格尺寸:瓦 180×180 ③ 坐浆配合比及强度等级: 20 厚 1:1:4 混合砂浆	只				
4	蝴蝶瓦花边滴水	① 类型:花边蝴蝶瓦 ② 瓦件规格尺寸:瓦 180×180 ③ 坐浆配合比及强度等级: 20 厚 1:1:4 混合砂浆	m				
六	木作工程						
1	圆柱	① 构件名称、类别:立帖式圆柱 ② 木材品种:杉木 ③ 构件规格:Φ20 cm	m³				
2	童(瓜)柱	① 构件名称、类别:圆矮柱 ② 木材品种:杉木 ③ 构件规格:Φ32 cm	m³				
3	圆梁	① 构件名称、类别:圆梁 ② 木材品种:杉木 ③ 构件规格:D240~300 mm	m³				
4	圆桁(檩)	① 构件名称、类别:圆桁 D160 ② 木材品种:杉木	m³				
5	椽	① 构件截面尺寸:60×80@220 ② 木材品种:杉木	m³				
6	封檐板	① 构件截面尺寸:250×25 ② 木材品种:杉木	m				
7	闸挡板	木材品种:杉木	m				
8	梁垫	① 木材品种:杉木 ② 构件规格:D240~300 mm	块				
9	梁头雕刻	① 木材品种:杉木 ② 构件长度、板厚、宽度、雕刻	只				
七	门窗工程						
1	格扇	① 木材品种:杉木格扇; ② 窗芯类型、式样:长窗框扇制作及安装 ③ 玻璃及五金配件安装	m²				
八	油漆工程						

续表 9-8

序号	项目名称	项目特征描述	计量单位	工程量	金额(元)		备注
					综合单价	综合合价	
1	下木构架广漆	①下木构古式木构件桐油3道 ②下木构古式木构件防火漆2遍	m²				
2	上木构件广漆	①梁,架,枋,桁古式木构件,椽子等零星木构件桐油3道 ②梁,架,枋,桁古式木构件,椽子等零星木构件防火漆2遍	m²				
3	门窗类油漆	①单层木窗桐油2道 ②单层木窗防火漆2遍	m²				
4	其他木材面	板等桐油2道、防火漆2遍	m²				
九	墙面装饰与天棚等其他工程						
1	墙面抹灰	古建抹灰墙面,墙裙混合砂浆底纸筋浆面	m²				
2	木隔板	200厚杉木板	m²				
3	顶棚	①木屋架梁之间钉入木龙骨 ②木龙骨下钉入灰板条 ③刷20厚麻刀石灰	m²				
4	青砖勾缝	1:1白水泥砂浆	m²				
B	措施费						
1	垂直运输(人工与机械配合)	综合考虑,费用包干	项				
2	脚手架	综合考虑,费用包干	项				
A+B		分部分项工程费+措施项目费					
C	规费	项目名称					
1	社会保险费	分部分项工程费+措施项目费+其他项目费-除税工程设备费	项				
2	住房公积金	分部分项工程费+措施项目费+其他项目费-除税工程设备费	项				
D	税金	项目名称					
	税金	分部分项工程费+措施项目费+其他项目费+规费-除税甲供材料和甲供设备费/1.01					

续表 9-8

序号	项目名称	项目特征描述	计量单位	工程量	金额/元		备注
					综合单价	综合合价	
E	建安工程总价	E=A+B+C+D			合计	1 051 744.11	
	建筑面积/m²	129.60					
	单位价格/(元/m²)	8115.31					

备注：建筑基本重建成本测算说明：
① 材料价格参照 2022 年 8 月份发布的××省××市建筑材料信息价，2021 年 12 月××市古建材料信息价格；特殊材料价格根据市场行情确定；
② 人工费按××省××市现行人工单价执行(2020 年 4 月××省建设工程人工工资指导价)；
③ 本清单编制分部分项工程综合费用包含人工费、材料费、机械费即工程直接费，不包含规费和税金。

9.4.2 成本法的实证案例

1) 综述

(1) 估价对象

① 位置：苏州市吴中区东山镇人民街 2 号裕德堂部分建筑。

② 保护等级：一般文物点(登录文物点)。

③ 面积：土地面积 694 m²，建筑面积 572 m²。

④ 用途：住宅。

(2) 估价目的

转让交易，计算古镇传统风貌建筑的住宅房地产价格。

(3) 价值时点

2019 年 7 月 30 日。

(4) 评估方法

成本法。

2) 估价对象简述

估价对象历史建筑为苏州市吴中区东山镇人民街 2 号裕德堂一部分，此宅属于清代道光丁酉年建筑。房屋建筑总面积为 572 m²，土地使用权面积为 694 m²。估价对象目前为一处独立宅院。内为一路三进，有前、后两个院落。附之传统门楼、照壁、天井等，构成了一处典型苏式宅院(图 9-4)。

前院南有照壁，西有门楼直通街巷。院落东南角以一丛竹林，加以两三块太湖石堆砌，简洁的布局，给人一种清秀之感。而后院则小巧玲珑，鹅卵石铺地，布以石栏，置以石桌、石凳，秀丽憩静。

估价对象建筑现存一路三进格局，前后庭院，布局完整。现有照壁砖雕(新增)装饰，结构细部有木雕(部分为原物修复、部分新增)，精细雅致。目前的正厅为抬梁式构架，排架承重，各桁屋架间搭以纵向的承重桁条，桁条上架以椽条，添补望砖，上置防水层，面铺苏式小瓦，檐口设滴水瓦。正厅格局大气，裕德堂大匾高悬厅中，石墩木柱，青

图 9-4 估价对象现状

砖铺地。经过房屋业主前些年的细心修缮，基本恢复原有主体建筑风格，修旧如旧。

二进为一幢二层住楼，三开间两厢房。扁作梁。底楼层高 3.5 m，二楼层高 2.6 m。屋顶按厅堂屋面法则铺设，硬山顶上覆瓦。盖瓦垄垂直均匀，纹头脊。二楼扁作梁架刻有雕镂，精巧细致。中间开间海棠菱角式落地长窗 14 扇，后窗为同式短窗。东西次间与正间则以板壁隔断，对子门开关。新装中央空调设施，有卫生设备与照明设施。

3）成本法计算

本次估价采用成本法，估价对象为历史建筑房地产综合体，非历史遗址亦非建（构）筑物的艺术性与科学性为主要特色，因此宜采用成本法公式一：

历史建筑经济价值＝[假定为普通建筑的土地取得成本＋历史建筑重建成本或重置成本（包括建筑物、构筑物及历史地理要素，下同）－折旧额]×(1＋历史价值、科学价值、艺术价值、环境价值、社会价值、文化价值因素调整系数)×(1＋特殊使用价值调整系数)×(1＋保护限制条件调整系数)

成本法的具体计算技术过程如下：

(1) 地价估算

首先将历史建筑用地假定为普通建设用地，通过评估方法计算出在现状利用条件下的普通建筑用地地价(土地取得成本),在此过程中需要充分考虑价值时点、市场情况和成本等因素影响。

普通建设用地地价采用假设开发法计算取得,过程略。

地价计算结果为 2 276 675.04 元,土地面积为 694 m^2,单位地价约为 3 281 元/m^2。已计算管理费用、财务费用(投资利息)、报表利润等其他开发费用。

(2) 建筑重建成本计算

历史建筑重建成本包括直接成本、间接成本和利润。估价师进行了谨慎估算,参照《古建筑修建工程质量检验评定标准(南方地区)》分部分项标准以及苏州市吴中区古建筑修复与重建的市场信息资料,结合估价对象的实际情况,得到价值时点的估价对象历史建筑的基本重建成本,详见表 9-9 所示。

表 9-9 东山裕德堂建筑基本重建成本一览表

分项		分部	建筑成本/万元
建筑主体	土方、地基与基础工程	包含土方、人工地基、台基、基础工程	略
	大木工程	包含大木构架中柱、梁、川(穿)、枋、桁(檩)、椽、木基层、吊柱、楼梯等的制作、安装	
	砖石工程	包含修建工程中的砖石(细)加工、风火墙砌筑、漏窗、台阶、照壁等制作及安装	
	屋面工程	包含望砖、小青瓦、筒瓦、屋脊、檐口、饰件工程	
	地面与楼面工程	包含基层、墁砖工程、墁石地面、木楼地面等	
	木装修工程	包含木门窗、隔扇、坐槛、栏杆、挂落、天花(藻井)等小木作构件的制作和安装	
	其他	包括特殊工程、加固补墙工程、化学保护工程、防腐、防潮处理工程	
	雕塑工程	包含各类木雕、砖雕、石雕等	
	装饰工程	包含室外、室内粉刷、油漆、彩绘(包含照壁上的彩绘、水粉)、泥塑、门楼等	
	脚手及安装工程	包含内外满堂脚手架、木制斜道及安全网、平移、顶升工程等	
庭园	庭园	包括庭园花台、水井、天井铺地等	
附属设施	水	供水、下水及雨污分流管道铺设	
	电	供电线路的铺设、电增容及照明设施	
	消防	消防设施及消防水管道铺设	
	空调、安保等	空调设施、安全系统等其他附属设施	
合计总价/万元			212.21
建筑面积/m^2			572
建筑面积单价/(元/m^2)			3 710.00

备注:建筑基本重建成本测算说明(相关文件信息详见"估价依据"部分):
① 材料价格参照 2020 年近期发布的江苏省苏州市建筑材料信息价,特殊材料价格根据市场行情确定;
② 人工费按江苏省苏州市现行人工单价执行;
③ 本清单编制分部分项工程综合费用包含人工费、材料费、机械费即工程直接费,不包含规费和税金。

① 基本重建成本测算

由于篇幅,详细分部分项表内容详见上节。

② 综合重建成本测算(表 9-10)

表 9-10 东山裕德堂建筑综合重建成本测算一览表

项目			单价/(元/m²)	计算依据	项目说明
建筑物建设成本	勘察设计费及前期工程费		略	建筑安装工程费的6%	勘察设计费及前期工程费一般在期初投入,一般为建安成本的5%～10%,根据国家计委、建设部关于发布《工程勘察设计收费管理规定》的通知(计价格〔2002〕10号)、《建设项目前期工作咨询收费暂行规定》(计价格〔1999〕1283号)等计费文件,本次估价勘察设计费及前期工程费取建安成本的6%
	公共配套设施建设费			未配建	公共配套设施建设费包括城市规划要求配套的教育(如幼儿园)、医疗卫生(如医院)、文化体育(如文化活动中心)、社区服务(如居委会)、市政公用(如公共厕所)等非营业性设施的建设费用,由于本次估价对象未配建,故本次评估此项费用取值为0
	行政规费	基础设施配套费		文件规定	本次估价对象为居住房地产,根据苏州市当地市场状况,行政规费主要包括城市市政公用基础设施配套费和人防易地建设费。根据苏州市物价局发布的《苏州市市级涉及房地产收费项目目录》、《关于调整苏州市防空地下室易地建设费收费标准的通知》(苏价服字〔2018〕38号)
		人防易地建设费		文件规定	
	建筑安装工程费(基本重建成本)			详见表9-9	
	建设成本			公式计算	建设成本＝勘察设计及前期工程费＋公共配套设施费＋行政规费＋建筑安装工程费
管理费用				建设成本的2%	管理费用是指企业为组织和管理房地产开发经营活动的必要支出,包括房地产开发企业的人员工资及福利费、办公费、差旅费等,依据中国房地产估价师与房地产经纪人学会编写的《房地产估价原理与方法》,管理费用率为建设成本的1%～3%。由于本项目属房地产项目,管理成本为正常水平,本次评估确定管理费用率取平均值为建设成本的2%
销售费用				未发生	销售费用也称为销售成本,是指预售或销售开发完成后的房地产的很必要支出;销售费用通常按照开发完成后的建筑重新购建价值的一定比例来测算;根据注册房地产估价师对类似房地产销售费用的调查分析,市场正常销售费率为建设成本的1.5%;由于估价对象为自用房产,不存在销售成本,故取值为0
财务费用(投资利息)				公式计算	根据注册房地产估价师对类似估价对象工程的调查,应计息项目包括建设成本、管理费用和销售费用,估价对象平均建设周期为1年,投资费用为均匀投入;利率采用价值时点的一年期银行贷款利率即4.35%;投资利息＝(建设成本＋管理费用＋销售费用)×[(1+贷款利率)$^{\frac{建设周期}{2}}$－1]
投资利润				公式计算	利润＝(建设成本＋管理费用＋投资利息＋销售费用)×利润率,详见附注

续表 9-10

项目	单价/(元/m²)	计算依据	项目说明
销售税费		未发生	主要包括增值税、城市维护建设税和教育费附加,根据《关于全面推开营业税改征增值税试点的通知》(财税〔2016〕第36号),确定本次评估税费计率为5.6%。由于估价对象为自用房产,不存在销售税费,故取值为0
综合重建成本单价	5 048.36		
建筑面积/m²	572.00		
综合重建成本总价/元	2 887 661.92		

附注投资利润:

根据苏州市房地产市场开发情况,结合本项目所处位置、项目定位、工程进度取值、规模、用途、房地产竞争状况等影响因素取值,投资利润率取开发成本、管理费用、销售费用之和的百分比根据估价对象的实际用途取利润率,其中苏州市不同业态的利润率取值详见表 9-11 所示:

表 9-11　苏州市不同业态的利润率取值

业态类型	利润率
住宅	10%~20%
商业与商务金融	15%~20%
其他商服	8%~12%
工业仓储	5%~8%

本次估价对象为古镇内传统风貌住宅项目,有一定的特殊性,投资项目的投资风险一般,要求的利润率为社会平均水平。经过综合考虑,本次估价对象利润率取值为20%。计算公式为:

开发利润＝(建设成本＋管理费用＋投资利息＋销售费用)×利润率

③ 综合成新率计算

a. 建筑物的理论成新率

建筑物折旧一般包括物理折旧、功能退化与外部退化(经济折旧)。功能退化是指建筑物在结构、材料或设计等方面的缺陷所引起的功能、效用和价值的减少。这种缺陷是相对于价值时点的最高最佳使用和效益-成本最优化而言的。本项目作为古村落内传统风貌建筑,修缮后暂未承担居住、商业等功能,故本次评估不考虑功能折旧。外部退化是指房地产本身以外的各种消极因素所造成的价值减损。本项目认定为历史建筑,位于苏州东山古镇保护核心地区,与周边建筑环境风貌相互协调统一、相得益彰,对历史建筑整体环境并无负面影响,故本次评估不考虑外部折旧。

因此,本次评估的理论成新率计算公式为:

理论成新率＝[1－(1－残值率)使用年限/耐用年限]×100%

估价对象为非生产性砖木结构建筑,砖木二等,残值率为4%。

根据估价相关资料和现场查勘,至价值时点2019年7月30日,本次估价对象建筑物建筑结构为砖木结构,建筑物于2016年修缮完成,正常已使用年限为3年。但由于该建筑物自投入使用至价值时点期间,房屋使用者对房屋进行正常的维护、保养和加固,结合估价师实地查勘,认定有效使用年期为3年(表9-12)。

表9-12 东山裕德堂建筑理论成新率计算表

项目	子项	折旧率/%	年限/年
建筑物综合重建成本			
物理折旧	有效使用年期		3
	经济寿命(砖木结构)		40
	残值率	4	
理论成新率		92.80	

b. 实际观察法判定现场勘查成新率

结合估价人员的现场勘查,建筑物现场勘查成新率编制测算如表9-13所示:

表9-13 东山裕德堂建筑物现场勘查成新率

部分	名称	标准	实际状况	打分	合计	修正系数
结构部分	基础	25	有足够承载能力,无不均匀下沉	22	87	0.8
	承重构件	25	各部件完好	22		
	非承重墙	15	砖墙完好坚固,墙面节点牢固,拼缝处较密实	14		
	屋面	20	屋脊顶瓦完整,防水层、隔热层、保温层完好,排水通畅	17		
	楼地面	15	整体面层完好平整,地面平整,油漆较完好	12		
装修部分	门窗	25	完好无损,开关灵活,油漆完好	21	81	0.1
	外粉饰	20	粘结牢固,基本完好无缝	16		
	内粉饰	20	完整、无缝、无空鼓	16		
	顶棚	20	完好牢固,无变形	16		
	细木装修	15	完好牢固,油漆完好	12		
设备部分	水卫	60	上下水管畅通,各种卫生器具完好齐全	55	87	0.1
	电照	40	电力设备装置完好,线路及各种照明装置完整牢固,绝缘良好	32		
现场勘查成新率/%					86.40	

c. 本次综合成新率的计算

本次估价采用两种方法综合确定构筑物成新率,综合成新率采用加权平均法,要求理论成新率权重取0.4,现场勘查成新率权重取0.6。

综合成新率 = 理论成新率×40% + 现场勘查成新率×60%
= 92.80%×40% + 86.40%×60% = 88.96%

综上所述,本次估价对象的综合成新率为88.96%。

④ 估算建筑物成本价值计算(表9-14)

表 9-14　东山裕德堂建筑综合成本价值一览表

序号	建筑物	建筑面积/m²	综合重建成本总价/元	综合成新率/%	综合成本价值/元
1	东山裕德堂	572.00	2 887 661.92	88.96	2 568 864.04

(3) 估价对象房地综合成本价值汇总(表9-15)

表 9-15　估价对象建筑房地综合成本价值表

	面积/m²	总价/元
假设普通土地价值	694	2 276 675.04
建筑物综合成本价值	572	2 568 864.04
房地综合价值		4 845 539.08(合计484.55万元)

(4) 估价对象特殊历史文化价值因素调整

通过估价专家组、文物责任工程师以及房地产估价师认真负责的查询资料、反复验证、谨慎合理分析历史建筑建筑物本身的文化内涵特征、价值属性和影响因素等,编制因素调整体系,并确定各指标基础权重范围。

成本法的特殊影响调整的因素因子可参照本书第8章"特殊影响因素附加调整法"。但要根据不同对象予以变化:如果是连房带地项目,就应考虑全部因素因子;如果是纯建筑物项目,有些因素因子可以适当弱化;如果是仿古建筑,其中历史价值因素、保护限制条件等可不予考虑;当然还要具体情况具体分析。

成本法的特殊影响因素因子调整值的计算基数是该项目的房地成本或建筑成本,而调整技术路径的计算基数是设定为普通房地产价值,两者基数不一样,故要另行制定成本法的特殊影响因素因子调整指标体系。由于篇幅,就不详细表述。

4) 成本法计算结论

通过计算历史建筑用地地价、建筑重建成本、折旧总额、各种特殊价值因素调整、特殊使用价值因素、保护限制条件等,成本法估算结果详见表9-16所示。

正如前文所述,成本法运用于修复不久、不偏重于历史价值的历史建筑的结果更加接近准确,重建成本的内涵和折旧的损耗较易判断。估价对象作为清代后期的建筑作品,虽然不是当地典型的传统建筑风貌代表,也凝聚了本地传统技术工艺,体现了较好的文化传承。因此,综合考虑估价方法计算结果和咨询专家组意见,最后确定在价值时点2019年7月30日现状条件下的东山裕德堂的市场价值为679.32万元。

表 9-16　成本法的估价计算工作表

项目	内容	调整系数/%	金额/万元
土地价值	假定为普通建设用地地价(土地取得成本)		227.67
建筑物价值	建筑物重建成本或重置成本		288.77
	综合成新率	88.96	
	建筑物现值		256.89
构筑物价值	构筑物重建成本或重置成本		0
	综合成新率		
	构筑物现值		0
历史地理要素价值	历史地理要素市场价值		0
房地产综合价值	土地价值＋构筑物价值＋附着物价值		484.55
特殊影响因素调整	特殊历史文化价值因素调整 R_1	62.5	302.84
	特殊使用价值因素调整 R_2	1.5	11.81
	保护限制条件调整 R_3	−15	−119.88
估价对象成本法估价结果	$V = V_1 \times (1+R_1) \times (1+R_2) \times (1+R_3)$		679.32
	建筑面积/m²	572	
	估价对象历史保护建筑的单位价值/(元/m²)	11 876	

10 收益法的应用

收益法又称收益资本化法,体现了投资与收益、收益与成本的关联性,是经济领域最基本的估价方法,适用于任何可能产生收益的房地产价值评估,无论其收益是潜在的或显化的。

10.1 收益法的适用性分析

收益法是预计估价对象未来的正常净收益,选用适当的资本化率将其折现到价值时点后累加,以此估算估价对象的客观合理价格或价值的方法❶。基本公式为:

$$价值 = 净收益 / 资本化率$$

预期收益原理是收益法的理论依据,取决于投资者对市场收益的未来判断和心理动机。收集历史资料的作用是据此来推知未来的动向和趋势,解释预期的合理性。收益法适用于有收益或潜在收益❷的历史建筑估价。

10.1.1 收益分析

未来的预期收益主要体现在两方面:收益能力和价值增值。历史建筑作为特殊物业,投资者之间的观点差异较大:有些人认为由于历史文化元素的稀缺性,未来的市场预期盈率较高,具有保值增值性;而有些人认为历史建筑保护限制条件较大,投资必须考虑更多未知风险。当然,历史建筑的投资与不动产投资、资本市场的股票、债券一样,都存在各种市场风险。所谓风险,是指由于不确定性的存在,导致投资收益的实际结果偏离预期结果而造成的损失。历史建筑收益和价值在应对市场供求变化时更多地表现为非敏感性和稳定性;但在使用率、租金取得、维护费用支出等方面也存在许多不确定性;社会文化的认可度、保护运动趋势、限制条件、折旧损耗、区域环境的改变可能都会带来收益的增加或减少。这类风险还包括建筑物的销售价格不能达到盈亏平衡或不能在未来获利。因此,风险评价是采用收益法对预期收益与市场价值的相互关

---

❶ 住房城乡建设部.房地产估价规范:GB/T 50291—2015[S].北京:中国建筑工业出版社,2015.

❷ 这里的潜在收益是指由于产权限制或其他特殊原因造成历史建筑无法直接产生收益,但类似的历史建筑有租金收益或其他收益存在,可认为估价对象历史建筑具有潜在收益。因为一旦相关制约因素消除,收益就会显化。

系进行估算的重要组成部分。

首先必须承认，由于所蕴含的独特品质、文化内涵以及不可再生的稀缺性，历史建筑会越来越受到人们的青睐。或许不同时期对各种类型和风格偏好不一，但人类的文化认知水准在不断进步，市场价格总体趋势仍是上升的，就像那些拍出天价的书画瓷器。单独的历史建筑经常会借助于所在区域（古城、历史街区、古村落等）的宣传推广而身价倍增，这也是为什么人们更喜好位于历史街区的传统建筑。虽然有些是政府所拥有的历史建筑（例如博物馆等）很少需要估价，但也偶尔需要为政府的拨款、资产价值入账或国有资产划拨进行价值测算。此外，虽然属于政府所有的历史建筑较少出售，但也会在政府机构或国资平台内部流转，譬如从房管部门转到区级政府或国有企业，此时历史建筑可能需要进行估价。

除了价值增值以外，历史建筑如何获得收益（Income），这是研究历史建筑经济价值所不可避免的问题。收益是利用的经济表现，直接收益通常包括租金收益、经营收入或旅游收益等；除此之外，《关于〈中国文物古迹保护准则〉若干重要问题的阐述》规定："对利用文物古迹创造经济效益应当加以正确引导，并制定必要的管理制度。经济效益应当主要着眼于以下几方面：①由文物古迹的社会效益形成的地区知名度，给当地带来的经济繁荣和相邻地段的地价增值；②以文物古迹为主要对象的旅游收益以及由此带动的商业、服务业和其他产业效益；③与文物古迹相联系的文化市场和无形资产、知识产权的收益；④依托文物古迹的文艺作品创造的经济效益。"

历史建筑作为一种特殊资源对地方经济产生巨大影响，尤其是当地方的社会经济发展完成了资本原始积累之后，在中国就是总体上进入了经济建设、政治建设、文化建设、社会建设、生态文明建设"五位一体"的阶段之后，文化遗产的资源价值逐渐会发挥较第一和第二产业更重要的和更可持续的作用。除了远期的效益之外，就是在近期和中期，遗产依其规模的大小都可以带动地区其他第三产业及相关产业的发展，形成新的商业增长点，尤其是在作为商业区的历史街区中，它不但可以使个人投资增加，同时也刺激区域经济发展。历史建筑带来的经济收益，又成为历史建筑保护的物质基础。纵观世界发展，曾经对历史建筑保护投入不菲的地方，如今在社会效益和经济效益的投入产出上都取得了丰厚的回报。例如：西班牙依靠其丰富的遗产资源，接待游客4 820万人次，旅游收入570亿美元（2015年）；法国的旅游收入达到460亿美元（2015年）。由于历史建筑固有属性——遗产资源的原创性、稀缺性、不可再生性和不可替代性，使其在经济发展中享有优先地位；也是由于历史建筑的特殊性，需要投入大量保护资金、技术等。需要注意的是，历史地段项目属于城市特殊的建设项目，土地出让收益的一定比例的资金通常作为项目投资来源。经济发展条件较好的省份，历史建筑的保存完好程度以及产生的效益要明显高于经济相对落后的省份和地区。经济发展能为历史建筑的保护提供多方面多渠道的资金来源，不仅能有效保护和修复历史建筑本身，对历史建筑所传承的历史价值亦能得到较好的保存和发展。在这样一种良性循环中，经济发展促进了历史建筑保护的技术和管理发展，为配备优秀遗产保护管理资质的专业人员和促使历史建筑的保护和管理规范化提供了条件,是"鱼与熊掌兼得"的保护与发展双赢的可持续发展道路❶。

用途(使用功能)的灵活性是能够取得更大收益的重要前提,并不是所有的历史建筑的用途都是被严格限定的。有些沿街居民住宅可以被改造为店铺,如上海田子坊;有些则整体改造为商务民宿或娱乐场所,如丽江古城。收益通常主要来自两种方式:租金收益或经营收入❷。前者是纯粹的投资回报,而后者是作为生产要素,与其他要素结合起来创造更多收益;但是两种方式的费用成本大相径庭。

10.1.2 方法分析

未来收益转换成价值的方式,亦即资本化方式,主要分为直接资本化法和报酬资本化法(DCF 分析)。报酬资本化法的原理是资金的时间价值,需要对每期的净收益或现金流量作明确指示,直观清晰、逻辑严密、理论基础完善,分析结果信服力强,适用于任何规则或不规则的市场收益模式,数学公式、经济统计和图形模拟等的运用都使得技术性投资者较为喜欢这种分析方法,特别是计算机程序技术的引入❸。但 DCF 分析测算需要预测未来各期的净收益,没有市场证据担保的预测会产生没有市场支撑的价值❹,预测越远期、越会受到微小误差的影响。如果采用较短的持有期,优点是持有期的未来年收益的预测难度较小,但难点是历史建筑未来持有期末的转售价值需要依靠估价人员对未来市场价值的判断;如果通过有限的历史建筑市场交易资料,依据自变量、因变量逻辑关系而建立的数学模型测算转售价值是否科学合理值得商榷。当然,也可以考虑采用国有出让土地使用权剩余使用年限作为收益年限,优点是理论上不用考虑转售价值,难点是由于收益期较长,未来年收益的预测误差如何调整;就算依靠数学模型进行预测,其准确性也是一个难题。此外,随着城市经济社会不断加速发展,历史建筑的功能退化无法避免,将会导致未来收益不稳定。这些难点如何在调整模型时予以反映,或在 DCF 分析中谨慎考虑,都是对估价人员能力的挑战。

直接资本化法只需要测算未来一期的收益,资本化率直接来源于市场资料数据;其缺点是公式科学性不足,不能做到精确表示资产的获利能力,只能近似地反映净收益与价值的比率。市场越稳定,项目越简单,估算结果越准确;反之,偏差较大。就历史建筑而言,根据有限的交易资料,结合其他经济数据来判断在价值时点的净收益与价值的比率,还能基本满足需要,但就此认定的历史建筑价值结果的合理性仍然显得依据不足。直接资本化法的资本化率也会表现为收益乘数,收益乘数是价格与年收益的倍数。对应不同的年收益种类,收益乘数表现为毛租金乘数、潜在毛收入乘数、有效

---

❶ 朱光亚,等.建筑遗产保护学[M].南京:东南大学出版社,2020.
❷ 旅游收益等也属于经营收入。
❸ 如普遍使用回归分析 RA、结构方程模式 SEM 和灰色系统模型 GM 等。
❹ 美国估价学会.房地产估价:第 12 版[M].中国房地产估价师与房地产经纪人学会,译.北京:中国建筑工业出版社,2005:500.

毛收入乘数和净收益乘数。具体采用何种收益乘数主要还是依据当地的市场资料来认定,不同种类的收益乘数各有利弊,都是对最终价值的近似判断。一般来说,净收益乘数的准确度较高,但要求显化或潜在收益以及费用成本等相关基础资料更加齐全。当然由于历史建筑的独特性,估价中的收益或费用可采用实际收益或费用成本。

相比两种方法,基于估价对象的复杂性,本书认为历史建筑采用收益法时,建议优先选用报酬资本化法。报酬资本化法中选用"持有加转售模式"还是"全剩余寿命模式",取决于估价对象历史建筑的收益模式。如果偏重于商业运营(特别是旅游)、酒店运营等,收益较高但可能受到经济市场波动影响大,优先采用"持有加转售模式";如果偏重于较稳定的收益模式(工业改创业园)、少量收益(收益性展览馆)等,收益偏低但相对稳定,优先采用"全剩余寿命模式"。

10.1.3　组合技术分析

1) 投资组合

正如任何投资现象一样,不动产资金通常包括自有资金和外部融资,两者的比例关系在经济市场中极为重要:合理运用两者比例,可以获得净收益的最大化;如果自有资金比例过大,显然造成机会成本增加;而外部融资比例过高的话,资金会出现负杠杆❶现象,所以历史建筑投资资金的组成比例也需要根据项目情况谨慎测算,以防出现融资资本化率过大。这种收益分割计算法称为"剩余技术"或"组合技术"。剩余技术是指当已知整体不动产的净收益、其中某一构成部分的价值和各构成部分的资本化率时,从整体不动产的净收益中扣除归属于已知构成部分的净收益,求出归属于另外构成部分的净收益,再将它除以相应的资本化率,得出不动产中未知构成部分的价值的方法❷。投资组合反映了总价值的资金构成。

2) 物理构成

不动产也是由土地和建筑物组成,总价值可分为土地与建筑物的价值组合,反映的是总价值的物理构成。物理构成的理论分析在第9章"成本法的应用"中有所阐述,本章不再重复。

地租的实现更依赖于产权的存在。历史建筑用地同样受到产权的限制,除共同作用于土地和建筑的保护限制条件以外,对历史建筑用地的特殊限制主要包括"发展权(开发权)限制"或"保留地役权",即为了保护古迹或自然原生态等限制不动产的开发

---

❶　资金负杠杆,是当时的企业过度举债投资高风险的事业或活动,遇到投资获利不如预期时,杠杆作用的乘数效果,加速企业的亏损以及资金的缺口,影响整体的经济环境。而负债比就是资金杠杆,负债比越高,杠杆效果就越大。然而资金杠杆的乘数效果是双向的:当公司运用借贷的资金获利等于或高于预期时,对股东的报酬将是加成;相反的,当获利低于预期,甚至发生亏损时,就有如屋漏偏逢连夜雨,严重者就是营运中断,走上清算或破产的道路,使得股东投资化成泡沫。

❷　中国房地产估价师与房地产经纪人学会. 房地产估价原理与方法,2022[M]. 北京:中国建筑工业出版社,2022.

或再开发,这些在前文的产权制度中详细阐述。

如果改良不足的建筑,即那些没能达到最大规模或最佳利用状态的不动产,在法律上没有被拆除或改建的可能,那么建筑所在土地的最高最佳使用就是保留现有建筑,历史建筑用地就是这种状况的具体表现。对于一些建筑密度低的历史建筑用地,在保证不对建筑主体产生破坏的前提下,允许适当提高建筑容积率或建筑密度,也是一种使土地达到最高最佳使用的调整方式。如果确实能获得更高的效益,历史建筑用途的灵活性同样也适用于历史建筑用地。但不管如何弥补或调整,历史建筑用地不能达到最高最佳使用是经常性的现实存在。虽然,历史遗址或空地有更大的潜在开发价值,但也可能受到周边历史建筑的负外部性影响而造成改良或环境限制。

通过对历史建筑的土地和建筑物组合关系的分析,基于直接资本化法的前提下,土地净收益、土地资本化率、建筑物净收益、建筑物资本化率、整体不动产净收益和综合资本化率六者之间存在一定的函数逻辑关系。

其中土地剩余技术公式如下:

$$V_L = \frac{I_O - V_B \cdot R_B}{R_L} \qquad 公式(10\text{-}1)$$

式中:V_L——土地价值;

I_O——整体房地产净收益;

V_B——建筑物价值(现值);

R_B——建筑物资本化率;

R_L——土地资本化率。

毫无疑问,历史建筑用地、建筑物以及历史建筑综合体三者同样遵循这一公式,也可以将此方法剥离求取历史建筑用地地价。

3) 特殊增值和特殊限制

对于历史建筑这种特殊不动产,还存在第三种影响收益比例的组合形式:特殊历史文化价值要素导致的增值、特殊使用价值的增值或贬值以及保护限制条件引起的贬值。历史建筑是一种蕴含着特定的历史、文化艺术和社会内涵等价值意义的不动产。由于无法复制和不可再生等特征,历史建筑具有稀缺性,体现了建筑艺术风格与地域差异性。"广义的文化遗产概念,考虑到存在于文化和社会中的传统和互相关系的巨大差异,扩大到把整个环境包括进来,要把固定不动的大型文物遗产放在它的文化和物质环境中来考虑"❶。现代社会对建筑遗产的保护,就是通过设置一系列的限制条件,保护建筑遗产的历史价值、科学价值、艺术价值与环境价值要素的留存与延续。当然无论是何种局限条件及限制强度,都会对建筑遗产的使用功能、

---

❶ 联合国教科文组织.世界文化遗产公约实践指南。

利用强度等产生负面影响,在经济上表现为收益减少或增加成本,必然导致经济价值的贬值。

但是,人们有时宁可忍受历史建筑诸多限制或实用性的不足,也要追求享受那些与历史文化意境共存的情感体验,这种体验可以产生额外的效用价值。缺乏了这种额外效用价值,人们就会去选择价格低廉的普通不动产。从哲学意义上讲,这种额外的效用价值代表着人类主体的积极意义。人类根据自身的需要、意愿、兴趣或目的对他生活相关的对象物赋予的某种好或不好、有利或不利、可行或不可行等的特性❶,这是人类的外在价值的体现。而事物满足这种人类外在价值的功能就是物的外在效用价值,是依赖于主客体关系与外界影响要素而存在的。经济价值是外在效用价值在经济上的反映,这意味着人类通常愿意为更加喜欢和欣赏的物品支付更多报酬,即额外的历史文化特征能产生更多的增值收益。因此,针对不同于普通不动产的历史建筑,历史文化特征增值、特殊使用价值的增值或贬值及保护限制条件的贬值相互关联、相互影响,并会随着时间推移不断调整变化。估价时应予以分别测算、综合考虑。

10.2 收益法的评估程序

收益法遵循的评估程序主要是:第一,在充分收集相关的资料数据后,预测估价对象在收益期的年合理收益;第二,分析收益期内的可能发生的年成本费用;第三,估算收益期内年净收益;第四,确定合理的收益期或持有期,可能需要计算持有期末转售价值;第五,求取适当的资本化率;第六,估算收益价值。

10.2.1 收益估算

运用收益法,必须对收益进行合理估算。虽然过去和当前收益很重要,但投资者最终关注的是未来收益,因为这意味着盈利能力。直接资本化法的收益通常分为毛收益与净收益❷。净收益是毛收益扣除空置损失和运营费用的余值;毛收益是通过租金收益、经营收入或旅游收益等方式取得的收入总值。

历史建筑经适宜性改造后从事运营的情况在欧洲较为普遍,国内目前个别地区也相继发展。除改造为店铺和小型商务旅馆外,有的也改造为精品酒店、特色酒吧、咖啡屋和高档会所等。从门票收益、纪念品销售以及捐赠收益等获取的收入可作为经营收入。对于经营收入的提高需要充分考虑物业的市场定位、营销策略和收入项目,尽可能地通过历史建筑的平台来扩大宣传知名度。

---

❶ 夏征农,陈至立.辞海[M].6版.上海:上海辞书出版社,2010:876.
❷ 在理论上有潜在毛收益、有效毛收益、净收益、权益收益等,专业术语多而复杂,有些概念还相互重叠,本书研究仅对毛收益、净收益进行分析。

租金收益是投资回报的体现。历史建筑通过租金方式取得收益的情况较为普遍,主要是因为目前大多数的历史建筑属于公有产权或共有产权,转让行为受到严格限制,特别是文物保护单位;但通常情况下租赁行为是被允许的,毕竟空置也属于一种损耗。国家将历史建筑的使用权和占有权在一定限期内转移给他人并取得租金收益;租金收益会根据历史建筑的修复程度来确定,如苏州古城内可租赁的公有历史建筑基本上都是已修复状态。历史建筑各有特色,有些偏重于历史、有些以园林见长,各自租金收益之间通常相互不具比较性,所谓的市场客观收益对于历史建筑没有实际意义。

上述的租金收益、经营收入等都是属于直接经济效益,历史建筑的收益还可能表现为衍生的间接经济收益,例如历史建筑给所在区域带来整体经济效益的提升,拉动旅游、住宿、餐饮、商业和其他相关行业的综合性发展等,实际上是一种外部性的表现。特别在旅游业中,文化遗产项目的品牌效应及其特殊资源凸显垄断价值,有效利用遗产资源的比较优势发展旅游业,可以实现良好的经济回报,也会拉动更多的遗产保护资金支持❶。

对于这些间接收益,估价人员很难能直接掌握真实的市场资料,因为历史建筑产权人有时自身也不得而知。但如果某一著名历史建筑的周边建筑均为同一产权人所有❷,历史建筑的存在对于周边建筑的经营收益产生多少增值量,可通过经济计量模型来估算,这是一种最直接的间接经济收益。当然估价行为不仅是理论分析,更需要市场数据来论证。间接收益包括许多方面:历史建筑对周边环境景观的提升;提供了旅游观光的资源;提高周边地区知名度,带动经济发展;促进与历史建筑利用相关的规模产业等。通常认为,历史建筑无论是位于幽静的历史街区,还是孤立于喧嚣的闹市,社会知名度的大小是产生和影响间接收益的重要前提,因为它决定有多少人群为之而来,从而带动周边经济发展;可以说,名气越大,衍生收益越高,这也是各地对申报世界文化遗产趋之若鹜的根本动力。这些衍生收益同样是历史建筑经济价值的组成部分,运用收益法时应当尽量收集和考虑到这些间接收益。有些间接收益对历史建筑总收益的贡献度较大,如带动周边经营增值,应予以考虑;有些间接收益则对影响显著性弱,如历史建筑的存在对周边生态景观有一定的促进作用,但其知名度小、规模有限,享受到其环境外部性的受益人群有限❸,产生的间接收益微乎其微,可以适当忽略。

所以,如果完全无视间接收益的存在,片面强调直接经济收益,历史建筑的经济价值实际上会被严重低估;而将所有的间接收益不计烦琐地全盘考虑,则会增加没有必要的工作量和技术难度。因此采用收益法对历史建筑经济价值进行评估时,要针对不

---

❶ 顾江.文化遗产经济学[M].南京:南京大学出版社,2009:23-52.
❷ 这种情形事实上却较为普遍,政府出资修复历史街区,只租不售,产权人是唯一的。
❸ 例如浙江某村路口有一座古庙,虽有历史追溯,但除了村子里的居民以外,却无法吸引更多人群关注。

同的收益形式分别判断:直接经济收益应详细调查,尽量包括每个细节;间接收益则要根据历史建筑项目的自身特点进行针对性分析,以市场调查为基础,酌情考虑各项间接收益,选取那些贡献度较高、具有代表性的间接收益纳入计算范围。通过这种有主有次、主次分明的选择策略,使得历史建筑的经济收益得到系统合理性体现,同时兼顾了历史建筑经济价值评估的可操作性。直接收益可采用实际或市场客观数据。间接收益可通过按照实际具体情况运用市场提取法、特征价格法或专家打分法等计算,间接收益通常为直接收益的一定比率。

但在实践操作中,间接收益基本很难求取,采用直接收益计算收益价值也是常见情况;只要能合理确定相应的资本化率,同样可以科学计算收益价值。但由于历史建筑的特殊性与个性化,确定历史建筑年总收益时,首先应采用可比实例的客观租赁或产业经营收益数据,可比实例实际状况应与估价对象状况相似,收集宏观收益时,应注重案例应符合估价对象历史建筑的特殊保护限制要求。如果确实无法找到类似的市场客观收益案例,也可采用估价对象的实际收益资料或产业经营收益数据,但需要经过必要的检核调整后测算合理收益。

10.2.2 费用分析

历史建筑的独特性造成收益的非典型性,运营费用及维护保养费也各不相同。确定历史建筑年总费用时,需合理考虑历史建筑及财产范围内的其他设施的修缮、维修、改善以及保养费用等。地方政府会对历史建筑的一些运营及维护费用实行优惠措施,主要包括税收、投资利息、土地出让金等优惠减免或补贴政策。例如有些地区规定,历史建筑的租赁不用交纳房产税;但有些规定也会导致部分成本费用的增加,例如政府要求产权人需要每年花费更多的维修费来保持其建筑功能的稳定性。

由前文所知,历史建筑的直接收益主要是租金收益、经营收入等模式。对于经营模式,本书在表10-1罗列了历史建筑作为精品酒店可能带来的经营支出项目。对于历史建筑的租赁行为,通常来说,其运营费用包括三部分:固定费用、可变费用、重置提拨款。其中,固定费用是指不随着出租率(或租金收益)变动的费用,如维修费、保险费等;可变费用是随着出租率(或租金收益)变动的费用,如房产税、管理费等;重置提拨款是指为在建筑物中比建筑物本身消耗更快,而且必须在建筑物使用寿命内定期更换重置部分而提供的补贴款项❶。

人们对历史建筑的喜好,会吸引一部分志愿者自发来清洁维护历史建筑,特别是一些不直接产生经济效益的博物馆、宗教场所等,例如苏州昆曲博物馆,附近一所学校的师生每月会定时前来清洁打扫,甚至还有小规模的维修,这在发达国家比较普遍。

---

❶ 美国估价学会.房地产估价:第12版[M].中国房地产估价师与房地产经纪人学会,译.北京:中国建筑工业出版社,2005:429.(笔者注:实际上就是短寿命项目的更换成本提前摊销到年度费用中的部分,国内对此不太关注)

虽然,这些行为是人们对祖辈留下的文化遗产一种尊重的表达方式,但事实上减少了运营费用。

表 10-1　历史建筑酒店的经营收入和支出费用表❶

经营收入	支出费用
客房收入、餐饮收入、会议收入、礼仪活动收入、旅游收入、附属用房收入(KTV、酒吧、洗衣房、停车场等)	雇员工资、食品饮料费、清洁用品及客房日用品的费用、广告和市场推广的费用、有线电视费、员工制服费、电脑及电脑软件费、电话费、员工膳食费、水电费、执照费、文具费、菜单制作费、信用卡委员费用、专业服务费用、办公用品费、安保费、培训费、电梯服务供应商费、工程用品费、灯泡费、锁和钥匙费、垃圾收运费、保险费用、物业税、管理费、维护更换历史建筑部件的费用等

10.2.3　确定收益期(持有期)

选择收益期或是持有期,取决于采用报酬资本化法中的"全剩余寿命模式"还是"持有加转售模式"。两种模式具体适用于历史建筑,由估价人员根据估价对象实际情况选择确定。

1) 确定收益期

通常采用自价值时点起算的土地使用剩余年限或建筑物剩余经济寿命计。历史建筑如果能得到系统维护,其可使用年限一般都超过土地出让年限,上百年的建筑比比皆是,所以通常采用土地使用剩余年限作为收益期。

2) 确定持有期

普通房地产的持有期通常为 5 年至 10 年❷。考虑到历史建筑修缮成本回收与维护成本摊销,建议持有期按 10 年计。

10.2.4　转售价值计算

采用"持有加转售模式"需要测算期末转售价值。如何计算期末转售价值,《房地产估价原理与方法》中有详细阐述,提出三种求取方法;美国估价技术体系将不同权益的情况进行区别分析,认为基于完全所有权,其转售价值为净转售价值;基于承租人,当租约到期时,原则上无转售价值;但特殊情况下,可能会存在承租人权益的净转售收益,即剩余租期的"二房东"收益差额折算。

从本书第 3 章"历史建筑估价的经济学原理"分析得知,历史建筑具备较稳定的保值增值效应,价值变化曲线较为平缓。因此依照现在市场信息和交易资料,对应于相对短期的持有期,期末转售价值变化趋势相对容易控制。

---

❶ Judith Reynolds, Historic properties: Preservation and the valuation process [M]. 3rd ed. [S.l.]: The Appraisal Institute, 2006: 122-124.

❷ 中国房地产估价师与房地产经纪人学会. 房地产估价原理与方法[M]. 北京:中国建筑工业出版社,2022: 304-306.

10.2.5 确定资本化率

确定历史建筑的资本化率属于技术难点,本书第 16 章中 16.1 节"资本化率研究"专门阐述。需要注意的是,确定报酬资本化率时,需合理分析历史建筑经营投资风险;需考虑当地对历史建筑修缮维修改善工程审批时间带来的财务费用变化,以及当地针对历史建筑交易的增值税与土地增值税的收取标准;需考虑当地关于投资历史建筑的优惠政策,包括实际用途变更时土地使用权出让金或年收益的减免、租金优惠、费用减免、财务费用的补贴、易于获得融资和税收抵扣等。

10.3 收益法的实证研究

本书的收益法实证研究仅对租金收益估算价值进行考虑,对经营收益模式不作实证研究。

1) 综述

(1) 估价对象

南京四方城 1 号原南京手表厂旧址 5、6、7、8 号楼建筑物。

① 位置:南京市玄武区四方城 1 号。

② 保护等级:历史建筑——近代工业遗产。

③ 面积:土地面积 2 607.68 m^2,建筑面积 2 489.04 m^2。

④ 用途:登记用途,工业;实际用途,文创办公。

⑤ 土地使用权性质:工业出让用地(2004 年办理土地出让手续)。

(2) 估价目的

资产转让。

(3) 价值时点

2020 年 7 月 29 日。

(4) 建筑物重建或重修时间

现有建筑于 2010 年重新修缮。

(5) 估价方法

收益法。

2) 估价对象描述

(1) 区域状况描述(略)

(2) 土地状况描述(略)

(3) 建筑物实物状况描述(略)(图 10-1、图 10-2)

图 10-1 估价对象现状照片

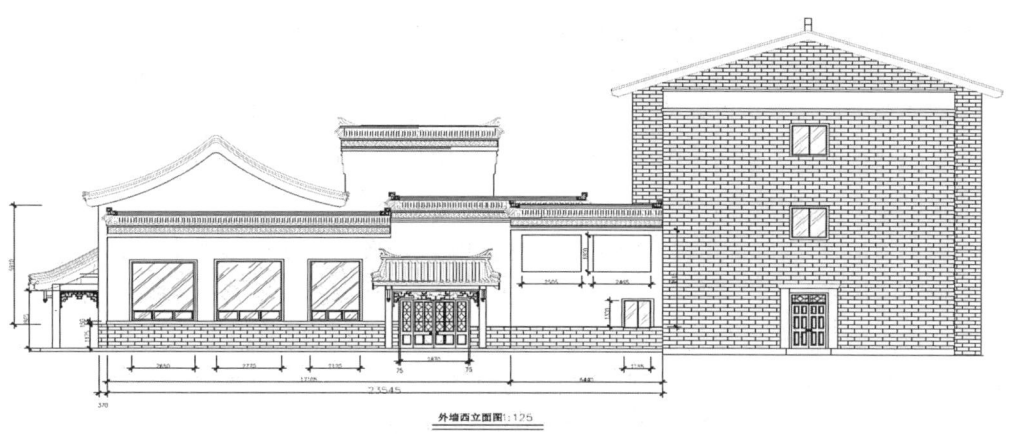

图 10-2 估价对象建筑测绘图

(4) 历史建筑的特殊价值描述

详见本书第 18 章 "估价报告主要内容" 部分。

3) 估价对象价值计算

根据估价对象同一供需圈内同一状况下的房地出租的平均租金水平,确定估价对象客观收益,从中扣除维修费、管理费、保险费、税费等成本费用,即得房地纯收益;根据房地纯收益和资本化率、收益年限代入收益法公式测算房地产价格。收益法公式:

$$V = \frac{a}{r-g}\left[1-\left(\frac{1+g}{1+r}\right)^n\right] \qquad 公式(10-2)$$

式中: V ——房地产价格;

a ——年纯收益;

g ——净收益递增比率;

r ——资本化率;

n——收益年限。

根据收益法基本公式,测算估价对象价值具体过程如下:

(1) 估价假设的估价对象历史建筑状况说明

估价假设的估价对象传统风貌建筑状况为价值时点的当前状态。这是由于当地市场可比实例建筑状况与估价对象建筑现状基本相似,详细说明略。

(2) 市场比较法计算客观年总收益

由于南京市目前存在同类相似状况下的工业遗产或老旧厂房改造为商务办公(会所)的出租交易案例,故可采用客观租金来计算年总收益,并选用比较法确定估价对象历史建筑客观租金。

估价对象位于南京市玄武区四方城1号,现为南京工业遗产保护类建筑,属于钟山风景名胜保护区,现状为文化创意办公用房,近年来,南京市不断加大对工业遗产建筑的保护力度,对主城区工厂、仓库等产业类建筑进行了积极再利用。一批主城区老厂房土地性质不变,厂房保留改造成都市工业园,发展设计、研发、文化创意等都市工业,该类房屋出租市场成熟透明,所在区域范围内工业房地产租赁市场较为活跃,故可用比较法确定估价对象房地产的客观收益。估价人员选择了近期发生交易的或拟进行交易的与估价对象属同一供需圈的3个交易实例。交易实例建筑状况与估价对象建筑状况相似,无明显差异。

由于篇幅,租金的普通影响因素与特殊影响因素修正过程可参考本书第8章"市场比较法的应用"。

估价人员对估价对象处于同一供需圈内区位条件相同、规模相当、工业区集聚度、基础设施状况、环境状况和建筑形态相近的商务办公进行调查分析,估价对象所在区域商务办公市场的月平均租金水平一般在90~100元/(m^2·月),经调查估价对象系按照商务办公用房建设,规模一般,结合周围类似房地产出租及估价对象状况,最终确定客观平均月租金按建筑面积计为98.8元/(m^2·月)。

(3) 年有效总收益的确定

① 租约限制

根据委托人提供的资料,本次估价不考虑租约限制。

② 租赁面积确定

估价对象为南京市玄武区四方城1号5、6、7、8号楼,建筑面积合计为2 489.04 m^2。本次估价租赁可比实例按建筑面积计算租金水平,比准租金也是建筑面积计算的租金,因此租赁面积与租金内涵中的面积一致,均为建筑面积。

③ 空置和租金损失

空置的面积没有收入,收租损失是指租出的面积因拖欠租金,包括延迟支付、少付或不付租金所造成的收入损失,空置和收租损失通常是按照潜在毛收入的一定比例来估算,估价对象位于南京市玄武区四方城1号,现状用途为文化商务办公。南京地区工业厂房改造的创业园、文化创意园出租情况较为普遍,根据估价人员对类似物业的调查和分析,本次估价设定空置和租金损失率为8%。

④ 年有效总收益计算

年有效总收益 = 客观月租金 × 12 × 建筑面积 × (1 − 空置和租金损失率)
= 98.8 × 12 × 2 489.04 × (1 − 8%)
= 2 714 925 元

(4) 估价对象建筑物的重建成本与建筑物现值计算

估价对象建筑物产权证面积为 2 489.04 m²,2010 年修缮改造过程中略有变化,如阳光房、小景观等,在改造成本中予以计算。历史建筑重建成本包括分部分项工程量清单计价、措施项目清单计价和相关税费。估价人员会同文物责任工程师、造价工程师进行了谨慎估算,参照《古建筑修建工程质量检验评定标准(南方地区)》分部分项标准以及江苏省古建筑修复与重建的市场信息资料,结合估价对象的现状实际情况,得到价值时点的估价对象历史建筑重建成本(表 10-2)。

由于篇幅,成本计算过程可参考成本法。

表 10-2　现状状态下的建筑物现值计算明细表

序号	内容	明细
1	建筑面积合计 /m²	2 489.04
2	建筑物综合重建成本 /万元	2 420.07
3	建筑物综合成新率 /%	84.1
4	建筑物现值 /万元	2 035.28

建筑物特殊因素影响在资本化率中予以综合考虑,故不再进行修正。

(5) 年经营费用的确定

出租类文创办公用房的运营费用包括租赁税费、管理费、房屋维修费、房屋保险费和其他费用等。根据市场调查确定各项费用如下:

① 租赁税费

本次估价对象产权为企业所有,出租运营税费包括房产税、营业税、教育附加费、地方建设费。由于估价对象地类用途为工业,建筑物运营性质属于工业遗产改造项目,免收 12% 房产税。故本次税率为 5.33%,税费为年总收益的 5.33%。如果估价对象用途复杂,还需分段计算税费。

税费 = 年有效总收益 × 5.33% = 2 714 925 × 5.33% = 144 706 元

② 管理费

管理费指对出租房屋进行必要的管理所需要的费用,通常是按有效毛收入的 2% 取值,结合本次估价对象的具体情况,管理费按有效毛收入的 3% 取值。由于估价对象为民国时期砖混建筑,管理费相对低一些,如果是传统木构架建筑,管理费用还要上调。

管理费 = 年有效总收益 × 3% = 2 714 925 × 3% = 81 448 元

③ 房屋维修费

房屋维修费指保证房屋正常使用每年需要支付的必要的修缮费用,通常按建筑物重置成本的2%测算。结合本次估价对象历史建筑的具体情况,房屋维修费取建筑物基本重置成本的3%。由于估价对象属于民国时期砖混建筑,维修费相对低一些,如果是传统木构架建筑,维修费用还要上调。

房屋维修费 = 建筑物基本重置成本 × 3% = 20 133 845 × 3% = 604 015 元

④ 房屋保险费

房屋保险费是指为房产所有人为使自己的房产避免意外损失而向保险公司支付的费用。参照现行的保险公司保费标准,投保普通险的房屋,保险费率一般为0.2%。

房屋保险费 = 建筑物基本重置成本 × 0.2% = 20 133 845 × 0.2% = 40 268 元

⑤ 其他费用

在租赁过程中,会发生中介代理、租赁登记、不可预见费等其他相关费用,根据估价对象的情况,估价人员确定其他相关费用合计为年有效总收益2%。

其他费用 = 年有效总收益 × 2% = 2 714 925 × 2% = 54 299 元

⑥ 年运营费用

年运营费用 = 租赁税费 + 管理费 + 房屋维修费 + 房屋保险费 + 其他费用
= 924 736 元

(6) 报酬率的确定

报酬率的确定可参考本书第16章中16.1节"资本化率研究"。报酬率计算结果为4.5%。

(7) 收益期限的确定

根据估价委托人提供的"房屋所有权证"及"不动产登记资料查询结果证明",本次估价对象建筑物5、6、7、8号楼分别约建于1965年、1981年、1959年、1959年,分别为砖木结构、混合结构,非生产性混合结构、非生产性砖木结构,使用年限分别为60年、50年,估价对象均于2010年进行修缮并投入使用,自修缮起正常已使用年限为10年,估价对象建筑物剩余使用年限分别为50年、40年。根据委托人提供的"国有土地使用证",证载地类用途为工业用地,2004年办理土地出让手续,土地剩余使用年期为44年。因估价对象为工业遗产类项目,房屋会不断修缮、保养、维护,本次估价设定房地产收益期限为工业用地剩余使用年期44年。

(8) 变化趋势分析

根据同类物业的市场供求状况、租售状况、物业规划及发展前景等因素,预计其未来的收益状况,预计估价对象于价值时点起在收益年限里保持较稳定、幅度适中的年增长的租金水平。经估价人员市场调查及查询同类工业遗产项目近年租赁合同的租金水平变化情况,类似物业在租赁期间的租金年增长率一般为1%~3%,故本次估价分摊到收益年增长率取1.5%。

(9) 房地产收益价格的测算

上述各项参数确定后,带入收益法公式计算,得到用收益法评估的估价对象收益价值。

代入收益法公式(10-2),得:

$$
\begin{aligned}
\text{收益价值} &= \frac{a}{r-g}\left[1-\left(\frac{1+g}{1+r}\right)^n\right] \\
&= \frac{1\,790\,189}{4.5\%-1.5\%} \times \left[1-\left(\frac{1+1.5\%}{1+4.5\%}\right)^{44}\right] \\
&= 43\,108\,910 \text{ 元} \\
&= 4\,310.89 \text{ 万元}
\end{aligned}
$$

即　房地产单价 = 43 108 910 / 2 489.04 = 17 319 元/m²(四舍五入,取整至千元)

由于在客观租金的选取、建筑物成本计算以及资本化率的确定都充分考虑了历史建筑工业遗产的特殊影响,因此,通过收益法计算出的房地产价格不需要再进行特殊因素修正。收益法的估价计算见表10-3所示。

表10-3　收益法的估价计算工作表

项目	内容	修正指标/%	金额/万元
年有效总收益	客观年总收益		295.1
	空置和租金损失率	−8	
	年有效总收益值		271.49
建筑物(房屋)现值	建筑物基本重建成本		2 013.38
	建筑物综合重建成本		2 420.07
	综合成新率(折旧率)	84.1	
	建筑物(房屋)现值		2 035.28
年总费用	租赁税费	5.33	14.47
	管理费	3	8.14
	房屋维修费	3	60.4
	房屋保险费	0.20	4.03
	其他费用	2	5.43
	年运营费用		92.47
资本化率	净收益递增比率	1.5	
	资本化率	4.5	

续表 10-3

项目	内容	修正指标/%	金额/万元
年房地纯收益	年有效总收益-年运营费用		179.02
收益年限	收益期限		44(年)
估价对象房地产价格(总价)			4 310.89

4) 工业用途改变为商服用地需要补缴的土地出让金的说明

根据江苏省文件《省政府办公厅关于促进低效产业用地再开发的意见》(苏政办发〔2016〕27号)以及南京市相关配套执行政策:鼓励低效产业用地再开发,涉及改变土地用途、提高容积率等土地使用条件,不再收取年租金。因此,本次估价设定估价对象工业用途改变为商服用地无需补缴土地出让金。

注:如果将收益法公式改为土地收益还原法公式,本案例提供的技术思路与参数值同样可用于计算地价,但需要区分土地还原率与建筑物还原率,相关内容详见本书第16章中16.1节。

11 假设开发法(剩余法)的应用

假设开发法又称剩余法,也是较为重要的传统房地产(土地)估价方法。假设开发法如何应用于历史建筑这个特殊对象,本书基于其方法原理和技术角度去探究。

11.1 适用性分析

《房地产估价基本术语标准》(GB/T 50899—2013)中假设开发法的定义是"求得估价对象后续开发的必要支出及折现率或后续开发的必要支出及应得利润和开发完成后的价值,将开发完成后的价值和后续开发的必要成本折现到价值时点后相减,或将开发完成后的价值减去后续开发的必要支出及应得利润得到估价对象价值或价格的方法。"❶《房地产估价原理与方法》中假设开发法的定义是"根据估价对象的预期剩余开发价值来求取估价对象价值价格的方法"。强调方法的适用对象包括可供开发的土地,在建工程或房地产开发项目,可更新改造或改变用途的房地产❷。

《城镇土地估价规程》(GB/T 18508—2014)中剩余法的定义是"在测算完成开发后的不动产正常交易价格的基础上,扣除预计的正常开发成本及有关专业费用、利息、利润和税费等,以价格余额来估算待估宗地价格的方法。"适用对象是现有不动产中所含土地价格、待开发土地价格❸。

从方法定义与适用对象分析,由于历史建筑是事实保留的存量建筑,因此适用假设开发法(剩余法)只有两种情形:现有不动产中所含土地价格、可更新改造的房地产(即未修复或部分修复的历史建筑)。前者关注建筑物的重建成本,如果历史建筑物是新修复或经过重新修复的,适用剩余法更合适;后者关注建筑的更新改造成本。一般情况下,大多数的历史建筑(中小型)修复时间控制在三年以内,保存完好,适用假设开发法(剩余法)宜采用静态分析法,但也要注意不同情况不同分析。

假设开发法(剩余法)适用于历史建筑估价的公式主要有下列两种情形:

---

❶ 《房地产估价基本术语标准》(GB/T 50899—2013)。
❷ 中国房地产估价师与房地产经纪人学会.房地产估价原理与方法[M].北京:中国建筑工业出版社、中国城市出版社.2022.
❸ 《城镇土地估价规程》(GB/T 18508—2014)。

(1) 历史建筑用地地价评估

$$P = P_t - P_h - T \qquad 公式(11-1)$$

式中：P——历史建筑用地地价；
　　　P_t——历史建筑交易价格；
　　　P_h——建筑物现值；
　　　T——交易税费。

(2) 未修复或部分修复的历史建筑现状价值评估

$$V = V_t - C \qquad 公式(11-2)$$

式中：V——历史建筑现状价值；
　　　V_t——假设为市场交易实例状况下的估价对象建筑价值；
　　　C——历史建筑物修复成本（修复至市场交易实例状况）。

11.2　假设开发法（剩余法）的评估程序

11.2.1　历史建筑用地地价评估程序

历史建筑用地地价评估应遵循下列程序：

(1) 将估价对象历史建筑假设为已修复状况下的历史建筑或当地市场交易实例状况下的历史建筑，通过比较法、收益法等测算价值或价格。

(2) 测算建筑物重建至假设状况所需要投入的成本费用，以及连带产生的特殊因素价值增值或减损。

(3) 将假设状况下的历史建筑经济价值扣除需要投入的修复成本费用、财务费用、相关税费等，测算历史建筑用地地价。

11.2.2　未修复或部分修复的历史建筑现状价值评估程序

未修复或部分修复的历史建筑现状价值评估应遵循下列程序：

(1) 将估价对象历史建筑假设为已修复状况下的历史建筑或当地市场交易实例状况下的历史建筑，通过比较法、收益法等测算历史建筑房地产整体价值或价格。

(2) 根据估价对象建筑物现状情况，测算建筑物修复到假设状况所需要投入的修复成本费用，以及连带产生的特殊因素价值增值或减损。

(3) 将假设状况下的历史建筑经济价值扣除需要投入的建筑物修复成本费用、财务费用、相关税费等，测算历史建筑现状的经济价值。

11.2.3 技术要点

假设开发法(剩余法)适用于能够直接或通过修正间接获取历史建筑、古村落不动产及其附属物整体价格实例,且其与估价对象相似的状况。技术要点如下:

(1) 测算历史建筑开发或修复成本费用时,可参照成本法中的重建成本或重置成本计算标准,并调查当地市场实际水平后确定。

(2) 开发或修复周期需根据当地行业一般水平,结合估价对象历史建筑实际确定,大多数在一年内。

(3) 测算成本各项税费时,需考虑当地对历史建筑的税收、融资利息等优惠、减免或补贴政策。

(4) 销售费用、管理费用及利润等需调查当地行业一般水平后确定。

11.2.4 历史建筑物修补保养成本费用说明

历史建筑物修复到市场交易实例状况下所需要投入的修复成本费用,包括历史建筑整修、加固搭建、增加补配构件、油饰修补、整体保养等(表11-1)。

本方法适用的难点是需要准确对估价对象建筑物现状与已修复状况下的情况或市场交易实例普遍状况的差异进行描述,才能精准剥离出建筑物修补保养的工程量与相关费用。估价人员需掌握历史建筑的建筑形制、结构、材料、细部演变、施工工艺、建造程序及工程造价费用的专业计价标准等。

计算基于该费用连带产生的特殊因素价值增值或减损,需要重新编制特殊因素系数调整体系。如果修复规模较小或修复行为对整体价值影响较小,也可不作特殊因素修正调整,但需要说明。

表 11-1 估价对象建筑物修补保养成本费用测算表

序号	项目名称	项目特征描述	计量单位	工程量	金额/元		备注
					综合单价	综合合价	
一	A建筑						
1	整修费						
2	保养费						
3	加固搭建费						
4	补配构件费用						
	……						
二	B建筑						
三	C建筑						
	……						
	总计						

11.3 假设开发法(剩余法)的实证研究

本书选用了两处平遥古城案例作为假设开发法(剩余法)的实证案例,分别应用于历史建筑用地估价与未修复的历史建筑估价两种情形。

11.3.1 历史建筑用地地价的剩余法应用

本书选用第 8 章市场比较法中的平遥古城住宅案例,应用于历史建筑用地的剩余法估价。

1) 综述

(1) 估价对象

① 位置:平遥古城火神庙街××号。

② 保护等级:平遥古城传统风貌建筑。

③ 面积:土地面积 273.46 m^2,建筑面积 192.03 m^2。

④ 用途:登记用途为住宅用地;实际用途为住宅。

(2) 估价目的

传统风貌建筑住宅转让,补办土地使用权出让手续。

(3) 估价日期

2020 年 5 月 30 日。

(4) 建筑物重建或重修时间

现有建筑于 2016 年重建。

(5) 估价方法

剩余法。

2) 估价对象简述

详见本书第 8 章"市场比较法的应用"实证案例。

3) 地价计算过程

(1) 估价对象历史建筑价格计算

采用市场比较法测算估价对象传统风貌建筑总价值为 127.83 万元。计算过程详见第 8 章"市场比较法的应用"实证案例。

(2) 建筑物(房屋)现值计算

经实地查勘,估价对象位于火神庙街××号,为传统院落形制,现作为住宅使用。2016 年,估价对象所涉及建筑物进行过规模性改建,但建筑布局、位置和规模没有明显变化(表 11-2)。

估价对象为沿街南房 3 间,院内东西厢房各 3 间,北房 3 间。房屋建筑面积为 192.03 m^2。

表 11-2 估价建筑建筑物现状

估价项目	估价对象房屋	建筑结构	建筑面积/m²	设定现状用途
平遥古城火神庙街××号部分建筑物	北房3间(主房)	砖木	68.44	住宅
	东房3间	砖木	26.36	住宅
	西房3间	砖木	27.34	住宅
	南房3间	砖木	69.89	住宅
合计			192.03	

建(构)筑物现值计算公式如下：

建(构)筑物现值 = 建(构)筑物重建成本费用×(综合成新率或折旧率修正)×(1＋历史价值因素修正系数＋艺术价值因素修正系数＋科学价值因素修正系数＋环境价值因素修正系数＋社会文化价值因素修正系数)×(1＋使用价值因素修正系数)×(1＋保护限制条件修正系数)

计算过程可参考本书第9章"成本法的应用"(表11-3)。

表 11-3 火神庙街××号建筑物成本价值明细表

序号	内容	明细
1	建筑面积/m²	192.03
2	建筑物综合重建成本/万元	93.87
3	建筑物综合成新率/%	87.64
4	建筑物成本价值/万元	82.27

(3) 建(构)筑物蕴含的特殊因素说明与影响价格增值或减损的修正

通过专家组分析平遥古城传统风貌建筑住宅本身的内涵特征、价值属性和影响因素等，编制特殊影响因素修正体系，并确定各指标基础权重范围，具体计算过程可参考成本法。

(4) 建(构)筑物现值计算

建(构)筑物现值 = 建(构)筑物重建成本费用×(综合成新率或折旧率修正)×(1＋历史价值因素修正系数＋艺术价值因素修正系数＋科学价值因素修正系数＋环境价值因素修正系数＋社会文化价值因素修正系数)×(1＋使用价值因素修正系数)×(1＋保护限制条件修正系数)

计算结果详见表11-4所示。

表 11-4 建(构)筑物现值计算结果表

项目	修正比例/%	金额/万元
建筑物成本价值		82.27
特殊历史文化价值因素修正	10	
使用价值因素修正	0	
保护限制条件修正	−5	
建筑物(房屋)现值		85.97

(5) 交易税费计算

取得土地使用权进行开发时需缴纳契税及印花税。《中华人民共和国契税法》(2020年8月11日)和山西省《关于契税适用税率以及减免税事项的决定》(2021年8月4日),国有建设用地使用权出让、土地使用权转让,契税税率为3%。根据《中华人民共和国印花税法》(2021年6月10日),国有建设用地使用权出让、土地使用权转让,印花税税率为0.5‰,即0.05%。

$$购地税费 = 地价 \times 3.05\% = 0.0305P$$

(6) 估价对象传统风貌建筑用地地价计算

$$P = P_t - P_h - T \qquad 公式(11-3)$$

式中：P——历史建筑用地地价；

P_t——历史建筑交易价格；

P_h——建筑物现值；

T——交易税费。

地价 P = 不动产交易价格 − 房屋现值 − 购地税费
      = 127.83 − 85.97 − 0.0305P

计算得出：地价 P = 127.83 − 85.97 − 0.0305P

地价 P = 40.62 万元

单位地价 = 地价 / 土地面积
       = 40.62 万元 / 273.46 m² = 1485 元/m²

因此,估价人员综合考虑估价结果和咨询专家组意见,确定在估价期日2020年5月30日,通过剩余法计算得出满足所有估价假设和限制条件下的估价对象传统风貌建筑用地(住宅用途)补办出让的地价评估结果为40.62万元(表11-5)。

表 11-5 剩余法的估价计算工作表

项目	内容	修正指标/%	金额/万元
	古建筑价格总价		127.83
建筑物(房屋)现值	建筑物基本重建成本		72.42
	建筑物综合重建成本		93.87
	综合成新率(折旧率)	87.64	
	特殊因素修正	(见表11-4)	
	建筑物(房屋)现值		85.97
交易税费	购地税费	3.05	
估价对象地价 = 古建筑价格总价 − 建筑物(房屋)现值 − 交易税费			40.62

11.3.2 未修复的历史建筑现状价值的剩余法应用

选用平遥古城的一处传统风貌建筑案例,应用于未修复的历史建筑现状价值的剩余法估价。

1) 综述

(1) 估价对象

① 位置:山西省平遥县城内南大街×号(××丰)部分建筑物。

② 保护等级:平遥古城传统风貌建筑。

③ 面积:主房二层建筑面积 610.20 m^2、辅房一层建筑面积 113.88 m^2,土地面积为 453.54 m^2。

④ 用途:商业。

⑤ 土地使用权性质:私人产权。

(2) 估价目的

商业传统风貌建筑核定资产,评估市场价值。

(3) 价值时点

2020 年 5 月 31 日。

(4) 建筑物重建或重修时间

现有建筑物于 1997 年重建。

(5) 估价方法

剩余法。

2) 选择剩余法的理由

估价对象位于南大街×号,属于平遥古城内最繁华的商业街,周边沿街商业用房有一定的租金可比实例数据。原本可以通过收益法计算出估价对象建筑市场价值,但由于估价对象建筑是 1997 年进行重建,而周边能收集到的沿街商业出租租金所对应的基本上是 2014 年至 2016 年重建或重修的商业用房。因此,市场租金案例对应的当地市场交易实例状况与估价对象建筑现状有所差异,而这个差异可以通过建筑物的修复补建来弥补。本次估价采用的剩余法的步骤为:

(1) 将估价对象建筑假设为当地市场交易实例状况下,通过收益法等测算其价值或价格。

(2) 根据估价对象现状情况,测算估价对象修复到假设状况所需要投入的修复成本费用,以及连带产生的特殊因素价值增值或减损。

(3) 将假设状况下的历史建筑经济价值扣除需要投入的修复成本费用等,测算历史建筑的经济价值。

3) 剩余法估价过程

(1) 假设为市场交易实例状况下的估价对象建筑价值计算

采用收益法计算估价对象传统风貌建筑价值时,选用客观市场租金,但收集的客观市场租金案例建筑均是已修复状况,与估价对象建筑现状有差异。通过收益法(过程略)计算,假设为当地市场交易实例状况下的估价对象建筑价值为 35 204 200 元。

(2) 建筑状况差异修复成本计算

① 估价对象建筑现状与市场交易实例状况差异描述(略)。

② 估价对象建筑修复至市场交易实例状况的成本计算。

估价对象修复到假设状况所需要投入的修复成本费用包括估价对象整修、搭建、增加补配的构件,整体保养等(表 11-6)。

表 11-6 估价对象建筑修补保养基本成本费用测算表

序号	项目名称	项目特征描述	计量单位	工程量	金额/元 综合单价	金额/元 综合合价	备注
修整保养费			建筑面积				
一	主房	砖木结构二层	610.20 m²				
1	整修费	石、木构件清理、整修	项	1	略		
2	保养费	木构件防腐、防虫、油漆处理	项	1			
3	搭建	木构件搭建及拆除	项	1			
4	补配木构件	补配、替换木构件	项	1			
					小计	929 300.00	
二	辅房	砖木结构一层	113.88 m²				
1	整修费	石、木构件清理、整修	项	1	略		
2	保养费	木构件防腐、防虫、油漆处理	项	1			
3	搭建	木构件搭建及拆除	项	1			
4	补配木构件	补配、替换木构件	项	1			
					小计	178 670	
		总计				1 107 970	

③ 综合成本费用测算:本次估价设定建筑修缮正常办理相关建筑工程审批手续,计算结果为 1 403 122.22 元,计算过程可参考成本法。

④ 连带产生的特殊因素价值增值或减损:估价对象建筑为传统风貌建筑,未列入历史建筑名录,建筑物本身除了遵循当地传统形制以外,没有其他值得关注的特殊因素。因此,本次估价不对连带产生的特殊因素价值增值或减损进行修正调整计算。

(3) 估价对象传统风貌建筑现状价值计算

$$V = V_t - C \qquad 公式(11-4)$$

式中:V——现状价值;

V_t——假设为市场交易实例状况下的估价对象建筑价值;

C——修复成本。

$V =$ 假设为市场交易实例状况下的估价对象建筑价值 $-$ 修复成本
$= 35\,204\,200$ 元 $- 1\,403\,122$ 元
$= 33\,801\,078$ 元

单位价值 $=$ 总价 / 建筑面积
$= 33\,801\,078$ 元 $/724.08\ \text{m}^2 = 46\,681$ 元$/\text{m}^2$

因此,估价人员综合考虑估价结果和咨询专家组意见,确定在价值时点2020年5月31日,通过剩余法计算得出估价对象传统风貌建筑现状价值评估结果为3 380.11万元。

12 条件价值法的应用

历史建筑是一种资源性资产,除了传统房地产估价方法以外,也可参照资源环境经济价值的估价方法予以考虑。本章将重点研究条件价值法在历史建筑估价的应用。

12.1 条件价值法的适用性分析

12.1.1 历史建筑的资源特征

我国历史悠久,具有深厚的文化底蕴,虽然历经朝代更迭、战争洗礼,还是留存下了众多珍贵的历史建筑遗产。历史建筑作为承载了历史、文化、艺术要素等综合价值的特殊建筑类型,除了普通不动产的特性外,还有稀缺性和不可再生性的特征,是一种具有资源属性的特殊资产。

历史建筑是历史上某一时期的真实写照,反映了当地的民风、民俗和历史、科技水平以及社会发展进步的程度。历史建筑浓缩了地域历史,它以自己独特的文物古迹和深厚的历史文化底蕴再现某一历史时期的传统风貌和地方特征,是古代生态建筑的明证,具有极高的历史、社会、文化、经济及艺术价值;古民居等建筑是历史的昨天,蕴含着丰富的历史文化信息,反映着当时的政治经济、社会文化现象,也反映着当时劳动人民的勤劳智慧和艺术创造才能,是我们古代文明不可缺少的珍贵实物资料,是中华民族优秀的文化遗产。由于历史建筑年代较为久远,历经漫长的历史时期、世事变迁,留存下来的历史建筑数量越来越少,具有明显的稀缺性。唯其稀少,更显珍贵;唯其珍贵,更需保护。历史建筑这一具有独特的历史文化价值、观赏艺术价值和社会经济价值的稀缺资源也逐步引起人们关注与重视,其旅游价值和经济价值逐步显现出来。

资源经济学将资源的属性归纳为:有用性、稀缺性、动态性、天然性等,其中最本质的属性是有用性和稀缺性。资源的基本特征是整体性、地域性、多用性、数量有限性和发展潜力无限性[1]。历史建筑是反映各朝代或各时期社会、人文、环境和历史的建筑物化实体档案,是人类延续的记忆载体之一,一旦毁灭就无法再生,历史建筑本身凝结的历史、文化、艺术价值要素也随之殁灭,因此是一种不可再生的珍贵历史文化资源。正

---

[1] 曲福田,冯淑怡.资源与环境经济学[M].3版.北京:中国农业出版社,2018:3-7.

是历史建筑这种有用性和稀缺性的基本特征,使得历史建筑具备不可再生资源的特性❶。

12.1.2 条件价值法的应用分析

资源经济学是以经济学理论为基础,通过经济分析来研究资源的合理配置与最优使用及其与人口、环境的协调和可持续发展等资源经济问题的学科。资源经济学对价值的定义是事物(如资源)的效用(客体)对人(主体)需要的经济意义。它是一个关系范畴,或是指事物满足人的需要的效用(客观有用性)。资源价值不仅指已经产生的现实经济效益,更指的是能够但还没有产生的潜在的经济效益。资源经济学将资源价值分为直接使用价值和非使用价值(存在价值)。由于资源的非使用价值难以用货币的形式在经济上得到体现,并且具有很强的外部性,因此对资源的经济价值评估一般不采用传统的不动产估价方法。资源经济学对此也有一些估价方法对资源的使用价值和非使用价值进行综合反映,比如条件价值法、旅行费用法、内涵价格法以及费用支出法等。

历史建筑作为一种历史文化产品,具有稀缺性和不可再生性,拥有稀缺资源的典型特征,属于资源性资产。历史建筑除具有使用价值外,同样具有非使用价值,因此,历史建筑的非使用价值也可以采用资源经济学估价方法进行测算。值得注意的是,资源经济学的估价方法充分考虑使用价值和非使用价值,即并不重视市场供求关系的影响。实际上国内外有许多学者❷采用条件价值法对历史文化遗产价值进行估价。

理论上,条件价值法体现的是公众对于历史建筑的支付意愿,即对历史建筑的全部(潜在)消费者支付意愿的集合。一般来说,年代越久远,历史建筑的历史价值、科学价值及艺术价值要素等各种价值水平越高,可利用性或可观赏性越强,对消费者的吸引越大,消费者就更愿意付出更多的货币量。同样,出于对历史建筑保护的目的,历史建筑在功能使用、利用更新等存在着诸多限制,这些限制因素也可能给使用者或消费者带来不便,如交通的限制等。这些不便也可能降低消费者的支付意愿,从而使条件价值法评估出的历史建筑价值偏低。作为消费者而言,其支付意愿是对历史建筑进行的一个综合评判,并不会对历史建筑的各种价值或限制进行区分,因此,通过条件价值法评估出的历史建筑价值属于一种综合性评定,不能集中反映出该历史建筑某一方面的价值优势或劣势。

条件价值法(CVM)亦称意愿评估法、调查评价法等,是在效用最大化理论基础上,利用假设市场的方式揭示公众对公共产品的支付意愿,从而评估公共物品价值的

---

❶ 不可再生资源是指被人类开发利用后,在相当长的时间内,不可能再生的自然资源。这类资源是在地球长期演化历史过程中,在一定阶段、一定地区、一定条件下,历经漫长的历史时期形成的。与人类社会的发展相比,其形成非常缓慢,与其他资源相比,再生速度很慢,或几乎不能再生。人类对不可再生资源的开发和利用,只会消耗,而不可能保持其原有储量或再生。

❷ 诸如:Ana Bedate、Samuel Seongseop Kim;许抄军、董雪旺等。

方法❶。该方法在详细介绍研究对象概况(包括现状、存在的问题、提供的服务与商品等)的基础上,假想形成一个市场(成立一项计划或基金)用以恢复或提高该公共商品或服务的功能,或者允许目前环境恶化与生态破坏的趋势继续存在,通过利用问卷调查的方式直接考察受访者意愿(WTP)或接受意愿(WTA),以得到消费者支付意愿来对商品或服务的价值进行计量的。简而言之,CVM是在模拟市场条件下,引导受访者说出愿意支付或者获得补偿的货币量。WTP是指调查居民所愿意支付的改善生态系统的质量的生态系统服务的货币量;WTA是居民愿意接受企事业单位由于经济开发活动,导致生态环境质量下降而提供补偿的货币量。

条件价值法灵活简单,数据较易获取,因此适用范围广泛。自从1963年Davis R首次将条件价值法应用于森林娱乐、狩猎等非使用价值评估以来,该方法在生态资源的价值评估方面的地位与重要性不断提高,是目前世界上流行的对环境等具有无形效益的公共物品进行价值评估的方法。CVM于20世纪90年代被引入我国,逐步受到了国内研究者和学者的重视,取得了显著发展。但在总体上看CVM理论、技术方法与案例实证方面的研究仍然是十分有限的,从目前实际应用范围来看,多适用于非市场物品价值评估,即在缺乏市场价格的情况下,条件价值法这种采用假想市场的方式为非市场物品(如环境资源)的价值评估提供了可能性,成为当前重要的衡量环境物品价值的基本方法之一。

历史建筑虽然不属于环境物品的范畴,却具备不可再生资源的稀缺性和不可再生性的特征,同时凝结了难以衡量的历史、文化、艺术以及科学等无形价值,属于文化资源。文化资源就是人们从事文化生产或文化活动所利用或可资利用的各种资源,它不仅是指物质财富资源,同时也是精神财富资源❷。因此,本书认为可以借鉴条件价值法对历史建筑经济价值进行评估,且更适宜于那些特征明显、替代性低的文物保护单位的估价。国内已经有学者尝试应用条件价值法对历史文化遗产的经济价值进行评估,如李敏、宗泽文等人❸、❹。

条件价值法从消费者的角度出发,在一系列假设问题的前提下,通过调查、问卷和投标等方式来获得消费者的WTP,综合所有消费者的WTP即为经济价值❺。该方法直接评价调查对象的支付意愿或者受偿意愿,从理论上来说,所得结果应该最为接近目标对象的货币经济价值。但是,实际应用时我们注意到,在被调查者的支付意愿方面,调查者和被调查者所掌握的信息是非对称的,被调查者比调查者更清楚自己的意愿;加上条件价值法所评估的是调查对象本人宣称的意愿,而非真正意义上调查对象根据自己的意愿所采取的实际行动,因此,调查结果将会存在着产生各种偏差的可能

---

❶❺ 陈应发.条件价值法:国外最重要的森林游憩价值评估方法[J].生态经济,1996,12(5):35-37.
❷ 程恩富.文化经济学通论[M].上海:上海财经大学出版社,1999.
❸ 李敏.基于条件价值法的古建筑价值评估[J].湖北农业科学,2020,59(3):154-157.
❹ 宗泽文.基于CVM的名人故居文化遗产价值评估:以王安石故里为例[D].南昌:江西师范大学,2022.

性。运用条件价值法的关键是尽量事先对社会调查中可能存在的偏差进行分析,深入细致的准备工作可减少这些偏差影响,提高最终结果的信度和效度。

12.2 条件价值法的评估程序

条件价值法是通过构建假想市场来估计目标对象的价值。其适用范围很广,可以用来评估历史建筑的使用和非使用价值。条件价值法的评估程序主要为:

(1) 设计调查表格;
(2) 确定调查受访对象;
(3) 实施实际调查;
(4) 整理调查信息;
(5) 确定社会相关受益公众人数;
(6) 测算历史保护建筑经济价值。

12.2.1 设计调查表格

调查表格设计是条件价值评估的重要环节,是引导出最大支付意愿的重要手段。根据调查表格设计的不同,CVM 可分为连续型条件价值评估(CCV)与离散型条件价值评估(DCV)。其中连续型条件价值评估包括投标法、开放式格式和支付卡格式三种。投标法用来鉴别公共商品偏好,但对 CVM 调查的可靠性评估不足;开放式格式与支付卡格式是进行 CVM 调查时采用的两种基本评估技术。历史建筑经济价值评估的调查表格,主要内容应包括:①被调查者的个人基本信息,包括性别、年龄、职业、文化程度、年可支配收入等,要求样本尽量平均分布;②被调查者对某一历史建筑的支付意愿值;③支付偏好。应用条件价值法对历史建筑进行估价时,在调查问卷的设计原则与主要内容等方面,与环境资源价值评估相比没有本质区别。

12.2.2 确定调查受访对象

调查受访对象是影响条件价值法评估结果的重要因素,调查受访对象范围的确定直接影响着最终评估结果的准确性。理论上,条件价值法的调查受访对象应该是历史建筑的所有受益者,但这在现实操作中无法实现。确定历史建筑的调查受访对象范围具有一定难度:如果范围过大,会将历史建筑的非受益者包括在内,造成调查资源的浪费;如果调查范围过小,也会排除部分历史建筑的受益者,形成最终评估结果偏低;所以,应该综合分析历史建筑价值的受益辐射效应,结合实际经验来确定 CVM 调查受访对象的范围。实际上,由于很难精确地界定历史建筑的全部受益者,不管如何反复考虑调查范围,最终估算结果与真正价值之间总是会存在一定的偏差,这是因为估算结果只是反映出历史建筑对于调查受访对象范围的价值指示。

条件价值法中调查受访对象一般为估价对象历史建筑所在区域的当地居民、访客或了解熟悉估价对象的相关人群。调查可根据估价对象状况,综合分析历史建筑价值受益辐射影响的程度和可能性,综合实际经验确定调查受访对象的范围,调查受访对象样本分布应均匀。调查内容包括调查受访对象的性别、年龄、职业、受教育程度、年可支配收入等样本特征类型,以及调查受访对象的支付意愿值等。

12.2.3 实施实际调查

在设计调查表格结束和确定合理范围的调查受访对象之后,通常采用问卷调查、直接访问等方式对历史建筑的受益者进行调查,收集调查受访对象的样本特征类型、支付意愿值等数据;支付意愿值指人们对估价对象历史建筑进行保护利用,保证其存续而愿意支付的意向金额。历史建筑的调查方式可以根据该建筑的保护等级、社会知名度、影响范围等因素综合考虑确定合理的调查方式。

12.2.4 确定受益公众人数

根据估价对象历史建筑的特殊历史文化价值,在分析其影响辐射的地域范围基础上,收集该范围的人口数据与类型分布,确定条件价值法的受益公众人数。

12.2.5 最终价值计算

根据公式 $WACL = (\sum PL \cdot ML)/GL$ 计算某历史建筑的最大支付意愿值的平均值,其中 $WACL$ 为支付意愿平均值,即各调查受访对象支付意愿值的平均数(元或万元);PL 为每一类型调查受访对象支付意愿人数(人);ML 为每一类型调查受访对象支付意愿值(元或万元);GL 为有效调查受访对象人数(人)。

$WACL$ 与受益公众人数的乘积即为该历史建筑的经济价值(表 12-1)。

表 12-1 支付意愿人数分布及计算表

支付意愿区间/元	人数/人	比例/%	平均支付意愿值/元	WTP/(元/人)
0				
$1-n_1$				
n_1-n_2				
……				
n_x-n_y				
合计			—	

注:各支付意愿值范围的平均支付意愿按其平均值计算。

12.3 条件价值法的实证研究

条件价值法应用的实证研究选择常州东青天主堂案例。常州东青天主堂为市级文物保护单位,用途为宗教场所,价值时点前曾经修复,但建筑物出现个别质量问题,需重新维修才能正常使用。由于用途限制,没有收益和交易案例,不能采用收益法与市场比较法;由于功能特殊,也不能采用比较法的调整技术路径。民国建筑原本宜考虑采用成本法,但东青天主堂在常州当地特别是信教群体中有较高的社会影响力,很有声望,故优先考虑采用条件价值法。

1) 综述

(1) 估价对象

① 位置:常州市天宁区郑陆镇和平村常州东青天主堂。

② 保护等级:常州市级文物保护单位。

③ 面积:建筑面积 285.13 m^2。

④ 用途:宗教场所。

(2) 估价目的

政府收购。

(3) 价值时点

2021 年 7 月 18 日。

(4) 估价方法

条件价值法。

2) 估价对象建筑描述

估价对象建筑位于常州市天宁区郑陆镇和平村陈家自然村内的常州东青天主堂范围内的一幢文物建筑[天主堂(民国)——旧圣堂],建筑面积为 285.13 m^2。(图 12-1)

天主堂为砖木结构硬山建筑,共六开间,进深十界,平面呈矩形,其山面为前、后檐,故坐北朝南,共一层。

建筑使用小青瓦屋面,瓦垄端头做勾头滴水,正脊作雌毛脊。屋面下为木构体系,南北山墙使用圆作穿斗梁架,其余间均用圆作抬梁梁架,梁架前后各出三界;梁下木柱狭长顺直,最短为 4 m,最长达 6 m,柱下作礅石,所有木构表面施栗壳色油漆,无雕刻。

墙体为青砖淌白墙砌筑做法,墙面纸筋灰粉刷,前后墙作观音兜;南墙观音兜顶高 6.05 m。上方中央竖有铁制"十字架",下端塑有"天主堂"三字,字碑下建有圆形拱窗,东西两侧分别楷书"天级""神阶"字碑;墙面开哥特式圆拱门 3 樘,东、西边门券顶两旁做"梅兰竹菊"灰塑,大门券顶两侧作"牡丹"和"海棠"灰塑;大门两侧砖柱上刻写对联一副:"圣会至公统寰区单行不二,教会弗替与天地并立而三";东西两墙各做哥特式拱窗 6 樘,檐口做披水檐。东墙南端砌有市级保护碑,后墙无窗洞。

建筑物内部讲台以下使用水磨石地面,其中过道及木柱礅石位置使用红色水磨石,其余使用绿色水磨石地面;讲台地面自南向北分两段阶梯逐渐抬高,做木地板地面。

天主堂入口处做砖砌月台并铺通长花岗岩台阶两步,东西两侧砌青石散水。

图 12-1　估价对象实物图

3) 特殊价值因素描述(略)

4) 估价方法的选择(略)

5) 条件价值法的估价测算

(1) 条件价值法概述(略)

(2) 条件价值法程序(略)

(3) 估价过程

① 估价调查

本次估价的调查问卷中采用支付卡法(Payment Card Format)引导受访者对东青天主堂的经济价值进行评估,从而获得分析所需数据。问卷(详见附件)设计了系列问题,涉及被调查者的个人信息、利用方式意愿调查、支付意愿和支付偏好。

不愿意支付,1~50 元,50~100 元,100~200 元,200~300 元,300~500 元,500~800 元,800~1 000 元,1 000 元以上,被调查者从上述给定的价值数据中选择某一区间,由调查员随即邀请被调查者参与问卷调查。由于东青天主堂已经修复,作为宗教场所开放,来访者众多。根据条件调查法的要求,针对东青天主堂这类具有众多访客的文物建筑,可选取对该建筑比较熟悉的人进行访谈。因此本次估价选取对东青天主堂有一定了解的当地人作为被调查者。

本次通过微信公众号"问卷星",共发放 100 份问卷,回收 99 份问卷,其中 99 人接受了调查并提交了有效问卷,有效回应率为 99%。根据实际调查情况,东青天主堂的条件价值法问卷设计基本成功,在问卷的可理解性、假想市场与支付媒介的可信性、问卷容量的适应性等方面均实现了比较理想的效果,达到了预期目标。东青天主堂的条件价值法问卷结果详见本章后的附件。

② 调查结果

有效问卷中被调查者的个人信息情况统计结果见附件。从被调查者的个人信息汇总可以看出,样本的分布符合随机分布的特点,基本覆盖了各类人群,样本的选择具有较好的代表性和典型性。

99 份有效问卷中,各支付意愿范围的选择人数分布见表 12-2 所示。这些支付意愿值范围的选择与我国普遍的捐款数目及范围较为接近。

表 12-2 支付意愿人数分布及计算表

选项	小计	比例/%
A. 不愿意支付	42	42.42
B. 1~50 元	19	19.19
C. 50~100 元	10	10.1
D. 100~200 元	14	14.14
E. 200~300 元	1	1.01
F. 300~500 元	3	3.03
G. 500~800 元	0	0
H. 800~1 000 元	0	0
I. 1 000 元以上	2	2.02
J. 其他(1 500 元)	8	8.08
本题有效填写人次	99	

注:各支付意愿范围的平均支付意愿按其平均值计算。1 000 元以上的按 1 000 元计算,"其他"经专家确认最终按 1 500 元计算。

根据表(12-2),可以计算得出东青天主堂的人均支付意愿期望值为:

$$E(WTP) = \sum(P_i B_i) = 189.63(元)$$

其中:P_i——各支付意愿值范围的人数分布比例;

B_i——各支付范围的平均支付意愿值。

③ 有效人数(受益公众人数)预判

本次估价对象东青天主堂已经进行修复,作为宗教场所开放,现存建筑较为完整,属于有一定知名度和访客量的文物建筑。学术界对同类型、同等级、同特点的资源类建筑曾经进行过分析,因此,估价师认为估价对象文物建筑可以参照资源类项目,并参考不同文物建筑开发后的运作模式和利用方式,确定受益公众人数范围为常州当地常住人口的1%。

根据估价委托人提供的信息以及估价师的核实,常州当地常住人口按常州市第七次全国人口普查结果计算,为5 278 121人(表12-3),其1%为52 781.21人。故有效人数为5.28万人(表12-3)。

表12-3　常州市第七次全国人口普查公报

常州市第七次全国人口普查公报[1]
常州市统计局
常州市第七次全国人口普查领导小组办公室
2021年5月20日

根据常州市第七次全国人口普查结果,现将2020年11月1日零时我市常住人口[2]的基本情况公布如下:

一、全市常住人口

全市常住人口为5 278 121人,与2010年我市第六次全国人口普查的4 592 431人相比,十年共增加685 690人,增长14.93%,年平均增长率为1.40%。

二、户别人口

全市共有家庭户[3]1 942 531户,集体户117 078户,家庭户人口为4 879 468人,集体户人口为398 653人。平均每个家庭户的人口为2.51人,比2010年我市第六次全国人口普查的2.71人减少0.2人。

三、性别构成

全市常住人口中,男性人口为2 711 786人,占51.38%;女性人口为2 566 335人,占48.62%。总人口性别比(以女性为100,男性对女性的比例)由2010年我市第六次全国人口普查的103.99上升为105.67。

四、年龄构成[4]

全市常住人口中,0—14岁[5]人口为699 862人,占13.26%;15—59岁人口为3 522 325人,占66.73%;60岁及以上人口为1 055 934人,占20.01%,其中65岁及以上人口为785 494人,占14.88%。与2010年我市第六次全国人口普查相比,0—14岁人口的比重上升1.74个百分点,15—59岁人口的比重下降6.71个百分点,60岁及以上人口的比重上升4.96个百分点,65岁及以上人口的比重上升5.11个百分点。

表1　全市人口年龄构成

单位:人、%

年龄	人口数	比重
总计	5 278 121	100
0—14岁	699 862	13.26
15—59岁	3 522 325	66.73
60岁及以上	1 055 934	20.01
其中:65岁以上	785 494	14.88

五、受教育程度人口

全市常住人口中,拥有大学(指大专及以上)文化程度的人口为1 092 040人;拥有高中(含中专)文化程度的人口为860 634人;拥有初中文化程度的人口为1 934 757人;拥有小学文化程度的人口为996 015人(以上各种受教育程度的人包括各类学校的毕业生、肄业生和在校生)。与2010年我市第六次全国人口普查相比,每10万人中拥有大学文化程度的由11 721人增加为20 690人;拥有高中文化程度的由16 990人减少为16 306人;拥有初中文化程度的由41 800人减少为36 656人;拥有小学文化程度的由20 995人减少为18 871人。

续表 12-3

与 2010 年我市第六次全国人口普查相比,全市常住人口中,15 岁及以上人口的平均受教育年限[6]由 9.57 年上升至 10.57 年。

全市常住人口中,文盲人口(15 岁及以上不识字的人)为 84 427 人,与 2010 年我市第六次全国人口普查相比,文盲人口减少 66 489 人,文盲率[7]由 3.29% 下降为 1.60%,下降 1.69 个百分点。

六、城乡[8]人口

全市常住人口中,居住在城镇的人口为 4 067 856 人,占 77.07%;居住在乡村的人口为 1 210 265 人,占 22.93%。与 2010 年我市第六次全国人口普查相比,城镇人口增加 1 166 886 人,乡村人口减少 481 196 人,城镇人口比重上升 13.90 个百分点。

七、地区人口

全市常住人口的地区分布如下:

表 2 各地区人口[9]

单位:人、%

地区	人口数	比重[10]
全市	5 278 121	100
溧阳市	785 092	14.87
金坛区	585 081	11.09
武进区(不含常州经开区)	1 277 487	24.20
新北区	883 125	16.73
天宁区	668 906	12.67
钟楼区	658 537	12.48
常州经开区	419 893	7.96

注释:

[1] 本公报数据均为初步汇总数据。

[2] 常住人口包括:居住在本乡镇街道且户口在本乡镇街道或户口待定的人;居住在本乡镇街道且离开户口登记地所在的乡镇街道半年以上的人;户口在本乡镇街道且外出不满半年或在境外工作学习的人。

[3] 家庭户是指以家庭成员关系为主、居住一处共同生活的人组成的户。

[4] 部分数据因四舍五入的原因,存在总计与分项合计不等的情况。

[5] 0—15 岁人口为 73 9687 人,16—59 岁人口为 3 482 500 人。

[6] 平均受教育年限是将各种受教育程度折算成受教育年限计算平均数得出的,具体的折算标准是:小学 = 6 年,初中 = 9 年,高中 = 12 年,大专及以上 = 16 年。

[7] 文盲率是指常住人口中 15 岁及以上不识字人口所占比例。

[8] 城镇、乡村是按国家统计局《统计上划分城乡的规定》划分的。

[9] 各地区人口是根据区划调整测算的初步汇总数据。

[10] 指各辖市(区)、常州经开区的常住人口占全市常住人口的比重。

④ 估价对象经济价值计算

从②测算可知:

$$东青天主堂\ WACL = E(WTP) = \sum(P_i B_i) = 189.56(元)$$

$$东青天主堂价值 = WACL \times 东青天主堂受益公众人数$$
$$= 189.56 \times 5.28 万人 = 1\ 000.88 万元$$

即东青天主堂在价值时点的经济价值为 1 000.88 万元。综合分析及考虑认为,本次适用条件价值法所测算的东青天主堂在价值时点 2021 年 7 月 18 日的经济价值为 1 000.88 万元。

附件:

本次问卷调查通过微信小程序"问卷星"开展,总共发出 100 份邀请,有效回收 99 份,人员主要涉及常州地区的天主教众,东青地区的居民和前往东青天主堂旅游者,充分体现了社会性与普遍性。调查结果可以较为准确反映出民众对东青天主堂的真实想法。具体结果如下:

一、个人信息

1. 您的性别是:[单选题]

选项	小计	比例
男	50	50.51%
女	49	49.49%
本题有效填写人次	99	

2. 您的年龄位于哪个年龄段:[单选题]

选项	小计	比例
A. 25 岁以下	8	8.08%
B. 26—40 岁	53	53.54%
C. 41—55 岁	26	26.26%
D. 56 岁以上	12	12.12%
本题有效填写人次	99	

3. 您的职业为:[单选题]

选项	小计	比例
A. 公务员或事业单位或管理部门	29	29.29%
B. 教师或科研人员	3	3.03%
C. 企业单位职工(国企、民企、股份制企业)	18	18.18%
D. 个体经营者或农民	7	7.07%
E 自由职业者	24	24.24%
F. 其他职业	18	18.18%
本题有效填写人次	99	

4. 您的学历(学位)为：[单选题]

选项	小计	比例
A. 研究生以上	2	2.02%
B. 大学本科	43	43.43%
C. 高职专科	27	27.27%
D. 中等教育者	18	18.18%
E. 初等教育者(含初中、小学及文盲)	9	9.09%
本题有效填写人次	99	

5. 您的家庭年收入为：[单选题]

选项	小计	比例
A. 50 000 元以下	26	26.26%
B. 50 001~100 000 元	36	36.36%
C. 100 001~200 000 元	28	28.28%
D. 200 001~500 000 元	7	7.07%
E. 500 001 元以上	2	2.02%
本题有效填写人次	99	

二、利用方式意愿调查

1. 对常州天宁东青天主堂的情况是否了解？[单选题]

选项	小计	比例
A. 完全不知道	6	6.06%
B. 听说过,不了解	28	28.28%
C. 了解,没去过	13	13.13%
D. 了解,去过,感觉不好	0	0%
E. 了解,去过,感觉一般	13	13.13%
F. 了解,去过,感觉良好	34	34.34%
G. 非常喜欢	5	5.05%
本题有效填写人次	99	

2. 对常州天宁东青天主堂的保护现状是否满意,能否接受这种现状？为什么？[单选题]

选项	小计	比例
A. 非常不满意,且不能接受	3	3.03%
B. 较不满意且不能接受	6	6.06%
C. 虽然不满意但是可以理解	16	16.16%
D. 无所谓,不关心	34	34.34%
E. 比较满意	34	34.34%
F. 很满意	6	6.06%
本题有效填写人次	99	

3. 您认为常州天宁东青天主堂有保护和利用的价值吗？[单选题]

选项	小计	比例
A. 有保护价值,有利用价值	56	56.57%
B. 有保护价值,可以不利用	11	11.11%
C. 没有保护价值,有一定利用价值	0	0%
D. 没有保护价值,可以拆了重新规划利用	14	14.14%
E. 无所谓,不关心	18	18.18%
本题有效填写人次	99	

4. 您认为常州天宁东青天主堂的社会或文化影响力是什么？[单选题]

选项	小计	比例
A. 没关注、没影响力、没有文化传播	23	23.23%
B. 影响力一般,有一定文化内涵	43	43.43%
C. 影响力较大,有大的文化内涵	31	31.31%
E. 其他(请说明)	2	2.02%
本题有效填写人次	99	

三、支付意愿

1. 您愿意为保护下列常州天宁东青天主堂支付多少钱的费用？(选择 A 请回答问题 2,其他回答直接跳转问题 3)[单选题]

选项	小计	比例
A. 不愿意支付	42	42.42%
B. 1~50 元	19	19.19%
C. 50~100 元	10	10.1%
D. 100~200 元	14	14.14%
E. 200~300 元	1	1.01%
F. 300~500 元	3	3.03%
G. 500~800 元	0	0%
H. 800~1 000 元	0	0%
I. 1 000 元以上	2	2.02%
J. 其他	8	8.08%
本题有效填写人次	99	

2. (选择 A)如果您不愿意为保护常州天宁东青天主堂支付费用,原因是(可多选)[多选题]

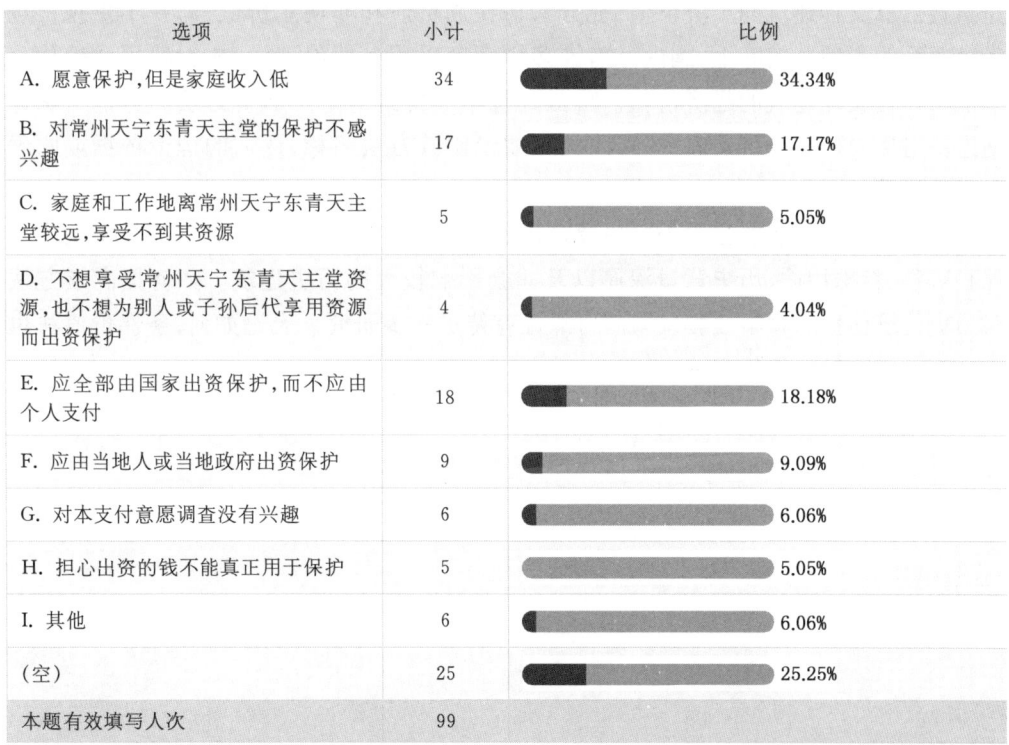

选项	小计	比例
A. 愿意保护,但是家庭收入低	34	34.34%
B. 对常州天宁东青天主堂的保护不感兴趣	17	17.17%
C. 家庭和工作地离常州天宁东青天主堂较远,享受不到其资源	5	5.05%
D. 不想享受常州天宁东青天主堂资源,也不想为别人或子孙后代享用资源而出资保护	4	4.04%
E. 应全部由国家出资保护,而不应由个人支付	18	18.18%
F. 应由当地人或当地政府出资保护	9	9.09%
G. 对本支付意愿调查没有兴趣	6	6.06%
H. 担心出资的钱不能真正用于保护	5	5.05%
I. 其他	6	6.06%
(空)	25	25.25%
本题有效填写人次	99	

3. (选择 B\C\D\E)如果您愿意为保护常州天宁东青天主堂出资,您倾向采用哪种支付方式:[单选题]

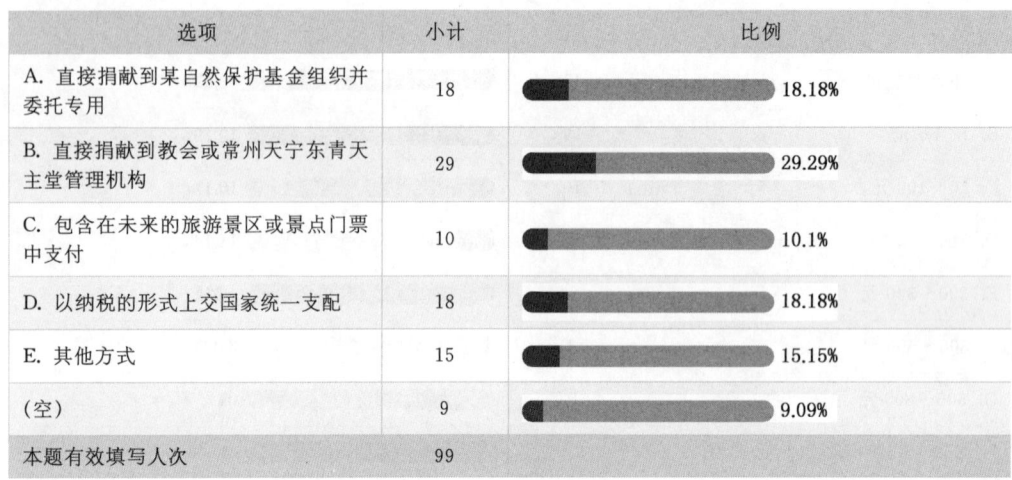

文物建筑作为一种历史文化资产,具有稀缺性和不可再生性,拥有稀缺资源的典型特征,属于资源性资产。文物建筑除具有使用价值外,同样具有非使用价值,因此文物建筑的非使用价值可以采用资源经济学的估价方法进行测算。值得注意的是,资源经济学估价方法有别于传统房地产估价方法,不是对文物建筑市场价值进行评估,而是直接估算文物建筑的经济价值,充分考虑使用价值和非使用价值,即并不重视市场供求关系的影响。实际上,国内外有许多学者都采用条件价值法、旅行费用法等估价方法来评估文物建筑的经济价值。应鼓励探索非传统房地产估价方法的其他科学评估方法对历史建筑经济价值进行评估,但要说明其方法名称、评估的理论依据或原理和操作步骤。

本书对条件价值法应用于历史建筑估价仅作初步探索,本方法同样适用于高等级保护对象、特殊用途、历史背景深厚以及社会影响较大的历史建筑。如何提高该方法对历史建筑估价的科学性和结果的可靠性有待进一步研究。无论如何,条件价值法也不失为一种可行的估价方法。

13 标准价调整法的应用

标准价调整法比较适用于地理位置集聚、较多数量的估价对象,适用对象是历史地段的批量房地产价值与租金评估。

13.1 标准价调整法的适用性分析

《房地产估价规范》(GB/T 50291—2015)中标准价调整法的定义是"对估价范围内的所有被估价房地产进行分组,使同一组内的房地产具有相似性,再在每组内设定标准房地产并测算其价值或价格,然后利用楼幢、楼层、朝向等调整系数,将标准房地产价值或价格调整为各宗被估价房地产的价值或价格。"

标准价调整法适用于历史建筑具体是指当需要在同一或类同历史地段范围内对较多历史建筑进行估价时,可在历史地段范围内选择确定具有代表性的历史建筑标准房地产,测算标准价。按照替代原则,将估价对象历史建筑的普通影响因素和特殊影响因素与历史建筑标准房地产的相应条件相比较,通过对标准价进行调整,求取价值时点的估价对象历史建筑经济价值。

标准价调整法同样适用于地价计算。《城镇土地估价规程》(GB/T 18508—2014)中没有标准价调整法,类似的是公示地价系数修正法中的标定地价系数修正法;专门颁布了行业标准《标定地价规程》(TD/T 1052—2017)来规范标定区域划分、标准宗地待定以及标定地价的制定等。标定地价系数修正法的应用前提是当地政府制定并公布了标定地价体系。值得注意的是,目前许多拥有历史地段的城市在制定基准地价、标定地价体系时,涉及历史地段,但未考虑历史地段的特殊性,未对其进行相关的特殊因素调整修正或特殊说明,其成果与普通区域并无区别,这是不合理的。

如果区域内并未制定标定地价体系,估价人员也可以直接参照标定地价制定程序,划分区片、确定标准宗地、计算标准宗地地价、制定因素系数修正指标体系等;然后再适用标准宗地地价系数修正法计算待估宗地地价。

标准价调整法适用于历史建筑公式调整为:

估价对象历史建筑比较价值 = 历史建筑标准房价值 × 普通因素调整系数 × 特殊因素调整系数

13.2 标准价调整法的评估程序

标准价调整法遵循的评估程序主要是：第一，在历史地段范围内划分相似区段或区片；第二，不同区段或区片中选择具有代表性的历史建筑标准房地产，明确其因素条件；第三，通过比较法、成本法或收益法等测算标准房地产价值或价格；第四，通过普通影响因素和特殊影响因素的调整，将标准价调整测算得出估价对象经济价值。

13.2.1 标准区段(区片)划分

1) 划分要点

按不同用途将历史地段划分为多个标准区段、区片；或分组，使同一组内的房地产具有相似性。

(1) 同一标准区片或分组内，房屋状况相似、房价水平比较接近或者一致。

(2) 同一标准区片或分组内，房屋利用状况、基础设施条件、环境条件和规划条件等基本相同。

(3) 各标准区片的面积规模适当，最小为一个街区范围，并保持地块的完整性。

(4) 各区片能够完全覆盖被调查范围。

商业标准区段(区片)是指在均质区域基础上划定的，商业条件、利用、价格水平等性质相似的空间闭合的区域。

住宅标准区片是指在均质区域基础上划定的，住宅条件、利用、价格水平等性质相似的空间闭合的区域。

2) 划分原则

(1) 综合分析原则

标准区片的划分应对影响房地产价格的各种经济、社会、自然因素进行综合分析，按综合差异划定标准区片。同一标准区片内，其房屋使用情况、主导地价影响因素等相似，房价水平接近。

(2) 界限合理原则

标准区片界限不宜突破行政区划、产业区划、商业商务区、成片保障性住房等规划范围的边界。宜采用河流、沟渠、道路、堤坝等现状地物，产业、商业商务区、成片住宅等的规划或现状范围边界、行政区划界限以及有明显标志的权属界限。

(3) 房屋完整原则

标准区片界限应保持内部房屋的完整性。

(4) 定量与定性分析结合原则

标准区片的划分，应对区域内房地产价格进行定量分析，对于其他影响房地产价格的经济、社会、自然因素等从经验分析的角度给出结论。标准区片最终的调整和方案确定宜以定性分析为主。

(5) 因地制宜原则

标准区片的划分既要遵循一定的划分标准,又要充分结合实际情况,以确保标准区片划分结果的客观性和实用性。鉴于标准区片划分工作区域影响因素差异较大、房地产市场发育不均衡等特点,标准区片划分过程中宜兼顾科学性、针对性和实践可操作性。

3) 划分方法

划分方法主要有多因素综合评价法(包括主成分分析法、数据包络分析法、模糊评价法等)、专家评判法、叠加法等。

4) 实证案例

选用平遥古城(国家历史文化名城)商业区段与区片作为实证案例,价值时点为2020年5月。

平遥古城作为"保存完好"的四大古城之一,古城内的交通脉络由的四大街、八小街、七十二条蚰蜒巷构成,古城的大街小巷,纵横交错,井然有序。其中南大街为平遥古城的中轴线,北起东、西大街衔接处,南到大南门(迎薰门),以古市楼贯穿南北,街道两旁,老字号与传统名商铺林立,是最为繁盛的传统商业街。

平遥古城内经营用房主要包括商业用房、民宿用房。古城内经营用房沿街呈狭长带状分布,因此,经营用房的价格区段一般以沿街一定进深的商业路线区段反映,并按商业繁华程度、道路通达度,以及房价、租金相同或相似的原则划定。商业路线区段一般以一条街的长度为划分单元。但由于商业繁华地区房价受区位影响极为显著,应根据繁华程度差异同一条街道划分为若干个商业路线区段,而在某些不繁华的地区,几条繁华程度相似的街道可归为同一商业路线区段。

(1) 技术路线

经过对平遥古城相关资料的梳理,初步按照主要街道、次要街道进行数据收集和实地调查,调查案例主要为平遥古城内的历史建筑和传统风貌建筑。

参考《房地产估价规范》《城镇土地估价规程》《标定地价规程》《国有土地上房屋征收评估办法》,确定技术路线:首先确定平遥古城标准区片划分的工作范围,进行相关数据分类收集,从海量数据中筛选出合理信息,运用聚类分析将价格信息分类,运用地理信息系统划分等价区位,划分出标准区片。

① 从海量数据中筛选合理信息

聚类分析法作为一种多变量统计方法,依据数据的联结规则进行分裂或聚合,寻找到数据集中的自然分组。同一分组中任意两点的距离小于不同组中的任意两点距离,组别内的数据是相似的,不同组别中的数据是不相似的。研究从用途、坐落、临街情况、楼层、装饰装修和租金系数等六个维度对平遥古城内房屋进行定量描述,将信息完善的经营用房筛选出来,对信息不全、用途不明确的房源信息剔除不用。

② 运用聚类分析将价格信息分类

聚类分析是根据样本的多个观测指标,具体找出能够度量样品或指标之间相似程度的统计量,以这些统计量为划分类型的依据,按相似程度的大小把不同的样品聚合为几类,形成一个由小到大的分类系统。可以对样本聚类,也可以对指标进行聚类。若归为一类,说明样本之间的总体表现水平相近以及指标向量的相似程度较大。反映到价格信息结构上,样本聚为一类说明该类房屋的租金水平相近,同时也表明这些房屋之间的影响价格结构主要因素相似;指标聚为一类说明指标在价格结构中的作用相近。

③ 运用地理信息系统划分等价区位和等价位点

地理信息系统为房地产价格分布的相关性分析提供了有效的辅助工具,利用ArcGIS对平遥古城房地产价格分布实现空间图形信息与属性信息的一体化管理,实现房地产价格分布相关性因子分析过程中的信息支持和可视化表达,可确定在等价区间内房屋的位置,从而实现等价区位的划分。技术图如下(图13-1):

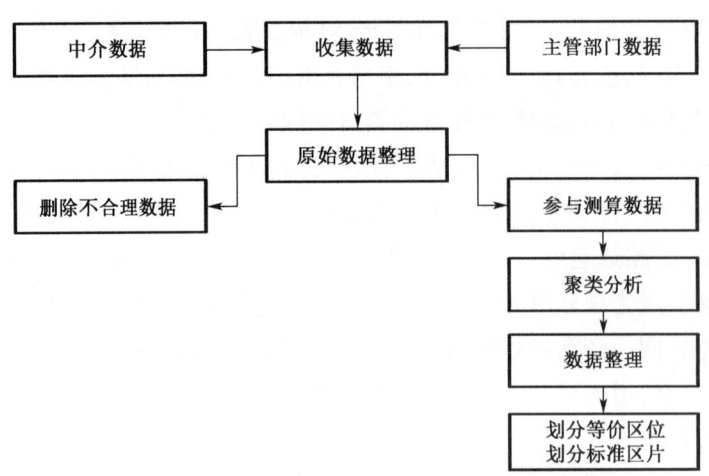

图 13-1　技术路线图

(2) 调查收集数据

本次调查共收集商业、民宿类样本数据总量255处,均匀分布在平遥古城范围内(表13-1)。

表 13-1　平遥古城商铺、民宿样本点收集数量情况

序号	房屋用途	租金价格时间	中介数据	实地调查数据	数据总量
1	沿街商铺	2019年1月至2020年5月	27	139	166
2	民宿	2019年1月至2020年5月	16	71	89
			43	210	255

部分样本数据详情如表(13-2)所示:

表 13-2 部分样本数据展示

门牌号	房屋用途	商铺面积/m²	沿街情况	楼层	装修装饰	商铺年租金/(万元/a)	商铺月租金/(元/m²)
东大街 115 号	沿街商铺	75.5	一面	1	普通装修装饰	4.4	48.4
上西门街 53 号	沿街商铺	62.2	一面	1	普通装修装饰	3.7	49.3
书院街 50 号	沿街商铺	79.8	一面	1	普通装修装饰	4.8	50.5
窑场街 25 号	沿街商铺	58.14	一面	1	普通装修装饰	3.3	47.3
东大街 48 号	沿街商铺	66.91	一面	1	普通装修装饰	4.2	52.6
东大街 72 号部分	沿街商铺	68.2	一面	1	普通装修装饰	4.1	50.4
东大街 72 号部分（历史建筑）	沿街商铺	78.3	一面	1	普通装修装饰	4.7	50.1
上西门街 117 号（历史建筑）	沿街商铺	54.6	一面	1	普通装修装饰	3.3	49.2
上西门街 103 号	沿街商铺	54	一面	1	普通装修装饰	3.3	50.9
上西门街 63 号	沿街商铺	54.12	一面	1	普通装修装饰	3.3	50.8
上西门街 61 号	沿街商铺	53.98	一面	1	普通装修装饰	3.3	50.9
西南门头街 49 号	沿街商铺	58	一面	1	普通装修装饰	3.5	50.8

(3) 聚类分析

① 将参与聚类分析的样板点标记为"参与"进行 k-均值聚类。

② 聚类数设为"14"。此处有多轮选择,最后确定设为 14 为适宜,选择过程略。

③ 勾选"保存"和"选项"中的所有项目。

④ 输出聚类结果。

(4) 整理数据

① 将最终聚类中心的聚类命名为原组号。

② 将原组号按照降序排列,并由高到低设定价格等级(新组号)1 至 14。

③ 设定各样本点的价格等级。

(5) 划分等价位区

① 将样本点和价格等级数据导入 ArcMap。

② 将聚类后样本点与导入后样本点进行核对。

③ 按照价格等级 1 至 14 定样本点不同颜色。

④ 观察 Map,按照价格等级(样本点颜色)集中趋势划分等价位区段、区片,保证每个区段、区片的主要价格等级(样本点颜色)不超过 3 个。

⑤ 主要样本点应在该区段、区片全部样本点中占较大比重。

(6) 划分结果

根据聚类分析结果以及咨询本地专家组,确定商业区段区划分结果(表 13-3)。

将平遥古城经营用房 1~10 区段划分为:商业 1 区段为南大街北段(城隍庙街—东大街),商业 2 区段为南大街(城隍庙街—迎薰门),商业 3 区段为城隍庙街、衙门街,商业 4 区段为西大街(沙巷口—西门)，商业 5 区段为西大街(沙巷口—北大街口)，商业 6 区段为西大街(北大街口—鹦鹉巷)，商业 7 区段为东大街(西口—贺兰桥口)，商业 8 区段为东大街(贺兰桥巷—东门口)，商业 9 区段为北大街，商业 10 区段为上西门街、书院街。

11~14 区片划分为：

商业 11 区片：海子街、关帝庙街、火神庙街以北(不含街道两侧)；五道庙东巷、沙巷(不含两侧)以西；书院街、西南门街(至南巷)(含两侧)以南；安家巷及延伸段、雷家院街、真武庙街以东。

商业 12 区片：①海子街、关帝庙街、火神庙街以南(含两侧)；五道庙东巷(含两侧)，真武庙街以西；西大街、东大街以北(不含两侧)。②沙巷(含两侧)以东；西郭家巷以南(不含两侧)；马圈巷、照壁南街(不含两侧)以西；书院街以北。③贺兰桥巷、赵举人街、新道街延伸段(两侧)以东；安家街及延伸段、雷家院街、真武庙街以西，仁义街(两侧)以南。

商业 13 区片：①马圈巷、照壁南街(含两侧)以东，西郭家巷以南(含两侧)，二合木厂巷、北巷以西(含两侧)；衙门街以南(不含两侧)；南大街(不含两侧)以西；西南门头街以北(不含)，南巷延伸段以东，东南门头街(两侧)以南，新道街延伸段以西。②贺兰桥巷、赵举人街以西；砖圈门巷(含两侧)以南；东南门头街(两侧)以北，南大街(不含两侧)以东。

商业 14 区片：二合木厂路、北巷(不含两侧)以东，东郭家巷以南(含两侧)，南大街(不含两侧)以西，衙门街以北(不含两侧)。

表 13-3　商业区段区片划分结果表

序号	商业区段片区
商业区段	
1	南大街北段(城隍庙街—东大街)
2	南大街(城隍庙街—迎薰门)
3	城隍庙街、衙门街
4	西大街(沙巷口—西门)
5	西大街(沙巷口—北大街口)
6	西大街(北大街口—鹦鹉巷)
7	东大街(西口—贺兰桥口)
8	东大街(贺兰桥巷—东门口)
9	北大街
10	上西门街、书院街
商业区片	

续表 13-3

序号	商业区段片区
11 (土色)	海子街、关帝庙街、火神庙街以北(不含街道两侧);五道庙东巷、沙巷(不含两侧)以西;书院街、西南门街(至南巷)(含两侧)以南;安家巷及延伸段、雷家院街、真武庙街以东
12 (黄色)	① 海子街、关帝庙街、火神庙街以南(含两侧);五道庙东巷(含两侧),真武庙街以西;西大街、东大街以北(不含两侧); ② 沙巷(含两侧)以东;西郭家巷以南(不含两侧);马圈巷、照壁南街(不含两侧)以西;书院街以北; ③ 贺兰桥巷、赵举人街、新道街延伸段(两侧)以东;安家街及延伸段、雷家院街、真武庙街以西,仁义街(两侧)以南
13 (蓝色)	① 马圈巷、照壁南街(含两侧)以东,西郭家巷以南(含两侧),二合木厂巷、北巷以西(含两侧);衙门街以南(不含两侧);南大街(不含两侧)以西;西门头街以北(不含),南巷延伸段以东,东南门头街(两侧)以南,新道街延伸段以西; ② 贺兰桥巷、赵举人街以西;砖圈门巷(含两侧)以南;东南门头街(两侧)以北,南大街(不含两侧)以东
14 (紫色)	二合木厂路、北巷(不含两侧)以东,东郭家巷以南(含两侧),南大街以西,衙门街以北(不含两侧)

注:虚线为不含。

13.2.2 确定标准房

1) 标准房的定义

设定标准房是标准价调整法进行房地产估价的特有步骤,标准房的设定要建立在标准区片划分的基础上,同一个标准区片内同一类型的房屋设定一个标准房。标准房按不同类型房屋的标准区片来设定,设定时要考虑房屋类型、土地性质、朝向、楼层、面积等因素,并把这些因素具体化。

标准房应能够代表其所在标准区片的普遍水平,标准房的布设既要考虑布设的数量以及空间分布,又要考虑标准房的类型符合评价的基本要求。由于标准房需要能够代表其所在标准片区的属性,所以其结构、所在层、朝向、临街状况、装修装饰等房屋状况及价格等要能够反映其所在标准片区的客观状况。

2) 标准房选取要求

(1) 每类用途的每个标准区段内,有且仅有一处标准房。

(2) 标准房的用途以合法用途为准,现状开发利用应符合法律法规及相关规划的要求,标准房的实际用途与合法用途原则上应保持一致。

(3) 标准房的用途应与所在标准区段的主导用途、普遍利用方式一致。

(4) 标准区段内的标准房设定为已完成建设并正常经营与使用。

(5) 不选择用途不明确的房屋用作标准房。

(6) 标准区片内标准房为设定符合标准房条件的虚拟标准房。

3) 平遥古城商业标准房选取

(1) 商业标准房选取标准

商业标准房选取是商业价格体系建设工作的重点内容,它既要考虑标准房的数量以及空间分布,又要考虑商业标准房是否满足代表性这一基本要求。标准房必须能够代表这一标准区片的房地产,这就要求选定的标准房在地段、结构、层次等特征因素上具有代表性。

在商业标准区片划分的基础上设定商业标准房,每个商业标准区片设定一个标准房,设定标准房时,遵循如下要求:

① 标准房面积适中($60\sim90 \text{ m}^2$)。
② 标准房一面临街。
③ 标准房楼层为一层。
④ 标准房配套设施为标准区片中平均水平。
⑤ 标准房房屋现状建设年代能代表区片内大多数房屋。
⑥ 标准房室内为普通装修。
⑦ 标准房房屋结构为砖木结构。

选择商业标准房时,应选择满足商业标准房要求的实体房屋,但有些区片中备选房屋无满足上述商业标准房选择的要求的实体房屋,按照规范可以设定虚拟标准房。区片虚拟商业标准房设定为满足商业标准房要求的虚拟房屋,以满足区片商业标准房标准价测算的需求。

(2) 商业标准房选取程序

① 建立商业标准房备选库

根据以上商业标准房的条件要求,从商业繁华程度、临街情况、面积、楼层、建设年代等因素,综合考虑选择房地产价格具有代表性房屋纳入标准房备选库,结合标准区片条件,在此基础上进一步补充其他符合条件商业标准房,形成备选商业标准房资料库。

在对前期收集的样点进行整理、筛选入库后,根据"代表性、确定性、标识性",保留10个样点标准房案例。

将备选库内10个标准房按用途细分后进行矢量化,通过实地调查、房屋登记等相关工作成果,确定房屋位置和基本信息,整理后添加至各标准区片。

② 标准房初选

通过核查房屋现场、查阅当地房管部门相关档案和走访相关机构,核实并补充信息,调查房屋使用现状、周边环境、房屋价格水平等。从权属信息规范性、区域代表性、使用年限等条件初步筛选商业标准房。

③ 标准房优化和确认

结合内业调查和外业核查资料,分析样点的房屋条件和房屋使用情况,根据标准房选取要求,综合区域内样点的分布情况,通过综合平衡与局部调整,筛选并确定标准房。

(3) 商业标准房选取结果

商业标准房选取时,将标准区片内房屋面积适中,经营状况良好,区域内具有代表性的房屋作为标准房。考虑到商业用房的影响因素,并结合上述商业标准房选取原则及确定过程,最终平遥古城商业标准房在10个标准区段内共选取了10个实体标准房,4个标准区片内选取虚拟标准房。选取结果略。

13.2.3 标准房地产价格评估

1) 标准房标准价内涵

(1) 价值时点

标准区片划分及标准房选取的价值时点是2020年5月×日。

(2) 权利特征

权利特征设定为相对完整的房屋权利价格,不考虑抵押权、地役权等他项权利的限制。

(3) 价格类型

价格类型应反映不同用途标准房的类型现状。本次平遥古城标准价格为公开市场条件下的房屋平均价格。

(4) 房屋用途

根据标准房的使用现状及功能业态,具体划分为商业标准房。

(5) 使用年期

本次估价对象房屋均位于平遥古城,平遥古城作为历史文化古城、世界文化遗产、5A景区,古城房屋会不断修缮、保养、维护,不断有游客前来旅游观光,古城房屋作为居住、商业等用途将持续使用,故房屋使用年期为无限年期。

(6) 房屋现状

房屋现状能够代表平均房屋现状水平。

(7) 市场条件

在市场条件下形成的房屋权利价格,包括在公开市场条件下形成的客观合理价格和特定市场条件下形成的市场关联各方可接受的价格,本次估价对象为平稳正常情况、公开竞争市场条件下形成的客观合理价格。

2) 标准房标准价房地产估价方法

标准房地产评估应对市场法、收益法、成本法、假设开发法等估价方法进行适用性分析后,选用其中一种或多种方法进行评估。

当标准房地产适用一种估价方法进行估价时,可只选用一种估价方法进行估价。当标准房地产适用两种或两种以上估价方法进行估价时,宜同时选用所有适用的估价方法进行估价,不得随意取舍;当必须取舍时,应在估价报告中说明并陈述理由。

平遥古城内商铺众多,基本上以租赁居多,且各区域都有足够的租金数据,具备采用收益法进行测算的条件。因此,对于商铺标准房标准价评估主要采用收益法,部分案例符合条件的也可采用比较法。计算过程与估价结果略。

13.2.4 建立标准价系数调整体系

1) 房屋价格与标准价的关系

房屋价格和标准价同属房价体系,两者既有区分,又有所联系,按照估价对象来说,房屋价格也可以称之为房屋成交价,是在正常市场状况下买卖双方的理性行事、知情审慎和非强制的行为进行公平交易产生的房屋交易价格,其估价对象往往是具有完整权属界线的某一建筑物,而标准价则是按照不同区段/区片(等级)和用途,分别确定某一时间点标准房价格。

虽然两者有区别,但本质上来说房屋价格和标准价存在以下联系:

第一,房屋价格和标准价都是公开市场的成交价,按照不同类别房屋进行定价。

第二,房屋价格和标准价之间存在相互承接的关系,标准价是评估房屋价格的基础,房屋价格是根据标准价调整计算,房屋价格也是标准价在具体市场运用的一种体现。

2) 确定影响因素

平遥古城包括普通影响因素以及特殊影响因素,主要是指平遥古城传统建筑风貌特殊价值因素(略)。

3) 标准价系数调整体系的编制

(1) 房屋价格影响因素的选择与权重的确定

在同一区域内房屋价格的个别因素对房屋价格的影响较大。因此,在进行标准价因素系数调整体系编制时,主要选取影响房屋的自身情况作为房屋价格影响的个别因素。通过专家打分计算的方式确定房屋价格个别因素的影响权重,并通过交易样点试算的方式进行适当调整,进而最终确定不同用途用房各因素对房屋价格的影响程度的权重值。

同时,由于本次估价对象位于历史文化名城平遥古城,古城内房屋有其历史特殊性,是否列入历史建筑名单对房屋价格的影响明显,故应引入历史建筑因素调整系数。

(2) 房屋价格系数调整幅度计算

① 以区段/区片为单位,利用各区段/区片各类房屋界限和标准价模型,确定正常样本房屋价格的最高值、最低值;以各区段/区片各类用途的正常房屋价格的最高值、最低值,与标准价的平均值相减,再除以标准价平均值,得到上调或下调幅度的最高值。

上调幅度计算公式为:

$$F_1 = \left[\frac{I_{nh} - I_{lb}}{I_{lb}}\right] \times 100\% \qquad 公式(13-1)$$

下调幅度计算公式为:

$$F_2 = \left[\frac{I_{lb} - I_{nl}}{I_{lb}}\right] \times 100\% \qquad 公式(13-2)$$

式中:F_1——标准价上调最大幅度;

F_2——标准价下调最大幅度;

I_{lb}——标准价;

I_{nh}——区段/区片中正常房屋价格的最高值;

I_{nl}——区段/区片中正常房屋价格的最低值。

② 以各影响因素的权重值乘上调或下调幅度最高值可得因素的调整幅度,计算公式如下:

$$F_{1i} = F_1 \times W_i \qquad 公式(13-3)$$

$$F_{2i} = F_2 \times W_i \qquad 公式(13-4)$$

式中:F_{1i}——某一因素的上调幅度;

F_{2i}——某一因素的下调幅度;

W_i——某一因素对房屋价格的影响权重。

以标准价为一般水平,其调整系数为零。在一般水平与上限价格之间,内插条件较优的调整系数,一般为$F_{1i}/2$,同时确定较优条件下的房屋价格标准。在一般水平与下限价格之间,内插条件较劣的调整系数,一般为$F_{2i}/2$,同时确定较劣条件下的房屋价格标准

对单元房屋价格的最高、最低值与标准价比较,计算后得到上调、下调幅度,然后内插调整值,确定房屋价格调整幅度(略)。

③ 编制房屋价格因素调整系数表

按优、较优、一般、较劣、劣确定各种用途下的因素调整系数,在此基础上,量化所有影响因素的标准,编制普通因素调整系数表、历史建筑调整系数表及标准价因素调整系数说明表、历史建筑因素调整系数说明表(略)。

(3) 历史建筑因素调整系数计算

估价师根据德尔菲法(专家打分法)的系数分值调整体系,针对历史建筑的历史价值、艺术价值、科学价值等因素方面的实际情况,综合确定历史建筑影响因子的综合调整指标。历史建筑因素调整系数回归分析见图13-2所示。

采用本次标准价的系数调整评估房屋价格时,应按以下步骤进行:

① 明确估价对象房屋的权属、用途、区位条件、估价目的等基本事项,以区段/区片(等级)标准价为基础,采用相应的调整体系进行房屋价格评估。

② 确定估价对象房屋所对应的区段/区片(等级)标准价。

③ 根据估价对象房屋条件,对照因素调整系数说明表和因素调整系数表,确定各因素的综合调整系数。

④ 对于价值均质区域内房屋价格评估,基本公式如下:

$$P = P_{lb} \times (1 \pm \sum K_i) \times K_j \qquad 公式(13-5)$$

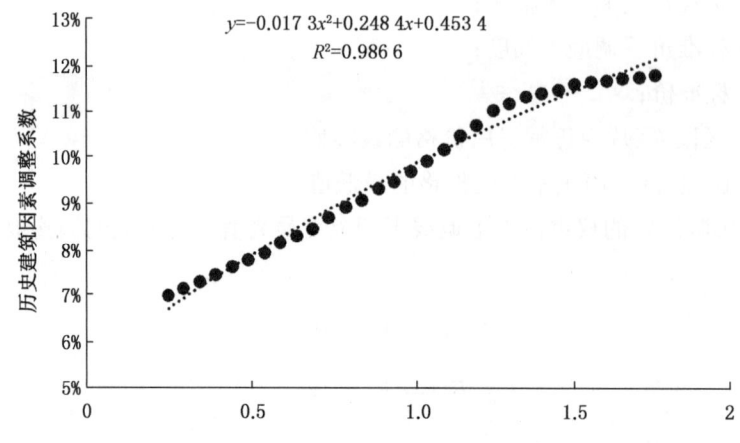

图 13-2 历史建筑因素调整系数回归分析图

式中：P——估价对象房屋价格；

P_{lb}——标准价；

$\sum K_i$——房屋主要因素调整系数；

K_j——历史建筑因素调整系数。

⑤ 对调整得到的房屋价格与标准价等进行比较，分析其合理性，必要时适当调整因素或调整系数，并增加其他特殊因素调整。

13.3 标准价调整法的实证研究

采用苏州市吴中金庭镇明月湾古村（国家级历史文化名村）的一处传统风貌建筑作为实证案例，通过标准价调整法分别评估计算房地产价值以及相关地价。

13.3.1 传统风貌建筑价值的评估应用

1）综述

（1）估价对象

① 位置：苏州市吴中金庭镇石公村明湾大明湾 81 号，传统风貌建筑，非挂牌历史建筑。

② 保护等级：明月湾古村为国家级历史文化名村。

③ 面积：土地面积 176.56 m²，建筑面积 208.20 m²。

④ 用途：住宅。

（2）估价目的

课题研究，评估古村落内传统风貌建筑的住宅价格。

（3）价值时点

2021 年 12 月 31 日。

(4) 估价方法

标准价调整法。

2) 估价对象描述

(1) 古村落描述

明月湾古村位于太湖洞庭西山岛南隅,属于江苏省苏州市吴中区金庭镇石公行政村明湾自然村。2007 年 6 月,住房城乡建设部、国家文物局公布《第三批中国历史文化名镇(村)》,苏州市金庭镇(西山镇)明月湾村入选中国历史文化名村(图 13-3)。详细描述略。

图 13-3 估价对象位置示意图

(2) 估价对象描述

权益状况、土地实物状况描述、建筑物实物状况描述等略。

① 苏州市吴中金庭镇石公村明湾大明湾 81 号。

② 面积:土地面积 176.56 m², 建筑面积 208.20 m², 容积率 1.18。

3) 估价对象价值计算

(1) 估价方法的选择

由于明月湾古村已经设定了标准房、标准价以及因素调整体系,可采用标准价调整法对估价对象传统建筑进行估价。

（2）标准价调整法的计算过程

① 标准价调整体系成果说明

2021年11月，在明月湾古村开展了村落住宅标准房、标准价以及因素调整体系的试点研究，并形成相应研究成果。

标准价的价值时点按2021年12月1日。

a. 标准房的设立：苏州市吴中金庭镇石公村明湾大明湾59号，非古建筑（图13-4）。

土地面积142.44 m²，建筑面积141.86 m²，容积率约1.0。

图13-4　标准房位置示意图

b. 标准价的结果：价值时点2021年12月1日，标准房标准价的单位价格为9 760元/m²。标准价计算略。

c. 因素调整体系的建立：

- 市场情况调整。
- 容积率调整指标（表13-4，具体数值略）

表 13-4 容积率调整系数表

容积率	＜0.6	0.6～0.75	0.75～0.9	0.9～1.1	1.1～1.35	1.35～1.5	＞1.5
修正系数							

- 普通因素说明与调整体系。

由于处于同一村落,故普通因素调整为个别因素调整,参照当地比较法因素调整体系,得出普通因素选项与调整系数表(表 13-5,具体数值略)。

表 13-5 普通因素选项与修正系数表

普通因素	选项与调整系数/%			
临近道路类型	村落主路	村落辅路	村落小路	无路
临路状况	三面临路	两面临路	一面临路	不直接临路
基础设施完善度	完善	较完善	一般	较不完善
建筑朝向	南	东南	西南或偏东	偏西或偏北
空间布局	规则	较规则	基本规则	较不规则
宗地面积	适宜	较适宜	一般	较大或较小
采光通风	采光充分,通风顺畅	正常	有一定影响	影响较大
装修等级	豪华装修	精装	简装	毛坯

- 特殊因素说明与调整体系

本次估价采用德尔菲法来取得古村落特殊因素调整指标,得出特殊因素选项与调整系数表(表 13-6,具体数值略)。

表 13-6 特殊因素选项与调整系数表

特殊因素	选项与调整系数/%			
地段区位	古村落核心地段	古村落重要地段	古村落一般地段	古村落边缘地段
与古村落环境的协调性	较为协调	一般协调	略不协调	明显不协调
周边建筑类型	古建筑	住宅	其他用途	绿化或园地

续表 13-6

特殊因素	选项与调整系数 /%			
建筑使用状况	建筑良好,正常使用	建筑老旧,正常使用	空置	建筑严重破损
内部环境景观	较为协调	一般协调	略不协调	明显不协调
建筑实体保护限制	无保护限制条件	有一定的保护限制条件,无明显影响	有一定的保护限制条件,对使用略有影响	有严格的保护限制条件,对使用有明显影响
产权与使用限制	公产,无明显使用限制	私产,无明显使用限制	有一定的使用限制	有明显的使用限制

② 估价对象传统建筑采用标准价调整法的计算

a. 估价对象与标准房的位置(图 13-5)

图 13-5　估价对象与标准房的位置

b. 市场情况调整

本次估价的价值时点 2021 年 12 月 31 日与标准价的价值时点 2021 年 12 月 1 日仅一个月,故不作调整。

c. 容积率说明与修正(表 13-7)

表 13-7　估价对象与标准房容积率说明与修正表

	估价对象传统建筑	标准房
容积率	1.18	1.0
修正系数	103	100

d. 估价对象与标准房的普通因素说明与调整(表 13-8)

表 13-8 估价对象与标准房的普通因素说明与调整表

普通因素	估价对象传统建筑	调整系数	标准房	调整系数
临近道路类型	村落主路	略	村落主路	
临路状况	一面临路		两面临路	
基础设施完善度	完善		完善	
建筑朝向	东南向		南向	
空间布局	规则		规则	
宗地面积	适宜		适宜	
采光通风	正常		正常	
装修等级	简装		简装	

e. 估价对象与标准房的特殊因素说明与调整(表 13-9)

表 13-9 估价对象与标准房的特殊因素说明与调整表

特殊因素	估价对象传统建筑	调整系数	标准房	调整系数
历史地段区位	古村落重要地段	略	古村落核心地段	
与古村落环境的协调性	较为协调		较为协调	
周边建筑类型	住宅		古建筑	
建筑使用状况	建筑良好,正常使用		建筑良好,正常使用	
内部环境景观	一般协调		一般协调	
建筑实体保护限制	有一定的保护限制条件,无明显影响		有一定的保护限制条件,无明显影响	
产权与使用限制	私产,无明显使用限制		私产,无明显使用限制	

f. 估价对象传统风貌建筑价格计算(表 13-10)

估价对象传统建筑价格＝标准房标准价×估价对象因素调整值/标准房因素调整值

表 13-10 标准价调整法的估价计算工作表

项目		因素调整	金额
标准房单位价格/(元/m²)			9 760
市场情况调整		略	
容积率调整			
普通因素	临近道路类型		
	临路状况		
	基础设施完善度		
	建筑朝向		
	空间布局		
	宗地面积		
	采光通风		
	装修等级		

续表 13-10

项目		因素调整	金额
特殊因素	地段区位		
	与古村落环境的协调性		
	周边建筑类型		
	建筑使用状况		
	内部环境景观		
	建筑实体保护限制		
	产权与使用限制		
影响因素修正系数		0.942 3	
估价对象传统建筑价格单价/(元/m²)			9 197
建筑面积/m²			208.20
估价对象传统建筑价格/万元			191.48

因此,估价人员综合考虑估价结果和咨询专家组意见,确定在价值时点2021年12月31日,通过标准价调整法计算得出满足所有估价假设和限制条件下的估价对象古村落传统风貌建筑价格评估结果为191.48万元。

13.3.2 传统风貌建筑地价的评估应用

采用同一处案例计算其宅基地地价。估价对象描述、估价方法选用等略。下面是标定地价系数修正法的计算过程。

1) 标定地价修正体系成果说明

2021年11月,在明月湾古村开展了(集体建设用地)宅基地标准宗地、标定地价以及宗地因素修正体系的试点研究,并形成相应研究成果。

标定地价的估价期日按2021年12月1日。

(1) 标准宗地的设立

苏州市吴中金庭镇石公村明湾大明湾59号,非古建筑的宅基地。

土地面积142.44 m²,建筑面积141.86 m²,容积率约1.0。

(2) 标定地价的结果

估价期日2021年12月1日,标准宗地地价单位价格为3 650元/m²。

(3) 因素修正体系的建立

参照13.3.1节,具体修正因素可参考中国土地估价师与土地登记代理人协会2022年9月发布的《古建筑古村落用地估价指引(试行)》。

① 日期修正,根据市场情况予以修正(略)。

② 容积率修正指标(略)。

③ 一般影响因素说明与修正体系(略)。

2) 待估宗地采用标定地价系数修正法的计算

(1) 估价对象与标准宗地的位置

参照 13.3.1。

(2) 日期修正

本次估价的估价日期 2021 年 12 月 31 日与标定地价的估价日期 2021 年 12 月 1 日仅一个月，故不作修正。

(3) 容积率说明与修正(表 13-11)

表 13-11　估价对象与标准宗地容积率说明与修正表

	待估宗地	标准宗地
容积率	略	
修正系数		

(4) 估价对象与标准宗地的一般影响因素说明与修正(表 13-12)

表 13-12　估价对象与标准宗地的一般影响因素说明与修正表

一般影响因素	待估宗地	修正系数	标准宗地	修正系数
临近道路类型	村落主路	略	村落主路	
临路状况	一面临路		两面临路	
基础设施完善度	完善		完善	
建筑朝向	东南向		南向	
宗地形状	规则		规则	
宗地面积	适宜		适宜	
地势条件	地势平坦,承载力大		地势平坦,承载力大	

(5) 估价对象与标准宗地的特殊因素说明与修正(表 13-13)

表 13-13　估价对象与标准宗地的特殊因素说明与修正表

特殊因素	待估宗地	修正系数	标准宗地	修正系数
地段区位	古村落重要地段	略	古村落核心地段	
与古村落环境的协调性	较为协调		较为协调	
周边用地类型	住宅		古建筑	
建筑使用情况	建筑良好,正常使用		建筑良好,正常使用	
宗地内部景观	一般协调		一般协调	
建筑实体保护限制	有一定的保护限制条件,无明显影响		有一定的保护限制条件,无明显影响	
产权与使用限制	私产,无明显使用限制		私产,无明显使用限制	

(6) 估价对象土地地价计算(表 13-14)

待估宗地地价＝标准宗地地价×待估宗地因素修正值/标准宗地因素修正值

表 13-14　标定地价系数修正法的估价计算工作表

项目		因素修正	金额
标准宗地单位地价/(元/m²)			3 650
日期修正		100/100	
容积率修正		103/100	
一般影响因素	临近道路类型	102.2/102.2	
	临路状况	100/101.5	
	基础设施完善度	103.1/103.1	
	建筑朝向	100.9/101.5	
	宗地形状	100.8/100.8	
	宗地面积	100.9/100.9	
	地势条件	100.5/100.5	
特殊因素	地段区位	102/104	
	与古村落环境的协调性	103/103	
	周边用地类型	100/105	
	建筑使用情况	103/103	
	内部环境景观	100/100	
	建筑实体保护限制	99/99	
	产权与使用限制	100/100	
影响因素修正系数		0.942 3	
待估宗地地价单价/(元/m²)			3 439
待估宗地土地面积/m²			176.56
待估宗地地价/万元			60.72

因此,估价人员综合考虑估价结果和咨询专家组意见,确定在估价日期 2021 年 12 月 31 日,通过标定地价系数修正法计算得出满足所有估价假设和限制条件下的估价对象古村落传统风貌建筑用地(宅基地)的地价评估结果为 60.72 万元。

14 特征价格法的应用

特征价格法又称效用估价法,认为商品是由众多的特征因素组成,房地产价格是由这些特征因素带给人们的效用所决定的。特征价格法目前已经逐步成为房地产批量估价的流行方法之一,如何适用于历史建筑的估价还需要进一步探索与分析。

14.1 特征价格法的适用性分析

特征价格法的基本思路是:认为商品价格由其内在特征和外部因素共同决定,这些特征因素结合在一起形成影响效用的特征包。商品作为特征包集合进行出售,并通过产品特征的组合来影响消费者的选择。特征价格法有三个基本假设:①每一件商品的价格由该商品的一系列属性 $X(x_1,x_2\cdots x_k)$ 决定,而各项属性均能量化,即每一种属性视为一个变量;②经济角色即消费者都是理性的人,他们对商品的偏好只由这些属性决定;③商品价格 P 和属性集合 X 之间呈函数关系,即 $P=f(X)$,根据此函数关系求得的价格也叫做商品的特征价格❶。

按照特征价格法的理论,房地产价格由许多不同特征因素组成并影响,价格由所有特征带给人们的效用决定。由于各特征因素的数量及组合方式不同,所以使得房地产价格产生差异。因此,将房地产的价格影响因素分解,可求出各影响因素所隐含的价格。具体表现为:在保持房地产的特征不变的情况下,将房地产价格变动中的特征或品质(如面积、楼层、朝向和配套服务等)因素进行分解,从价格的总变动中逐项剔除特征变动的影响,剩下的便是纯粹由供求关系引起的价格变动。

特征价格法的评估原理是:先选取适当的变量来反映房地产价格的各特征因素,再根据大量的样本数据构建同类型物业的特征价格方程;然后将估价对象的特征进行赋值后再代入模型方程,最终计算得到估价对象的特征价格。建立目标对象物业的特征价格模型是特征价格法的核心,一旦构建完成,可以对于同类型的物业价格进行批量性评估。所以近年来,特征价格法在各个国家房地产市场价格指数的编制与实践中得到广泛应用,表现出良好的效果。

我国目前存留下来的历史建筑很多是成片成规模分布的,如历史街区、古村落或

---

❶ 梁青槐,孔令洋,邓文斌.城市轨道交通对沿线住宅价值影响定量计算实例研究[J].土木工程学报,2007,40(4):99.

古镇,保存着数量较多的历史建筑,这种具有一定分布规模的历史区域,存在着一定数量的历史建筑,影响历史建筑价值的特征因素也较为相似,这使得研究人员能够收集到大量符合要求的样本数据,以建立较为准确的特征价格数学模型。基于特征价格法的原理,选取合适的变量,其结果的准确度取决于样本数据量的大小。在数据量足够大的情况下,这种通过建立数学模型的计算方法所得到的结果相对于传统估价方法更为准确。因此,特征价格法适用于成规模批量存在的历史建筑的价值评估。建立了相关的特征价格方程,将历史建筑的各特征变量赋值代入模型方程,可求得目标对象的价格,这也适用于同类型的历史建筑批量评估。强调一下,对于零星分布的历史建筑,或者具有独一无二的特性、难以找到同类型样本的历史建筑,不适用特征价格法。

建立房地产特征价格模型时要设置适当的自变量,自变量反映的是影响价格变化的主要因素。由于在实际运用中,影响因变量的因素可能很多,这就需要对自变量进行对比分析,根据共线性问题对变量进行取舍,最终目的是尽量减少变量间的共线性程度和增加模型的解释力。自变量的选择要注意两点:首先,变量要能够正确反映其经济活动的内涵,不但要有明确的经济意义,还能够很好的解释被观测到的数据;其次,自变量的值要能够被观测和收集到,最重要的是能够进行量化。特征价格法在衡量房地产常见的主要自变量时,通常分为区位因素、邻里因素和建筑因素三类,当然,在实际应用中还要根据不同评估需要和目标对象的各类特征因素做进一步的细分。

历史建筑属于房地产,价格特征因素首先包括房地产的区位因素、邻里因素和建筑因素等;但历史建筑同时具有较为特殊的历史价值、艺术价值、科学价值、社会文化价值和环境生态价值要素,以及产权限制等特殊因素,这些特有价值因素对于历史建筑极为重要,构建历史建筑特征价格模型时必不可少,需要综合全面地考虑。若以变量集 X 来表示普通房地产的特征因素,即先将历史建筑视为普通房地产进行考虑;再以变量集 Y 表示除此之外的历史建筑的特有价值因素等,则历史建筑价格 P 的函数可以表示为:$P = f(X,Y)$。根据特征价格法的程序,将这些自变量集合构建出契合目标对象历史建筑特殊属性的特征价格模型,以反映历史建筑经济价值的内涵。

14.2 特征价格法的程序

应用特征价格法时,通常遵循以下程序:首先,根据历史建筑的特征因素选取适当的自变量,并针对同类型的历史建筑进行调查,尽量收集一定数量的样本数据;其次,根据选取的自变量和收集到的样本数据,运用计量经济学技术建立特征价格模型方程,并对模型方程进行估计和检验;最后,对目标对象历史建筑的特征进行变量赋值,并将各变量值代入特征价格模型方程,最终计算所得的估价结果作为价值指示。

14.2.1 变量选择和样本数据的收集

在建立特征价格模型的过程中,变量的选择是科学合理构建模型方程的关键性基础。针对历史建筑而言,变量选择的关键是其特有要素自变量的确定,以及要求这些变量都必须能够赋值量化。

1) 因变量的选择

特征价格法中因变量是商品价格。价格的含义很广泛,不同的价格内涵之间有较大差别。因此,模型因变量的选择主要就是界定历史建筑价格的内涵以及数值单位。在实际运用中,一般都采用市场成交价格作为特征价格法的因变量基数。

2) 自变量的选择

建立历史建筑特征价格方程的关键是设置适当的自变量,自变量反映了影响价格的特征因素。历史建筑的特征因素包括了普通房地产因素和历史建筑特有因素。衡量普通房地产价格常见的自变量主要有区位因素、邻里因素和建筑因素三类,实际应用中还要将各类因素进行细分。影响历史建筑价格的特有价值因素,包括历史价值、艺术价值、科学价值、社会文化价值要素等;以及产权限制因素,包括建筑产权转让限制、建筑实体限制、建筑修复限制、利用限制以及环境区域保护限制等。

针对不同用途,适用的变量或所指内涵存在很大差别❶。目前国内历史建筑用途主要集中于商业或住宅,少量用于办公。历史建筑的自变量应有所选择和调整,本书认为主要包括下列内容。

(1) 建筑特征

建筑特征是指建筑年代、风格、使用情况等反映建筑本身特色的因素,市场价格与建筑特征密切相关。

建造年代 建造年代是指历史建筑最初的建成时期,反映了建筑形成、存续和发展的历史久远程度。建造年代越久远,所保留的历史事实信息就更加珍贵,历史建筑的价值越高。

建筑风貌 包括历史建筑的建筑风格、结构、形制及色彩等。

建筑保存情况 包括建筑质量状况、修复维护情况和修复时间等方面。具体表现为:建筑是否保存良好质量安全状况,历史建筑是否已经被修复或合理维护、修复时期距离价值时点的期限等。

用途 据前文所述,特殊用途的历史建筑交易案例非常稀少,最高最佳使用原则使得非文物类历史建筑的用途限制不甚严格,有时可以自由灵活地进行调整。不同用途的历史建筑价值必然存在着差异,因此在建立特征价格模型时,尽量选取相同或相

---

❶ 如房地产用途为住宅时,邻里特征中的教育设施就非常重要,但作为商业或办公使用的物业,教育设施则不具备作为变量的意义。采用特征价格法时,各用途都会选取"配套设施"这一变量,但不同的用途,"配套设施"的内涵往往差异很大;对于住宅房地产,配套设施往往指小区内部或周边的商业配套是否齐全,是否会给生活带来便利;商业房地产则通常指是否有独立的停车场,停车是否便利;办公类房地产还会包括金融配套是否健全。

似用途的历史建筑,可不需要考虑调整。如果实在缺少相似用途的历史建筑交易案例时,可选择其他用途,但也要将用途作为自变量之一,以反映用途差异对历史建筑价值的影响。

建筑规模 建筑规模也是影响历史建筑价值的要素之一。建筑规模除了建筑面积或占地面积外,还可采用房间数量进行表示。房间数量通常是针对住宅用途的历史建筑,房间总数、卧室数目、是否有独立卫生间都会影响生活的舒适度,进而促使消费者愿意为更多的房间和更合理的户型支付更高的费用。

车库/停车位 对于住宅用途,是否有独立车库将会影响停车的便利度,与住宅价格显著相关。而商业和办公用途,则通常选取是否拥有专用车位作为这一指标的变量。

(2) 邻里环境

一方面,包括建筑景观绿化、交通条件及配套设施等实物环境;另一方面,良好的人文环境、教育环境、优质的物业服务以及完善的文体设施都会提升历史建筑的周边整体价值。

环境景观 良好的环境景观能使人心情愉悦,消费者总是愿意为更优美的环境景观支付更高的价格。区域的环境属性具有稳定的外部效果,景观对住宅价格的影响随着两者距离的加大而逐渐减弱。此外,历史建筑是否位于历史地段是提升其综合价值的重要因素,周边统一协调的环境风貌将会吸引更多的购买者,规划限制程度也是影响环境规划的因素之一。

配套设施 配套设施对房地产价格的影响较为显著。针对商业用途的历史建筑,所指的配套设施为商业配套,如公共停车场❶。针对住宅用途的历史建筑,配套设施往往指居住区内或周边的商业配套、生活配套是否齐全。针对办公用途的历史建筑,金融设施、餐饮设施是否健全也是需要考虑的要素。在选取这一变量的具体指标时,必须根据历史建筑的用途和实际情况进行有针对性的选择。

物业管理 物业管理是衡量邻里素质的一个关键性的软指标。良好的物业管理为业主提供更加舒适的环境和周全的服务,显得更有吸引力。虽然物业管理费并不包含在历史建筑交易价格内,但物业管理质量的高低对历史建筑的价值存在一定的影响。

(3) 区位因素

区位特征是从更大范围,甚至是整个城市的角度进行考虑,对可达性进行量化,包括行政环境、交通状况等。一般而言,基础设施越完善,历史建筑价格越高;交通便利必然会带动价格的上升,交通状况也就成了极其重要的区位特征;交通可达性与到达

---

❶ 此处所指停车场为公共停车场,与前文"建筑特征"中所分析的停车位不同,前文的停车位是指历史建筑作为商业或办公用途时,业主是否拥有自己的专属停车位。这两个变量实质上都是为了体现停车便利度的,因此在实际运用中可以针对历史建筑的实际情况选择其一,或者将两个变量合并为一。但由于这两个变量反映的为统一内涵,与价格呈现同样的相关规律,不建议同时使用这两个变量,以免出现多重共线性和分散贡献度的问题。

相应场所的便捷度相联系,可以将出行时间、出行成本、不同交通方式的可用性等拿来衡量。

区位　历史建筑要在同一区位(街区)内选取可比实例通常较为困难,适当扩大到老城区内不同的历史街区是必然的选择,那么对于区位因素应予以考虑。

交通状况　交通可达性通常用来衡量区位特征的指标。公共交通方式和线路越多,通达性越高,历史建筑的价值就随之上升。考虑到交通可达性对历史建筑价值存在实质性影响,这一变量通常必须纳入特征价格方程。公共交通可以通过多种方式来量化,地铁站和公交站是常用的衡量指标。地铁站:地铁一向以其便捷性与准确性著称,弥补了公交车在通达性上的不足。公交车站:虽然地铁具有它独特的优势,但公交车站对于一个地方的交通通达性还有很大影响的。公交车也是人们出行的重要选择之一。

基础设施　目前,国内许多历史街区现有的基础设施已经不能适应历史文化街区保护和发展的需要,基础设施的滞后性严重影响了居民的生活质量,无法满足居民日益提高的现代生活要求。历史建筑所在区域的基础设施不同于普通社区、街道、市政基础设施的改造,对交通、通信、能源供应、水电等这些与人们生产、生活息息相关的基础配套设施进行改造、增加投入,大大提升了公共服务的质量,既满足居民的生活需要,提高居民的生活品质,又能传承传统居住风貌,展现市井生活场景。历史建筑本身也会因为这些城市公共设施的投入而受益,体现出更大的吸引力,带动历史建筑价值的提升。

(4) 历史建筑的特有因素

对历史建筑经济价值进行评估,必须还要明确历史建筑特有价值的各种影响因素,诸如历史价值、艺术价值要素等;同时剖析这些要素对历史建筑价值的影响程度。

历史价值特征　作为历史建筑,历史事件、历史人物活动的影响都是建筑文脉传承的重要组成,也是影响历史建筑价值的重要因素。

艺术价值特征　历史建筑的艺术审美价值内容丰富,是历史建筑不可分割的组成部分。根据历史建筑艺术价值的内涵及其构成,价值会受到多种因素的影响。

科学价值特征　历史建筑的科学价值是指人们在长期的历史社会实践中产生和积累起来的,侧重于建筑设计与建造过程中所涉及的科学技术水平。

社会文化价值特征　历史建筑经过相当长的岁月浸染,沉淀了众多的社会文化信息,这些信息要素构成了历史建筑无形的社会文化价值,特别是社会知名度等。

环境生态价值特征　历史建筑的环境生态价值要素是历史建筑的一个重要功能特征,是除了历史价值、艺术价值、科学价值及社会文化价值要素以外的另一项基本价值要素,特别是其作为历史文化遗址或旅游景点供人们参观游览。

产权限制　历史建筑的产权限制在不同程度上制约或影响目标对象的利用与功能。在经济上具体表现为实用功能降低、维护成本提高、交易费用增加等,最终影响目标对象的经济价值。

在确定反映历史建筑特有因素的自变量后,需要进一步通过专家打分法(德尔菲法)或层次分析法给予科学严谨的赋值,以避免主观性造成的误差(表 14-1)。

表 14-1　模型变量的选取及量化建议

特征向量	变量	变量特征	指标量化建议	适用性说明[①]
因变量	价格	定量	样本的实际成交价格	
建筑特征 (S)	建筑年代	定量	历史建筑实际建造年代/年龄	
	建筑风貌	定量	通过打分赋值,百分制	
	建筑保存情况	定量	通过打分赋值,百分制	
	用途	定性	历史建筑当前的实际用途,采用虚拟变量	
	建筑规模	定量	实际建筑面积/全部房间数量/主要功能房[②]数量	房间数量可在历史建筑用途为住宅/办公时选用
	车库/停车位	定量/定性	实际拥有车位数/是否拥有车库	
邻里特征 (N)	环境景观	定性	通过打分赋值,百分制	
	配套设施	定量/定性	根据变量的内涵选取指标量化方式	各类用途的变量内涵有所区别
	物业管理	定量/定性	物业费/物业等级	住宅
区位特征 (L)	区位	定性/定量	是否在某个区位范围内/距离封闭区域出入口的距离	
	交通状况	定量	历史建筑一定距离内的公交或地铁数量/到公交站和地铁站的距离	
	基础设施	定性	根据实际情况评判,百分制	
历史建筑特有因素 (H)	历史价值特征	定性	根据实际情况评判,百分制	
	艺术价值特征	定性	根据实际情况评判,百分制	
	科学价值特征	定性	根据实际情况评判,百分制	
	社会文化价值特征	定性	根据实际情况评判,百分制	
	环境生态价值特征	定性	根据实际情况评判,百分制	
	产权限制	定性	根据实际情况打分赋值,百分制	

注:① 未加说明的指适用于各类用途的历史建筑。
　② 针对住宅用途的历史建筑,可选取卧室数量为量化指标;针对办公用途的历史建筑,可选用办公室数量为量化指标。
　③ 表中一些变量属于定性变量,这类变量通常采用虚拟变量或者专家打分法的方式进行量化。

3) 样本数据的收集

特征价格法采用的是计量经济学的数学建模方法,需要大量的样本数据作为计算基础。针对房地产市场,一般样本量要求不低于 50 个。而对于历史建筑,由于具有稀缺性和有限性的特点,即使在历史建筑较为集中的历史街区、古村镇,收集的样本数据量也无法与普通房地产市场相提并论。因此,特征价格法运用于历史建筑项目建模时,样本数量可以适当减少,但为了确保模型方程的合理科学,至少也要保证 20 个以上的样本量。

收集作为建立模型方程的历史建筑样本数据时,应当制定相应的规范说明书、术语内涵说明表与相关分值体系说明等基础技术标准,保证在一套技术体系中统一各种数据含义和统计尺度,尽量避免出现异议和不规范,减少外业调查工作的重复性和错误率。在收集样本数据的同时,也要按照统一技术标准来收集估价对象历史建筑的信息资料,以便下一步进行变量指标的量化和赋值。

14.2.2 函数形式的选择

正确的表达模型必须建立在正确选择特征价格模型函数形式的基础上,函数形式的选择决定着最终能否成功建立正确的特征价格模型。研究者会先依据经验初步设定函数形式,并根据检验结果不断地尝试和修正,直到函数形式能够解释样本数据的差异,最终使得模型方程对样本数据的拟合满足要求。

1) 基本模型

特征价格法的基本模型表达式为:

$$P = P(Z) \qquad 公式(14-1)$$

式中:P——商品的市场价格;

Z——商品的特征向量组。

巴特勒[1]指出特征价格模型方程应当仅包括影响住宅价格的因素,通常影响住宅价格的因素有三大类:区位(Location)、建筑结构(Structure)、邻里环境(Neighborhood),因此特征价格 P 就可以用公式表达为:

$$P = P(Z) = f(L, S, N) \qquad 公式(14-2)$$

式中:P——房地产的市场价格;

Z——特征向量,包括 S, N, L 三个部分;

S——建筑特征向量;

N——邻里特征向量;

L——区位特征向量。

针对历史建筑,需要在特征价格方程中引入历史建筑各种特征因素,因此,历史建筑特征价格方程的表达公式调整为:

$$P = P(Z) = f(L, S, N, H) \qquad 公式(14-3)$$

式中:P——历史建筑的市场价格;

Z——历史建筑特征向量,包括 S, N, L, H 四个部分;

---

[1] Butler R V. The specification of hedonic indexes for urban housing [J]. Land Economics, 1982, 58(1): 94-108.

S——历史建筑的建筑特征向量；

N——历史建筑的邻里特征向量；

L——历史建筑的区位特征向量；

H——历史建筑的特有价值因素特征向量。

2) 特征价格法的函数形式

特征价格法常用线性函数、对数函数、半对数函数三种简单的函数形式❶。

① 线性形式(Linear)

$$P = a_0 + \sum a_i Z_i + \varepsilon \qquad 公式(14-4)$$

在线性形式中，自变量和因变量以线性形式进入模型，回归系数为常数，对应着特征的隐含价格。该形式因其形式简单、便于估计，在国外学者的实证研究模型中应用最多。但线性形式建立在特征价格法曲线是一条直线的基础上，因而存在着无法表现出边际效用递减规律❷的缺点，即房地产价格会随着某种特征的增加而增加，但增加的速率会越来越慢。

② 对数形式(log-log)

$$\ln P = a_0 + \sum \ln a_i Z_i + \varepsilon \qquad 公式(14-5)$$

在对数形式中，自变量和因变量❸以对数形式进入模型，回归系数为常数，对应着特征的价格弹性，即在其他特征不变的情况下，某特征变量每变动一个百分点，特征价格将随之变动的百分点。

③ 半对数形式(Semi-log)

$$P = a_0 + \ln \sum a_i Z_i + \varepsilon \qquad 公式(14-6)$$

自变量❹采用半对数形式，因变量采用线性形式，回归系数为常数，对应着特征的价格弹性，即在其他特征不变的情况下，某特征变量每变动一个单位时，特征价格随之变动的增长率。

在特征价格法实证分析中，半对数模型被证明是比较适合的函数模型，也是较为常用的模型。在不少学者的文献中，也直接使用半对数模型的函数形式。针对历史建筑，具体选择何种函数模型，要根据调查获得的样本数据求解出模型后进行各项回归评估才能判定。

---

❶ 公式 15.4～15.6 中，P 为样本的价格，Z 为样本的特征向量组，a_i 为特征变量的特征价格，ε 表示误差项。

❷ 边际效用递减，是指在一定时间内，在其他商品的消费数量保持不变的条件下，当一个人连续消费某种物品时，随着所消费的该物品的数量增加，其总效用虽然相应增加，但物品的边际效用(即每消费一个单位的该物品，其所带来的效用的增加量)有递减的趋势。

❸ 对数形式中，要特别注意 P 和 Z 不能为零。

❹ 半对数形式中，Z 不能为零。

14.2.3 模型估计与检验

1) 模型的估计

计量经济学模型的基本原理是回归分析。任何一项计量经济学的应用研究课题，只有设定了正确的总体回归模型，才能通过严格的数学过程和统计推断得到准确的研究结果。因此，总体回归模型的正确与否决定了应用研究的成败❶。

对于模型的估计在统计方法上有很多种，包括极大似然法(Maximum Likelihood Estimates, MLE)，普通最小二乘法(Ordinary Least Squares, OLS)，两阶段最小二乘法(Two-Stage Least Squares, 2SLS)，三阶段最小二乘法(Three-Stage Least Squares, 3SLS)，加权最小二乘法(Weighted Least Squares, WLS)，非线性最小二乘法(Non-linear Least Squares, NLS)，等。在特征价格模型的实证研究当中，最常见的是采用普通最小二乘法(Ordinary Least Squares, OLS)来估算模型中的参数值。

2) 模型的检验

对相关模型参数进行估计后，需进一步检验已初步建立的模型，以观察是否能够客观地揭示经济现象中各因素之间的关系，以及是否有统计学和实际上的意义。模型检验通常包括经济意义检验、统计检验和计量经济学检验。

(1) 经济意义检验

经济意义检验又称理论检验，是指依据经济理论判断模型参数估计量在经济意义上是否合理，即将模型参数的估计量与预先拟定的理论期望值进行比较，包括参数估计量的符号、大小、相互之间的关系以判断其合理性。经济意义检验是模型检验的基础，只有通过了经济意义检验，才能进行统计检验和计量经济学检验；如果模型未能通过经济意义检验，必须找出原因，并对模型进行修正或重新估计。

历史建筑相对于普通房地产具有一些特殊属性和价值变动规律。比如：建筑年代与普通房地产价格呈负相关关系，但是历史建筑的历史意义很大程度取决于建筑的初建年代，年代越久远，反而价格越高。因此，对于自变量选择和作用方向预判时，不能盲目照搬普通房地产，而要结合目标对象历史建筑的本身特点进行针对性分析。

(2) 统计检验

统计检验指根据统计学理论，确定回归模型参数估计值的统计可靠性。统计检验包括回归方程估计标准误差的评价、拟合优度检验❷、回归模型的总体显著性检验❸和

---

❶ 李子奈.计量经济学应用研究的总体回归模型设定[J].经济研究,2008(8): 136-144.

❷ 拟合优度是指样本回归直线与观测值之间的拟合程度，即回归平方和与总离差平方和的比值。检验拟合优度的目的在于了解自变量 X 对因变量 Y 的解释程度。以 R^2 为统计量，R^2 越接近于 1，说明模型的解释能力越强。

❸ 总体显著性检验，以 F 为统计量，又称 F 检验，目的是检验全部解释变量对被解释变量的共同影响是否显著。给定显著水平 a，当 $F > - Fa$ 时，则回归方程显著成立，即总体线性显著。当 $F < Fa$ 时，则回归方程无显著意义，即总体线性不显著。

回归系数的显著性检验❶等。

（3）计量经济学检验

计量经济学检验是根据计量经济学理论，检验模型的计量经济学性质。计量经济学检验最主要的检验准则有自相关性检验❷、异方差性检验❸和解释变量的多重共线性检验❹。

特征价格法适用于历史建筑价值评估时，由于数据是截面数据，需要特别注意异方差性的问题。如果出现了异方差性，仍然采用普通最小二乘法估计模型参数时，会产生参数估计量无效、变量的显著性检验失去意义等不良后果，严重影响模型的准确性。同样，对于历史建筑的特征价格模型，如果特征变量存在多重共线性，也会对参数估计、统计检验及模型估计值的可靠性、稳定性产生不利影响。

14.2.4　估价对象的价值评估

依据以上程序，通过样本数据计算构建出历史建筑特征价格方程，再根据方程中包含的有效变量及其内涵，收集目标对象建筑项目的相关数据和信息，并采用统一的量化方法指标、标准体系对估价对象历史建筑的变量进行量化赋值。将估价对象的各变量值代入特征价格方程，最终计算得出目标对象的经济价值。

14.3　特征价格法的实证研究

14.3.1　估价对象历史建筑情况

苏州市平江路34号建筑，属于国家历史文化街区范围内的传统风貌建筑，位于苏州历史文化街区平江路南段，产权为苏州平江历史街区保护整治有限公司持有，目前租赁给一家以苏帮菜为主要特色的餐馆"鱼米纪苏州味道"经营，其建筑始建于19世纪20年代末，建筑风格为传统苏式二层建筑，建筑已修复，目前保存现状完好。"鱼米纪苏州味道"距离平江路南停车场约230 m，距干将东路出入口约240 m，至地铁1号线相门站约700 m，500 m内有相门和临顿路公交站。

---

❶　回归参数的显著性检验，以 t 为统计量，又称 t 检验，目的在于检验当其他解释变量不变时，该回归系数对应的解释变量是否对因变量有显著影响。

❷　自相关会使模型参数估计值不具最优性，而且很容易低估随机误差项的方差。自相关性的检验方法常采用 D. W. 检验。

❸　异方差性是指模型不满足不同的观测值中随机扰动项的方差为常数的假设。采用截面数据做样本时容易产生异方差性。如果其中被略去的某一因素或某些因素随着解释变量观测值的不同而对被解释变量产生不同的影响，就会产生异方差性。

❹　多重共线性即两个或多个自变量与因变量有相似联系，通常存在于环境变量之间。对于采用时间序列作样本，以简单线性形式建立的计量经济学模型，往往存在多重共线性。以截面数据作样本，问题较不严重，但多重共线性仍然可能存在。检验多重共线性的方法主要有经验判断法、相关系数判断法、条件数判断法、方差膨胀因子判断法、逐步回归判断法等。

苏州古城平江历史文化街区南至干将东路，北经白塔东路与东北街相接，全长1 606 m。平江路两侧分布有诸多横街窄巷，比如东花桥巷、曹胡徐巷、大新桥巷、卫道观前、中张家巷、大儒巷等，目前，历史文化街区内仍保留许多各级文物保护单位和历史建筑。2002年至2004年，苏州市平江区政府实施平江路风貌保护与环境整治工程，使平江路从白塔东路到干将东路的主体部分(共计1 090 m)再现原来的传统面貌。目前，平江路沿街主要以零售商业、餐饮、休闲茶室和民宿为主要利用形式。通过分析发现，平江路经过整治和修复，目前是一个保存现状较好的历史街区，拥有众多传统风貌建筑，"鱼米纪苏州味道"即是其一。与平江路范围内其他历史建筑相比，"鱼米纪苏州味道"不具备特殊的特征要素，保存现状与利用方式与平江路的其他历史建筑相仿，可以采用特征价格法进行价值评估(图14-1)。

图14-1　"鱼米纪苏州味道"区位及现状

14.3.2 变量的选择

1) 因变量

经分析,采用该区域内的类似历史建筑实际成交价格作为特征价格方程的因变量,在实际操作中以采集样本的成交价格计算。

2) 自变量

根据平江路街区的历史建筑现状和利用情况,选取以下(表 14-2)特征因素作为变量选项:

表 14-2 平江路特征价格模型的变量及量化指标

特征向量	变量	变量代码	变量特征	量化指标
因变量	价格	Y	定量	样本的实际成交价格
建筑特征 (S)	建筑年代	X_1	定量	2014(2023):历史建筑实际建造年代
	建筑风貌	X_2	定量	通过打分赋值,百分制
	建筑保存情况	X_3	定量	通过打分赋值,百分制
	用途	X_4	定性	历史建筑当前的实际用途,采用虚拟变量
	建筑规模	X_5	定量	历史建筑的实际建筑面积
邻里特征 (N)	环境景观	X_6	定性	通过打分赋值,百分制
	配套设施	X_7	定性	历史建筑到停车场的距离
区位特征 (L)	区位	X_8	定量	历史建筑到最近主要出入口的距离
	交通状况	X_9	定量	以历史建筑所处的建筑物为圆心,统计其到最近地铁站和公交站的距离,并对两个距离做算术平均
历史建筑特有因素 (H)	历史价值特征	X_{10}	定性	根据实际情况评判,百分制
	艺术价值特征	X_{11}	定性	根据实际情况评判,百分制
	科学价值特征	X_{12}	定性	根据实际情况评判,百分制
	社会文化价值特征	X_{13}	定性	根据实际情况评判,百分制
	环境生态价值特征	X_{14}	定性	根据实际情况评判,百分制
	产权限制	X_{15}	定性	根据实际情况打分,百分制

3) 样本数据的选取、筛选和计算

通过对平江路街区历史建筑的调查(2023 年重新调整),收集与估价对象类似的样本数量共 37 个,其中数据完整可用的有效样本 31 个(表 14-3)。样本数据反映了建筑年代、建筑实体状况和建筑保存情况等 13 个特征指标。

表 14-3 模型有效样本历史建筑

排序	历史建筑名称	门牌号	排序	历史建筑名称	门牌号
1	染织刨铸捏	平江路23号	17	平桥流觞	平江路17号
2	聆韵社评弹茶馆	平江路31号	18	寒香会所	平江路37号
3	紫韵旗阁	平江路38号	19	祺丝祥	平江路58号
4	姓名缘	平江路41号	20	丹辰朱砂	平江路53号
5	廊桥菜馆	凤池弄13号(近平江路)	21	鱼食饭稻	平江路77号
6	7分甜	评弹博物馆附近	22	写字台	平江路100-101号
7	串门	平江路82号	23	华宝斋	平江路102号
8	同得兴	平江路94号(近大儒巷)	24	茉香枕河	平江路124号
9	伏羲古琴文化馆	平江路97号	25	三万昌	平江路160号
10	慎德堂评弹	南石子街11号(近苏妃奶酪)	26	Café 苏州印象	平江路178号
11	方寸茶寮	平江路胡厢使巷4-1号(三吴亭)	27	玩主	平江路170号
12	百分茶	平江路60号	28	清嘉弄	平江路134号
13	翰尔酒店	平江路67号	29	一尺花园	平江路212号
14	布偶猫咖瑞幸咖啡	平江路50号	30	布兰兔的植物庄园	平江路207号
15	纪源灶	平江路117号	31	香春茗	平江路240号
16	桃花坞	平江路138号			

14.3.3 模型估计和检验

1) 函数选择与模型估计

由于本次选择计入模型的15个自变量中,有1个是虚拟变量(用途),故特征模型不适合采用对数形式,因此选用线性形式和半对数形式对特征价格方程进行估计。

采用最常用的逐步回归法❶对平江路历史建筑的特征价格模型进行估计。操作程序如下:在SPSS❷中录入数据后,选择强制进入法进行回归分析,即将所选的15个解释变量全部进入特征价格方程,可以得到表14-4所示的回归分析结果;同时采用方差膨胀因子(VIF)监测变量共线性。

通过模型试算发现,采用线性模型的拟合效果不如半对数模型,因此确定采用半对数模型,即被解释变量取对数形式;解释变量采用线性形式,为连续变量和虚拟变量。回归结果显示模型的拟合度优,具有良好的解释能力。

---

❶ 逐步回归法,即按照变量对已解释变差的贡献依次进入回归模型,直到最后一个回归系数显著异于零的变量。

❷ SPSS:"统计产品与服务解决方案"软件系统,现已出至版本22.0,并更新为IBM SPSS。

表 14-4　基本模型回归结果比较

模型形式	R	R^2	调整的 R^2	估计的标准差	F	Sig.
线性形式	0.802	0.655	0.638	10.299	37.734	0.000
半对数形式	0.823	0.691	0.676	0.135	44.765	0.000

2) 统计检验

从表 14-4 中分析可知,苏州平江路街区历史建筑特征价格方程的复相关系数 $R=0.823$,拟合优度 $R^2=0.691$,调整后的 $R^2=0.676$,说明特征价格方程较好地解释因变量的变化,拟合情况佳。同时,回归方程方差分析的显著性检验值为 0.000,小于 0.001,说明方程是高度显著的,拒绝全部系数为零的原假设,表明进入方程的历史建筑特征和价格对数 $(\ln P)$ 之间的线性关系显著成立。

3) 计量经济学检验

模型的回归系数统计见表 14-5 所示。

表 14-5　模型的回归系数统计表

Model 模型		Unstandardized Coefficients 非标准化系数		Standardized Coefficients 标准化系数	t 检验值	Sig. 显著性检验	Collinearity Statistics 共线性检验	
		B 回归系数	Std. Error 标准误差	Beta 标准化系数 β			Tolerance 容忍度	VIF 方差膨胀因子
1	(Constant) 常数	1.471	0.058		57.737	0.000		
	X_1	0.033	0.047	0.205	5.092	0.000	0.938	1.024
	X_2	0.013	0.002	0.318	5.036	0.000	0.302	2.015
	X_3	0.010	0.027	0.482	6.853	0.000	0.244	2.496
	X_4	−0.383	0.000	−0.048	−0.815	0.399	0.428	2.241
	X_5	0.103	0.000	0.011	0.247	0.669	0.795	0.936
	X_6	0.020	0.014	0.079	1.784	0.018	0.616	0.987
	X_7	−0.003	0.003	−0.188	−3.721	0.000	0.473	1.288
	X_8	−0.004	0.004	−0.236	−4.675	0.000	0.594	1.618
	X_9	−0.003	0.002	0.400	6.327	0.000	0.379	2.531
	X_{10}	0.038	0.034	0.606	8.610	0.000	0.307	3.136
	X_{11}	0.027	0.018	0.099	2.241	0.023	0.774	1.241
	X_{12}	0.026	0.008	−0.309	−4.505	0.000	0.321	2.990
	X_{13}	0.024	0.014	0.089	1.998	0.042	0.755	1.272
	X_{14}	0.117	0.000	0.012	0.281	0.760	0.903	1.064
	X_{15}	0.106	0.000	−0.035	0.171	0.844	0.735	2.624

注:因变量为 $\ln P$。

采用 OLS 方法对苏州平江路街区历史建筑特征价格模型的系数进行估计,还应满足计量经济学检验的要求,即异方差性检验和解释变量的多重共线性检验。

(1) 多重共线性检验

表14-5表明,所有变量的VIF统计量最小为0.936,最大的为3.136,该指标越大,说明该自变量被其余变量预测的越精确,共线性可能就越严重。解释变量中最大的VIF统计量远小于10,可以拒绝变量之间的共线性假设,认为自变量之间不存在严重的多重共线性。

(2) 异方差检验

对平江路历史建筑特征价格方程进行残差分析,即对残差的正态性、残差的直线性和方差齐次性三方面检验。分析结果如图14-2至图14-4所示:

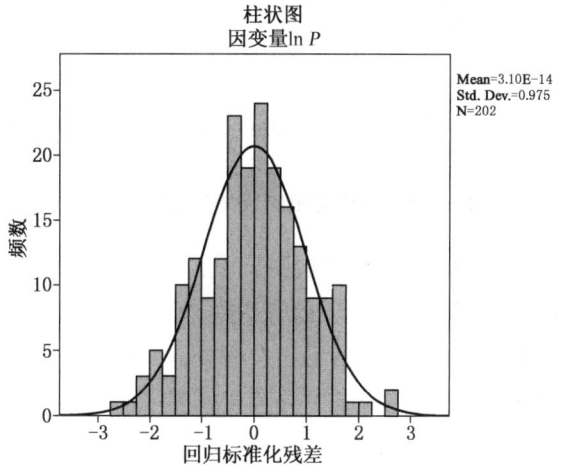

图14-2 回归标准化残差图

如图14-2所示,残差分布比较均匀,正态形状较好,反映了因变量服从正态分布。

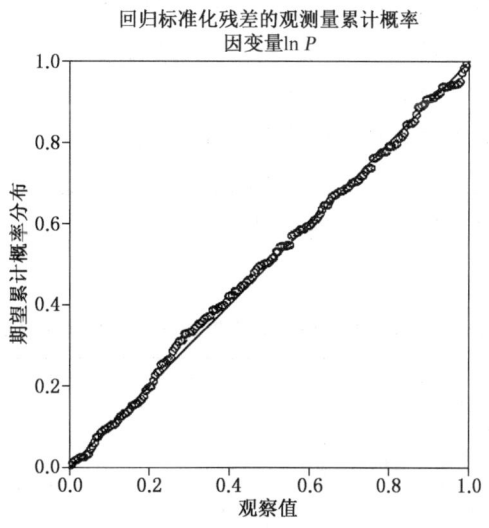

图14-3 残值的累计概率图

如图 14-3 所示,残差随机均匀地分布在穿过零点的直线两侧,说明回归模型基本符合残差的直线性假设。

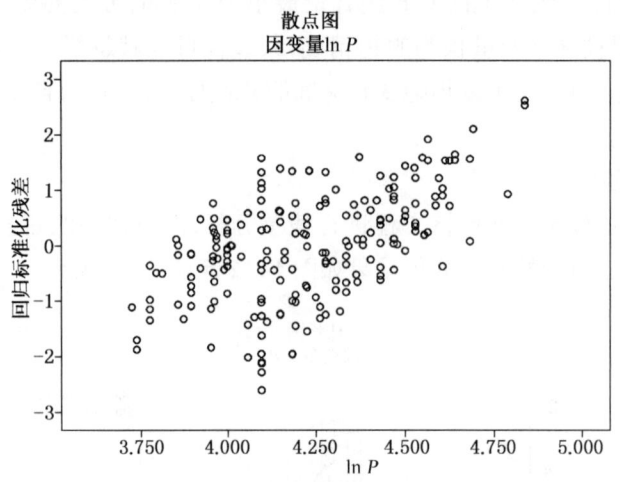

图 14-4　因变量预测值与残差的散点图

图 14-4 为因变量对数与残差的散点图。从图 14-4 可见,残差围绕均线均匀分布,大部分残差绝对值在 2 以内,说明方差齐次性,不存在异方差。

分析以上检验结果,模型基本上满足正态假设、等方差假设和独立性假设,具有良好的拟合度和较高的解释能力,在统计上是有意义的,可以用来分析和解释苏州平江路街区历史建筑的各特征因素对经济价值的影响程度。

(3) 模型的总体分析

各特征变量及回归标准化系数如表 14-6 所示。可以得出 15 个解释变量中,共有 11 个解释变量对价值结果有显著影响。不显著的有 X_4(用途)、X_5(建筑规模)、X_{14}(环境生态价值特征)和 X_{15}(产权限制),在最终结果方程中将被删除。在剩余的 11 个显著影响历史建筑价值的变量中,历史价值特征对历史建筑价值的影响度最大,其次为建筑年代。根据符号可确定这些自变量对历史建筑价值的影响方向,在这 11 个自变量中,区位、配套设施和交通状况对历史建筑的价值有负向影响,即历史建筑分别到最近出入口、停车场和公交站台、地铁的距离越远,其价值越低。其余 8 个对历史建筑价值有正向影响。变量的符号与预期符号完全一致,经济检验有效。因此,修正调整后的价格因素为(表 14-6):

表 14-6　苏州平江路历史建筑特征价格方程回归系数

变量代码	变量	回归系数	标准误差	标准化系数 β	显著性检验 Sig.
X_1	建筑年代	0.033	0.047	0.205	0.000
X_2	建筑风貌	0.013	0.002	0.318	0.000
X_3	建筑保存情况	0.010	0.027	0.482	0.000

续表 14-6

变量代码	变量	回归系数	标准误差	标准化系数 β	显著性检验 Sig.
X_6	环境景观	0.020	0.014	0.079	0.000
X_7	配套设施	−0.003	0.003	−0.188	0.018
X_8	区位	−0.004	0.004	−0.236	0.000
X_9	交通状况	−0.003	0.002	0.400	0.000
X_{10}	历史价值特征	0.038	0.034	0.606	0.000
X_{11}	艺术价值特征	0.027	0.018	0.099	0.000
X_{12}	科学价值特征	0.026	0.008	0.205	0.023
X_{13}	社会文化价值特征	0.024	0.014	0.318	0.000

注：因变量为 $\ln P$。

根据上述回归结果表，综合确定苏州平江路街区历史建筑特征价格方程❶为：

$$\ln P = 1.471 + 0.033X_1 + 0.013X_2 + 0.010X_3 + 0.020X_6 + (-0.003X_7) + (-0.004X_8) + (-0.003X_9) + 0.038X_{10} + 0.027X_{11} + 0.026X_{12} + 0.024X_{13}$$

公式(14-7)

式中：P——历史建筑价值；

X_1——建筑年代；

X_2——建筑风貌；

X_3——建筑保存情况；

X_6——环境景观；

X_7——配套设施；

X_8——区位；

X_9——交通状况；

X_{10}——历史价值特征；

X_{11}——艺术价值特征；

X_{12}——科学价值特征；

X_{13}——社会文化价值特征。

14.3.4 估价对象历史建筑的价值评估

对估价对象历史建筑"鱼米纪苏州味道"的各变量要素进行赋值，并代入公式14-7中，计算过程详见表14-7所示。

---

❶ 变量 X_4、X_5、X_{14} 和 X_{15} 对历史建筑价值没有显著影响，未通过检验，被删除，故不在结果方程中。

表 14-7　苏州平江路"鱼米纪苏州味道"项目价值评估表

特征向量	变量	变量代码	变量描述	变量值	估计系数
因变量	ln(价格)			10.602	
常数项					1.471
建筑特征 (S)	建筑年代	X_1	建筑始建于 1920 年左右	103	0.033
	建筑风貌	X_2	为典型苏式二层民居建筑,建筑规模较小	72.6	0.013
	建筑保存情况	X_3	2002 年至 2004 年经过翻修,目前保存现状尚可;外墙和木结构略有残破、掉漆现象	71.4	0.010
邻里特征 (N)	环境景观	X_6	建筑临街,河街相邻,自然景观优美;但沿街分布众多小吃,卫生较差,影响了环境景观效果	69.6	0.020
	配套设施	X_7	到平江路专属公共停车场约 230 m	230	−0.003
区位特征 (L)	区位	X_8	到干将东路出入口约 240 m	240	−0.004
	交通状况	X_9	距离地铁 1 号线相门站 700 m,距离相门公交站约 500 m	800	−0.003
历史性建筑因素 (H)	历史价值特征	X_{10}	平江路整体历史悠久,历史价值较高,但是,"鱼米纪苏州味道"在平江路众多历史建筑中仅属于普通历史建筑	65.4	0.038
	艺术价值特征	X_{11}	典型苏式民居,艺术价值一般	62.6	0.027
	科学价值特征	X_{12}	普通的二层砖木结构建筑,科学价值较差	59.4	0.026
	社会文化价值特征	X_{13}	非名人故居,没有历史事件、典故,社会文化价值较差	58.8	0.024

通过模型定量计算得出,估价对象的价值结果为 40 232.99 元/m^2。经过综合分析认为,估价对象历史建筑"鱼米纪苏州味道"在已修复状态下,价值时点 2014 年 1 月 15 日的市场价值为 40 200 元/m^2。本书于 2024 年 4 月 30 日对该样点价值进行复核计算,认为模式参数继续有效,合理市场价值已调整为 125 480 元/m^2。

需要注意的是,本次估价中收集的样本历史建筑用途与估价对象基本一致,均为商业,仅在具体的商业形态上略有区别,有零售商业、餐饮、休闲茶室等,其影响价值的差异程度不高。按照特征价格法的技术要求,在本次构建的特征价格模型中,"用途"变量未通过方程的计量经济学检验而被删除。如果选择不同用途的历史建筑数据样本,用途变量会对价值存在着显著影响,应在模型变量中予以充分考虑。

X_{15} 表示的产权限制因素在本案例所构建的特征价格方程中并不显著,原因是目标对象和所选样本均为普通历史建筑(风貌建筑),并且都处于平江路历史街区范围,其建筑限制、利用限制以及环境区域等限制条件基本相似,因此,未能体现出明显的产权限制差异。如果样本与目标对象分别为不同保护等级的历史建筑,或者限制条件存在明显差异,则必须对产权限制进行影响分析。

15　历史地段项目经济评价

根据美国估价标准 USPAP 的有关规定,估价实务包含三种类型的活动:估价、估价咨询、估价审核。其中,估价是指形成一个价值意见的行动或过程;估价咨询是指为了解决一个问题而形成一个分析、建议或观点的行动或过程,这里的价值意见是为了形成工作结果而进行的分析中的一个组成部分;其行为特性是研究当前的市场活动和证据以形成一个结论,该结论可能不集中在某个特定价值的确认。在一项估价咨询委托业务中,估价师形成的价值意见是作为回答有关房地产相关问题的过程的一部分,例如某特定房地产的建议用途是否经济可行。常见的估价咨询业务主要有:与计划或现有开发项目相关的市场分析或投资分析、经济可行性研究、土地利用研究、供求研究、吸纳分析等❶。

前面我们一直讨论的是历史建筑估价,是"点"的经济判断,而历史地段更新改造也是当前热门话题,这是"线"或"面"的经济判断,需要更多的资金投入与更长的投资时间,其风险远大于单体建筑修缮与利用。因此,科学合理的项目经济评价分析对项目的启动与成败起到了决定性作用。国家对建设项目专门发布了相关经济评价方法与参数的文件,历史地段项目同样是大中型建设项目,估价人员同样也应了解历史地段项目经济评价分析的技术路线。

由于篇幅,本书只阐述了专题报告格式,不再罗列实证案例,拙作《整体思维下建筑遗产利用研究》一书中有专门举例说明。

15.1　建设项目经济评价基本概述

1844 年,杜比特在《公共工程效用的评价》中提出了"消费者剩余"的思想,指出"一个公共项目全社会所得的总效益是一个公共项目的净生产量乘以相应市场价格所得的社会效益的下限与消费者剩余之和,这个总效益是一个公共项目的评价标准"。英国经济学家马歇尔在著作《经济学原理》正式全面阐述了"消费者剩余"的概念。后来,人们在杜比特和马歇尔研究成果的基础上,发展出了"费用-效益分析模型",为现代投资项目可行性研究的出现揭开了序幕。随着市场经济体制的逐步建立,特别是投融资

---

❶ 美国估价学会.房地产估价:第 12 版[M].中国房地产估价师与房地产经纪人学会.译.北京:中国建筑工业出版社,2005:12

体制改革的不断深入,投资建设项目的前期工作和经济评价,在现代化建设中发挥着越来越重要的作用❶。

国家发展和改革委员会、建设部在 2006 年正式发布了《关于印发建设项目经济评价方法与参数的通知》,对建设项目经济评估的程序与技术要求进行了规范统一。通知认为:项目前期工作的重要内容,对于加强固定资产投资宏观调控,提高投资决策的科学化水平,引导和促进各类资源合理配置,优化投资结构,减少和规避投资风险,充分发挥投资效益,具有重要作用。

《建设项目经济评价方法与参数》(第三版)指出,建设项目经济评价包括财务评价(财务分析)和国民经济评价(经济分析)。财务评价是指在国家现行财税制度和价格体系的前提下,从项目的角度出发,计算项目范围内的财务效益和费用,分析项目的盈利能力和清偿能力,评价项目在财务上的可行性(图 15-1、图 15-2)。国民经济评价是在合理配置社会资源的前提下,从国家经济整体利益的角度出发,计算项目对国民经济的贡献,分析项目的经济效率、效果和社会的影响,评价项目在宏观经济上的合理性。《建设项目经济评价方法》与《建设项目经济评价参数》是建设项目经济评价的重要依据❷。本书所指的历史地段项目经济评价更偏重于建设项目的财务评价。

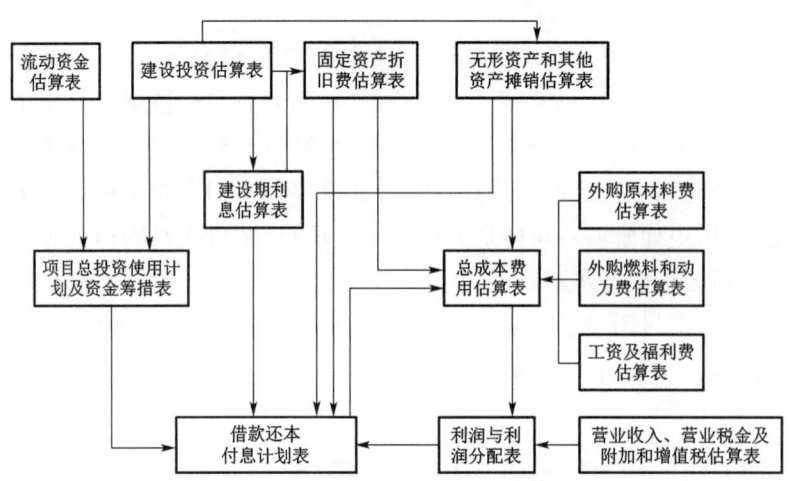

图 15-1　财务基础数据测算关系表

---

❶ 李泓椿. 浅析建设项目经济评价方法[J]. 中国科技投资,2013(6).
❷ 国家发展和改革委员会,建设部. 建筑项目经济评价方法与参数[M]. 3 版. 北京:中国计划出版社,2006.

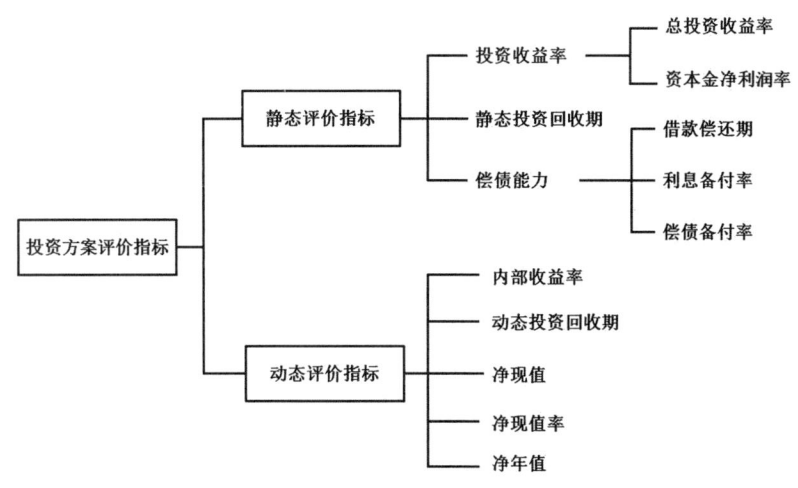

图 15-2 投资方案评价指标体系

15.2 历史地段项目经济评价工作内容

笔者在参与保护规划的实际编制工作中发现,目前国内的历史地段保护规划对项目经济测算的分析尚停留在成本初步预算,关于成本费用的参数选项不齐全,没有考虑评价计算期,以静态分析为主,未按照国家对建设项目经济评价的规范进行计算与表述。为此,笔者经过研究分析,结合自身工作经验,按照《建设项目经济评价方法与参数》(第三版)的要求,整理了一套适用于历史地段项目(历史文化街区、历史名镇、名村等)保护规划的项目经济评价专题报告,希望能给历史地段项目投资分析的实践工作提供参考依据。

历史地段项目经济评价专题报告格式

1 项目情况(项目概况,重点写出与经济有关的内容)

1.1 项目概况

项目名称、地理位置、项目范围、利用现状、建设内容等。

核心保护区范围北至_____、南至_____、东至_____、西至_____。土地面积_____$hm^2(m^2)$,规划建筑总面积_____m^2,建筑基底面积_____m^2。

建设控制地带范围、土地面积、建筑面积等。

1.2 项目的保护目标与发展定位

1.3 项目投资主体、投资规模和资金筹措

1) 项目产权主体(集中产权、分散产权)、投资主体、运营主体等(如不能确定,写"待确定")

① 产权主体

公有产权、国企产权、混合产权、单位产权、私人产权。

② 投资主体

道路和市政基础、传统风貌、外部绿化小品与景观(构筑物)等:集中投资方或街道。

建筑:文保、不同产权的投资主体(引导投资)。其中,单位与私人产权可以通过整体长期租赁方式转至集中投资方。

③ 运营主体

一方面由商业招商运营公司、旅游运营公司和物业管理公司负责运营,可委托或自行组建;另一方面,通过规划限制、鼓励为导向,引导民间自行运营。

2) 计划总投资规模、资金筹措计划

直接项目的投资(直接投资)、用于引导与鼓励的投资(引导投资)。如项目总投资约人民币_____万元(投资估算详见附表1),拟由××公司自筹解决。

1.4 项目进度计划

由于多元产权的复杂性,建设改造与运营方案更需要分期实施,交叉性强。需要认真推导。

建设期(项目建设进度计划表)。(表1)

假设的运营期。

表1 项目建设进度计划表

阶段	_____年1月至_____年7月			_____年5月至_____年7月
	_____年1月至_____年3月	_____年4月至_____年4月		
前期工作	_____			
基础施工		_____		
主体施工			_____	
竣工验收				_____

2. 经济评价报告编制依据

2.1 法律、法规与地方文件依据

2.2 规范、标准和其他依据

《建设项目经济评价方法与参数》(第三版)

2.3 上位规划与相关规划

3. 利用方案的说明

3.1 利用方案综合说明

正文与说明书的功能定位、利用与发展方案。

3.2 技术经济指标

常见的技术指标(空间);

建设期、运营期(时间)。

3.3 项目利用方案的经济基础数据

详细列出"利用方案"的技术经济基础数据,归属于不同产权主体、投资主体对应的基础数据要明确罗列。

4. 利用方案的分析

4.1 保护控制的影响分析

项目产业政策、行业准入(项目内的行业与产业限制);

对旅游运营、对建筑的使用、维修、微调、管理等限制；

对管理、成本、费用、收益和价值的影响。

4.2　征收拆迁及移民安置分析

维稳因素分析。

4.3　产权状况分析

1）产权主体分析：对管理、成本、费用、收益和价值的影响，特别是对其他产权主体如何引导实施。

2）投资主体分析：各种投资主体对管理、成本、费用、收益和价值的影响，重点在集中投资者，特别是对其他投资主体如何引导实施。

3）运营主体分析：运营主体与运营引导方案对管理、成本、费用、收益和价值的影响，特别是对其他运营主体如何引导实施。

4.4　土地利用合理性分析

1）用地符合性分析。

2）投资强度。

5．经济评价效益分析

（资料收集渠道、假设与特殊假设、方法依据、计算方法与公式、参数取值与依据）

项目特色以及建设期与运营期。如历史街区改造项目要经历建设期、运营期（培育期、发展期和成熟期），发展至项目成熟期通常为××年左右。结合××项目利用方案，本项目以××年为测算期，测算其经济效益。

5.1　建设项目投资估算

本项目投资包含前期费用、建安成本（改造成本）、建设工程其他费用、基本预备费、建设期贷款利息、运营产品的前期投资等，投资估算详见附表1。

1）前期费用

主要包括规划范围内土地及房屋取得费及搬迁、拆迁成本，土地开发费用和税费等。（表2）

表2　前期费用表

项目	金额/万元	说明	依据	资料收集渠道
土地、房屋取得费及搬迁成本		搬迁居民____户，涉及搬迁面积约____万 m^2，合计搬迁费用约____亿元。搬迁企业____个，涉及搬迁面积约____万 m^2，合计搬迁约____亿元。（可附表做进一步说明）	可以分表列明	土地取得费：国土管理部门； 房屋取得费及搬迁成本：房屋动迁公司
土地前期开发费用		道路交通、河道、市政基础设施等，宗地红线外____元/m^2；宗地红线内____元/m^2。土地面积为____m^2。（可附表做进一步说明）		政府配套费：政府文件； 道路、河道、市政基础设施费用：政府有关部门、基础设施公司或城市投资公司等
税费		土地、房屋取得费的15%。		国家与当地的税费文件
前期取得费合计				

2）建筑安装工程费（修缮、修复、改造等成本）

包括建设工程费、绿化景观道路等基础设施建设工程等。（表3）

表 3　建筑安装工程费表

项目	金额/万元	面积	取值标准	依据	资料收集渠道
一、建设工程费					投资公司、建筑公司或工程造价咨询机构等
文物保护单位的修缮成本			元/m²		
历史建筑的修缮或改造成本			元/m²（可附表做进一步说明）		
一般性建筑的修缮或改造成本					
增建或改建的地下车库/位					
其他产权建筑的修缮或改造支持费					
二、公共设施建设成本					
绿化景观					
重要节点					
其他公共服务设施					
三、其他成本					
合计					

3）建设工程其他费用

包括建设单位管理费、监理费用、可行性研究费、研究试验费、勘察设计费、环境影响评价费、场地准备及临时设施费、工程保险费、市政公用设施建设及绿化费、检验试验费等建筑工程其他费用等。（表4）

表 4　建设安装工程费用表

项目	金额/万元	面积	取值标准	依据	资料收集渠道
设计费					相关建设单位
勘察费					
建设单位管理费			元/m²（可附表做进一步说明）		
可行性研究费					
研究试验费					
环境影响评价费					
场地准备及临时设施费					
监理费用					
工程保险费					
市政公用设施建设及绿化费					
检验试验费					
其他费用					
合计					

4）基本预备费

根据"××文件"规定,基本预备费一般为建筑安装(改造)工程费用的_____%。因此,本项目基本预备费为_____万元。

资料收集渠道:为了保证建设工程正常进行,资料来源为工程建设单位。有些地方没有这项费用,则不计。

5）建设期利息

政策性贷款利息:政策性银行贷款一般期限较长,利率较低,是为配合国家产业政策等的实施,对有关的政策性项目提供的贷款。政策性银行贷款产生的利息为政策性贷款利息。

商业银行贷款利息:本项目预计申请_____年期银行商业贷款_____万元,_____年期的年贷款利率为_____%(中国人民银行_____年___月___日贷款基本利率),建设期利息为_____万元。

其他融资渠道资金利息:参照房地产市场各类资金的来源渠道,通常由私人权益融资、私人债务融资、公开权益融资和公开债务融资部分组成。(表5)

表 5　其他融资渠道资金表

	私人市场(Private)	公众市场(Public)
权益融资(Equity)	私人投资者	房地产公司上市
	机构投资者(退休基金、人寿保险公司、私人财物机构、机会基金、私人股权投资基金等)	公募基金(非交易基金)、房地产投资信托计划
	国外投资者	房地产投资信托(权益型、混合型)
债务融资(Debt)	银行类金融机构	抵押贷款支持证券(CMBS、MBS)
	保险公司	政府信用机构
	退休基金	房地产投资信托(抵押型)

通过其他渠道融资的资金产生的利息为其他融资渠道资金利息(注意优惠贷款政策)。(表6)

表 6　其他融资渠道资金利息表

项目	融资金额/万元	利息率	贷款期限	利息额	资料收集渠道
政策性贷款					
商业性贷款					
其他融资渠道					

6）其他产权建筑的支持性政策投资

对于项目中其他产权(分散产权)的建筑,除支持建筑修缮或改造的成本以外的投资成本。

7）政策性鼓励的奖励投资或补贴

如鼓励原居民回迁(鼓励迁出去)的奖励政策,吸引特殊行业入驻项目的奖励政策或对原使用者的补贴等。(表7)

表 7　政策性鼓励的奖励投资或补贴

项目					资料收集渠道
鼓励政策					根据文件或会议纪要
奖励政策					
补贴					

8) 其他投资

其他未尽投资额。

9) 项目总投资估算

综上所述,项目总投资估算合计_____万元。详见"附表 1 总投资估算表"。

10) 资金筹措情况

项目总投资估算_____万元,其中金融贷款_____万元。其中:_____年贷款_____万元,_____年贷款_____万元,_____年贷款_____万元,其余建设资金自筹。建设投资资本金投入比率_____%。资金筹措方案可靠,能保证本项目顺利实施。详见"附表 2 资金筹措与计划表"。

自有资金额度、投入时间:资本金作为项目投资中由投资者提供的资金,是获得债务资金的基础。国家对房地产开发项目资本金比例的要求是 35%。对房地产置业投资而言,资本金比例通常为购置物业时所需支付的首付款比例。

融资贷款资金额度、年利息率、贷款期限等:目前中国人民银行公布的 0~6 月(含 6 个月)贷款年利率是 4.35%,6 月~1 年(含 1 年)是 4.35%,1~3 年(含 3 年)是 4.75%,3~5 年(含 5 年)是 4.75%,5~30 年(含 30 年)是 4.90%。

5.2　建设项目成本费用估算

采用分项详细估算法。主要包括建设期与运营期间的管理费用、宣传推广费用、销售租赁费用、建筑与设施维护维修费用、设施更新费(摊销费)、固定资产折旧、运营期财务费用、其他费用,合计_____万元。

1) 对分散产权房屋的整体租赁支付的租金

如果本项目全部或部分的其他产权的物业可以被投资方集中租赁,每期需要支持的租金。

2) 管理费用

建设项目开发方为组织和管理物业开发经营活动的必要支出,包括人员工资及福利费、办公费、差旅费等,可总结为土地取得成本与建设成本之和的一定比例,如 4%。因此,管理费用通常按照土地取得成本与建设成本之和的一定比例来测算。根据"××文件"规定,管理费用占营业收入 2%进行测算。

3) 宣传推广费用

主要是指广告性支出,包括企业发放的印有企业标志的礼品、纪念品等。

4) 销售租赁费用

销售租赁费用是指销售或租赁开发完成后物业的必要支出,包括广告费、销售租赁资料制作费、售楼或招商处建设费、营销人员费用或者销售租赁代理费等。为便于投资利息测算,销售租赁费用应区分为销售租赁之前发生的费用和与销售租赁同时发生的费用。广告费、资料制作费、售楼或招商处建设费一般是在销售之前发生的,销售租赁代理费一般是与销售租赁同时发生的。销售租赁费用通常按照开发完成后的物业价值的一定比例来测算,如为开发完成后的物业价值的_____%。

5) 维护维修费用(一般是建筑项目工程成本的一定比例)

维护费:维护设备所需耗用的费用标准。

维修费也称检修费,是高级技工或者有维修资质的单位在为客户提供维修服务时收取的费用。

其他产权建筑的维修维护支持费。

6) 设施更新费(摊销费)

工程或设备由于破损或技术落后而进行更换所需的费用。

建筑项目成本的比例。

其他产权建筑的设施更新支持费

建筑投资的一定比例

7) 固定资产折旧

建筑物折旧是指各种原因造成的建筑物价值减损,其金额为建筑物在价值时点的重新购建价格与在价值时点的市场价值之差,即

$$建筑物折旧 = 建筑物重新购建价值 - 建筑物市场价值$$

在所考察的时期中,资本所消耗掉的价值的货币估计值,也称为资本消耗补偿(capital consumption allowance)。固定资产折旧是指在固定资产使用寿命内,按照确定的方法对应计折旧额进行系统分摊。使用寿命是指固定资产的预计寿命,或者该固定资产所能生产产品或提供劳务的数量。应计折旧额是指应计提折旧的固定资产的原价扣除其预计净残后的金额。已计提减值准备的固定资产,还应扣除已计提的固定资产减值准备计金额。持有物业固定资产按照_____年(依据_____)进行折旧(残值率_____%),持有商业物业总价值为_____万元。

8) 其他费用

根据当地文件规定,其他费用按占营业收入_____%进行测算。(保险费等)是指从工程筹建起到工程竣工验收交付使用止的整个建设期间,除建筑安装工程费用和设备及工、器具购置费用以外的,为保证工程建设顺利完成和交付使用后能够正常发挥效用而发生的各项费用。工程建设其他费用大体可分为三类:第一类指土地使用费,第二类指与工程建设有关的其他费用,第三类指与未来企业生产经营有关的其他费用。

9) 运营期财务费用(注意优惠贷款政策)

财务费用指企业在生产经营过程中为筹集资金而发生的筹资费用,包括企业生产经营期间发生的利息支出(减利息收入)、汇兑损益(有的企业如商品流通企业、保险企业进行单独核算,不包括在财务费用内)、金融机构手续费,企业发生的现金折扣或收到的现金折扣等。但在企业筹建期间发生的利息支出应计入开办费;为购建或生产满足资本化条件的资产发生的应予以资本化的借款费用,在"在建工程""制造费用"等账户核算。

运营期财务效益与费用估算采用的价格,应符合下列要求:

(1) 效益与费用估算采用的价格体系应一致。

(2) 采用预测价格,有要求时可考虑价格变动因素。

(3) 对适用增值税的项目,运营期内投入和产出的估算表格可采用不含增值税价格;若采用含增值税价格,应予以说明,并调整相关表格。

详见"附表3 成本费用估算表"。

5.3 建设项目收益测算

主要包括土地出让收益、销售物业的出售收益、持有物业的租赁收益、车位收益等。

1) 土地出让收益

根据市政府"××会议纪要",本次土地使用权出让收益的_____%将投资本项目。

本项目有_____宗地共计_____hm²,采用公开招拍挂方式进行出让。特别邀请专业土地估价师对待拍地块在规划条件下进行出让底价评估,估价基准日设定为_____年___月___日,具体详见表8。预计可获得土地出让收益_____万元。(相关土地使用权出让估价报告的结果表可列入附件)

表8 土地出让收益表

	占地面积/hm²	容积率	用途	土地单价/(元·m⁻²)	总价/万元	备注
A01	1.05	1.2	商业用地			
B01	1.50	1.0	酒店用地			
⋮	⋮	⋮	⋮			
E04	0.05	0.8	住宅用地			
合计	5.00					
						收益比例

2) 销售物业的出售收益

本项目有需要改造(修复、改建等)的销售型物业,建筑总面积为_____m²。根据"项目利用方案",此类物业用途为_____,预计改造建设期为_____年,收益方式为销售。

经过预估,这类物业在_____年___月___日销售单价与建筑面积详见表9,计销售价值估算约为_____万元。

表9 销售物业的出售收益表

名称	建筑面积/m²	物业用途	销售单价/元	销售总价/万元	备注
商业地产					
度假地产					
住宅地产					

3) 持有物业的租赁收益

本项目有需要改造(修复、改建等)持有型物业,建筑总面积为_____m²。根据"项目利用方案",此类建筑用途为_____。预计改造建设期为_____年,收益方式为出租。

经过预估,这类物业在_____年至_____年(运营期)的租金、出租空置率、租金走势等,预估运营期各年收益状况等。(表10)

表 10 持有物业的租赁收益表

名称	建筑面积/m²	物业用途	租赁单价/(元·月⁻¹)	租赁总价/万元	备注
商业地产					
度假地产					
住宅地产					

4）车位收益

本项目共有车位_____个,_____个地面车位,_____个地下车位。

其中有_____个停车位临时占位停放,实行按小时收费,每小时计费_____元,每天按停靠时间_____小时计算。另外的_____个按月长期出租,按_____元/月收费。运营期各年车位收益状况详见表 11。

表 11 车位收益表

名称	个数	临时占位停放/个	收费标准/(元·h⁻¹)	长期出租/个	收费标准/(元·月⁻¹)
地面车位					
地下车位					
合计					

5）其他收益

如政策性财政补贴。

6）项目总收益计算

综上所述,项目总收益为_____万元。净收入为_____万元,收益期为_____年。详见"附表 4 营业收入表"。

5.4 税费估算

主要包括房产税、土地使用税、增值税等。

1）房产税(注意优惠税收政策)

根据当地文件规定,未租赁的房屋按房产原值一次减除30%后的余值计算。其计算公式为：

$$年应纳税额 = 房产账面原值 \times (1 - 30\%) \times 1.2\%$$

已租赁的房屋按租金收入计算,其计算公式为：

$$年应纳税额 = 年租金收入 \times 适用税率(12\%)$$

房产税是投资者拥有房地产时应缴纳的一种财产税,按房产原值扣减30%后的1.2%或出租收入的12%征收。

2）土地使用税(注意优惠税收政策)

项目所在地区属于××市土地税征收四类地区,依据当地文件规定,土地使用税为每平方米每年_____元。

城镇土地使用税是房地产开发投资企业在开发经营过程中占用国有土地应缴纳的一种税,视土地等级、用途按占用面积征收。

3) 增值税(注意优惠税收政策)

根据 1994 年 1 月 1 日生效的《中华人民共和国土地增值税暂行条例》以及 1995 年 1 月 27 日生效的《中华人民共和国土地增值税暂行条例实施细则》的规定,从 1994 年 1 月 1 日起,转让国有土地使用权、地上的建筑物及其附着物并取得收入的单位和个人,缴纳土地增值税。土地增值税按照纳税人转让房地产所取得的增值额,按 30%～60% 的累进税率计算征收。增值额为纳税人转让房地产所取得的收入减除允许扣除项目所得的金额,允许扣除项目包括取得土地使用权的费用、土地开发和新建房及配套设施的成本、土地开发和新建房及配套设施的费用、旧房及建筑物的评估项目、与转让房地产有关的税金和财政部规定的其他扣除项目。

根据 2010 年 5 月 25 日《国家税务总局关于加强土地增值税征管工作的通知》规定,土地增值税的征收执行预征的清算制度。依所处地区和房地产类型不同,预征时点与营业税相同,预征率为销售收入的 1%～2%,待该项目全部竣工、办理结算后再进行清算,多退少补。采用核定税率征收土地增值税时,核定征收率上不得低于 5%。

4) 其他税费

印花税、交易手续费等。(表 12)

表 12　其他税费表

税费	税率	备注
印花税	房地产印花税的税率有两种:第一种是比例税率,适用于房地产产权转移书据,税率为 0.05%,同时适用于房屋租赁合同,税率为 0.1%,房产购销合同,税率为 0.03%;第二种是定额税率,适用于房地产权利证书,包括房屋权产证和土地使用证,税率为每件 5 元	
交易手续费	居住用房:2.5 元 /m²×建筑面积; 非居住用房:合同价×0.5%(买方承担)	

5) 税费计算

综上所述,项目总税费为＿＿＿＿＿＿万元。详见"附表 4 营业收入表"。

5.5　旅游经营项目的经济效益估算

1) 直接参与经营的模式

(1) 投资

经营的直接投资(直接经营的资金)

根据"利用方案",达到满足旅游产品要求的直接投资额。

直接投资是指投资人直接将资金用于开办企业、购置设备、收购和兼其他企业等,通过一定的经营组织形式进行运营、管理、销售活动以实现预期收益。(表 13)

表 13　经营的直接投资表格

序号	投资项目名称	
1	固定资产投置	
1.1	景区管理处	
1.2	景区售票处	
2	设备设施	

续表 13

序号	投资项目名称	
2.1	电瓶观光车	
2.2	游船	
2.3	小游园设施等	
2.4	其他	
3	经营过程中对其他产权建筑的一次性投资或补贴	

列入附表1和附表2。

(2) 经营费用

直接经营费用(旅游经营投入费用):经营费用是指用于经营营业项目的成本费用支出等。列入附表3

每期(年)对其他产权建筑的经营补贴,可列小表。

(3) 经营收益

① 项目经营收益

② 直接经营收益包括旅游门票、广告、产品经营、服务项目等,按分年计算(按旅游商业经营公司进行估算)

③ 政策补贴。(表14)

表14 项目经营收益表

序号	直接经营收益	
1	门票	
2	广告	
3	纪念品	
4	游船出租	
5	电瓶观光车等	
6	其他	
⋮	⋮	

列入附表4

(4) 税费

增值税、企业所得税等.

2) 投资经营公司或经营外包的模式

(1) 投资额:列入附表1和附表2。

(2) 收益与税费:投资收益,投资或外包给经营公司的收益列入附表4。

(3) 每期(年)对其他产权建筑的经营补贴或分成。

(4) 其他收益。

5.6 项目运营期末持有资产的价值

1) 物业资产(通常用经济评价时点的物业估价值,不用账面价值,后者不能体现资产增值)

对这类物业在_____年___月___日(运营期末)的未来租金收益、空置率、资本化率等进行预估,项目持有物业的转售价值为_____万元。

物业资产是物业服务、设施、房地产资产、房地产组合投资的统称。可列小表。

2) 其他资产(账面计算)

设施设备、车船等资产,一般用账面原值与折旧的计算方式。可列小表。

3) 股权价值

如涉及的投资公司股权,运营期末的股权估值。

4) 运营期末的项目总资产价值。

综上所述,在运营期末,项目总资产为_____万元。详见"附表4营业收入表"。

6. 项目财务能力评价

6.1 投资利润率

经计算,项目运营期内平均利润为_____万元,正常运营年份的投资利润率为_____%。正常运营年份的投资利税率为_____%,详见"附表5利润与利润分配表"。

6.2 项目投资现金流量分析

项目投资现金流量表是以假设本项目建设所需的全部资金均由投资者投入作为计算基础,计算项目本身的盈利能力。该表不考虑资金筹措问题,将项目置于同等的资金条件下,现金流出项中没有借款利息,经营成本中也不包括任何利息。项目投资财务现金流量分析结果见表15。详见"附表6项目投资现金流量表"。

表 15 建设项目经济评价的主要指标

序号	指标名称	单位	所得税后	备注
1	财务内部收益率	%		
2	投资回收期	年		
3	正常年份净现金流量	万元		

6.3 偿债能力分析

本项目分析的假定前提为项目开始经营后以各年现金流量偿还借款本息为目标,由于本项目是部分销售部分租赁项目,所以各期偿债备付率比较低。

销售额、年收益、本息支付额。项目贷款偿还期(含建设期)为_____年。结论是能够满足贷款偿还要求或在贷款期内不能满足偿还要求。

6.4 财务生存能力分析(盈亏平衡分析)

根据财务计划现金流量表可以看出,从经营活动、投资活动和筹资活动全部净现金流量看,计算期内最后一年现金流入均大于现金流出,由于本项目是部分销售部分租赁项目,所以项目具备较好的财务生存能力。

6.5 敏感性分析

敏感性分析是指从众多不确定性因素中找出对投资项目经济效益指标有重要影响的敏感性因素,并分析、测算其对项目经济效益指标的影响程度和敏感性程度,进而判断项目承受风险能力的一种不确定性分析能力。特别是对运营期、投资率等。

7. 社会影响分析

本项目作为××,有着正反两方面的社会效应。

积极方面主要有:一是完善旧城区基础设施建设,改善规划区内的投资条件;二是通过规划区建设聚集人气,促进区域周边土地升值。

消极方面主要有:在规划区的建设开发期间,施工产生的噪声和尘埃不同程度影响项目周边居民的正常生产和生活等。

社会影响分析以人为本的原则出发,包括项目的社会影响分析、项目与地区的相互适应性分析。

7.1 项目的社会影响分析

1) 对历史街区、文保单位、历史建筑保护的影响。

2) 旧城改造,对破旧建筑、基础设施等的影响。

3) 保留传统风貌、空间肌理,促进环境改善等。

4) 分散产权建筑的整合与规范。

5) 坚持保护、合理利用、增加收益、可持续性发展等。

7.2 项目与地区相互适应性分析

1) 对项目所在地区居民生活水平和质量的影响。

2) 对项目所在地区居民就业的影响。

7.3 社会影响分析结论

8. 项目经济评价结论与建议

8.1 经济评价结论

根据经济评价的目标,通过盈亏平衡分析和敏感性分析,本项目正常运营期的投资利润率为_____%。正常运营年份的投资利税率为_____%,投资回收期为_____年,财务内部收益率为_____%,具备较强的抗风险能力和较好的财务生存能力。因此在经济上可行。

是否能在运营期内达到财务盈亏平衡。

如不能平衡,提出合理化建议(如资金缺口数额、来源建议、运营期调整等)。

8.2 项目投资建议

如果资金可以平衡,提请关注加强管理执行、注意费用节省。引导与鼓励。

如果资金不能平衡,列出资金缺口额度,提出解决建议。建议包括有产权转移、运营期延长、分阶段滚动开发、直接增加投资预算、对外合作引入投资(合资的投资比例)等。

其他对外引入投资方式:国家专项资金、部门资金、投资合作模式(BOT、TOT)❶、经营权转让等。

---

❶ BOT(Build-Operate-Transfer)即建设—经营—转让,是私营企业参与基础设施建设,向社会提供公共服务的一种方式。TOT 是英文 Transfer-Operate-Transfer 的缩写,即移交—经营—移交。

附表1 总投资估算表

序号	工程或费用名称	估算价值/万元				合计/万元
		建筑工程	安装工程	设备、工器具购置	其他费用	
一	建设项目投资					
1	前期费用					
1.1	土地、房地产取得费及搬迁、拆迁成本					
1.2	土地开发费用					
1.3	税费					
	前期费用合计					
2	工程费用					
2.1	工程建设费					
2.1.1	各类保护建筑的修缮					
2.1.2	一般性建筑的改造与修缮					
2.1.3	其他产权建筑的修缮支持					
2.1.4	增建或改建的地下车库					
2.1.5	基础设施建设					
2.1.6	道路(含标志标线)					
2.2	公共设施建设成本					
2.2.1	绿化景观					
2.2.2	重要节点					
2.2.3	其他公共服务设施					
2.2.4	其他成本(完善)					
	工程费用合计					
3	其他费用					
3.1	设计费					
3.2	勘察费					
3.3	建设单位管理费					
3.4	可行性研究费					
3.5	研究试验费					
3.6	场地准备及临时设施费					
3.7	市政公用设施建设及绿化费					
3.8	政府规费					
3.9	外部配套费					
3.10	环境影响评价费					
3.11	造价咨询费					
3.12	监理费					

续附表1

序号	工程或费用名称	估算价值/万元				合计 /万元
		建筑工程	安装工程	设备、工器具购置	其他费用	
3.13	检验试验费					
3.14	工程保险费					
	其他费用合计					
4	基本预备费					
5	财务费用(建设期)					
5.1	政策性贷款利息					
5.2	商业银行贷款利息					
5.3	其他融资渠道资金利息					
5.3.1	私人权益融资					
5.3.2	私人债务融资					
5.3.3	公开权益融资					
5.3.4	公开债务融资					
6	其他产权建筑的支持性政策投资					
7	政策性鼓励的奖励投资或补贴					
8	其他投资					
二	经营项目投资					
1	直接投资项目经营					
2	投资经营公司的投资额					
3	给其他产权建筑的补贴					
三	投资估算总计					

附表2 资金筹措与计划表

序号	项目	投资期			合计
一	项目总额投资来源合计				
1	固定资产投资来源				
2	企业自筹:自有资金				
3	融资贷款				
4	贷款利息				
4.1	政策性贷款利息				
4.2	商业银行贷款利息				
4.3	其他融资渠道资金利息				
4.3.1	私人权益融资				

续附表 2

序号	项目	投资期			
4.3.2	私人债务融资				
4.3.3	公开权益融资				
4.3.4	公开债务融资				
二	项目总投资支出合计				
1	前期费用				
2	建筑安装工程费				
3	建设工程其他费用				
4	预备费用				
5	建设期利息				

附表 3　成本费用估算表

序号	项目名称	合计	投资期	项目运营期					
一、	建设项目的费用								
1	对分散产权房屋的整体租赁支付的租金								
2	管理费用								
3	宣传推广费用								
4	销售租赁费用								
5	维护维修费用								
6	设施更新费(摊销费)								
7	固定资产折旧								
8	其他费用								
9	运营期财务费用								
二	经营的费用								
1	直接经营的费用								
2	间接经营的费用或对外的补贴								
	总成本费用合计：								

附表 4　营业收入表

序号	项目名称	合计	建设期		项目运营期				
一	营业收入								
1	土地收益								
2	销售物业的出售收益								
3	持有物业的租赁收益								

续附表 4

序号	项目名称	合计	建设期			项目运营期							
4	车位收益												
5	其他收益												
6	直接旅游开发经营收益												
7	投资经营公司的收益回报												
二	税费												
1	房产税												
2	土地使用税												
3	增值税												
4	其他税费:企业所得税												
5	印花税、交易手续费												
三	项目运营期末持有资产的价值												
1	物业资产												
2	其他资产												
3	股权价值												
四	总收益												

附表 5　利润与利润分配表

项目名称	合计	建设期			项目运营期							
主营业务收入												
营业税金及附加												
租售佣金												
总成本费用												
利润总额												
弥补年度亏损												
所得税(25%)												
净利润												
可供分配利润												
提取法定盈余公积(10%)												
公益金(5%)												
未分配利润												
累计未分配利润												

附表6 项目投资现金流量表

序号	项目	合计	建设期		项目运营期						
1	现金流入										
1.1	营业收入										
1.2	资产转售收入										
2	现金流出										
2.1	建设投资										
2.2	经营成本										
2.3	营业税金及附加										
3	所得税前净现金流量(1-2)										
4	累计所得税前净现金流量										

16 特殊项目评估研究

有些涉及历史建筑估价的技术难点或特殊项目在其他章节中很难涵盖,包括收益法中的资本化率计算、迁移建筑项目评估、破坏定损项目评估等。本章将其单独阐述,以便帮助估价人员掌握。

16.1 资本化率研究

历史建筑作为一种特殊房地产,其中一部分也具有获得收益的能力。在有效保护、合理利用的原则下,越来越多的历史建筑在满足保护要求的前提下,进行开发利用获取收益以回馈保护成本,实现了可持续保护利用的良性循环。根据估价规范和技术原理,收益性的房地产(土地)通常应采用收益法估价。收益法中的报酬资本化率(以下简称"报酬率")是一项敏感参数,稍有变动即可导致估价结果大幅改变,报酬率是运用收益法估价的关键环节,同样涉及古建筑用地估价也会遇到土地还原率的问题。

16.1.1 历史建筑报酬资本化率计算

1) 特征分析

历史建筑是文化传承的载体,传递着优秀历史文化的信息,凝聚着厚重的文化底蕴。研究历史建筑的专业人员,在定义其特征时往往都是以物质形态的视角来考虑问题,而房地产估价师更多关注的是历史建筑的经济价值形态。通过对历史建筑经济价值的研究,发现影响经济价值主要的因素包括:涉及其综合价值的影响因素、涉及其使用价值的影响因素、涉及其保护限制条件的影响因素。这些因素正向或负向影响其经济价值[1]。基于此,历史建筑具有价值量大、保护限制严格、实用性差、维护管理成本高、交易成本较高等特征。

常见的报酬率求取方法有累加法、投资收益率排序插入法和市场提取法等三种方法[2]。由于投资收益率排序插入法需要精准地掌握金融资产的收益率、风险程度等有关资料,如:各种类型的政府债券利率、银行存款利率、公司债券利率、基金收益率、股

---

[1] 徐进亮.历史建筑经济价值研究[C]//中国房地产估价师与房地产经济人学会.高质量发展阶段的估价服务:2018中国房地产估价年会论文集.北京:中国城市出版社,2019.

[2] 中国房地产估价师与房地产经纪人学会.房地产估价原理与方法.(2022)[M].北京:中国建筑工业出版社,2022:326-330.

票收益率、估价对象所在地房地产投资和其他投资的收益率、风险程度等。这些信息即使是金融界的咨询机构收集起来也很困难,其准确性和真实性都不可确保,房地产估价师获取这些资料并判断出报酬率更难实现,因此投资收益率排序插入法一般较少应用,累加法和市场提取法是房地产估价中主要的报酬率求取方法。

2) 方法计算

本书分别以两种方法对报酬率进行调整分析。

(1) 累加法

历史建筑与普通房地产采用累加法求取报酬率的公式的累加项目相同,但项目赋值有所不同。本书结合历史建筑的特征,分析其报酬率各构成项目赋值的特殊性及方法,公式为:

报酬率 ＝ 无风险报酬率＋投资风险补偿率＋管理负担补偿率＋缺乏流动性补偿率 － 投资带来的优惠率

累加法求取报酬率的基本原理是由安全利率加风险调整值两大部分构成,风险调整值应为承担额外风险所要求的补偿或获得额外优势所应降低的回报要求,并应根据估价对象及其所在地区、行业、市场等存在的风险来确定。经济学认为投资风险越大,回报率越高,反之亦然。

① 无风险报酬率就是安全利率,可选用国务院金融主管部门公布的,同一时期一年定期存款年利率或一年期国债年利率,这点历史建筑与普通房地产并无差别。

② 投资风险补偿率是相对于安全利率而言。投资历史建筑时,由于历史建筑与普通房地产相比具有特殊性,供给和需求曲线在一定时期内呈现出相对稳定趋势,即在特定价格的区间范围内,历史建筑需求和供给曲线均呈现出近乎水平的状态;两条稳定曲线的交点所决定的均衡价格一般不会由于供给与需求的变动而发生大幅度变化,也不易受到外界诸如政策等因素的影响;反之亦然。因此,历史建筑的均衡价格会在一定时期内保持稳定,历史建筑的市场价格(租金)波动曲线更接近于直线波动,而非呈现类似于普通房地产的指数波动,从而表现出市场稳定性较强的特征❶。同时,历史建筑具有的典型外部效益,却并没有外部性内在化的制度安排,那么购买方是不会为外部效益那一部分增加的价值而支付额外费用的,即向额外增加的消费者提供物品消费不会同时增加成本,则消费者增加引起的边际成本为零❷。因此,投资历史建筑的风险性要小于普通房地产。

③ 管理负担补偿率主要考虑一项投资要求的操劳的程度,投资者也因此要求对其承担的额外管理工作有所补偿。历史建筑投资要求的管理成本显然超过存款、股票等有价证券及普通房地产,此项取值大于普通房地产。

---

❶ 徐进亮.历史性建筑估价[M].南京:东南大学出版社,2015.
❷ 顾江.文化遗产经济学[M].南京:南京大学出版社,2009:28-29.

④ 缺乏流动性补偿率是指投资者对其投资历史建筑以后，因缺乏流动性所要求的补偿。历史建筑与存款、股票、基金、债券等相比，明显呈现交易效率低、去化率低的状况，此项取值大于普通房地产。

⑤ 投资带来的优惠率，即投资历史建筑可能获得某些额外利益。国内许多地区为支持历史建筑的保护传承，对持有者或修缮者提供各种优惠政策，包括实际用途变更时土地使用权出让金或年收益的减免、租金优惠、费用减免、财务费用的补贴、易于获得融资和税收抵扣等。例如根据江苏省文件《省政府办公厅关于促进低效产业用地再开发的意见》(苏政办发〔2016〕27号)以及南京市相关配套执行政策：鼓励低效产业用地再开发，涉及改变土地用途、提高容积率等土地使用条件，不再收取年租金。又如苏州2012年出台《苏州市区古建老宅保护修缮工程实施意见》文件，其中明确规定"实行土地优惠政策。鼓励对古建老宅实施成片改造、整体整治。古建老宅实行先行修缮保护，凡属修缮保护区域内的基础设施、公共设施等公益性项目可继续保留划拨供地方式。办理古建老宅土地使用权转让手续时，在规划批准范围内的按市场评估地价40%缴纳土地出让金。评估以批准立项时间为时点、以该地块使用现状为依据。"再如《苏州市区古建筑抢修贷款贴息和奖励办法》(2019)允许对抢修贷款进行政府贴息，实际上进一步降低了历史建筑的投资风险。同时，有些国家在征收物业税时，对于持有历史建筑者实行税收减免[1]等。总之，各地对历史建筑多少有一些优惠，取值肯定大于普通房地产(表16-1)。

表16-1 历史建筑相对普通房地产累加法构成项对比分析

序号	历史建筑	比较	普通房地产
1	无风险报酬率	等于	无风险报酬率
2	投资风险补偿率	小于	投资风险补偿率
3	管理负担补偿率	大于	管理负担补偿率
4	缺乏流动性补偿率	大于	缺乏流动性补偿率
5	投资带来的优惠率	大于	投资带来的优惠率

通过表16-1可以看到，历史建筑相对普通房地产，累加法构成项对比有一致的，有大于也有小于的。通过市场调查，前4项综合下来，两者差异不大。主要是最后一项"投资带来的优惠率"，在估价实践中，普通房地产"投资带来的优惠率"往往取负值；对于历史建筑较为特殊，通常取正值。由于公式中该项是减数项，所以实际上是拉低了历史建筑的报酬率值。通过一定量的城市案例数据测试，通过累积法得出的结论是，历史建筑的报酬率比普通房地产的报酬率约低1~2个百分点。

---

[1] Judith Reynolds. Historic properties: Preservation and the valuation process [M]. 3rd ed. [S.l.]: The Appraisal Institute, 2006.

(2) 市场提取法

采用市场提取法测算报酬率,是先搜集房地产实际买卖价格和租金,通过修正调整计算出客观买卖价格和净收益,然后运用收益法公式倒算出报酬率。对于民居类历史建筑,不一定是整套房屋租赁或交易,所以一般采用单位面积等价格和租金进行计算,其过程相对烦琐,是历史建筑采用市场提取法测算报酬率的难点之一。

① 筛选案例

市场提取法求取报酬率,首先要提取市场交易案例。本书选用天津的市场案例进行研究。天津是拥有众多历史建筑的历史文化名城,共有877座历史风貌建筑共计约128万 m^2。在市内六区中,和平区共有历史风貌建筑672座,约占所有天津市历史风貌建筑的76.6%,具有一定代表性,因此这次研究选用和平区的案例。本书通过多个房地产交易平台,搜集到了天津市和平区近5年来关于历史风貌建筑的交易案例,记录了用途、产别、面积、售价、租金等信息,经筛选可用交易案例总计287件。由于案例是来自各交易平台的二手数据,存在较多的错误及冗余信息,并不能直接作为案例进行报酬率的测算。因此,又通过有关登记机构印证和进行实地踏勘,结合实际经验筛选出19个真实且有效的交易案例(表16-2)作为测算基础。

表16-2 天津和平区历史建筑市场交易案例表

序号	所在地	建筑面积/m^2	成交价格/元	租金/[元/($m^2 \cdot d$)]
1	福缘里	22.23	1 613 231	2.80
2	福缘里	20.91	1 466 606	3.00
3	三盛里	21.22	1 821 610	2.00
4	三盛里	24.16	1 821 592	1.80
5	延德里	28.28	1 966 506	3.10
6	延德里	27.57	2 101 055	3.20
7	延德里	28.53	1 966 487	3.10
8	永定里	22.02	1 655 992	4.10
9	永定里	23.80	1 759 510	3.80
10	永定里	25.02	2 380 253	3.60
11	岳阳里	26.73	2 432 243	2.00
12	天昌里	23.76	2 121 744	2.90
13	求志里	18.07	1 334 000	2.60
14	求志里	20.16	1 443 252	2.30
15	求志里	16.35	1 333 997	2.80
16	生牲里	28.33	2 311 473	3.20
17	重庆道34号	380.00	22 000 000	0.55
18	常德道47号	202.32	14 600 000	1.03
19	洛阳道49号	170.10	12 500 000	1.23

② 数据整理

数据整理、修正和处理是此次测算报酬率最为烦琐和关键的环节。由于案例各种信息的量化标准必须在完全一致的前提下进行测算,得出的结果才是有效的。所以对筛选出的案例进行分析整理,对运算使用的有关数据进行调整。

a. 权属问题调整

天津市比较特殊,历来允许公产房屋转移交易并办理过户手续。公房交易在天津谓之"置换",手续由房产总公司所属机构办理,流程比较复杂这里不拟赘述。需要解决的问题是,私产房屋和公产房屋的市场价格有一定的差异,应该将公产房屋交易价格也折算成私房交易价格。本书主要是按照天津有关政策,并根据市场交易有关信息确定出一个调整系数,然后对所有公房交易价格进行修正转变成私产房交易价。

b. 体量的计算

由于历史建筑大多不是单元房,交易时不是按整套房屋过户而是按自然间过户。自然间的体量不是建筑面积而是使用面积,也需要折合成建筑面积。另外,这里所说的自然间主要是指居室,除此之外过户时还应包括分摊的共用面积。本书根据大量数据,测算出建筑面积和使用面积的关系以及共用面积分摊系数,将使用面积换算成建筑面积。

c. 剔除学区房价值影响因素

历史建筑中有时会有一些非历史建筑的其他因素(如学区房)影响着交易价格,应该设法予以剔除。和平区是天津市学区房最多的行政区,学区房的价格包含着教育资源的因素,必须将其剔除才能还原历史建筑本身的真实价格。本书对学区房和非学区房进行了对比分析,找到了两者之间价格变化规律,根据学校知名度及其对价格影响的程度调整了学区房交易案例的价格。

d. 净收益

测算报酬率时用的都是净收益,调查所知的租金都是毛租金收入。需要根据所选案例所在区域的政策制度、市场环境、交易习惯,确定空置率、租金损失、运营费用等金额,然后测算每个案例净收益。

e. 确定租赁市场变化趋势

本书主要从三个方面确定租赁市场变化趋势,即天津市政府管理部门每年公布的"居住房屋市场租金水平"、搜集到的租赁合同中对租金变化的约定和市场搜集的租金变化信息等。在租房租赁市场上,一般会在签订合同时不同程度设定租金递增幅度,以规避房地产市场行情、物价变动、利率变动等风险。通过对相关数据的分析,确定租金每年变化的规律。

f. 确定转售价格

通过查阅中国房地产指数系统,可以得到各年的住宅销售价格指数变化情况。运用平均发展速度法测算历史建筑出销售价格的年均增长率。

$$g = \sqrt[n]{\frac{P_1}{P_0} \times \frac{P_2}{P_1} \times \cdots \times \frac{P_n}{P_{n-1}}} - 1 \qquad 公式(16\text{-}1)$$

如果持有5年转售，其的转售价格为：

$$初始\ 成交价格 \times (1+g)^5$$

③ 报酬率测算

测算报酬率可以用下面公式：

$$PV = \frac{CF_1}{(1+Y)^1} + \frac{CF_2}{(1+Y)^2} + \cdots + \frac{CF_n}{(1+Y)^n} \qquad 公式(16\text{-}2)$$

式中：PV——初始价格；

CF_1、CF_2、CF_3、CF_4——分别是未来第1年、第2年、第3年和第4年的净收益；

CF_5——两部分之和，一部分是第5年的净收益，另一部分是第5年末转售价值；

Y——使用市场提取法得到的房地产投资收益率IRR。

当n的取值固定为5年时，可以使用市场提取法得到的5年期的房地产投资收益率IRR作为报酬率Y。Y可以用迭代法计算得出，现在互联网上也提供IRR计算小程序可计算结果。

当实物状况、环境状况和权益状况雷同情况下，历史建筑价格肯定高于普通房地产价格。天津有些相互毗连的联排别墅，如果其中有一幢是名人故居且已挂牌为历史建筑，则其售价会远高于其他左邻右舍的别墅。但在租赁市场上其他条件相同时，历史建筑的租金未必比普通房地产租金高。因此，将条件相同的历史建筑交易案例和普通房地产交易案例带入公式测算后，发现民居类历史建筑的报酬率约比普通房地产报酬率低1%~2%左右，与累加法所得结论基本一致。

3) 历史建筑报酬资本化率计算结论

本书提出了应用累加法和市场提取法测算历史建筑收益法报酬率的具体操作和参数指引。本书认为累加法主观因素较多，反映市场客观报酬情况能力受到局限，但所需基础资料较易取得；市场提取法比较客观，但对市场成熟程度和信息公开程度的要求较高。本书认为条件允许时应将市场提取法列为求取某地区历史建筑报酬率的首选方法，累积法作为辅助。

本书虽然通过大量的数据分析提供了历史建筑与普通房地产收益法报酬率值差异的方向及区间，即比普通房地产低1%~2%。估价师在具体确定报酬率时仍需作出客观公正的专业判断，比如保护级别较高的历史建筑报酬率取值应偏高，民居类历史建筑相对商业经营类历史建筑报酬率取值应偏低，发达地区相对于保守地区历史建筑报酬率取值应偏低。这些并不是放之四海而皆准的结论，无论是政府还是房地产估价行业组织公布估价参数，在使用时都要根据估价对象的具体情况适当调整确定取值；尤其是市场提取法测算出的报酬率，应该是一个区间值或者是一个平均值。

16.1.2 古建筑用地还原率计算

2022年9月,中国土地估价师与土地登记代理人协会发布了《古建筑古村落用地估价指引(试行)》,其中提到了收益还原法的应用。古建筑用地还原率的求取是个关键性技术难点。本书结合天津传统风貌建筑交易案例进行分析研究,并根据古建筑租售市场条件,测算古建筑用地还原率。

1) 方法分析

土地还原率是将土地产生的未来纯收益还原为某一期日的土地价格的比率,反映了土地价格与土地收益之间的关系。古建筑用地还原率同样是由经营投资风险、财务风险、变现能力风险、政策风险等因素组成。《古建筑古村落用地估价指引》规定:"确定还原率时,需合理分析古建筑、古村落用地经营投资风险,选择相应方法测算还原率。"因此确定古建筑用地还原率时,需合理分析历史保护建筑经营投资风险;需考虑当地对历史保护建筑修缮、维修、改善工程审批时间带来的财务费用变化,以及当地针对历史保护建筑交易的增值税与土地增值税的收取标准;需考虑当地关于投资历史保护建筑的优惠政策,包括实际用途变更时土地使用权出让金或年收益的减免、租金优惠、费用减免、财务费用的补贴、易于获得融资和税收抵扣等。计算土地还原率的方式主要有安全利率加风险调整值法(累加法)、投资风险与投资收益率综合排序插入法和市场提取法。本书针对三种方法应用古建筑用地还原率进行分析说明。

(1) 安全利率加风险调整值法(累加法)

安全利率是指无风险的资本投资收益率,通常选取中国人民银行公布的一年期定期存款年利率作为安全利率;风险调整值的确定主要综合分析所在区域社会经济发展和土地市场状况对土地投资的影响程度,尤其是关注古建筑土地市场状况;两者相加由此求得土地还原率。也就是将土地还原率视为安全利率与风险利率之和。由于古建筑本身具有的特征,其稳定性较强,市场波动小,投资对象固定、投资环境平稳,不易受利率调整和供求变化等市场行为所影响,因而古建筑市场价格呈现近乎直线波动的趋势,也不易出现暴涨和暴跌,形成其投资回报率较低的现象,可用安全利率加风险调整值的结果进行体现。

安全利率加风险调整值法的细化公式可表现为:

土地还原率 = 无风险投资收益率 + 投资风险补偿率 + 管理负担补偿率 + 缺乏流动性补偿率 − 投资带来的优惠率

依照古建筑市场规律,构成分项对比分析如表16-3所示:

表 16-3 古建筑用地比较普通用地构成分析

因素项目	古建筑用地比较普通用地	取值依据
无风险投资收益率	相等	中国人民银行公布的一年期定期存款年利率
投资风险补偿率	低	价格变化相对稳定
管理负担补偿率	高	管理成本偏高
缺乏流动性补偿率	高	古建筑交易时间一般较长
投资带来的优惠率	低	取决于古建筑的政策性优惠幅度
土地还原率	低	综合上述指标

按照上述安全利率加风险调整值法公式计算出的古建筑用地还原率一般在4%～6%之间。根据天津市最新公布基准地价的土地还原率为7%，大约比普通用地还原率低2%左右。需要注意的是这个数据各地的取值会有不同程度的差异，风险累加法的适用性同普通建筑的基本一致，这里不再赘述。

(2) 投资风险与投资收益率综合排序插入法

投资风险与投资收益率综合排序插入法是对社会上各种类型的投资(如银行存款、贷款、国债、债券、股票等)收益率按照其大小从低到高排序，然后根据经验判断所评估对象的投资收益率与风险应该落在哪个范围，从而确定所要求取的还原利率的具体数值。普通用地数据搜集就比较麻烦，古建筑用地数据更难搜集，现实评估中采用较少。

(3) 市场提取法

市场提取法需要土地交易价格和土地净收益等重要参数。古建筑用地一般位于开发程度很高的旧区，很难找到土地交易价格，也不可能有净地出租的案例。只能利用房地产价值、建筑物价值以及土地价值三者的内在关系，将土地租金从房地产租金中剥离出来。古建筑虽然市场交易量小，但一定时期内总是有一定数量的交易案例存在，特别是历史街区、古村镇的古建筑市场交易或收益资料。基于类似的保护等级、历史文化增值与产权限制等前提下，运用市场提取法计算得出的还原率通常在本区域范围内具有普遍适用性。特别是在历史地段(历史街区或古村镇)范围内，采用市场提取法来计算类似项目净直接收益与市场价格的还原率。

2) 实证研究

本次案例主要选取天津市四处古建筑集中区进行计算说明。采用市场提取法技术路线为：①确定古建筑市场价格；②估算出建筑物重置成本；③求出古建筑用地重置成本；④确定古建筑市场毛租金；⑤利用建筑物重置成本和土地重置成本之间比例关系求出土地毛租金；⑥求出古建筑土地净租金；⑦求出古建筑用地还原率。

(1) 选定古建筑案例

古建筑用地包括古建筑所依附的土地以及地上曾经建有古建筑现已拆除为空地或已复建、改建为其他建筑，但原有的文化底蕴依然存在的土地。考虑到单纯古建筑用地的需求很少，所以选取了四个复建或改建其他传统建筑的古建筑项目。天津俗语称:"天津卫三宗宝:鼓楼、炮台、铃铛阁",本书选用了南开区鼓楼、红桥区铃铛阁以及河东区大直沽妈祖庙遗址和津南小站练兵场遗址四个地区。

(2) 测算古建筑用地还原率

① 采用市场法确定古建筑市场租金。本书借助多个房地产交易平台,分别搜集近一年来天津鼓楼、铃铛阁、大直沽、小站等传统风貌建筑的出租交易案例;结合实地踏勘方式,筛选真实且有效的交易案例,作为测算基础;考虑市场状况、租赁状况、区位状况、实物状况、权益状况等因素,对案例交易价格、租金进行修正,得到天津鼓楼、小站等传统风貌建筑市场价格、租金价格。

本书先选取了以上地区传统风貌建筑商业房地产出租交易案例,其交易情况简单描述见表16-4所示:

表16-4 传统风貌建筑出租交易案例表

位置			建筑面积/m²	结构	总层数	所在层
南开区鼓楼	鼓楼商业街北7号		79.42	混合	3	1
	城厢东路与鼓楼东街交口西南侧新隆轩×号楼		162.59	混合	3	1
	鼓楼商业街东街东5号		83.74	混合	4	1
	鼓楼商业街北街×号楼		81.92	混合	3	1
	鼓楼北街7号		58.53	混合	3	2
红桥区铃铛阁	紫芥园		137.99	钢混	5	1
	盛运大厦		150.51	钢混	26	1
	南运河南路×号		312.45	钢混	2	1-2
	南运河南路×号		412.42	钢混	2	1-2
河东区大直沽妈祖庙遗址	宫前东园		99.35	钢混	7	1
	宫前东园		75.34	混合	7	1
	靓锦名居		49.76	钢混	11	2
	大直沽中路4×号、4×号增1号—3号		321.72	钢混	7	1-2
	大直沽中路8×号—106号,八纬路221—251号		488.54	钢混	5	3
	大直沽中路82号—106号,八纬路221—251号(单号)		562.74	钢混	5	3
津南小站练兵场遗址	鸿福道—福馨公寓附近底商	田记拉面	52.5	砖混	2	1
		纺织品	23	砖混	2	1
		副食二店	52.5	砖混	2	1
		蛋糕加工	12	砖混	2	1
		童装店	12	砖混	2	1
		保健品	12	砖混	2	1
		房屋中介	10	砖混	2	1
		天坛超市	300	砖混	2	1

续表 16-4

位置		建筑面积/m²	结构	总层数	所在层
津南小站练兵场遗址	津岐公路—小站医院附近底商 健康养生	40	砖混	6	1
	津岐公路—小站医院附近底商 紫薇国旅	28	砖混	6	1
	津岐公路—小站医院附近底商 国营烟酒店	40	砖混	6	1
	津岐公路—小站医院附近底商 顺达复印部	40	砖混	6	1
	津岐公路—小站医院附近底商 大有桥电器	50	砖混	6	1
	津岐公路—小站医院附近底商 中国联通	160	砖混	6	1
	津岐公路—小站医院附近底商 庆海铝材商行	43	砖混	6	1
幸福公寓 20 号楼底商	快递	163.49	砖混	6	1

② 采用成本法确定地上建筑物重置成本。考虑建筑安装工程费、勘察设计和前期工程费等费用，获取建筑物建设成本。以此为基础，再加上管理费、销售费用、成本利息等费用，获得建筑物重置成本。计算公式为：

$$土地重置成本 = 房地产市场价值 - 建筑物重置成本$$

采用收益法中剩余技术确定古建筑用地租金。然后再扣除租赁过程中的运营成本求出土地租赁净租金，即确定了古建筑用地的净租金。

③ 剩余技术中指出从整体房地产的租金中减去已知组成部分的租金，分离出归因于另外组成部分的租金。经调查，古建筑市场租金中建筑物和土地的贡献度比例相同，在明确古建筑市场租金价格的基础上，按照古建筑用地地上建筑物重置成本和土地重置成本的比例，测算得出古建筑用地租金。计算公式可表达为：

$$土地租金 = 房地产租金 - 建筑物租金$$
$$= 房地产租金 \times (1 - 建筑物重置成本/房地产市场价值)$$
$$土地纯收益 = 土地租金 - 运营成本$$

将以上地区传统风貌建筑商业房地产剥离土地租金，土地还原率计算见表 16-5 所示：

表 16-5 土地还原率计算表

地址		房地产市场价/(元/m²)	建筑物单价/(元/m²)	土地楼面价/(元/m²)	房地产年租金/(元/m²)	土地年租金/(元/m²)	年纯收益/(万元/m²)	土地还原率/%	平均土地还原率/%
南开区鼓楼	鼓楼商业街北 7 号	24 985	4 680	20 305	1 763	1 433	1 175	5.79	6.64
	城厢东路与鼓楼东街交口西南侧新隆轩×号楼	23 427	4 680	18 747	1 723	1 379	1 130	6.03	
	鼓楼商业街东街东 5	25 133	4 680	20 453	1 792	1 458	1 196	5.85	
	鼓楼商业街北街×号楼	16 719	4 680	12 039	1 708	1 230	1 009	8.38	
	鼓楼北街 7 号	12 083	4 680	7 403	1 059	649	532	7.18	

续表 16-5

地址		房地产市场价/(元/m²)	建筑物单价/(元/m²)	土地楼面价/(元/m²)	房地产年租金/(元/m²)	土地年租金/(元/m²)	年纯收益/(万元/m²)	土地还原率/%	平均土地还原率/%
红桥区铃铛阁	紫芥园	25 940	5 027	20 913	978	789	647	3.09	2.95
	盛运大厦	24 676	6 066	18 610	997	752	616	3.31	
	南运河南路×号	22 000	5 027	16 973	704	543	445	2.62	
	南运河南路×号	20 000	5 027	14 973	679	508	417	2.78	
河东区大直沽妈祖庙遗址	宫前东园	13 629	5 027	8 602	1 309	826	677	7.87	4.43
	宫前东园	17 192	5 027	12 165	1 332	943	773	6.35	
	靓锦名居	11 493	5 027	6 466	703	396	324	5.02	
	大直沽中路4×号、4×号增1号—3号	30 869	5 027	25 842	932	781	640	2.48	
	大直沽中路8×号—106号，八纬路221—251号(单号)1号商业楼	17 063	5 027	12 036	512	361	296	2.46	
	大直沽中路82号—106号，八纬路221—251号(单号)	16 354	5 027	11 327	480	332	272	2.41	
津南小站练兵场遗址	鸿福道—福馨公寓附近底商	田记拉面	8 583	4 333	4 250	496	246	202	4.74	4.59
		纺织品	9 012	4 333	4 679	522	271	222	4.75	
		副食二店	8 583	4 333	4 250	496	246	202	4.74	
		蛋糕加工	9 012	4 333	4 679	544	282	232	4.95	
		童装店	9 012	4 333	4 679	544	282	232	4.95	
		保健品	9 012	4 333	4 679	544	282	232	4.95	
		房屋中介	7 210	4 333	2 877	394	157	129	4.48	
		天坛超市	8 154	4 333	3 821	398	186	153	4.00	
	津岐公路—小站医院附近底商	健康养生	9 420	5 113	4 307	496	227	186	4.32	
		紫薇国旅	9 705	5 113	4 592	496	235	193	4.19	
		国营烟酒店	9 420	5 113	4 307	496	227	186	4.32	
		顺达复印部	9 420	5 113	4 307	496	227	186	4.32	
		大有桥电器	9 510	5 113	4 397	635	294	241	5.48	
		中国联通	9 035	5 113	3 922	544	236	194	4.94	
		庆海铝材商行	9 486	5 113	4 373	522	241	197	4.51	
	幸福公寓20号楼底商	快递	8 063	5 113	2 950	376	138	113	3.82	

上述四个区域土地还原率进行各自简单平均后分别为：南开区鼓楼传统风貌建筑用地还原率平均值为 6.64%、铃铛阁 2.95%、大直沽 4.43%、小站 4.59%。计算结果汇总见表 16-6 所示。

表 16-6　土地还原率计算结果表

序号	案例项目	范围值/%	平均值/%
1	鼓楼	5.79~8.38	6.64
2	铃铛阁	2.62~3.31	2.95
3	大直沽	2.41~7.87	4.43
4	小站	3.82~5.48	4.59

（3）与基准地价公示体系的土地还原率比较

各城市公示城市基准地价体系同时公布土地还原率。本书所计算的结果与基准地价体系内还原率比较会有差异，这是由于两者的计算方式不同而产生的结果不同，天津市基准地价修正体系中明确建议各类用地的土地还原率动态更新，并原则上不得低于同期中国人民银行公布人民币 5 年期贷款利率，并适度上浮。实际上就是以 5 年期同期贷款利率为基数确定，而本书中主要是按照市场土地和房地产市场价值实际计算求取，一定程度降低了主观判断因素。

（4）分析选用的四处案例地区的差异说明及比较

《城镇土地估价规程》要求在确定土地还原率时，应注意不同权利、不同土地用途、不同区位、不同使用年期及不同时期的土地之间还原率的差别。四处案例位于不同区位：铃铛阁商业氛围较差，目前主要是教育用地，由最初天津官立中学到铃铛阁中学，所选案例周边虽然也是商业用房，但该地区还是以生活居住和教育为主，商业价值较差，其土地还原率也最低；鼓楼位于天津市中心，属于天津市重要商圈，计算结果是最高，说明商业繁华程度相对较高；大直沽和小站练兵场的商业繁华程度基本相当。通过上述方法计算的还原率结果基本符合目前天津市历史文化街区的商业繁华规律，进一步说明其计算方法比较科学合理。

3）古建筑用地还原率计算结论

总体上讲，古建筑用地还原率比普通建筑用地要低。本书以天津市古建筑用地案例计算来看，通常会低于普通建筑用地 2%~3%。当然古建筑具有地域性特征，选取还原率时必须考虑到不同地区、不同时期、不同用途或类型的古建筑都会影响投资风险与外部性。古建筑用地由于其独特内涵而造成实用性的缺乏，在市场变化时获利能力较弱；在市场价值（投资）和预期收益一定的前提下，回报期越长，还原率越低。因此土地还原率的确定都有一定的主观选择性，需要估价人员运用实际估价经验，在对当地古建筑投资与市场充分了解的基础上做出相应判断。

16.2　异地迁移建筑项目评估研究

遗产保护界一向反对古建筑异地迁建行为。2015 年，住房和城乡建设部、国土资源部、公安部联合发布了《关于坚决制止异地迁建传统建筑和依法打击盗卖构件行为的紧急通知》,明确禁止擅自拆除和异地迁建传统建筑等措施,为加强传统建筑保护提供了政策依据;这对于制止异地迁建和打击盗卖构件等破坏传统建筑的行为,为在城镇化过程中"留住乡愁"很有必要。要看到,之所以发这个文件,正是古建筑异地迁建情况较为严重。

16.2.1 古建筑异地迁建

古建筑作为历史悠久的建筑遗产,保留着浓郁的历史痕迹,有着独特的建筑环境、风格和独特的民俗风情。古民居、古建筑、古祠堂作为地方特色和鲜明特色的重要代表,更是引人注目。20世纪90年代中期,投资者开始关注这些"老古董"。长三角地区的一些商人前往皖南、江西、浙江购买古民居或其构件,或整个古建筑,包括文物建筑、历史建筑、传统风貌建筑等,通过"整容"改造,零敲碎打或整体买卖,实现异地迁建和跨省流通,并从中获利,甚至一度形成产业链。许多专家学者对此行为深恶痛绝,旗帜鲜明地反对古建筑"搬家"。但这些行为有其存在的背景:一方面,随着城市化进程的推进,大量古建筑被迫拆毁或进行保护性搬迁;另一方面,早期人们对古建筑文化价值的认识不足,普遍缺乏对古建筑的保护意识,使得不少文物损毁流失。在徽派建筑集中的以黄山市为中心的皖南一带,经济落后,物质匮乏,人们对古建筑的保护意识不足,这使得徽派古建筑大量流失。

必须承认,"古建筑如果离开特殊的地域环境,缺少特定的历史文化氛围,隔断一以贯之的历史文脉,即使每一块砖、每一根梁都保留下来,也是对它历史文化价值的一种破坏"❶。在古建筑完成迁建后,迁出地与迁入地的距离、风土将相去甚远,即使再有文化内涵的古建筑也将成为"空壳"。但是异地重建在古村落日益衰败和大拆大建的情况下不失为一种无奈的选择,起码在一定程度上保护了这些古建筑❷。至少通过这种方式保留了大量古建筑和其他古物,例如徽派建筑记载着徽商家族的兴衰成败,不仅保留下了画栋雕梁、描金嵌玉,更是延续了时代的缩影、民族的记忆,至少保存了一部分珍贵的文化遗产实物。所以罗哲文先生提到"迁建是古建筑保护新的探索模式,也是不得已而为之的'抢救性'保护。"

但也要看到,传统古建筑的异地迁建有利于对自身价值进行挖掘、保护、增值以及重塑。如今,很多施工工艺已经失传,对古建筑的异地复建项目而言,其既是对这种传统施工工艺的保护与传承,也是对稀有的非物质文化遗产的凝固和保护。学生可以进行实地考察和学习,不用再千里迢迢地去采风;其次,专业学者的深入研究,以及对保留下来的古建筑藏品进行专业评估,有利于古建筑资源的保护和可持续发展;最后,异地迁建的传统建筑形成历史文化苑,吸引游客,不仅能带来经济效益,还有助于宣传和提高传统文化❸。

---

❶ 袁浩.莫让古建筑"背井离乡"[J].建筑,2015(23):27.
❷ 杨宇全.古建筑异地拆除重建:是被"变卖"的乡愁,还是浴火后的"重生"? 以浙江省义乌市佛堂镇"古民居苑"为例[J].民艺,2018(3):46-50.
❸ 宋文君.古建筑迁地保护与文化资源开发:周园项目调研与反思[J].文化产业,2023(10):139-141.

古建筑异地迁建案例主要有：一是文物部门批准同意的迁建项目，如浙江衢州龙游民居苑；二是未经过批准、自行异地迁建的项目，大型项目如杭州西溪湿地邬家湾、南京周园、溧水遇园等，单体建筑或小规模项目不胜枚举。目前此类收购依然还活跃在一些偏远地区。

16.2.2 估价方法选用

近些年，古建筑异地迁建已经很难，但现实中也经常遇到已迁建的古建筑群需要评估，例如杭州西溪湿地邬家湾项目。所以异地迁建的历史建筑项目估价方法需要单独研究。

由于估价对象所在的新址没有类似交易案例，比较法无法直接适用；如果没有收益模式，收益法通常也无法适用。而且，由于一方面收购对象基本上是古建筑主体梁架结构、装饰构件等；另一方面估价对象也是这些异地迁建的建（构）筑物本体，一般不涉及所在的土地资产，因此成本法最适用于这类情况。也要注意到，成本法的本质是以房地产的重新开发建设成本为导向，以房地产价格的各个组成部分之和为基础来求取房地产价值价格❶。而异地迁建的历史建筑不是简单重建行为，而是经历了拆除、运输、保储、设计、重建以及补建等一系列活动，因此，需要对成本法设计专门的技术路径，使之更适用于异地迁建项目。本书经过研究，推荐两种成本法的估价技术路径：

（1）能收集到类似收购案例的，基于模拟重新收购行为，公式调整为：

异地迁移的传统建筑物价值＝[原址的合理收购价（正常取得成本）＋勘察拆除费用＋运储费用＋复建成本＋管理费用＋利息＋销售费用＋销售税费＋利润－折旧]×（1＋特殊影响因素调整系数）

（2）无法收集到类似收购案例的，基于模拟重新仿建行为，公式调整为：

异地迁移的传统建筑物价值＝（新址的重建成本或重置成本－折旧）×（1＋特殊影响因素调整系数）

估价人员应根据两种技术路径的适用程度、数据可靠程度、测算结果之间差异程度等，综合判断估价结果。

16.2.3 技术要点

异地迁建项目适用成本法评估时需要强调一些技术要点，这些要点在正常的历史建筑估价中表现并不明显。

1）建筑物鉴定断代

本书第7章第7.5节"测绘与断代鉴定"阐述了历史建筑（古建筑）的断代鉴定。断代鉴定对于异地迁建项目尤为重要。毕竟大多数收购的异地迁建的古建筑并没有详

---

❶ 中国房地产估价师与房地产经纪人学会.房地产估价原理与方法.2022[M].北京:中国建筑工业出版社，2022.

细历史记载,包括始建年代、人物影响等历史信息,估价人员遇到最多情况是"不清楚"或"可能是清代后期"。这就需要根据古建筑主体梁架结构、斗拱结构以及装饰构件等对估价对象进行断代鉴定,断代鉴定结果对其经济价值的影响是决定性的。当然最好有建筑物的平面图、立面图和剖面图,能有详图更好,这会大大降低断代鉴定的难度。

2）原址实地收集资料

古建筑体形大、结构复杂,真正了解一处异地迁建的古建筑情况,要求不辞辛苦、跋山涉水去原址作实地调查、收集资料。一是了解对象建筑或同类建筑的结构特征、装饰传承与当地施工制作手法等情况;二是了解对象建筑或同类建筑的历史传承信息;三是了解当前可能的类似项目收购价、拆除成本等。

3）特殊成本依据

历史建筑成本法中计算重建成本或重置成本时,多少总有一些文件规定或市场成本作为依据;就算项目再复杂,总是有一些本地专家可以提供专业建议或意见。异地迁建的古建筑则不然,重建流程与正常修缮不同,相关成本涉及有原址的市场价或重建成本、当地拆除(标示)及保储成本、中途运输费用、新址保储成本,甚至还有保险费用等,还没算上新址重建成本。其发生的成本与正常重建完全不同。因此,异地迁建项目个性化强,成本依据少,需要针对性认真调查,细致计算。

4）特殊重建流程

异地迁建的古建筑构件运输到新址,首先是合理保存,然后寻找合适的地块重建。重建流程先是修复设计,按标示图纸上先行搭建,然后实物考察,考虑哪些能原物采用、哪些需要修补、哪些需要替换、哪些需要补件(如木雕部分存在损坏,需要补刻等)、哪些需要拼装(如采用其他建筑的木门窗拼装,这种情况较为常见)、哪些需要补建(特别是装修部分的门窗、栏杆、瓦件基本上是需要重新补建)等。在主体建筑设计完成后,有时还会考虑在两侧增建一些仿古建筑,使之更宜使用(如洗手间、厨房等)。当然相应的水电、消防等设施设备都应一并在设计环节中考虑。

设计完成后,关键就是施工环节。精致的古建筑构件被粗糙的施工工艺胡乱堆砌,造成破坏性重建,此类失败案例数不胜数。本土古建筑修缮出现的施工问题也是频繁曝光,更不要说异地迁建的古建筑。最近引起社会关注与愤怒的是2023年7月南京市文物保护单位"石㴋魏氏宗祠"事件,这座古宗祠在经过一家建筑公司的修缮后,竟然变成了一座"公厕风"的建筑,与原貌大相径庭,令人痛惜。因此,重建施工工艺水平是决定异地迁建的古建筑经济价值的重要关键因素。

5）特殊因素调整

计算异地迁建的古建筑重建成本后,同样需要特殊因素调整,但其重点有所差异:一是始建年代需要实地调查,甚至断代鉴定,至于历史事件或人物信息资料基本上很难收集;二是科学价值、艺术价值因素是关键性因素,毕竟保留的主要就是建筑梁架与构件,同时也取决于设计水准、保留的原物真实性与完整性、补建构件的适宜性、重建施工水平等;三是由于不是在原址重建,虽说会使古建筑脱离原有的历史和人文环境,但在新址也可能产生某种稀缺性,以及当地社会影响与文化传承等。估价人员应根据项目个性化情况,谨慎选用特殊因素因子,需要单独编制特殊因素系数调整指标体系。

16.2.4 实证研究

1) 综述

(1) 估价对象

① 位置:上海市某处传统风貌建筑。

② 保护等级:从皖南地区迁建的传统风貌建筑。

③ 面积:纯建筑,建筑面积 519.86 m²。

④ 用途:私人园林。

(2) 估价目的

政府征收。

(3) 价值时点

2021 年 4 月 22 日。

(4) 估价方法

成本法。

2) 估价对象实物状况描述

(1) 建筑物状况描述

估价对象建筑为上海市闵行区某处传统风貌建筑。整个园林面积约 3 587 m²(5.38 亩),分为两部分:北部是一幢钢混结构别墅(园林主堂建筑,不在本次估价对象范围内);南部为传统园林部分,其建筑历史可以追溯至清代中期,2006—2007 年从安徽省黄山市休宁县地区迁建此地。园林布局以水池为中心,建筑环水分布。共有 6 幢建筑物,分别是楼房、南亭、水榭、曲廊、西亭与小阁。建筑面积为 519.86 m²(图 16-1)。

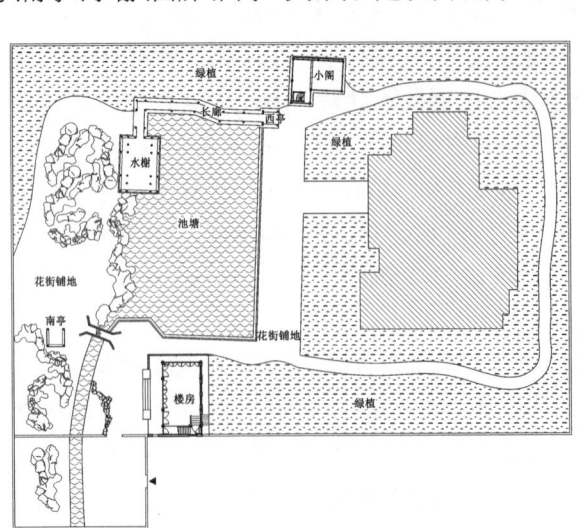

图 16-1 估价对象总平面图

① 楼房

楼房坐落于水池东部，砖木结构二层歇山建筑，建筑面积为 264.12 m²，明堂朝南（图 16-2）。主体面阔三间，进深四界，前檐、左、右三面绕以廊轩，楼梯设在东侧。

图 16-2　楼房现状

建筑使用小青瓦屋面，瓦垄端头做花边滴水。屋脊筒脊，正脊设"二龙戏珠"，戗脊端头亦设有龙形望兽四匹。歇山做拔檐，中间表面纸筋灰刷白，设"孔雀梅花"浮雕，象征君子高洁品性，具美丽、吉祥、富贵之意。建筑之木构件表面均做栗壳色油饰，局部鎏金点缀。

建筑大木屋架为抬梁式屋架。大梁上立二金童承山界梁；山界梁上再设二童柱和短梁，再以脊童承脊桁。边贴嵌于山墙中，落翼上端架其上。轩梁架于廊柱和步枋间，居中立童柱，童柱承托轩桁。廊柱不落地，在楼板下方收头做垂花柱，柱头鎏金，两侧装饰以鎏金海棠卷草纹插角，寓意富贵满堂；顶端支撑廊桁。其余八木柱底端直接置于地面，无鼓磴、磉板，顶端支撑大梁。廊桁端部两两相交，架设戗角，老戗戗头做成龙头样式，龙头表面鎏金。桁上架荷包椽，椽上铺青灰色望砖，上架飞椽。飞椽椽头做弯遮檐板，弯遮檐板端部做狮狲面，使雨水不易淋及嫩戗，从而起到对戗角的保护作用。二层为木地板地面，以木梁架楞木承托；一层室内木地板局部破损，可见室内及外廊地面皆方砖细墁；设花岗岩阶沿，以三级石踏步连接室外院落空间。踏步两侧设石狮一对。

建筑后檐、左侧两面墙体为青砖砌筑。后檐墙体每层各开四组双扇八角景宫式短窗；左侧墙体一层与楼梯之间做四扇木槅扇门，二层开二组双扇八角景宫式短窗。前檐、右侧开敞，步枋下做横陂亮窗，中槛及下槛间设抱框，明间、次间与山面各开六扇、二扇、八扇八角景宫式长窗，楼梯间南亦开二扇。二层廊枋内外侧均施鎏金花卉卷草纹、梅花、牵牛花、海棠、仙鹤等图案，寓意美好品格；下部宫式万川挂落，挂落两侧花篮脚头、如意形抱柱。明间栏杆望柱端头做二匹鎏金兽，心仔为宫式万川式样，与挂落呼应，取得简明大气、和谐统一的效果。

② 南亭

小亭单独设置于园林南部,此处称之为"南亭"。平面方形,四角攒尖顶,建筑面积为 10.40 m²(图 16-3)。描述略。

图 16-3 南亭现状

③ 水榭

水榭位于水池西南,曲廊之南端,入口位于西侧。主体面阔三间,进深四界,建筑面积为 88.58 m²,四周设廊,廊深与落翼同宽(图 16-4)。描述略。

图 16-4 水榭现状

④ 曲廊

曲廊位于水池以西,连接西亭和水榭,建筑面积为 80.34 m²。其走向约成北斗七星形状(图 16-5)。描述略。

图 16-5　曲廊、西亭和水榭立面图

⑤ 西亭

另一小亭位于水池西岸,曲廊之北端,此处称之为"西亭"。其平面亦为方形,四角攒尖顶,建筑面积为 8.60 m² (图 16-6)。描述略。

图 16-6　西亭现状

⑥ 小阁

小阁位于园林西北端,砖混及木结构二层建筑,平面 L 形,入口面东,建筑面积为 67.82 m² (图 16-7)。描述略。

图 16-7　小阁现状

3) 历史环境要求(附属物)状况描述

园林以青砖围墙为界限,西南两侧墙头各有"双龙戏珠"一对。园林东南角为入口,可至前院,前院当中花街铺地,两侧植翠竹、香樟、枇杷,傍有石桥流水,气氛森郁。前院西侧有一月亮门,门洞四周蔓草砖刻镶边。穿过月亮门可达后院,视线豁然开朗。后院空间开阔。楼房前放有石狮一对及石水槽,石狮生动形象,憨态可掬;水钵刻有人物景象。向西为一汉白玉石桥,桥北侧亦置石狮一对。石桥沟通南北两岸,南岸为竹林假山,竹林茂密葱郁,假山形态各异。南亭旁有石磨盘一座。池塘位于石桥西侧,太湖石岸堤,东北两侧置汉白玉栏杆,西侧与水榭亭台相接壤(图16-8)。

图16-8 附着物现状图

① 石桥、栏杆

石桥与栏杆现状见图16-9所示。描述略。

图16-9 石桥、栏杆现状图

② 假山

假山现状见图16-10所示。描述略。

图 16-10 假山现状图

③ 清代遗构

清代遗构见图 16-11 所示。描述略。

图 16-11 清代遗构现状图

4）迁建历史建筑的组成勘查辨识描述

详见本书第 7 章中 7.2 节"估价程序"，7.5 节"测绘与断代鉴定"。

5）传统风貌建筑的特殊价值描述（略）

6）重建成本法估价测算过程

异地迁移的建筑物价值＝(原址的合理收购价＋拆除费用＋运输费用＋重建费用＋其他税费等)×(1＋特殊影响因素调整系数)

下面是上海市某处传统风貌建筑案例。

▲ 建筑物价值计算

本次估价对象建筑物共有 6 幢，分别是楼房、南亭、水榭、曲廊、西亭和小阁，建筑面积为 519.86 m²。主体建筑由安徽黄山地区迁建，2007 年在现址重新修建。

经过注册房地产估价师、造价工程师及文物责任工程师认真查询资料、现场查勘、市场研究、反复验证、谨慎合理评估,采用分幢计算建筑物价值,汇总建筑物价值;然后房地产估价师根据多种方式合理确定综合成新率,以最终计算确定建筑物价值。

具体计算如下:

▲▲ 第一幢(二层楼房)的建筑物价值计算

楼房建筑面积 264.12 m²,主体结构为清中期皖南风格。楼房坐落于水池东部,砖木结构二层歇山建筑,明堂朝南。主体面阔三间,进深四界,前檐、左、右三面绕以廊轩。

1) 建筑物基本重建成本测算

(1) 价值时点的原址收购价测算

本次估价通过比较法测算估价对象建筑物的合理收购价,即选用价值时点的相同地区或相近地区的相同建筑风格的多个交易实例,与估价对象建筑物进行对比分析,得出估价对象建筑物的合理价格。由于估价对象与可比实例均属于历史建筑,影响因素较为复杂,本次估价通过定性分析来判断其合理价格。

① 可比实例的选择

可比实例的选择,是针对具体要求估价对象的条件,从众多的市场交易实例中选择符合条件的实例进行比较。选择实例时应符合下列具体条件:

a. 与估价对象属于相同地区或相似地区;

b. 与估价对象属于相同或相似的建筑风格;

c. 与估价对象属于相近或相似的建筑面积或建筑状况;

d. 与估价对象的价值时点接近。

② 估价对象与可比实例说明(表 16-7)

表 16-7 估价对象二层楼房与可比实例情况说明表

比较因素	估价对象楼房	可比实例1	可比实例2	可比实例3
建筑面积/m²	264.12	228.78	242.55	291.80
交易时间	2021年4月	2021年3月	2020年11月	2021年1月
交易价格(总价)/万元		210	200	260
交易价格(单价)/(元/m²)		9 179	8 246	8 910
建筑形式	楼阁(二层)	楼阁(三层)	楼阁(二层)	楼阁(二层)
历史时代	清中期	清后期(嘉庆十四年)	清晚期(同治)	清后期(道光)
建筑位置	安徽休宁	安徽屯溪	安徽歙县	安徽开化
建筑风格	皖南徽派建筑	皖南徽派建筑	皖南徽派建筑	皖南徽派建筑
主体结构	清水砖墙、硬杂木、抬梁构架、扁作雕花传统大漆	混水砖墙,纸筋灰抹面,杉木、抬梁构架、圆作局部檐口柱头、雕花传统大漆	青砖墙、斜方砖贴面勒脚杉木、抬梁构架、圆作局部檐口、柱头雕花传统大漆	青砖墙、硬杂木、抬梁构架、扁作雕花传统大漆
屋面形式	蝴蝶瓦、花边滴水、歇山式屋面	黏土筒瓦攒尖式重檐屋面	花黏土筒瓦、边滴水、歇山式屋面	黏土筒瓦、勾头滴水、歇山式屋面

续表 16-7

比较因素	估价对象楼房	可比实例 1	可比实例 2	可比实例 3
特色装饰	徽派石雕鼓凳、栏杆柱头鎏金、泥塑山花、龙形脊头等	花岗石鼓凳、窑制脊头等；不包含须弥座	花岗石鼓凳、窑制脊头等；不包含须弥座	徽派石雕鼓凳、泥塑山花、脊头等
地面装饰	实木地板、方砖地面	实木地板、方砖地面	实木地板、方砖地面	方砖地面
建筑照片详见附件				
其他				

③ 估价对象建筑物合理收购价的分析确定

估价对象楼房属于清中期建筑。估价团队未收集到近一年内皖南地区清中期的楼房交易实例，只收集到一些清后期与清晚期的楼房交易实例。故考虑先假定估价对象楼房为清后期建筑，通过现有实例比较得出比准价格，然后再通过特殊价值因素中的年代修正调整到清中期建筑的评估收购价格。

可比实例1：属于嘉庆十四年(1809)，清后期的前段，相比假定的估价对象清后期要略早。实例1源于屯溪，三层抬梁结构，嘉庆年间保存下来的三层楼房的数量相比二层楼房要少，重檐屋面等级高于歇山式屋面，圆作等级低于扁作，结构用材为杉木，优于估价对象；但装饰保存略差，特别是油漆部分，可比实例修缮时重新进行处理，估价对象仍部分保留原工艺。

可比实例2：属于清晚期(同治)建筑，有明显建筑年代差。实例2为歇山式屋面，与估价对象相似，造型更为轻盈，体现清晚时期作品特色；主体建筑整体显得更为协调大气，圆作等级低于扁作，结构用材为杉木，优于估价对象；木装饰略逊于估价对象。

可比实例3：属于清后期(道光)建筑，属于清后期的中段，相比假定的估价对象清后期基本一致。实例3为歇山式屋面，造型与估价对象较为相似；建筑主体结构、屋面、梁作与估价对象较为相似，木装饰相比估价对象也各有千秋，仅二层无廊，可比实例3与估价对象楼房的因素最为相似。

综合分析，可比实例1略优于估价对象楼房，可比实例2相比估价对象楼房有年代差，可比实例3与估价对象楼房较为相似。因此，估价师经询估价专家组，综合认为估价对象楼房(假设为清后期)单价为9 000元/m² 是合理的，建筑面积为264.12 m²，合计估价对象二层楼房总价为2 377 080元。

(2) 迁建建筑建筑设计、运储费测算

估价对象属于迁建建筑，为保证以旧建旧，需要专业的勘察设计，以保证迁建建筑能准确顺利地进行，保护性拆除、构配件包装费、短驳搬运费、长途运输费、保险费、装卸费、仓储费等(表16-8)。

表 16-8　楼房建筑设计运储费测算表

序号	项目名称	项目特征描述	计量单位	工程量	金额/元		备注
					综合单价	综合合价	
	楼房建筑设计运储费						
1	勘察设计	建筑勘察测绘、绘图	m²		略		

续表 16-8

序号	项目名称	项目特征描述	计量单位	工程量	金额/元			备注
					综合单价	综合合价	
2	保护性拆除	木构件保护性拆除,构件清理、编号、打包	m²				
3	短驳搬运费	木构件短驳搬运	项				
4	长途运输费	木构件长途运输	项				
5	保险费	木构件保险保价	项				
6	装卸费	木构件装卸	项				
7	仓储费	木构件仓储	项				
					小计	674 046.07	

(3) 迁建建筑修补保养费测算

估价对象属于迁建建筑,运输到新址后需要重新整修、搭建、增加补配的木构件,整体保养等(表 16-9)。

表 16-9 楼房建筑修补保养费测算表

序号	项目名称	项目特征描述	计量单位	工程量	金额/元			备注
					综合单价	综合合价	
	楼房建筑修补保养费								
1	整修费	木构件清理、整修	m²		略		
2	补配木构件	补配、替换木构件	m²				
3	试搭建	木构件试搭建及拆除	m²				
4	保养费	木构件防腐、防虫处理	m²				
					合计	940 267.20	

(4) 建筑整体安装工程费测算

迁建建筑试搭建、补配材料后,需要整体性安装,包括地基基础、石作工程、砖细工程、砌筑工程、木架构工程、屋面工程、油饰工程等,其中有部分工程属于新建工程。计算可参考"成本法"

(5) 建筑物基本重建成本测算

建筑物基本重建成本为价值时点的收购价、建筑设计费、运储费、建筑修补保养费与建筑整体安装工程费用的总和(表 16-10)。

表 16-10 楼房建筑物基本重建成本测算表

序号	分项	成本价值/元
1	二层楼房价值时点的合理收购价	2 377 080.00
2	建筑设计运储费	674 046.07
3	建筑修补保养费	940 267.20
4	建筑整体安装工程费用	2 517 591.84
5	建筑物基本重建成本	6 508 985.11

2）建筑物综合重建成本测算

建筑物综合重建成本一般包括：建筑基本重建成本（含安装工程费）、勘察设计费及前期工程费、基础设施配套费、公共配套设施建设费、人防易地建设费、管理费用、销售费用、财务费用（投资利息）、投资利润、税费等。

由于估价对象建筑未办理产权证，相关政府规费并未交纳；不进行销售，也不作为经营用房产生收益，由估价委托人自用；不是独立性用地，而是依附于工业厂区。估价专家组认为，本次估价中勘察设计费与前期工程费已经在建筑物迁建、重建费用中涵盖，不再重复计算；建筑物并未办理产属证书，因此不能计入基础设施配套费、公共配套设施建设费、人防易地建设费；由于是自用房，不用考虑销售费用、投资利润、税费等。因此，本次估价中估价对象建筑物仅发生管理费用、财务费用（投资利息）（表16-11）。

表16-11　楼房建筑物综合重建成本测算表

序号	项目	成本价值/元	公式	说明
1	建筑物基本重建成本	6 508 985.11		楼房
2	管理费用	195 269.55	基本重建成本的3%	管理费用是指企业为组织和管理房地产开发经营活动的必要支出，包括房地产开发企业的人员工资及福利费、办公费、差旅费等。由于本项目属于园林式历史建筑，管理成本较高，本次评估确定管理费用率取基本重建成本的3%
3	财务费用（投资利息）	291 635.08	公式计算	根据估价人员对类似估价对象工程的调查，应计息项目包括基本重建成本、管理费用。根据《建筑安装工程工期定额》（TY01-89—2016）规定，估价对象平均建设周期为1年，投资费用为均匀投入；利率采用一年期银行贷款基准利率即4.35%
	建筑物综合重建成本	6 995 889.74		上述1+2+3加总

3）成新率计算

（1）建筑物的理论成新率

建筑物折旧一般包括物理折旧、功能退化与外部退化（经济折旧）。功能退化是指建筑物在结构、材料或设计等方面的缺陷所引起的功能、效用和价值的减少。这种缺陷是相对于价值时点的最高最佳使用和效益-成本最优化而言的。本项目不承担居住、商业等功能，故本次估价不考虑功能折旧。外部退化是指房地产本身以外的各种消极因素所造成的价值减损。本项目作为园林景观设施，故本次估价不考虑外部折旧。

因此，本次估价的理论成新率计算公式为：

$$\text{理论成新率} = [1 - (1 - \text{残值率})\text{使用年限}/\text{耐用年限}] \times 100\%$$

估价对象为非生产性砖木结构建筑，砖木二等，残值率为4%。

根据估价委托人提供的资料和现场查勘。至价值时点2021年4月22日，本次估价对象二层楼房建筑结构为砖木结构，建筑物于2007年建成并投入使用，正常已使用年限为14年。但由于该建筑物自投入使用至价值时点期间，房屋使用者对房屋进行正常的维护、保养和加固，根据全国房地产估价师执业资格考试用书《房地产估价理论与方法》中相关内容,结合估价师实地查勘,认定有效使用年期为 14 年(表 16-12)。

表 16-12 项目理论成新率计算表

项目	子项	折旧率	年限	金额总值 /元
建筑物综合重建成本				
项目物理折旧	有效使用年期 /年		14	
	经济寿命(砖木结构) /年		50	
	残值率 /%	4		
理论成新率 /%				73.12

(2) 实际观察法判定查勘成新率

结合估价人员的现场查勘,二层楼房的建筑物勘查成新率编制测算如下(表 16-13):

表 16-13 现场勘查打分情况表

部分	名称	标准	实例状况	打分	合计	修正系数
结构部分	基础	25	稍有不均匀下沉,有足够承载能力	20	80	0.8
	承重构件	25	墙体有轻微裂痕;木架稍变形;下挠裂缝	20		
	非承重墙	15	表面稍有风化、细裂缝,勒脚有侵蚀	12		
	屋面	20	少量瓦片碎裂、风化、掉脚、出线、屋脊有松动	16		
	楼地面	15	轻度磨损、稍有裂缝、起砂、空鼓、缺损	12		
装修部分	门窗	25	少量变形,开关不灵,个别玻璃、五金残缺,油漆起皮	20	74	0.1
	外粉饰	20	稍有空鼓、裂缝、风化、剥落、勾缝酥松	16		
	内粉饰	20	稍有空鼓、裂缝、剥落	13		
	顶棚	20	无明显变形、面层稍有裂缝	13		
	细木装修	15	基本完好牢固,个别松动脱落,油漆失光	12		
设备部分	水卫	40	器具基本完好,上下水基本畅通,个别部件缺损	32	74	0.1
	电照	25	基本完好,无漏电现象,个别部件破损	20		
	暖气	35	稍有锈蚀、个别部件损坏,基本上能正常使用	22		
勘查成新率%						78.80

(3) 综合成新率的计算

本次估价采用两种方法综合确定建筑物成新率,采用加权平均法计算综合成新率,要求理论成新率权重取 0.4、勘查成新率权重取 0.6。

综合成新率 = 理论成新率 × 40% + 勘查成新率 × 60%
       = 73.12% × 40% + 78.80% × 60%
       = 76.53%

综上所述,本次估价确定二层楼房的建筑物综合成新率为 76.53%。

4) 第一幢(二层楼房)的建筑物价值计算

建筑物成本法积算价值的确定,如表 16-14 所示:

表 16-14 建筑物成本法积算价值明细表

序号	内容	明细
1	建筑面积 /m²	264.12
2	建筑物综合重建成本 /元	6 995 889.74
3	建筑物综合成新率 /%	76.53
4	建筑物积算价值 /元	5 353 954.42

▲▲ 第二幢(南亭)的建筑物价值计算

计算技术思路与第一幢相同,计算过程略。

▲▲ 第三幢(水榭)的建筑物价值计算

计算技术思路与第一幢相同,计算过程略。

▲▲ 第四幢(曲廊)的建筑物价值计算

计算技术思路与第一幢相同,计算过程略。

▲▲ 第五幢(西亭)的建筑物价值计算

计算技术思路与第一幢相同,计算过程略。

▲▲ 第六幢(二层小阁)的建筑物价值计算

计算技术思路与第一幢相同,计算过程略。

▲▲ 建筑物评估价值汇总

本次估价对象建筑物共有 6 幢,建筑面积为 519.86 m²,未办理建筑物产权证。经过造价工程师、文物责任工程师以及房地产估价师认真负责的查询资料、反复验证、谨慎合理评估,经估价专家组认定,计算得出估价对象建筑物总价值为11 531 965.42 元(表 16-15)。

表 16-15 估价对象传统建筑的建筑成本价值一览表

序号	幢号	建筑面积 /m²	综合重建成本总价 /元	成新率	积算价值 /元
1	楼房	264.12			5 353 954.42
2	南亭	10.40			314 135.58
3	水榭	88.58			2 392 790.41
4	曲廊	80.34			1 426 946.10
5	西亭	8.60			300 928.50
6	小阁	67.82			1 743 210.41
	合计	519.86			11 531 965.42

▲▲ 建筑物的特殊价值因素调整

根据估价结果报告中特殊价值因素的描述,可以看到,由于主体建筑均是迁建的历史建筑,存在历史价值、科学价值、艺术价值方面的特殊影响因素,对建筑物价值产生一定的影响。

(1) 通过专家组分析历史建筑本身的内涵特征、价值属性和影响因素等,编制历史价值因素、艺术价值因素、科学价值因素调整体系,并确定各指标基础权重范围。调整指标体系表略。

(2) 专家组与估价师根据德尔菲法的系数分值调整体系,针对估价对象建筑物历史文化方面的实际情况,综合确定各影响因子的综合调整指标(表 16-16)。

表 16-16　建筑物历史价值、艺术价值、科学价值因素情况说明表

因素项	因子项	历史建筑情况说明	调整指标/%	备注
历史价值因素	始建年代	经过判断,估价对象建筑属于皖南地区清中期遗构,但现有估算的收购价是假设为清后期,其中二层小楼是假设为清晚期,需要进行年代修正;由于二层小楼面积占整体建筑比例不大,需对六幢建筑进行年代综合判断	略	
	重要历史事件的关联度	估价委托人未提供相关资料,估价技术团队也未能调查出估价对象与历史事件的关系,故认为属于一般事件		
	重要或著名历史人物的关联度	估价委托人未提供相关资料,估价技术团队也未能调查出估价对象与历史人物的关系,故认为属于一般人物		
艺术价值因素	空间布局的艺术特征	估价对象在空间上不断追求变化,开合、收放、明暗、大小等方面交替运用,逐层转换,巧妙处理花街铺地、嵌贴壁饰、门窗装修、屋面翼角、桥廊小品、花台石凳等艺术形式,充分表达造园意匠,达到丰富景观的效果		
	建筑风格(整体造型)的艺术特征	建筑吸收了中国传统古建筑风格精华,辅之现代材料,将传统古建造型装饰进行大胆设计,运用大空间的设计手法,建筑比例和谐,不失古建造型之美,满足生活审美的需求		
	细部工艺的艺术特征	木雕和砖雕的作品较为缺乏,使得估价对象建筑整体装饰方面略显单一;彩画充分考虑建筑各部分的色彩布局相互统一协调,主要采用了人物山水、花鸟虫鱼的苏式彩画风格,彩画外形美观优雅,图案纹饰、色彩应用、构图布局独具匠心,艺术风格考究		
	历史环境要素的艺术特征	园内建筑轻盈空透,翼角高翘,多使用花窗、月洞等,空间层次变化多样;植物配置以落叶树为主,兼配以常绿树;整体建筑色彩崇尚淡雅,粉墙青瓦,赭色木构,有水墨渲染的清新格调		
科学价值因素	完整性	估价对象并未严格遵循传统建筑"方正"空间法则,而是采取拓扑型的空间布局,将建筑与园林紧密结合,尺度适宜,有机安排,形成了依水顺势而建的非对称庭院格局,具有较强的空间设计科学合理性。		
	建筑实体的科学合理性	在建筑尺度和体量的把握方面,估价对象充分考虑了功能使用适宜的人体尺度感;在尊重传统做法的比例关系的基础上,进行合适放放,把外部环境结合地势地形观赏点的角度超过 60°;估价对象建筑单体在尺度上略有放大,略显宽阔		
	建筑材料的合理性或独特性	大屋顶和"厚重"台基相呼应显得凝重而质朴,搭配小木作或用木格栅门窗,雀替挂落或彩画灰塑,勾勒出优美柔和的轮廓,呈现着传统建筑结构与装修风格,显现一定的科学性		
	施工工艺水平	坚持营造技法,中国传统建筑中的木构架,梁柱檩椽、雀替、美人靠的建筑元素都体现出了中国建筑特征和高超的营造技法。项目中也采用了一些建筑营造技术如榫卯衔接的方式,具备一定的科学合理性		
小计			22	

(3) 影响建筑物的特殊价值因素调整值计算

通过分析估价对象的历史价值因素、艺术价值因素、科学价值因素等,编制因素修正表,得出估价对象建筑物的特殊文化因素调整指标;计算得出建筑物价值结果(表 16-17)。

表 16-17 建筑物的特殊价值因素调整计算结果表

项目	调整比例/%	金额/元
建筑物价值	—	11 531 965.42
历史价值因素调整		
艺术价值因素调整		
科学价值因素调整		
调整值合计	22	2 537 032.39
调整后建筑物价值		14 068 997.81

▲ 历史环境要素(附属物)价值计算

本次估价范围的历史环境要素(附属物)为假山、铺地、围墙、门洞、石桥、水池、石栏杆、部分摆件等。其中假山、石桥、石栏杆、摆件中的石狮、石水钵、石磨盘为清代遗构,为安徽迁建的历史环境要素(附属物)。历史环境要素(附属物)价值计算采用价值时点的历史环境要素(附属物)原件收购价,加上专业拆除、运输保险以及重建费用等。对于铺地、围墙、门洞、水池等新建历史环境要素(附属物)采用材料、建造技术、人工、工程建造等成本法计算方式;最后,计算历史环境要素(附属物)的综合成新率,得出估价对象历史环境要素(附属物)的合理成本价值。参照建筑物价值计算,过程略。估价对象历史环境要素(附属物)的价值计算结果为:4 226 816.95 元。

▲ 影响估价对象综合价值的特殊价值因素调整

根据估价报告中特殊价值因素的描述,可以看到环境价值、稀缺性(社会价值)、文化价值因素等直接作用于估价对象传统建筑及历史环境要素(附属物)结合形成的整体传统风貌建筑,故上述特殊价值因素应基于估价对象综合价值进行调整更为合理。

▲▲ 估价对象综合总价值(表 16-18)

表 16-18 估价对象综合价值汇总表

项目	总价/元
建筑物部分	14 068 997.81
历史环境要素(附属物)部分	4 226 816.95
合计	18 295 814.76

▲▲ 特殊价值因素调整

(1) 运用德尔菲法,专家组为影响估价对象的特殊环境社会文化价值因素各指标的基础权重进行打分,确定其调整范围。

(2) 通过专家组分析历史建筑本身的内涵特征、价值属性和影响因素等,编制环境价值因素、稀缺性(社会)价值因素、文化价值因素调整体系,并确定各指标基础权重范围。表格略。

(3) 专家组与估价师根据上述调查报告的结果以及结合德尔菲法(专家打分法)的系数分值修正体系,针对估价对象的环境社会文化价值因素方面的实际情况,综合确定各影响因子的修正指标(表 16-19)。

表 16-19 环境价值、社会价值、文化价值因素情况说明表

因素项	因子项	情况说明	调整指标/%	备注
环境价值因素	历史地段区位	位于工业区中心,周边均为工业厂房	略	
	与周边环境的协调性	周边建筑大都为工业建筑,以普通或仿欧式建筑作为主要建筑立面,传统建筑风貌显得较为突兀		
	内部环境景观配置	整个园林景观既得传统风水理念,也有现代园林设计,兼收并蓄;汲取传统智慧营养,完善其总体结构;无论是在小气候上还是在地理条件上,注重人与自然的有机联系、整体性的协调协同关系,在传统文化上被认为是选址的"吉地",是较为理想的人居环境所在		
稀缺性(社会价值)因素	稀缺程度(存世量)	估价对象建筑的特殊构件、材料与装饰从安徽黄山休宁地区收购而来,这些结构、木花门、镂空木窗等不仅是一种物品,更是一种历史传承,具有独特的文化信息;这种真实完整、带有生活气息的传统历史建筑使得自身得到了持久的认同,具有稀缺性;估价对象有着明显的皖南徽州传统风貌建筑特征,区别于传统的江南苏式建筑,尤其在上海区域,展示了独有的建筑风貌和特点,具备一定的稀缺性		
文化价值因素	真实性	估价对象建筑属于迁建历史建筑;新补配及新建的构件及部位占比不足20%,不影响原件价值,真实性程度较高		
	反映文化传承特色	通过清中期皖南建筑、装饰风格来表现出特有的文化意象与情趣,寓意丰富,寄托了对生活的美好寄望。		
小计			14	

(4) 计算特殊的环境社会文化价值因素调整值

通过分析历史建筑本身的特殊环境社会文化价值因素,编制因素调整体系,并确定各指标基础权重范围。根据估价对象建筑物本身的社会文化价值因素,综合确定相关的调整指标,将估价对象综合价值与调整指标结合得出社会文化价值因素值(表 16-20)。

表 16-20 特殊的环境社会文化价值因素计算结果表

项目	调整比例	金额/元
估价对象综合价值	—	18 295 814.76
环境价值因素调整		
稀缺性(社会价值)因素		
文化价值因素调整		
特殊社会文化价值因素值		
修正后的估价对象价值		20 857 228.82

▲ 重建成本法计算结论

上述计算过程已经取得建筑物[历史环境要素(附属物)]重建成本、特殊价值因素修正等,重建成本法估算结果详见表 16-21。因此,综合考虑估价方法计算结果和咨询专家组意见,最后确定在价值时点 2021 年 4 月 22 日现状条件下的上海市闵行区某处历史建筑的评估价值为 2 207.08 万元。

表 16-21　重建成本法工作表

项目	大项	子项	调整指标/%	总价金额/元
建筑物价值	建筑物综合成本			
	特殊价值因素修正	历史价值因素调整		
		艺术价值因素调整		
		科学价值因素调整		
	修正后的成本价值			14 068 997.81
历史环境要素(附属物)价值	历史环境要素(附属物)综合成本			
	特殊价值因素修正	历史价值因素调整		
		艺术价值因素调整		
		科学价值因素调整		
	修正后的成本价值			4 226 816.95
估价对象综合价值				18 295 814.76
特殊环境社会文化因素调整		环境价值因素调整		
		稀缺性因素调整		
		文化价值因素调整		
估价对象最终估价结果				20 857 228.82

16.3　破坏定损项目评估研究

上节讲述的是古建筑迁建,虽然大多数迁建活动未经过相关部门批准,但至少将这些建筑整体结构或主要构件保存遗留下来。而在城镇化快速推进中,由于一些不当行为、自然灾害以及人为破坏因素造成历史建筑的直接损坏、损毁甚至消失的情况屡有发生;特别是文物建筑,一旦损坏或灭失,都是无法挽回的巨大损失。因此,构建合理科学的历史建筑(特别是文物建筑)的定损评估技术体系尤为重要,为文物督察、文物行政执法、文物行政处罚等提供重要依据。

16.3.1　定损评估概述

1) 定损评估定义

定损评估最常见于机动车事故损害事件,简单说是指保险公司的定损人员对事故进行拍照,找出机动车的受损部位,确定更换或修理的零件,最终确认事故造成损失金额。近些年来,定损评估开始广泛应用于生态环境损害、知识产权侵权损害等领域。其中,生态环境损害鉴定评估是指鉴定评估机构对环境事件开展调查、分析,得出损害原因及损害范围,出具评估调查报告,为后续环境修复、环境损害赔偿、环境诉讼等提供专业性的依据❶。知识产权侵权损害评估是指侵权人非法侵害或使用权利人合法拥有的知识产权,对权利人造成的经济利益损失的评估❷。综合上述观点,定损评估就是确定评估对象遭受的损失程度以及经济利益损失金额。前者是损害鉴定,后者是经济利益损失评估。

文物建筑领域对于定损评估的观点主要有：

（1）北京国文信文物保护有限公司提出的文物建筑定损评估的观点是：针对因人为因素（擅自拆除或修缮,建设工程、专业方面的缺乏和不恰当行为的"保护性修缮",火灾、爆破、钻探、挖掘、采矿等作业、污染等行为对文物建筑本体造成的损坏或损毁）造成文物建筑残损程度（建筑结构和文物价值、经济损失）,按照一定的估价方法、标准、程序,开展评价、定级,为影响评估、行政决策提供依据❸。这个观点简单提到经济损失。

（2）滕磊等人提出文物建筑定损评估包括文物建筑结构损失评估和文物价值损失评估,并提出了相关评估的技术路线,以判断定损等级。但文章重点强调了经济定损,提出相关部门经济定损的做法和经验值得借鉴,并要通过深化研究,为人为破坏文物建筑行为提供经济处罚标准❹。文章并未对如何经济定损进行技术研究,但提出了相应论述,确定了经济损失的重要性。

（3）最高人民法院、最高人民检察院、国家文物局、公安部、海关总署关于印发《涉案文物鉴定评估管理办法》的通知（文物博发〔2018〕4号）："第十二条　不可移动文物鉴定评估内容包括：（一）确定疑似文物是否属于古文化遗址、古墓葬；（二）评估有关行为对文物造成的损毁程度；（三）评估有关行为对文物价值造成的影响；（四）其他需要鉴定评估的文物专门性问题。不可移动文物及其等级已经文物行政部门认定的,涉案文物鉴定评估机构不再对上述第一项内容进行鉴定评估。第十三条　涉案文物鉴定评估机构可以根据自身专业条件,并应办案机关的要求,对文物的经济价值进行评估"。分析《涉案文物鉴定评估管理办法》条文,其中第十二条中的第（一）点是确定鉴定评估范围；第（二）点是损毁程度鉴定；第（三）点是损毁对文物价值造成的影响；第十三条是确定其经济价值。

综上,历史建筑定损评估通常分为建筑及价值损害鉴定、经济价值损失评估两类。前者的结论是后者的依据。前者建议邀请专业文物鉴定人员进行文物建筑损害鉴定和出具鉴定报告,目前有《文物建筑保护工程鉴定规范》《古建筑木结构维护与加固技术规范》《近现代历史建筑结构安全性评估导则》等系列的相关技术规范；后者则是估价人员的职责,其评估技术规范有待研究。

---

❶　王宏巍,张嘉桐. 我国环境损害鉴定评估制度研究[J]. 大庆师范学院学报,2022,42(5)：57-65.
❷　刘剑桥,赵林,张懿. 知识产权侵权损害评估研究[J]. 中国资产评估,2022(10)：7.
❸　北京国文信文物保护有限公司. 文物建筑定损评估[EB/OL]. [2024-10-02]. http://www.guowenxin.com.cn/index.php?r=article/Content/index&content_id=106.
❹　滕磊,刘瑛楠. 文物建筑定损评估体系初探[J]. 中国文物科学研究,2018(3)：7.

2) 历史建筑损坏情况

(1) 完全损毁(或推定完全损毁)

完全损毁是指历史建筑物实际全部拆除或彻底损毁,导致建筑主要构件(如梁架、柱体、有价值的装饰等)完全丢弃、损坏或损毁,无法通过修复恢复原物的情况。

推定完全损毁是指历史建筑物虽未拆除或损毁,但属于无法恢复原状或无修复价值;如全部或大部分过火或水淹的建筑物,事实上无法使用、无法保存的情况。

完全损毁(推定完全损毁)对于历史建筑就是毁灭性的。准确说,即使原状重建,也只是属于新建建筑,原物的大部分特殊价值基本殆尽。

(2) 部分损坏

部分损坏是指建筑结构或构件受到一定程度损害,但通过更换等方式进行修复后,可以恢复原状。部分损坏对于历史建筑来说,关键是其特殊历史文化价值的损坏程度。例如某一历史建筑发生火灾,尚没有影响到建筑的整体结构功能,只对部分房屋结构产生影响,并没有危及建筑的整体稳定性;而部分损坏损毁的构件处于建筑较为重要部位,对建筑整体空间布局、造型、结构特色产生一定影响。

3) 损坏责任追究

自然灾害(不可抗力)导致的历史建筑损坏另当别论,主要是由于人为因素导致的损坏责任追究,包括行政、刑事、民事责任追究。其中民事责任主要是实际产生的经济利益损失赔偿;而刑事、行政责任则不然,是对破坏行为责任人的一种追加处罚行为。刑事责任追究依据《中华人民共和国刑法》规定;行政责任对自然人主要是追加罚款,对法人主要有罚款、暂停执业、吊销资质证书等处罚措施。

所以责任人的经济责任追究包括了经济利益损失赔偿和可能的追加性处罚两方面。因此,历史建筑定损评估内容同样应包括经济利益损失赔偿的价值依据以及可能的追加性处罚的价值依据两方面。

16.3.2 定损评估技术思路

1) 经济利益损失赔偿的价值评估

(1) 其他领域的经济利益损失赔偿价值评估

① 机动车领域。根据中国价格协会 2020 年 9 月发布的《交通事故车辆及财物损失价格鉴证评估技术规范》规定:交通事故车辆损失价格鉴证评估应遵循以下原则:(一)以修为主,更换为辅的原则。车辆的维修损失是指恢复车辆原有功能所需要的全部费用,价格鉴证评估过程中,在不影响安全和使用性能的前提下,应以修复为主,对于符合更换条件的应更换。(二)质量对等原则。经鉴定需要更换的配件应与原配件质量对等,即原来使用的进口配件应按进口配件的价格评估损失,原来使用的国产配件应按国产配件的价格评估损失。(三)相关性原则。事故车辆因修理过程中维修工艺的需要,需对未损坏零配件进行拆装,在评估过程中要考虑此项因素对价格鉴证评估结论的影响。(四)保证安全原则。指修复后的车辆能确保安全正常使用。在保证

修复后的车辆能确保安全正常使用的前提下,计算对车辆修复费用以及可能存在其他因素产生损失导致的成本费用。

② 知识产权领域。根据中国知识产权研究会制定的团体标准《知识产权侵权损害赔偿评估方法》(T/CIPS006—2023)中有此规定:知识产权侵权损失赔偿数额通常由以下三部分组成:第一,侵权人应当向权利人支付以填平其损失的补偿性赔偿数额;第二,权利人为制止侵权行为所支付的合理开支;第三,侵权人因承担惩罚性赔偿责任应当支付的惩罚性赔偿数额。第三条当然属于追加性处罚,而前两条则属于经济利益损失赔偿内容。具体包括:(一)按照权利人的实际损失确定赔偿数额;(二)权利人的实际损失难以确定时,按照侵权人的侵权获利确定赔偿数额;(三)权利人的实际损失和侵权人的侵权获利均难以计算的,参照许可使用费的合理倍数确定赔偿数额,即其计算依据应是损害成本或不当得利。

③ 生态环境领域。根据最高人民检察院和科技部、公安部、农业农村部等14个部门2022年联合印发了《生态环境损害赔偿管理规定》:生态环境损害赔偿范围包括:(一)生态环境受到损害至修复完成期间服务功能丧失导致的损失;(二)生态环境功能永久性损害造成的损失;(三)生态环境损害调查、鉴定评估等费用;(四)清除污染、修复生态环境费用;(五)防止损害的发生和扩大所支出的合理费用。赔偿范围包括了直接产生的损害与间接产生的损害。

综上可见,经济利益损失赔偿具体包括直接损坏导致的修复成本与间接影响损害。

(2) 可移动文物(古董)经济利益损失赔偿价值评估

可移动文物损失评估是指对文物古董的损坏或损失进行评估和鉴定,以确定其实际价值和赔偿金额的过程。文物古董损失评估的过程包括:

① 收集基本信息:收集文物古董的基本信息,包括年代、风格、材料、历史文化价值等;

② 损失范围的确认:通过对文物古董的损坏或灭失情况进行全面的鉴定和评估,确定文物损失的范围和程度;

③ 损坏鉴定方法的选择:根据文物古董类型、年代和损坏情况;

④ 选择适当的鉴定方法,如比较法、修复成本法等;

⑤ 目前文物古董市场上常见的赔偿方式:其一,可修复:如果古董可以被修复,让专家修复古董,费用由损坏者承担。其二,全部赔偿:如果古董无法修复,可以要求损坏者支付全额赔偿。赔偿金额应该是古董价值的几倍,以弥补古董的丢失造成的损失。其三,补充赔偿:如果古董可以被修复,但修复后可能产生历史文化价值损失,可以要求损坏者支付补充赔偿。也出现过要求支付精神损失的,法院一般不予支持。

(3) 历史建筑经济利益损失赔偿价值评估

滕磊博士提到构建文物建筑定损评估体系应从建筑结构、文物价值两方面入手❶，这点非常重要。由于文物建筑损害鉴定是经济利益损失评估的依据，因此在经济利益损失价值计算时，也应考虑由于建筑结构、文物价值这两方面的损失。其中，建筑结构的损失可列为直接损失，文物价值（或称特殊历史文化价值，与本书称呼对应）的损失可列为间接损失。

① 直接损失评估

对于历史建筑完全损毁（推定完全损毁），其损失是彻底的，对直接损失赔偿通常应按市场价值评估。但历史建筑有修复一说，相关法律法规也有明确要求限期改正或恢复原状。对于完全损毁对象，恢复原状是不可能的，最多是按原样重建。重建过程涉及的工程建造、人工、材料、机械、装饰等硬成本和设计、监理、管理等软成本，这些成本成为直接损失的计算基础。强调的是，成本也有两种情形，一是按重建成本；二是按重置成本，两者差别详见本书第9章"成本法的应用"相关说明。

对于历史建筑部分损坏，直接损失原则上应按修复成本计算，同样存在重建成本与重置成本的区别。

② 间接损失评估

2017年四川夹江地区发生一起佛像佛首被盗案，被盗佛首在刑事诉讼阶段被追回，但令人遗憾的是，佛首再也无法完整地密合在摩崖造像上，就算强行黏合，必须认定其行为造成文物价值损失。面对文物的损害责任认定难题，检察院委托四川某古玩艺术品鉴定机构对盗窃行为给佛像及整面崖壁造成的历史、科学、艺术价值损失出具鉴定报告。报告称，文物的价值应根据文物的时代、文物等级、所处地理位置、所处崖壁的整体环境、被盗佛首的损坏程度以及佛身的损坏程度等进行综合评估。被盗佛首与佛身已被分离破坏，由此造成了佛像的整体损坏与整面崖壁佛像群完整性的损坏，对整面崖壁的历史价值、艺术价值、科学价值均造成了巨大损失❷。这种损失就是滕磊博士提到的文物价值（特殊历史文化价值）损失。

本书第2章"历史建筑价值体系"中提到历史建筑之所以特殊主要是其存在特征信息传承。如2017《操作指南》第80条"理解遗产价值的能力取决于该价值信息来源的真实度或可信度。对历史上积累的，涉及文化遗产原始及发展变化的特征的信息来源的认识和理解，是评价真实性各方面的必要基础"，第84条"利用所有这些信息使我们对相关文化遗产在艺术、历史、社会和科学等特定领域的研究更加深入"。2015《中国准则》第43条提到了不提倡重建，就是避免按照当代人的理解去添加新的信息，尽量不做改变，保持真实性。

---

❶ 滕磊，刘瑛楠. 文物建筑定损评估体系初探[J]. 中国文物科学研究，2018(3): 7.

❷ 曹颖频，李敏，等. 四川夹江：公益诉讼督促加强摩崖造像文物保护[EB/OL]. (2023-09-28)[2024-10-02]. https://www.spp.gov.cn/zdgz/202309/t20230928_629591.shtml.

因此，按原样复建或大规模修复的历史建筑再如何相似，对应于原物而言，其特征信息的真实性一定是毁灭性损失；而真实性的损失必然会导致社会影响、文化传承等方面的负面效应；更不用说复建或修复过程中，施工人员对反映原物的艺术、科学价值等构件的修复不可能做到完全一致。因此，特殊历史文化价值损失是必然存在的，对于历史建筑定损评估而言，这部分损失必须考虑，否则在经济逻辑上就是漏项。

③ 经济利益的整体损失额评估

一般情况下，责任人是没有能力实施历史建筑的损坏修复或损毁重建，也就是说基本上要指定或待选有能力的单位代为恢复原状，所需费用由违法者承担。所以通常是由责任人支付历史建筑经济利益的整体损失价值金额，而非自行修复。

本书认为，完全损毁且不可修复的历史建筑经济利益整体损失额应按市场价值计算；完全损毁但重建的历史建筑的经济利益整体损失额应按重建的成本费用加上特殊文化价值损失计算；部分损坏且能修复的历史建筑经济利益整体损失额应按修复的成本费用加上特殊文化价值损失计算。

2）追加性处罚的价值评估

按照《文物保护法》第六十六条规定：涉及不可移动文物，"尚不构成犯罪的，由县级以上人民政府文物主管部门责令改正，造成严重后果的，处五万元以上五十万元以下的罚款；情节严重的，由原发证机关吊销资质证书。"《文物保护法实施条例》也有类似条款。但也看到，目前国家法律处罚金额上限仅有五十万元，而在当前的房地产市场形势下，这个数额显然很难起到以儆效尤的作用。

于是一些地方通过行政手段来加强处罚力度。

① 《杭州市历史文化街区和历史建筑保护条例》规定：在历史文化街区、历史建筑的保护范围内进行建设活动的，由市、县（市）城乡规划主管部门责令停止违法行为、限期恢复原状或者采取其他补救措施；有违法所得的，没收违法所得；造成严重后果的，对单位并处五十万元以上一百万元以下的罚款，对个人并处五万元以上十万元以下的罚款。

② 《北京历史文化名城保护条例》第七十三条规定：违反本条例第二十四条第二款、第四十九条第一款规定，损坏、擅自迁移、拆除历史建筑或者预先保护对象的，由规划和自然资源主管部门责令限期恢复原状，对单位处十万元以上二十万元以下罚款，对个人处五万元以上十万元以下罚款；逾期不恢复原状的，指定有能力的单位代为恢复原状，所需费用由违法者承担，对单位处二十万元以上五十万元以下罚款，对个人处十万元以上二十万元以下罚款；无法恢复原状的，处历史建筑或者预先保护对象重置价三倍至五倍罚款。

③ 《上海市历史风貌区和优秀历史建筑保护条例》第四十五条规定："违反本条例规定，擅自迁移优秀历史建筑的，由市规划资源管理部门责令其限期改正或者恢复原状，并可以处该优秀历史建筑重置价一到三倍的罚款。违反本条例规定，擅自拆除优秀历史建筑的，由市房屋管理部门或者区房屋管理部门责令其限期改正或者恢复原

状,并可以处该优秀历史建筑重置价三到五倍的罚款。"

问题是北京、上海的保护条例中的这个重置价指的是直接损失赔偿还是经济利益的整体损失?从立法本义、司法判例以及经济逻辑上看,重置价应指经济利益的整体损失额显得更加全面合理,才能体现历史建筑(文物建筑)的特殊性,起到相应的警示作用。

3) 特殊历史文化价值损失评估技术思路

本书认为,历史建筑定损评估中对于特殊历史文化价值损失评估至少可以按两种技术思路进行:一是按修复前后的价值差异计算;二是间接损失额按直接损失额的一定比例计算。

第一种按修复前后的价值差异计算的技术思路相对简单,即是将对修复前后的历史建筑经济价值分别进行估价,取其差值。这个技术思路参照了受损严重的机动车定损的估价方法。优点是技术上容易操作,难点是能否准确计算出修复前后的历史建筑经济价值。

第二种是参照了本书介绍的估价方法技术思路,其特殊价值调整基本上都是按某个基数值进行计算的。故本书重点分析第二种技术思路。

第二种技术思路采用的估价方法是成本法,是基于历史建筑复建或修复的成本为基数进行赋值调整。

(1) 历史建筑复建。按重置成本考虑,即采用价值时点的建筑材料、建筑构配件、建筑设备和建筑技术等,按照价值时点时的价格水平,重新建造与估价对象建筑原本式样相同的建筑物,需要支付的成本费用。

这种情形下,历史建筑的特殊文化价值损失主要是反映出历史建筑原物与复建后建筑在历史文化等特殊价值方面的差异。

特殊价值因素包括历史、科学、艺术、环境、社会和文化价值以及使用价值、保护限制条件等。相对于正常估价,特殊因子部分要考虑得更全面一些。调整系数建议由专家组运用数学模型进行综合考虑。

① 历史价值(表 16-22)

表 16-22 历史价值因素因子表

基本层	指标层	调整系数区间
历史价值	始建年代	
	与重要历史事件、历史人物的关联性	
	反映建筑风格与元素的历史特征与演变	
	反映当时社会发展水平	

说明:重建的毕竟是新建筑。对与原本历史事件或人物的关联性虽然不算终结,但不是原物,在历史延续上有了断档,其影响需要考虑;由于建筑物重建,所有的历史痕迹信息不复存在,反映建筑风格与元素的历史特征与演变一定会受影响。

② 科学价值(表 16-23)

表 16-23 科学价值因素因子表

基本层	指标层	调整系数区间
科学价值	建筑风格	
	建筑规模	
	建筑结构	
	建筑布局	
	建筑材料	
	装饰装修	
保存情况	完整性	
建筑技术	建筑实体的科学性	
	施工工艺水平	

说明:按原状重建,建筑风格、规模、结构、布局等方面影响较小,但由于是重置成本,材料、装饰装修、实体科学性,特别是施工工艺水平方面,影响相对大一些。

③ 艺术价值(表 16-24)

表 16-24 艺术价值因素因子表

基本层	指标层	调整系数区间
艺术价值	空间布局艺术特征	
	建筑实体造型的艺术特征	
	建筑构件的艺术特征	
	建筑装饰的艺术特征	
	历史环境要素的艺术特征	

说明:虽说要求按原状重建,但造型艺术、装饰艺术等与原物保持一致事实上是不可能的,所以还是需要一定的调整来体现其差异性,只是幅度问题。

④ 环境价值(表 16-25)

表 16-37 环境价值因素因子表

基本层	指标层	调整系数区间
环境价值	地段区位(是否位于历史地段)	
	建筑与周边生态环境的协调性	
	内部环境的协调性	

说明:原地原址复建,外部环境的影响这方面可能会小一些,但不能排除一幢新建筑(就算外立面做旧)在历史地段的负面影响,需要体现出其差异性。如果新建的建筑与花园的空间布局与协调性等方面与原物不一样或不够协调,则需要重点调整体现。

⑤ 社会价值(表 16-26)

表 16-26　社会价值因素因子表

基本层	指标层	调整系数区间
社会价值	稀缺性	
	教育旅游功能	
	保护等级影响	
	社会知名度(影响力)	

说明：对于破坏重建,是否会由于本次事件造成的社会影响,这个需要一定调查,如果宣传范围不大,影响较小。如果复建后,没有改变保护等级,那么其调整值相对小一些；但如果保护等级有变化,如降级甚至取消保护等级,那就要进行重点调整。

⑥ 文化价值(表 16-27)

表 16-27　文化价值因素因子表

基本层	指标层	调整系数区间
文化价值	真实性	
	反映文化传承特色	

说明：调整最大的因素一定是真实性。历史建筑可以复建,但原物已经无法挽回。复建的建筑材料也不是原物或原时代的,真实性的影响就更大。对于正常的历史建筑,真实性越差,应进行减分。而定损评估就是体现出原物建筑与复建建筑的特殊价值差异,那么真实性越差,差异值越大。同时还需要考虑本次重建行为对于原有建筑所反映的文化传承是否有影响,即是否能够让民众认为文化传承能够延续下去。

⑦ 特殊使用价值(可利用性)(表 19-28)

表 16-28　使用价值因素因子表

基本层	指标层	调整系数区间
特殊使用价值（可利用性）	保存状况	
	修缮维护情况	
	使用情况	

说明：由于复建,这个因素影响较小。

⑧ 保护限制(表 16-29)

表 16-29　保护限制因素因子表

基本层	指标层	调整系数区间
保护限制条件	环境风貌限制	
	建筑实体保护限制	
	产权与使用限制	

说明：如果复建后，没有改变保护限制条件，那么其调整值相对小一些，但如果有变化，那就要进行重点调整。

(2) 历史建筑复建。按重建成本，即采用与历史建筑相同或相似的建筑与装饰装修材料、建筑构配件及建筑技术工艺，还原所有的建筑细节，在价值时点的国家财税制度和市场价格体系下，与估价对象建筑原本式样相同的建筑物，需要支付的成本费用。

相对于重置成本，重建成本在材料、装饰装修、施工工艺与原物保持一致时，这些因素因子的调整幅度相对弱化。但只要是复建，真实性、历史特征等问题依然存在。

(3) 历史建筑部分修复。同样存在采用重建成本还是重置成本的情况，文物保护领域通常要求部分修复的项目应采用重建成本。部分修复主要是要调查修复部位与程度，以及其对特殊文化价值的影响，需要具体情况具体分析。例如装饰木雕损坏，重新修补也存在艺术价值的影响；如果只是部分次要构件损坏更换，影响可几乎不计。

16.3.3 定损评估的实证研究

1) 综述

(1) 估价对象

① 位置：上海静安区某民国建筑（花园洋房）。

② 保护等级：四类优秀历史建筑。

③ 面积：土地面积 509 m²，建筑面积 316.50 m²。

④ 用途：住宅。

(2) 估价目的

损毁历史建筑，定损评估，为政府行政处罚提供依据。

(3) 价值时点

2017 年 6 月 13 日。

(4) 估价方法

重置成本法调整。

2) 估价对象简述

估价对象为上海某独栋花园住宅，四面临空，带有独立院落，四周围墙封闭。根据相关资料，估价对象建筑物位于院落内中北部，砖木结构，多坡红瓦屋面，三角形山墙露木构架。建筑物南侧有大花园，北侧有后花园。建筑物具体状况描述略。

估价对象于 1999 年被列为上海市第三批优秀历史保护建筑。其保护类别为四类，保护要求为"东立面、南立面、西立面、现存的清水砖外墙必须保留、进行结构维护、完善配套设施，进行周边环境整治、拆除违章搭建"。

估价对象坐落于浦西的外滩、老城厢以及估价对象所在的衡山路-复兴路区域。衡山路复兴路历史文化风貌保护区（简称衡复风貌保护区）是上海首批以立法形式认定和保护的 12 个历史文化风貌保护区之一。衡山路复兴路历史风貌区形成于 20 世纪上半叶，总面积 7.66 km²，衡山路-复兴路区域为原法租界所在，特色建筑聚集，拥有深厚的历史人文底蕴,是上海中心城内规模最大、优秀历史建筑数量最多的历史文化风貌区,体现了上海近代居住和公共活动场所的风貌特征,是上海城市文脉的发源地和承载区(图16-12)。

图16-12　估价对象建筑原物照片

估价对象老洋房被业主私自拆除。在老洋房原址上,立起了一座金属混凝土结构的未完成建筑物。当地政府成立专项工作组,针对违法行为人擅自拆除老洋房的违法行为进行调查,并决定对违法行为人予以行政处罚。处罚结论为指定有能力的单位限期代为恢复原状,所需费用由违法行为人承担;并处以罚款,罚款金额按该处优秀历史建筑重置价的五倍的罚款计。

本项目的难点是合理计算该处优秀历史建筑重置价。正如前述分析,此处的重置价不仅包含重建历史建筑的重置成本,还应包含由于损毁行为导致特殊历史文化价值的损失。

3) 成本法计算

本次估价对象为历史建筑房地产综合体,非历史遗址亦非建(构)筑物的艺术性与科学性为主要特色,因此宜采用成本法。

重置价 = 重建历史建筑的重置成本 × (1 + 特殊文化价值损失调整系数)

成本法的具体计算技术过程如下:

(1) 历史建筑重置成本估算

由于是限期,故很难在短时间内找到与估价对象历史建筑相同或相似的建筑与装饰装修材料、建筑构配件及建筑技术工艺等,因此要求是用重置成本。经过估价师、造价工程师和文物责任工程师等认真负责地查询资料、现场查勘、市场研究、反复验证、谨慎合理评估,先计算各分部建筑物价值,然后汇总建筑物价值,最后估价师最终计算确定建筑物重置成本价值(计算过程略,可参考成本法)。估价对象历史建筑属于损毁复建,不存在交易,故不计销售交易的税费;也不需要另行发证,相关税费也不计。

历史建筑综合重置成本计算结果为 4 801 092.95 元(合 480 万元)。

(2) 特殊历史文化价值损失调整

对于本次特殊历史文化价值损失调整,估价师组织专家组进行了德尔菲法(专家意见法)的方式确定因素及修正值。商议确定了特殊历史文化价值损失调整系数表(表 16-30)。专家分别针对初拟的各因素因子对重置价的影响程度及调整系数(百分比)进行判断,总结归纳出适当的影响因素因子。

需要注意的是,本次各因素因子的影响程度和修正幅度主要是反映恢复重建后的建筑与原有历史建筑的差异程度(不同于历史建筑与普通建筑的差异)来进行考量,如觉得无差异的修正系数为 0,差异大的修正因素越大,反之越小。

表 16-30 特殊历史文化价值损失调整系数表

基本层	指标层	影响程度	调整系数
历史价值	始建年代	□大 □中 □小 □无	
	与重要历史事件、历史人物的关联性	□大 □中 □小 □无	
	反映建筑风格与元素的历史特征与演变	□大 □中 □小 □无	
	反映当时社会发展水平	□大 □中 □小 □无	
科学价值	建筑风格	□大 □中 □小 □无	
	建筑规模	□大 □中 □小 □无	
	建筑结构	□大 □中 □小 □无	
	建筑布局	□大 □中 □小 □无	
	建筑材料	□大 □中 □小 □无	
	装饰装修	□大 □中 □小 □无	
	完整性	□大 □中 □小 □无	
	建筑实体的科学性	□大 □中 □小 □无	
	施工工艺水平	□大 □中 □小 □无	
艺术价值	空间布局艺术特征	□大 □中 □小 □无	
	建筑实体造型的艺术特征	□大 □中 □小 □无	
	建筑构件的艺术特征	□大 □中 □小 □无	
	建筑装饰的艺术特征	□大 □中 □小 □无	
	历史环境要素的艺术特征	□大 □中 □小 □无	
环境价值	地段区位(是否位于历史地段)	□大 □中 □小 □无	
	建筑与周边生态环境的协调性	□大 □中 □小 □无	
	内部环境的协调性	□大 □中 □小 □无	
社会价值	稀缺性	□大 □中 □小 □无	
	教育旅游功能	□大 □中 □小 □无	
	保护等级影响	□大 □中 □小 □无	
	社会知名度(影响力)	□大 □中 □小 □无	
文化价值	真实性	□大 □中 □小 □无	
	反映文化传承特色	□大 □中 □小 □无	

续表 16-30

基本层	指标层	影响程度				调整系数
特殊使用价值（可利用性）	保存状况	□大	□中	□小	□无	
	修缮维护情况	□大	□中	□小	□无	
	使用情况	□大	□中	□小	□无	
保护限制条件	环境风貌限制	□大	□中	□小	□无	
	建筑实体保护限制	□大	□中	□小	□无	
	产权与使用限制	□大	□中	□小	□无	

经过多轮征询,最后专家组意见为:

① 历史价值

估价对象原物由国际著名建筑设计师邬达克设计,其所属建筑群是邬达克洋行成立后承接的第一个项目。由于重建是新建筑,与原本历史人物的关联性在历史延续上有了断档,其影响程度中;所有的历史痕迹信息不复存在,反映建筑风格与元素的历史特征与演变影响程度大。

② 科学价值

由于复建采用重置成本,其建筑材料、装饰装修、实体科学性、施工工艺水平等方面的影响程度大。

③ 艺术价值

虽按原状重建,但在造型艺术、装饰艺术等方面有影响,影响程度中。

④ 环境价值

由于是原地原址原状复建,环境价值影响程度无。

⑤ 社会价值

对于本次损毁事件,相关媒体进行了跟踪报道,造成的社会影响程度大;复建后,保护等级没有改变,影响程度无。

⑥ 文化价值

历史建筑可以复建,但原物已经无法挽回,真实性影响程度大;原有建筑所反映的文化传承影响程度中。

⑦ 特殊使用价值(可利用性)

原状复建,使用价值的影响程度无。

⑧ 保护限制

复建后,保护限制条件没有改变,影响程度无。

经过多轮调整,最终特殊历史文化价值损失调整系数为 27%。

(3) 结论

重置价 = 重建历史建筑的重置成本 × (1 + 特殊历史文化价值损失调整系数)
 = 480 万 × (1 + 27%)
 = 610 万

最后得出本次估价对象重置价为 610 万。

17 估价报告主要内容

历史建筑本质上属于不动产(房地产),历史建筑估价报告也应遵循《房地产估价规范》(GB/T 50291—2015)及相关估价技术规范的格式要求;历史建筑用地估价报告应遵循《城镇土地估价规程》(GB/T 18508—2014)及其他土地估价技术规范的格式要求。本章主要研究历史建筑估价报告主要内容。

17.1 历史建筑估价报告主要内容

17.1.1 一般性内容

(1) 封面:估价报告名称宜为"历史建筑房地产估价报告",包括估价结果报告和估价技术报告。

(2) 致委托人函。

(3) 目录。

(4) 估价师声明。

(5) 估价假设和限制条件。

(6) 房地产估价结果报告。

(7) 房地产估价技术报告。

(8) 附件。

17.1.2 特殊性内容

除《房地产估价规范》(GB/T 50291—2015)规定的房地产估价报告一般性内容之外,还需包括下列内容:

(1) 历史建筑的基本情况说明,包括估价对象财产范围、用途、面积、保护等级、根据估价目的设定的价值类型等。

(2) 历史建筑的权益状况、实物状况、区位状况,详见18.2节。

(3) 历史建筑特殊影响因素的描述分析,包括历史沿革、建筑特征、艺术美感、环境风貌、社会认知、文化传承、保存修复修缮维修改善状况、使用现状、保护限制条件等描述,以及特殊因素对历史建筑经济价值的影响分析等,详见17.3节。

(4) 当地历史建筑相关政策、市场背景、社会影响的描述与分析。

(5) 需要特别注明的估价假设与限制条件,说明对估价结果可能产生的影响。

(6) 估价方法适用性分析、估价测算过程以及特殊影响因素调整测算等。

(7) 估价对象历史建筑的权属证明、测绘、内外部状况照片、保护等级和相关资料等,列入估价报告附件。

(8) 由相应专业机构或专家出具的鉴定、检测、测量、造价等专业意见作为估价依据,列入估价报告附件。

(9) 参与估价对象历史建筑估价的相关技术专家名单,列入估价报告附件。

(10) 其他与本估价报告有关的资料与说明。

17.1.3 估价结果报告的注意事项

除正常房地产估价结果报告的内容要求外,历史建筑的估价结果报告还应关注下列内容:

(1) 估价目的,应说明估价委托人对估价报告的预期用途,或估价是为了满足估价委托人的何种需要。估价目的应具体对应历史建筑的保护、利用、处置行为。

(2) 估价对象,除说明历史建筑的一般状况外,还应充分说明历史建筑的各项特殊因素。

(3) 价值时点,应说明所评估的历史建筑价值对应的时间及其确定的简要理由。

(4) 价值类型,应说明所评估的估价对象价值或价格的名称、定义或内容。

(5) 估价原则,应根据估价目的和价值类型选取适用的估价原则。当历史建筑为现状使用时,可不列举最高最佳使用原则。

(6) 估价依据,除符合房地产估价所要求的一般依据外,还应包括对历史建筑估价所涉及的专门依据,如保护等级、限制措施等的依据。

当估价委托人无法完整提供所有情况和资料,或提供情况和资料的真实性、合法性和完整性可能存在异议,导致无法估价或者影响估价结果的,房地产估价师应保持必要的谨慎,对估价对象历史建筑进行充分判断后,认为可以接受委托的,应在估价报告"估价假设和限制条件"的"依据不足假设"中说明因缺少估价所必需的资料可能影响估价结果的风险。估价委托人应书面说明要求可以根据现有资料进行估价。估价委托人出具的书面说明作为估价报告的附件。

(7) 估价结果,历史建筑群的结果列示、房地价值需要分别列示时的结果列示、含有其他财产时的结果列示。

(8) 估价报告有效期,原则上为出具报告之后的一年内有效。如估价委托人另有要求的,可与房地产估价机构与房地产估价师商议设定,并在估价委托书中予以确认。

17.1.4 估价技术报告的注意事项

除正常房地产估价技术报告的内容要求外,历史建筑的估价技术报告还应关注下列内容:

（1）估价对象描述与分析，除一般性的描述分析以外，还应有针对性地对历史建筑的特殊影响因素进行较详细说明、分析。

历史建筑特殊影响因素的描述分析包括历史沿革、建筑特征、艺术美感、环境风貌、社会认知、文化传承、保存修复修缮维修改善状况、使用现状、保护限制条件等描述，以及特殊因素对历史建筑经济价值的影响描述分析等。

（2）市场背景描述与分析，应简要说明估价对象所在地区的经济社会发展状况和房地产市场总体状况，并应有针对性地较详细说明、分析过去、现在和可预见的未来同类房地产的市场状况，包括（针对历史建筑）当地历史建筑相关政策、市场背景、社会影响等的描述与分析。

（3）估价对象最高最佳利用分析，应说明本次估价是否以估价对象的最高最佳利用状况为估价前提。当以估价对象的最高最佳利用状况为估价前提时，应有针对性地较详细分析、说明估价对象的最高最佳利用状况。当根据估价目的不以最高最佳利用状况为估价前提时，可不进行估价对象最高最佳利用分析，但应当对其现状利用的原因、合理性等进行说明和分析。

（4）估价测算过程，应详细说明所选用的估价方法的测算步骤、计算公式和计算过程，以及其中的估价基础数据和估价参数的来源或确定依据等，特别是历史建筑特殊影响因素部分的估价测算过程，以及特殊影响因素调整测算等。

（5）估价结果确定，应说明不同估价方法的测算结果和最终评估价值，并应详细说明最终评估价值确定的方法和理由。

17.1.5　估价报告附件的注意事项

除正常估价报告要求的附件外，历史建筑的估价报告附件还应包括下列内容：

（1）估价对象实地查勘情况和相关照片，应说明对估价对象进行了实地查勘及进行实地查勘的注册房地产估价师。因《房地产估价规范》（GB/T 50291—2015）第3.0.8条规定的情形未能进入估价对象内部进行实地查勘的，应说明未进入估价对象内部进行实地查勘及其具体原因。相关照片应包括估价对象的内部状况、外部状况和周围环境状况的照片。因《房地产估价规范》（GB/T 50291—2015）第3.0.8条规定的情形未能进入估价对象内部进行实地查勘的，可不包括估价对象的内部状况照片。

（2）估价对象权属证明复印件。当估价委托人不是估价对象权利人且估价报告为非鉴证性估价报告时，可不包括估价对象权属证明复印件，但应说明无估价对象权属证明复印件的具体原因，并将估价对象权益状况作为估价假设中的依据不足假设在估价报告中说明。

（3）估价对象法定优先受偿款调查情况，应说明对估价对象法定优先受偿权设立情况及相应的法定优先受偿款进行了调查，并应提供反映估价对象法定优先受偿款的资料。当不是房地产抵押估价报告时，可不包括该情况。

（4）可比实例位置图和外观照片。当未采用比较法进行估价时，可不包括该图和照片。

（5）专业帮助情况和相关专业意见，应符合下列规定：

① 当有《房地产估价规范》（GB/T 50291—2015）第 3.0.9 条规定的情形时，应说明有专业帮助，并应说明专业帮助的内容及提供专业帮助的专家或单位的姓名或名称、相关资格、职称或资质。

② 当有《房地产估价规范》（GB/T 50291—2015）第 3.0.10 条规定的情形时，应提供相关专业意见复印件，并应说明出具相关专业意见的专业机构或专家的名称或姓名、相关资质或资格、职称。

（6）估价对象历史建筑的权属证明、测绘、内外部状况照片、保护等级和相关资料等，列入估价报告附件。

（7）由相应专业机构或专家出具的鉴定、检测、测量、造价等专业意见作为估价依据，列入估价报告附件。

（8）参与估价对象历史建筑估价的相关技术专家名单，列入估价报告附件。

（9）其他与本估价报告有关的资料与说明。

（10）估价所依据的其他文件资料。

17.2 估价对象房地产状况说明

历史建筑的状况可分为权益状况、实物状况、区位状况和特殊状况等方面。除《房地产估价规范》（GB/T 50291—2015）规定的房地产状况描述的一般性内容之外，还需包括下列内容。

1) 权益状况

对历史建筑涉及的土地、建筑物的权益状况主要包括权属转移、置换、认定等情况。

如果土地、建筑物其中之一具有权属证明，原则上可设定另一项权属无异议；如果土地、建筑物均无权属证明，可依据估价委托书设定权属。如果土地、建筑物的权属不一致，要求估价委托人补充相关资料，依据估价委托书设定权益状况。

估价对象历史建筑的土地使用权为集体建设用地使用权的，估价时既要考虑国家和当地集体建设用地相关政策，也要考虑历史建筑土地使用权的溢价或增值收益。

历史建筑估价时是否需要考虑抵押、查封、租赁或设定地役权、优先权、通行权等影响，由房地产估价师根据估价目的与估价委托人要求确定。文物保护单位涉及抵押或转让行为的，应符合文物保护法律法规的规定。

2) 实物状况

实物状况包括历史建筑涉及的土地、建筑物、构筑物、历史环境要素（附属物）等实物状况。

建筑物包括建筑形制、风格、空间布局、规模、材料、色彩、施工工艺、装饰装修（木雕、石雕、砖雕等雕塑,彩画、门窗、隔断、柱础、屋面装饰等)、配套设施等特殊状况。

构筑物包括牌坊、门楼、影壁、桥、井、碑、露台、经幢、堤坝、驳岸、码头、石船、围墙等。

历史环境要素(附属物)包括铺地、石阶、古树花木、假山、水池、洞穴、摆饰等。

此外,还包括其目前保存、损坏情况,使用、占有、修缮等情况。

3) 区位状况

区位状况包括估价对象周边的历史地段状况或一般性区域状况。

历史地段状况包括所在区域的历史沿革、特征价值、形成演变、保护规划、人口经济、商业旅游、居住状况、产业发展、交通道路、历史遗存、重要建筑、基础设施、景观绿化、文化宣传、管理状况、社会影响等。

4) 特殊价值分析

(1) 历史沿革:包括始建年代、历史渊源信息、建筑与历史文化背景(人物或事件)的关联性等,并说明其对价值的影响分析。

历史建筑之所以被人们喜好和关注,正是因为它经历过岁月流逝,可以帮助证实历史建筑的独特性,并且能提供与过去联系的、揭示渊源的信息等。

(2) 建筑特征(科学价值):包括估价对象在建筑风格、空间、材料、施工工艺等方面的特殊性,说明其对价值的影响分析。

(3) 艺术美感:包括建筑造型、细部工艺、装饰雕塑、园林、历史地理要素等艺术特征状况,说明其对价值的影响分析。

(4) 环境风貌:包括内部环境状况与周边环境风貌。内部环境状况包括建筑与建筑的协调、建筑与园林的协调、园林各因素之间的搭配情况;周边环境风貌包括历史建筑是否处于历史地段,周边历史地段对历史建筑的影响,周边建筑在风格、规模、色彩等协调性,历史建筑对周边建筑、环境风貌产生的影响等,说明其对价值的影响分析。

(5) 社会认知:包括历史建筑当地的稀缺性程度,为社会公众所知晓了解的程度,以及对社会影响的广度与深度等,说明其对价值的影响分析。

(6) 文化传承:包括历史建筑继承并延续当地的历史文脉与文化传统的程度(真实性),以及是否属于当地历史建筑的代表作品等,说明其对价值的影响分析。

(7) 使用情况:包括历史建筑的保存状态、保存修缮维修或改善状况、使用现状、利用方式以及可利用潜力等,说明其对价值的影响分析。

(8) 保护限制条件:包括历史建筑的保护等级、所在历史地段的保护规划与相应的保护限制条件,以及不同层面的其他保护限制条件等,说明其对价值的影响分析。

17.3　历史建筑实物状况描述

本书推荐以山西平遥某历史建筑为例进行实物状况描述,供参考。

估价对象列入当地历史建筑名录,建筑名称:南大街 13 号清代民居,编号:319,平遥县人民政府 2019 年 1 月 24 日公布。

经实地查勘,估价对象位于南大街北段市楼附近,临街院落,蔚盛长票号旧址,该处建筑现为蔚盛长票号博物馆,作为旅游景点使用。价值时点至今,估价对象建筑物没有进行过重大改建,房屋的实物现状与资料记载状况基本保持延续。

估价对象范围有院内正(西)房 3 间,院内南、北厢房各 3 间,外院南、北耳房各 1 间,沿街商铺 3 间(图 17-1)。

图 17-1　正房建筑物实物照片

正房为院内西房,面阔三间,坐西面东,砖木结构,双坡顶灰筒瓦屋面,上下两层,陡板正脊、垂脊,表面塑花卉纹样,正脊正中神龛,脊端设望兽、垂兽。青砖砌筑淌白山墙，上缘做铃铛排山勾滴，砖博缝，四层拔檐线砖，前檐墀头砖叠涩出檐，前檐柱顶檐檩架檐椽、飞椽，抱头梁拉结檐柱、金柱，柱间随檩枋与额枋之间加荷叶墩支撑。明间下额枋悬挂牌匾，书"乾健坤负"四字，额枋下装饰挂落，透雕仙人、博古图案，南北次间额枋下安装雀替，透雕卷草图案。檐内金柱顶梁头架金檩，随檩枋下镶嵌走马板并设亮窗，其下装花板，描绘花卉、风景画片，再下为内檐额枋，与上槛间装素花板。明间上槛位置悬挂牌匾，书"德隆兴"三字，槛框外装风门帘架，做龟背锦芯屉亮窗，装步步锦芯屉外开单扇门，南次间做步步锦芯屉门连窗，青条砖砌筑槛墙，外部设楼梯通往二层室内。北次间做步步锦芯屉传统窗，并有过道通往后院。建筑室内作为陈列展示使用，柱间沿进深方向设置承重梁架木格栅铺木地板形成二层空间，一层室内使用水泥砂浆铺墁地面，室外檐下使用青条砖铺墁地面，入口处做条石阶沿，两侧为青条砖立铺阶沿，做条石踏步一级。

南、北厢房各三间，砖木结构，灰筒瓦单坡屋面，女墙正脊，陡板垂脊，脊端设望兽，山墙上部做铃铛排山勾滴，砖博缝，三层拔檐线砖。西侧山墙墀头以木挑梁出檐，东侧山墙墀头以砖叠涩出檐。前檐柱顶檐檩架檐椽、飞椽，随檩枋与额枋间加荷叶墩支撑，额枋下镶嵌花板，描绘人物故事及博古图案。建筑明间设亮窗，槛框外装设风门帘架，做龟背锦芯屉亮窗，装步步锦芯屉外开单扇门，东、西次间做当地传统窗，青条砖砌筑槛墙，门窗洞之间为土坯砖砌筑的前檐墙，外做白灰泥粉刷，砌至额枋下。建筑室内作为展室使用，以青条砖铺墁地面，后加顶棚。室外檐下以青条砖铺墁地面，立铺阶沿。

外院南、北耳房各一间，砖木结构，东、西山面分别搭接门房后檐与后院厢房山墙，后檐搭接院墙。灰筒瓦单坡屋面，不设脊。前檐柱顶梁头搁檐檩架檐椽、飞椽。

南侧耳房设一门一窗，门窗洞间土坯砖砌筑前檐墙至随檩枋下，随檩枋与上槛间镶嵌花板，描绘植物花卉画片。门洞内上槛下设亮窗，装龟背锦芯屉花格，中槛下装内开单扇门，步步锦芯屉花格。窗洞内装传统窗，青条砖砌筑槛墙，建筑室内作为临时隔离室使用，以青条砖铺墁地面，后加顶棚。室外檐下以青条砖铺墁地面，立铺阶沿。

北侧耳房随檩枋与额枋间加荷叶墩支撑，额枋下设亮窗门连窗，装龟背锦芯屉花格，中槛下装内开单扇门，步步锦芯屉花格。装双立框传统窗，青条砖砌筑槛墙。建筑室内作为医疗点使用，以青条砖铺墁地面，后加顶棚。室外檐下以青条砖铺墁地面，立铺阶沿。

沿街门房，面阔三间，砖木结构，上下两层，双坡顶灰筒瓦屋面，陡板正脊，雕花垂脊，脊端设望兽、垂兽。前檐山墙墀头叠涩出檐，前檐柱顶平板枋坐栌斗承梁头搁檐檩架檐椽、飞椽，平板枋与额枋之间加荷叶墩支撑，额枋、上槛之间设亮窗，镶嵌上下两层花板，描绘人物故事及风景图片。建筑明间檐下悬挂牌匾，书"蔚盛长"字样，上槛下安装挂落，透雕博古及琴棋书画等图案，槛框内安装四扇可折叠开关的穿带木门。左、右次间设抱框及门框，镶嵌余塞板，装设四扇可折叠开关的穿带木门。

沿街商铺建筑为票号博物馆的入口，现作为检票管理用房及仓库使用，室内柱间沿进深方向设置承重梁，架木格栅铺设木地板，形成二层室内空间，并在院内西立面明间设木制楼梯，由左、右两侧通往建筑二层的仓库。明间使用青方砖错缝铺墁地面，檐下槛框外即为条石阶沿,使用青条砖立铺踏步一级。

17.4 历史建筑特殊价值描述分析

本书推荐以北方仿古宫式建筑庄园项目为例进行特殊价值描述分析,供参考。

仿古官式建筑庄园的价值特点是建筑与环境的搭配。本次估价对象为北方某市山林景区外的一组仿古建筑群与园林。

1) 建筑机理

本次估价对象传统风貌建筑以优美的造型、精湛的技艺与巧妙的结构等方面抓住传统古建筑构架的特点,其细节与设计风格保持一致、相对协调。

估价对象并未严格遵循传统建筑"方正"空间法则,而是采取拓扑型的空间布局,将建筑与园林紧密结合,尺度适宜,有机安排,顺应高低起伏的自然地形,形成了依山顺势而建的非对称庭院格局。因势利导的顺应自然地形是传统园林庭院布局的另一种基本法则,具有较强的空间设计科学合理性。

在园林与建筑有机结合的前提下,对建筑布局也体现了明确的组织规律,以间为单位构成单座建筑,再以单座建筑构成庭院,进而以庭院为单元组成各种形式的组群。例如润和堂三合院、和院四合院等,"自由"中有"方正"。

在建筑尺度和体量的把握方面,考虑功能使用中适宜的人体尺度感。在尊重传统做法的比例关系的基础上,进行合适舒放,把外部环境结合地势地形观赏点的角度超过60°。估价对象建筑单体在尺度上略有放大,略显宽阔。

传统建筑单体严格按照台基、屋身、屋顶的传统三段式构图。估价对象屋顶严格遵循传统形式,比例接近传统建筑比例,呈现着传统建筑结构与装修风格,或用木格栅门窗,或有斗拱挑檐,或是雀替挂落,或者彩画灰塑,以优美柔和的轮廓和变化多样的形制显现一定的科学性。

本次估价对象的屋顶造型最为突出,有歇山顶、硬山顶、攒尖、卷棚等多种形式。建筑重视屋脊、角梁、翼角、飞椽、檐口等部位的处理,曲直相得,壮丽而有动感,形成亭亭如盖、飞檐翘角的大屋顶。厚台基和大屋顶相呼应,凝重而质朴(图17-2)。

斗拱可以将纵向的力量向横向拓展,构造出多种飞檐。斗拱构思精巧且制作精美,统一有序的形式对称,相互平衡,每一部分较为协调并精巧连接,使得建筑物有一个和谐的节奏,由于它的存在使得屋顶有深远的屋檐。而飞檐正是中国传统建筑最重要的艺术表现形式,或低垂,或平直,或上调,不同的形式营造出不同的艺术效果,或清灵,或朴实,或威严,亭、台、楼、阁都要用飞檐来表明自己的身份,表达自己的情感,飞檐的高低、长短往往会成为建筑设计的难点和要点。

传统建筑主要使用木质材料,并保持最早的木构架制原则。沿用了一些传统建筑木、砖石构造做法,局部隐蔽部分采用新工艺和老工艺的结合方式。合理处理了防水消防问题。

图 17-2 建筑物现状照片

2) 艺术特征

仿古传统风貌建筑是对古建筑风格的模仿与替代,虽然没有深厚的历史底蕴,但是通过传统风格建筑、秀美的园林景观、精巧的工艺技术等方面的展现,依然能够满足人们怀古的情感审美追求。从简单的古典阶段的建筑模仿,到设计建造出富有古趣的景观环境,营造古朴典雅、气韵生动的意境之美。这种意境美沉淀了含蓄委婉的民族性格,以及追求静谧雅致、飘逸空灵的审美情绪。青砖绿瓦、飞檐翘角、木雕窗花、古色古香的建筑景观为现代人提供了一个可以疏离快节奏生活的栖身之地。小桥流水,亭榭楼阁,花草鱼虫,置身于一幅优美的自然画卷。

部分建筑使用榫卯结构,使得建筑浑然一体,工艺精巧细腻,艺术感强。在钢筋混凝土结构的基础上,吸收了中国传统古建筑风格精华,将传统古建筑的造型装饰进行大胆设计,运用大跨度大空间的设计手法,建筑比例和谐不失古建筑的造型之美,满足人们生活审美的需求。

台基、护栏、石桥等广泛采用石雕,地面设有五蝠捧寿铺地,做工也较精细。台基照壁上的山水图案匠心独运,石桥花鸟处处盼着如意吉祥,显示出匠人精良的艺术和独到的审美水平。图案结构疏密相间,起伏变化,繁而不乱,精中有简,造型独特。但是整体上木雕和砖雕的作品较为缺乏,使得本项目的建筑整体装饰方面还略显单一。

彩画艺术因地制宜。根据不同区域整体环境和建筑风格特色,充分考虑建筑各部分的色彩布局相互统一协调。估价对象主要采用了人物山水、花鸟虫鱼的苏式彩画及和玺彩画风格,彩画外形美观优雅。图案纹饰、色彩应用、构图布局独具匠心,艺术风格考究(图17-3)。

图17-3 艺术特征现状照片

3) 景观环境

总体山水环境:位于前水后山的坡地,其后有气势雄壮的靠山,有"藏风纳气"的形胜,其前坡下有奔流的河道,且临水为外凸的"纳位",更前方还有案山相对,无论在小气候上还是在地理条件上都非常适于人居发展,在传统文化上被认为是选址的"吉地",一向是极为理想的人居环境所在。

优越视觉景观:所在的山居位置,既是从远处可被观赏的景点,也是作为优越的观赏场所,其后有巍峨高山近景,其前有开阔层峦远景,山水兼备,旷奥兼得,景观优越。

生态环境营造:目前传统风貌建筑所在的坡地,既是山居所在,也有优越的水泉条件,生态环境良好,并得到细致的营造建设,创造出良好的建筑外部环境,使人们在日常生活中就能亲近山水,从而获得身心的放松和安顿。

山水园林艺术:在形成生态环境的同时,还营造出了颇具水准的山水园林艺术。首先,这处园林别墅位置优越,在真山水之中,属于明代计成所著《园冶》中写到的最为优越的"山林地"。"园地惟山林最胜,有高有凹,有曲有深,有峻而悬,有平而坦,自成天然之趣,不烦人事之工"正是能在这里体现。也正是在因随山势高低宛转、借助山林水泉优势的条件下,园林能轻松获得超出一般造园难以企及的园林山水效果。其次,在具体营造上,园林在叠石、池瀑、花木、建筑等各方面都有精心的经营。通过选用形、质、色、纹俱佳的千层岩,堆叠出丰富的山石岩壑景象,并且和水流结合而形成瀑布,形成景象高潮和视觉焦点,而瀑布水流汇入水池,则成为景观区域空间的核心。围绕于此,主堂正对,亭榭点景,小桥引径,汀石横渡,配以多样花木栽植,生机勃勃,正是极佳园林胜境。总体而言,这处园林以山水景象营造为核心,既有北方建筑所形成的端庄,又有南方园林常见的细腻水景和灵活布置,可谓南北交融,独具特色。景观环境良好(图17-4)。

图 17-4　内部景观环境现状照片

4) 社会影响与文化传承

社会影响力是指为社会公众所知晓、了解的程度,以及其对社会影响的广度及深度。本项目对于外界的社会影响力一般,但在传统文化表达方面呈现出一些特征。

优秀的仿古园林式别墅不仅反映出所在的时代、社会与科技的进步,更是要表达地域特征、传统文化和民族精神。房屋一直是人们赖以生存的根本,因地域环境、生活习惯不同,形成了不同风格和类型的建筑、构件与装饰,各自书写着自己的故事。例如,斗拱代表了中国古建筑的精神和气质,使得古建筑充满了灵气,不仅是古建筑的灵魂,还是中国古建筑重要的装饰构件和建筑品位象征。斗拱纵横交错,形式多样,种类繁多,色彩绚丽,节奏有序,只有在重要的和有身份的建筑上才使用斗拱。这些传统的建筑风貌与装饰细节提升人们对历史文化的认同感,树立起文化自信。优美静谧的园林景观融入自然山水,确立诗意栖居的审美环境,体现诗意化的生活方式。

时间带走了太多东西,带不走的是那些白墙、红柱、青瓦间的传统建筑与古典景观,就像是一幅优美的画卷,展示着典雅和美丽,从一砖一瓦看传统建筑,集聚了中国古韵之美,凸显了中国古建筑的灵气、自然、厚重、庄严的人文精神。

5) 特殊使用价值分析

传统风貌建筑相对于普通建筑而言,除了具备一些特殊的历史文化价值,涉及具体使用方面,仍然有自身特征。

建筑形式是古,建筑功用是今。传统建筑遵循三段式建筑原则,要符合传统比例。本次估价对象传统建筑空间与现代居民生活需求有一定的差异,需要适当调整。例如配置顶棚,压缩使用空间,满足空调、消防等生活设施等。

估价对象周边环境优美,位于山林中、村落上。自然村落对传统风貌建筑有所限制:一方面体现为不得建造高层(最多三层);另一方面表现在周边建筑大都为村民所建,以普通或仿欧式建筑作为主要建筑立面,传统仿古建筑风貌显得较为突兀。

18 结论：构建历史建筑估价技术体系

历史建筑蕴含着丰富的历史、文化、艺术和科学等信息属性，是人类延续最重要的记忆载体之一，是人类社会宝贵的财富。但是随着城市化进程的加快，历史建筑保护与利用面临着许多现实问题，涌现出众多的评估需求。本书通过构建历史建筑估价技术体系，为历史建筑的重点保护、修缮及再利用提供参考依据，为鼓励引入社会资金，进一步完善历史建筑市场建设等提供决策支持。

本书采用理论与实证研究、定性与定量分析等方法，在以下一些方面进行了研究：第一是对历史建筑概念、价值体系等进行理论分析；第二是探究历史建筑经济学原理和产权机制；第三是阐述了影响历史建筑经济价值的主要因素；第四是分析历史建筑估价原则、估价程序和估价报告重要事项；第五是依据估价原理，运用不同的估价方法计算历史建筑经济价值，并以具体的历史建筑实证为例，证明方法的可适用性。

18.1 主要结论

本章通过对前述各章的分析作简要总结和归纳，主要形成以下结论：

(1) 本书首先对历史建筑概念进行界定，对比阐述古建筑、传统建筑、历史文化遗产和历史地段等相关概念；根据已有研究归纳，介绍历史建筑的各种类型；结合文献成果和专家意见，分析历史建筑特征。

(2) 本书以哲学角度与经济学角度对历史建筑价值体系进行剖析，认为历史建筑综合价值是历史建筑保存的信息要素相互关联、相互作用而逐步形成的凝聚在本体对象的知识存在，能够引起人类主体对这一客体事物产生积极的价值观念与本质力量；这些信息要素产生的功能属性构成历史建筑内含价值体系。通过全面梳理各种政策文件、文献资料中出现的历史建筑价值类型及其关系，本书认为历史价值、艺术价值、科学价值、环境价值、社会价值和文化价值"五加一"基本价值类型是研究与构建历史建筑价值体系的基础。从哲学价值论的价值二元性分析了内在价值、外在价值的实质与相互关系。历史建筑的客观事实主要是特征信息与空间属性的存在。基于客观事实存在的实践行为、事实认知和价值认识都属于人类主观行为，内在价值带有一定的客观属性。价值认识是多角度、多维度与多层次与动态的，形成了历史价值、艺术价值、科学价值、环境价值、社会价值和文化价值等内含价值。内含价值相互关联、相互作用，共同形成了赋予本体的价值意义，称为"综合价值"。历史建筑的可利用性（使用价值)与历史建筑综合价值共同形成历史建筑的效用价值,也反映了人类的劳动价值,进而在经济市场中表现为历史建筑的经济价值。历史建筑综合价值与使用价值通过效用价值的转化,与经济价值形成内在与外在的哲学关系。完整的历史建筑价值体系应通过以历史建筑特征信息为基础的综合价值、以空间为基础的使用价值(可利用性)两条价值线进行构建,体现出历史建筑基本价值认识、人的感知(社会认知)、延伸的功能性需求价值的三个层次。

(3) 本书从劳动价值论、效用价值论、均衡理论和新制度经济学的角度分析历史建筑内在综合价值的形成机理、经济价值的产生根源以及历史建筑的供求特征和市场价格变化趋势等;对历史建筑利用与价值进行经济学分析;然后分析了历史建筑经济价值特征。本书还对历史建筑的产权机制进行了系统性阐述,认为清晰的产权界定和限制条件是历史建筑合理利用与经济价值评估的基本前提。

(4) 经济价值的变化趋势和规律通常由各种复杂的影响因素引起,本书通过梳理现有研究成果、文献资料并结合实际工作经验,综合分析影响历史建筑经济价值的重要因素;重点研究阐述了历史建筑特有的历史、科学、艺术、环境、社会文化价值、使用价值、保护限制条件等特殊影响因素,整理建立了一个较为完善的历史建筑经济价值影响因素体系。

(5) 历史建筑估价是指估价人员根据估价目的,遵循估价原则,选用适宜的估价方法,并在综合分析影响历史建筑经济价值因素的基础上,对历史建筑在价值时点的客观合理价值进行分析、估算和判定的活动。本书系统介绍了估价原则、估价程序、资料收集、实地查勘以及估价报告注意事项,特别对历史建筑状况描述、特殊历史文化价值影响分析等难点进行专项说明。

(6) 本书分析了不动产传统估价方法应用于历史建筑估价的可行性。第一,市场比较法应用广泛、简单直接,适用于拥有充分有效数据的开放性市场,是一些非收益性不动产市场价值评估的首选方法。当目标市场不成熟或对象特殊时,市场比较法的应用会受到一定限制;然而,扩大历史建筑市场地域与时间范围、合理比较可比实例和目标对象的特征差异,分析各影响因素的贡献程度是较好的解决方式。本书基于替代原理,创新性提出了比较法的特殊影响因素附加调整法应用于历史建筑估价。人们关注历史建筑是由于其蕴含着普通不动产所不具备的历史、社会文化及环境生态等信息要素,能产生额外的效用价值,额外的效用价值创造了收益的增值;如果缺乏这种额外效用价值,人们会选择价格低廉的普通不动产。正是由于特殊的信息要素,所以需要更加严格的保护措施,包括特殊使用要求及保护限制条件,使得历史建筑功能定位、利用收益等产生局限性,同样对经济价值带来负面影响。本书依据市场法原理,尝试在普通房地产价值的基础上,对历史建筑特殊影响因素进行调整,得出历史建筑价值。

第二,成本法比较适合那些市场发育不成熟、收益性较弱的不动产估价,也是较为适宜的历史建筑估价方法,成本法优势在于依据充分、容易判断,缺点是计算结果往往与市场供求状况关联性不够,这是因为历史建筑市场价值与重新购建所花费的成本相互关联。应用成本法需要充分了解历史建筑的相关建筑术语与材料成本等,重建成本与重置成本的差异性也是技术重点,这对估价人员的专业知识能力提出一定的挑战。

第三,收益法理论清晰,明确投资收益的经济范畴,适用于有收益的项目;难点是未来预期的客观判断、资本化率(还原率)选取。适用收益法应针对不同的收益形式分别判断;资本化率可采用累加法、市场提取法等计算,关键是如何能通过合理的转换系数来反映其收益与价值的关系。

第四,从假设开发法(剩余法)的方法定义与适用对象分析,基于历史建筑是事实保留的存量建筑,适用假设开发法(剩余法)有两种情形:现有历史建筑中所含土地价格、可更新改造的房地产(即未修复或部分修复的历史建筑)。前者关注建筑物的重建成本,如果历史建筑物是新修复或经过重新修复的,适用剩余法更合适;后者关注建筑的更新改造成本。

(7) 历史建筑是祖辈留下的特殊文化资源,有稀缺性和不可再生性的特征,故资源经济学估价方法也有一定的适用性。本书选用了条件价值法(CVM),并对其进行实证研究。条件价值法简单实用,从消费者的角度出发,在一系列的假设问题的前提下,通过调查、问卷和投标等方式来获得消费者的WTP,综合所有消费者的WTP即为经济价值。从理论上来说,该方法充分考虑了历史建筑经济价值的所有变化,包括当前经济增长模式下价值规律能够实现价值,还包括当前经济增长模式下价值规律无法实现的部分,即资源利用过程中的外部性部分。条件价值法估算的结果易受到调查者和受访者样本数量与个人观念的影响,样本量越多,结果越准确。

(8) 市场经常会遇到估算批量历史建筑经济价值的情况,故本书引入了特征价格法与标准价调整法。特征价格法理论基础论据充足,一旦构建完成目标对象历史建筑的特征价格模型方程,对于同区域类似项目可做到简单快速地评估,特别适合于批量化估算历史建筑经济价值,可以用于核定资产或为征收税费等经济行为。我国目前历史街区、古村落或者古镇等保存着一定数量的历史建筑,影响这些历史建筑价值的特征因素也较为相似,这让估价人员较易收集到符合数量要求的样本数据,以建立较为准确的特征价格数学模型。而对于零星分布的历史建筑,或者具有独一无二的特性、难以找到同类型样本的历史建筑,则不适用于特征价格法。同样,标准价调整法也可在历史地段范围内选择确定具有代表性的历史建筑标准房地产,测算标准价。按照替代原则,将估价对象历史建筑的普通影响因素和特殊影响因素与历史建筑标准房地产的相应条件相比较,通过对标准价进行调整,求取价值时点的估价对象历史建筑经济价值。

本书阐述的市场比较法、成本法、收益法、假设开发法(剩余法)、条件价值法、特征价格法和标准价调整法,适用于历史建筑估价的程序、技术参数、实证研究等,其中的一些方法也适用于历史建筑用地估价。本书认为上述各种估价方法都有其适用范围、优势和缺陷,应根据历史建筑的实际情况谨慎选用。基于历史建筑的特殊性,可选用一种方法进行估价;如能选用两种方法的,建议选用两种估价方法,并对两种估价方法的测算结果各自进行校核和比较分析,合理确定估价结果。

本书还针对实际估价中存在的一些特殊难点进行专项研究,包括特殊的资本化率(还原率)研究、异地迁建传统建筑评估研究、历史建筑破坏定损评估研究、相关测绘与断代鉴定介绍、历史建筑利用方式介绍等,以帮助估价人员面对更多的复杂情形。

总之,历史建筑作为一种特殊的估价对象,其经济价值评估原理与技术方法研究在国内外较少。本书研究也是一种持续尝试,意图通过对历史建筑估价方法的应用研究,弥补当前相关领域的技术空白。

18.2 研究展望

历史建筑估价研究所涉及的学科较为广泛,需要综合多学科、多领域的知识,目前有关历史建筑价值的研究成果较为零散且尚不深入,虽然本书尝试对经济价值变化规律、影响因素、估价方法的适用等进行分析,但限于知识水平及研究精力的限制,尚有许多方面可以进一步深入研究。

(1) 本书从哲学、经济学角度对历史建筑价值体系、经济价值范畴、变化机理以及基本规律进行深入探讨,初步建立历史建筑估价的理论基础。但针对历史建筑领域的学术难点,例如建筑遗产经济学分析、交易费用与经济价值关系、特殊历史文化价值因素引起的经济价值变化规律,以及产权分割、界定和限制影响等研究还要进一步细化和深入。

(2) 在历史建筑估价过程中,任何估价方法的计算结果都是价值指示。这些估价方法都有各自的适用范围或相应缺陷,得出的结论与市场实际情况可能会存在偏差。正如前文所述,估价过程只是表现出目标对象市场价值一种无限接近准确的趋势,而非必然。所以,在今后的研究中仍需结合历史建筑的自身特征,不断改进估价方法、参数和技术路线的适用性。

(3) 本书介绍的估价原则、估价程序、资料收集、实地查勘以及估价报告注意事项等内容只是当前的实践研究成果,仍然存在许多不足,同样需要在实践中不断完善,做到进一步规范可行,以便更加科学合理地进行历史建筑估价行为。

参考文献

[1] Eric van Damme. Discussion of accounting for social and cultural values[C]. NARA Conference on Authenticity, 1994.

[2] Judith Reynolds. Historic properties: Preservation and the valuation process [M]. 3rd ed. [S. 1.]: Appraisal Institute, 2006.

[3] Lancaster K J. A New approach to consumer theory[J]. The Journal of Political Economy, 1966, 74(2): 132-157.

[4] RICS. RICS 评估:全球标准 2017 版[S/OL]. (2017-07-01)[2024-10-02]. http://rics. org/standards.

[5] Rosen S. Hedonic prices and implicit markets: Product differentiation in pure competition[J]. The Journal of Political Eeonomy, 1974, 82(1): 34-55.

[6] Butler R V. The specification of hedonic indexes for urban housing [J]. Land Economics, 1982, 58(1): 94-108.

[7] 保罗·海恩,彼得·勃特克,大卫·普雷契特科. 经济学的思维方式[M]. 英文版. 北京:机械工业出版社,2018.

[8] 陈克元. 浅谈历史建筑保护[J]. 科协论坛(下半月),2007(1): 126-127.

[9] 陈雅彬,论巴泽尔产权理论的基本特点[J]. 商场现代化,2013(3): 153.

[10] 陈应发. 旅行费用法:国外最流行的森林游憩价值评估方法[J]. 生态经济,1996(4): 35-38.

[11] 陈应发. 条件价值法:国外最重要的森林游憩价值评估方法[J]. 生态经济,1996, 12(5): 35-37.

[12] 陈智云. 浅谈中国民族古建筑[J]. 中国科技信息,2005(13): 231-232.

[13] 程恩富. 文化经济学通论[M]. 上海:上海财经大学出版社,1999.

[14] 程建军. 文物古建筑的概念与价值评定:古建筑修建理论研究之二[J]. 古建园林技术,1993(4): 26-31.

[15] 程孝良,冯文广,曹俊兴. 中国古建筑的社会学含义[J]. 成都理工大学学报(社会科学版),2007, 15(4): 7-12.

[16] 董黎,教会大学建筑与中国传统建筑艺术的复兴[J]. 南京大学学报(哲学,人文科学,社会科学),2005(5): 70-81.

[17] 董黎. 中国近代教会大学建筑史研究[M]. 北京:科学出版社,2010.

[18] 顿明明,赵民.论城乡文化遗产保护的权利关系及制度建设[J].城市规划学刊,2012(6):14-22.

[19] 弗·冯·维塞尔.自然价值[M].北京:商务印书馆,1982.

[20] 高秀玲.天津市历史建筑保护研究与再开发管理模式研究[D].天津:天津大学,2005.

[21] 戈登·塔洛克.寻租:对寻租活动的经济学分析[M].李政军,译.成都:西南财经大学出版社,1999.

[22] 顾江.文化遗产经济学[M].南京:南京大学出版社,2009.

[23] 国际古迹遗址理事会中国国家委员会.2015中国文物古迹保护准则[M].2015年修订.北京:文物出版社,2015.

[24] 国家发展改革委,建设部.建筑项目经济评价方法与参数[M].3版.北京:中国计划出版社,2006.

[25] 国家文物局.全国重点文物保护单位保护规划编制要求[Z/OL].(2004-08-2)[2024-10-02]. http:www.ncha.gov.cn.

[26] 哈罗德·德姆塞茨,徐丽丽.产权理论:私人所有权与集体所有权之争[J].经济社会体制比较,2005(5):79-90.

[27] 何维达,杨仕辉.现代西方产权理论[M].北京:中国财政经济出版社,1998.

[28] 贺臣家.北京传统四合院建筑的保护与再利用研究[D].北京:北京林业大学,2010.

[29] 胡高伟.博物馆管理经济学分析初探[J].中国博物馆,2016,33(1):88-92.

[30] 胡国华.居民生活方式和消费兴趣点会发生哪些变化?[N].常州日报,2011-08-26.

[31] 胡敏.风景名胜资源产权辨析及使用权分割[J].旅游学刊,2003,18(4):38-42.

[32] 黄明玉.文化遗产的价值评估及记录建档[D].上海:复旦大学,2009.

[33] 黄艺农.中国古建筑审美特征[J].湖南师范大学社会科学学报,1998,27(5):68-73.

[34] 计成.园冶[M]李世葵,刘金鹏,编著.北京:中华书局,2020.

[35] 江凯达,杨毅栋.实践中的历史遗存保护与再利用策略:以杭州市上城区为例[C]//中国城市规划学会.多元与包容:2012中国城市规划年会论文集.昆明:云南科技出版社,2012.

[36] 焦斌龙.文物的属性:经济学视角的断想[J].前进,2006(4):45-46.

[37] 莱昂·瓦尔拉斯.纯粹经济学要义,或社会财富理论[M].蔡受百,译.北京:商务印书馆,2009.

[38] 赖明华,王晓鸣,罗爱道.基于正交设计的历史建筑综合价值评价研究[J].华中科技大学学报(城市科学版),2006,23(1):35-38.

[39] 李方方.论中国古建筑的装饰特点[J].西北建筑工程学院学报(自然科学版),

2002(4):37-40.

[40] 李泓椿.浅析建设项目经济评价方法[J].中国科技投资,2013(6).

[41] 李敏.产权理论下的建筑遗产保护[C]//第四届中国建筑史学国际研讨会.上海,2007.

[42] 李敏.基于条件价值法的古建筑价值评估[J].湖北农业科学,2020,59(3):154-157.

[43] 李浈,雷冬霞.历史建筑价值认识的发展及其保护的经济学因素[J].同济大学学报(社会科学版),2009,20(5):44-51.

[44] 李子奈.计量经济学应用研究的总体回归模型设定[J].经济研究,2008(8):136-144.

[45] 理查德·豪伊.边际效用学派的兴起[M].晏智杰,译.北京:中国社会科学出版社,1999.

[46] 梁青槐,孔令洋,邓文斌.城市轨道交通对沿线住宅价值影响定量计算实例研究[J].土木工程学报,2007,40(4):99.

[47] 梁思成.中国建筑史[M].天津:百花文艺出版社,2007.

[48] 梁薇.物质文化遗产的性质及其管理模式研究[J].生产力研究,2007(7):63-64.

[49] 林彦英.不动产估价[M].台北:文笙书局股份有限公司,2004.

[50] 林源.什么是建筑遗产的展示?关于中国建筑遗产展示的基本概念与内容的探讨[J].华中建筑,2008,26(6):125-127.

[51] 林源.中国建筑遗产保护基础理论研究[D].西安:西安建筑科技大学,2007.

[52] 刘春玲.中国古建筑景观的旅游功能与鉴赏[J].石家庄师范专科学校学报,2000,2(4):69-72.

[53] 刘剑桥,赵林,张懿.知识产权侵权损害评估研究[J].中国资产评估,2022(10):7.

[54] 刘敏.青岛历史文化名城价值评价与文化生态保护更新[D].重庆:重庆大学,2004.

[55] 刘文俭.对青岛城市定位问题的思考[N].青岛日报,2010-04-24.

[56] 刘歆,罗向军.历史建筑遗产地域性文化特色与保护利用策略研究[J].人民论坛,2013(34):174-175.

[57] 卢永毅.遗产价值的多样性及其当代保护实践的批判性思考[J].同济大学学报(社会科学版),2009(5):35-44.

[58] 陆地.建筑的生与死:历史建筑再利用研究[M].南京:东南大学出版社,2004.

[59] 马克思恩格斯全集:第23卷[M].中央编译局,译.北京:人民出版社,1972.

[60] 美国估价学会.房地产估价:第12版[M].中国房地产估价师与房地产经纪人学会,译.北京:中国建筑工业出版社,2005.

[61] 倪斌.建筑遗产利益相关者行为的经济学分析[J].同济大学学报(社会科学版),

2011, 22(5): 118-124.

[62] 潘谷西.中国建筑史[M].7版.北京:中国建筑工业出版社,2015.

[63] 祁英涛.怎样鉴定古建筑[M].北京:文物出版社,1981.

[64] 秦寿康.综合评价原理与应用[M].北京:电子工业出版社,2003.

[65] 曲福田,冯淑怡.资源与环境经济学[M].3版.北京:中国农业出版社,2018.

[66] 曲福田.资源经济学[M].北京:中国农业出版社,2001.

[67] 汝军红.历史建筑保护导则与保护技术研究[D].天津:天津大学.2007

[68] 阮仪三.城市遗产保护论[M].上海:上海科学技术出版社,2005.

[69] 宋文.中国传统建筑图鉴[M].上海:东方出版社,2010.

[70] 宋文君.古建筑迁地保护与文化资源开发:周园项目调研与反思[J].文化产业,2023(10):139-141.

[71] 苏州市房产管理局.苏州古民居[M].上海:同济大学出版社,2004.

[72] 孙洛平.收入分配原理[M].上海:上海人民出版社,1996.

[73] 孙艺丹.论产权制度对中西方历史建筑保护的影响[D].青岛:青岛理工大学,2014.

[74] 汤辉,沈守云.基于私人产权的潮汕传统宅园现状与保护研究[J].中国园林,2015,31(9):43-46.

[75] 汤莹瑞.文化遗产展示规划与设计初探:以历史文化名城洛阳和重庆为例[D].重庆:重庆大学,2013.

[76] 汤自军.基于产权制度安排的我国自然文化遗产开发保护研究[D].长沙:湖南农业大学,2010.

[77] 滕磊,刘瑛楠.文物建筑定损评估体系初探[J].中国文物科学研究,2018(3):7.

[78] 田艳萍,韩喜平.博物馆的经济学分析[J].中国博物馆,1999,16(3):13-16.

[79] 童乔慧.澳门历史建筑的保护与利用实践[J].华中建筑,2007,25(8):206-210.

[80] 童乔慧.中国建筑遗产概念及其发展[J].中外建筑,2003(6):13-16.

[81] 汪秋菊.微观经济学[M].北京:科学出版社,2009.

[82] 王宏巍,张嘉桐.我国环境损害鉴定评估制度研究[J].大庆师范学院学报,2022,42(5):57-65.

[83] 王建国,戎俊强.关于产业类历史建筑地段的保护性再利用[J].时代建筑,2001(4).

[84] 王林.中外历史文化遗产保护制度比较[J].城市规划,2000,24(8):49-51.

[85] 王信,陈迅.历史建筑保护和开发的制度经济学探讨[J].同济大学学报(社会科学版),2004,15(5):97-102.

[86] 王昭言.中国古建筑的历史文化价值[J].包装世界,2010(1):63-64.

[87] 魏杰.现代产权制度辨析[M].北京:首都经济贸易大学出版社,1999.

[88] 文化部.纪念建筑、古建筑、石窟寺等修缮工程管理办法[EB/OL].(1986-07-12)

[2024-10-02]. http:www. baike. baidu. com.

[89] 吴卉. 古建筑、近代建筑、历史建筑和文物建筑析义探讨[J]. 福建建筑,2008(9): 23-24.

[90] 吴美萍. 全国重点文物保护单位的保护规划与旅游规划关系问题研究[C]. 旅游学研究(第二辑),2006(8):194-196.

[91] 夏征农,陈至立. 辞海[M]. 6版. 上海:上海辞书出版社,2010.

[92] 肖蓉,阳建强,李哲,基于产权激励的城市工业遗产再利用制度设计:以南京为例[J]. 天津大学学报(社会科学版),2016,18(11):558-563.

[93] 徐进亮. 礼耕堂:平江历史街区:潘宅.[M]. 苏州:古吴轩出版社,2011.

[94] 徐进亮. 历史地段经济评价大纲及指标体系研究[J]. 建筑与文化,2017(4):85-87.

[95] 徐进亮. 历史性建筑估价[M]. 南京:东南大学出版社,2015.

[96] 徐进亮. 历史建筑经济价值研究[C]//中国房地产估价师与房地产经济人学会. 高质量发展阶段的估价服务:2018中国房地产估价年会论文集. 北京:中国城市出版社,2019.

[97] 徐嵩龄. 中国遗产旅游业的经营制度选择:兼评"四权分离与制衡"主张[J]. 旅游学刊,2003,18(4):30-37.

[98] 亚当·斯密. 国富论[M]. 郭大力,王亚南,译. 上海:上海三联书店,2009.

[99] 杨焕成. 中国古建筑时代特征举要[M]. 北京:文物出版社,2016.

[100] 杨毅栋,王凤春. 杭州市历史建筑的保护与利用研究[J]. 北京规划建设,2004(2):128-130.

[101] 杨宇全. 古建筑异地拆除重建:是被"变卖"的乡愁,还是浴火后的"重生"?以浙江省义乌市佛堂镇"古民居苑"为例[J]. 民艺,2018(3):46-50.

[102] 应臻. 城市历史文化遗产的经济学分析[D]. 上海:同济大学,2008.

[103] 余宏. 对我国公共资源型景区产权制度设计的探讨:以丽江玉龙旅游公司为例[J]. 中国商界,2008(5):114.

[104] 袁浩. 莫让古建筑"背井离乡"[J]. 建筑,2015(23):27.

[105] 张兵,康新宇. 中国历史文化名城保护规划动态综述[J]. 中国名城,2011(1):27-33.

[106] 张广瑞. 海外旅游人造景观成功的奥秘:兼谈中国人造景观建造中存在的一些问题[J]. 旅游研究与实践,1995(2):21-26.

[107] 张宏艳. 环境质量价值评估的经济方法综述[J]. 中国科技成果,2007(23):33-36.

[108] 张杰,庞骏,董卫. 悖论中的产权、制度与历史建筑保护[J]. 现代城市研究,2006,21(10):10-15.

[109] 张杰. 论产权失灵下的城市建筑遗产保护困境:兼论建筑遗产保护的产权制度创

新[J].建筑学报,2012(6):23-27.

[110] 张五常.经济解释:卷三:制度的选择[M].香港:花千树出版有限公司,2002.

[111] 张晓,张昕竹.中国自然文化遗产资源管理体制改革与创新[J].经济社会体制比较,2001(4):65-75.

[112] 张艳华.在文化价值和经济价值之间:上海城市建筑遗产(CBH)保护与再利用[M].北京:中国电力出版社,2007.

[113] 张杨.社区居民对历史建筑保护与利用的态度研究:以比利时鲁汶市女修道院为例[J].社会科学研究,2009(6):102-105.

[114] 赵彦,陆伟,齐昊聪.基于规划实践的历史建筑再利用研究:以美国芝加哥为例[J].城市规划研究,2013,20(2):18-22.

[115] 郑杭生,李路路.城市居民的生活方式与社会交往[M]//中国人民大学中国社会发展研究报告2005:走向更加和谐的社会.北京:中国人民大学出版社,2005.

[116] 中国大百科全书总编辑委员会《文物博物馆》编辑委员会.中国大百科全书:文物博物馆[M].北京:中国大百科全书出版社,1993.

[117] 中国房地产估价师与房地产经纪人学会.房地产估价原理与方法(2022)[M].北京:中国建筑工业出版社,2022.

[118] 钟勉.试论旅游资源所有权与经营权相分离[J].旅游学刊,2002,17(4):23-26.

[119] 周国峰.马克思劳动价值论与西方经济学价值理论的比较[D].贵阳:贵州大学,2008:28-30.

[120] 周建春.耕地估价理论与方法研究[D].南京:南京农业大学,2005.

[121] 周黎安.晋升博弈中政府官员的激励与合作:兼论我国地方保护主义和重复建设问题长期存在的原因[J].经济研究,2004,36(6):33-40.

[122] 周其仁.要紧的是界定权利[N].经济观察报,2006-09-04(31).

[123] 朱光亚,杨丽霞.浅析城市化进程中的建筑遗产保护[J].建筑与文化,2006(6):15-22.

[124] 朱光亚.建筑遗产评估的一次探索[J].新建筑,1998(2):22-24.

[125] 朱光亚,等.建筑遗产保护学[M].南京:东南大学出版社,2020.

[126] 朱善利.价格、价值理论与经济学的层次[J].北京大学学报(哲学社会科学版),1986(6):82-88.

[127] 朱向东,薛磊.历史建筑遗产保护中的科学技术价值评定初探[J].山西建筑,2007,33(35):1-2.

[128] 住房城乡建设部,国家文物局.历史文化名城名镇名村保护规划编制要求(试行)[EB/OL].(2012-11-16)[2024-10-02].http:www.mohurd.gov.cn.

[129] 住房城乡建设部.房地产估价规范:GB/T 50291—2015[S].北京:中国建筑工业出版社,2015.

[130] 住房城乡建设部.历史文化名城保护规划规范:GB 50357—2018[S].北京:中国

建筑工业出版社,2018.
[131] 宗泽文.基于 CVM 的名人故居文化遗产价值评估:以王安石故里为例[D].南昌:江西师范大学,2022.
[132] 邹晓云.土地估价基础[M].北京:地质出版社,2010.

附录:推荐的参考法律与书目

A.1 法律法规文件

A.1.1 国际

[1] 第一届历史纪念物建筑师及技师国际会议《关于历史性纪念物修复的雅典宪章》(1931)

[2] 国际现代建筑协会《雅典宪章》(1933)

[3] 第二届历史纪念物建筑师及技师国际会议《关于古迹保护与修复的国际宪章(威尼斯宪章)》(1964)

[4] 联合国教科文组织《保护世界文化和自然遗产公约》(1972)

[5] 联合国教科文组织《关于历史地区的保护及其当代作用的建议(内罗毕建议)》(1976)

[6] 国际古迹遗址理事会《保护历史城镇与城区宪章(华盛顿宪章)》(1987)

[7] 联合国教科文组织《保护传统文化和民俗的建议》(1989)

[8] 国际古迹遗址理事会《关于乡土建筑遗产的宪章》(1999)

[9] 联合国教科文组织《保护非物质文化遗产公约》(2003)

[10] 国际古迹遗址理事会《西安宣言》(2005)

[11] 国际古迹遗址理事会《巴黎宣言——遗产作为发展的驱动力》(2011)

[12] 国际古迹遗址理事会中国国家委员会《中国文物古迹保护准则》(2015)

A.1.2 中国

[13] 中华人民共和国文物保护法

[14] 中华人民共和国文物保护法实施条例

[15] 历史文化名城名镇名村保护条例

[16] 国家级非物质文化遗产保护与管理暂行办法

[17] 城市紫线管理办法

[18] 全国重点文物保护单位记录档案工作规范(试行)

[19] 全国重点文物保护单位保护规划编制要求

[20] 历史文化名城名镇名村保护规划编制要求(试行)

A.2　国家及行业标准

[21] 历史文化名城保护规划标准(GB/T 50357—2018)
[22] 仿古建筑工程工程量计算规范(GB 50855—2013)
[23] 古建筑修建工程质量检验评定标准(北方地区)(CJJ 39—91)
[24] 古建筑修建工程质量检验评定标准(南方地区)(CJJ 70—96)

A.3　行业用书

[25] 朱光亚等著,《建筑遗产保护学》,东南大学出版社,2020
[26] 潘谷西主编,《中国建筑史》(第七版),中国建筑工业出版社,2015
[27] 潘谷西主编,《中国古代建筑史 第四卷:元、明时期建筑》(第二版),中国建筑工业出版社,2009
[28] 孙大章主编,《中国古代建筑史 第五卷:清代建筑》(第二版),中国建筑工业出版社,2009
[29] 国家发展改革委、建设部,《建设项目经济评价——方法与参数》(第三版),中国计划出版社,2006